“十四五”职业教育国家规划教材

“十二五”职业教育国家规划教材
经全国职业教育教材审定委员会审定

作物病虫害防治

第2版

郜连春 主编

中国农业大学出版社
·北京·

内 容 简 介

本书从内容到形式力求体现我国职业教育发展方向，以为专业服务和够用为原则，集中反映植物生产类专业课程体系改革的最新成果。全书贯彻综合防治理念，使学生学会用生态平衡及综合防治的观念去防治病虫害。

全书分三个模块。模块一介绍作物病虫害形态识别技术，包括农业昆虫识别技术、作物病害识别技术；模块二介绍作物病虫害调查、预测预报及标本采集制作技术，包括作物病虫害调查技术、作物病虫害标本采集、制作与保存技术；模块三介绍作物病虫害综合防治技术，包括作物病虫害综合防治方案的制定、作物害虫综合防治技术、作物病害综合防治技术。各项目后面附学习小结、学习方法体会及目标检测，便于学生阶段性总结和目标测试。

本书可作为高职高专院校、本科院校开设的职业技术学院种植类专业及相关专业教材，也可作为五年制高职、成人教育种植及相关专业的教材，还可供从事农业生产工作的人员参考。

图书在版编目(CIP)数据

作物病虫害防治/郜连春主编．—2版．—北京：中国农业大学出版社，2014.8(2024.5重印)
ISBN 978-7-5655-0974-2

Ⅰ.①作… Ⅱ.①郜… Ⅲ.①作物-病虫害防治-高等学校-教材 Ⅳ.①S435

中国版本图书馆CIP数据核字(2014)第104903号

书　　名　作物病虫害防治　第2版
作　　者　郜连春　主编

策划编辑　郭建鑫　姚慧敏
封面设计　郑　川　李尘工作室
出版发行　中国农业大学出版社
社　　址　北京市海淀区圆明园西路2号
电　　话　发行部 010-62818525,8625
　　　　　　编辑部 010-62732617,2618
网　　址　http://www.cau.edu.cn/caup
经　　销　新华书店
印　　刷　北京时代华都印刷有限公司
版　　次　2014年10月第2版　2024年5月第4次印刷
规　　格　787×1 092　16开本　21.25印张　522千字
定　　价　56.00元

责任编辑　冯雪梅
责任校对　陈　莹　王晓凤

邮政编码　100193
读者服务部 010-62732336
出　版　部 010-62733440
e-mail cbsszs @ cau.edu.cn

图书如有质量问题本社发行部负责调换

中国农业大学出版社
“十二五”职业教育国家规划教材
建设指导委员会专家名单
(按姓氏拼音排列)

◆◆◆◆◆ 编审人员

主　编　郃连春　（黑龙江农业经济职业学院）

副主编　李洪波　（黑龙江农业职业技术学院）

郭世保　（信阳农林学院）

徐桂平　（潍坊职业学院）

刘宝林　（中储粮北方农业开发有限责任公司）

陈海洲　（新疆农业职业技术学院）

参　编　曹　阳　（黑龙江农业经济职业学院）

刘丽云　（辽宁职业学院）

金吉斌　（云南农业职业技术学院）

白玉梅　（江苏农林职业技术学院）

何明明　（辽宁农业职业技术学院）

薛　勇　（佳木斯大学）

朱海英　（黑龙江省牡丹江市东宁县农业技术推广中心）

审　稿　张季中　（黑龙江农业经济职业学院）

前　言

党的二十大报告提出“坚持农业农村优先发展”，并指出“坚持科技是第一生产力、人才是第一资源、创新是第一动力”。这为新时期我国农业现代化发展指明了方向，涉农高等职业院校应全面贯彻党的教育方针，落实立德树人根本任务，积极为乡村振兴事业培养和输送创新型、实干型人才。

《作物病虫害防治》一书于2007年8月出版，先后在许多高职院校使用，深受广大读者喜爱。大家对教材的建设献计献策，提出了许多合理化建议，因此，本教材在第1版的基础上，依据《“十四五”职业教育规划教材建设实施方案》的要求，教育部印发的《高等学校课程思政建设指导纲要》指导意见，以及在党的二十大报告中习近平总书记有关教育的讲话精神，按照相关专业教学标准，通过深入挖掘作物病虫害防治课程的思政元素，将思政育人贯穿教材编写的全过程中，注重培养学生的“大国三农”情怀，引导学生“懂农业、爱农村、爱农民”，树立可持续发展和人与自然和谐共生的生态发展理念，提高课程教学质量，不断满足新时代对农科专业学生的需求。并结合当前高职教育教学改革的实际和高职学生就业岗位的需要进行修订。本次修订，对教材内容按照工作岗位的需要进行了重新编排，全书共分成3个模块，7个项目，29个工作学习任务。各项目后面还增加了学习小结、学习方法体会及目标检测内容，目的在于指导学生学习和巩固所学知识，培养学生分析问题和解决问题的能力。

本书第2版共有7个项目，29个工作任务，由郜连春担任主编。编写分工为：项目一（工作任务1、2）由金吉斌编写、项目一（工作任务3）薛勇编写、项目一（工作任务4）白玉梅编写，项目二由郜连春编写，项目三由徐桂平编写，项目四由曹阳编写，项目五（工作任务1、2、3、4、5）由李洪波编写，项目五（工作任务6）由刘宝林编写，项目六（工作任务1、2、5）由曹阳编写，项目六（工作任务3）由陈海洲编写，项目六（工作任务4）由朱海英编写，项目六（工作任务6）由何明明编写，项目七（工作任务1、2、4）由郭世保编写，项目七（工作任务3）由刘丽云编写，全书由郜连春、曹阳统稿和定稿。

在本次修订过程中，得到了中国农业大学出版社和使用本教材院校的大力支持，特别是各任课教师对本次修订提出了许多宝贵的意见和建议。张季中教授审阅了全稿，提出了许多修改建议。在此一并致谢。

本书在编写过程中参考和引用了大量的有关文献资料，未在书中一一注明，敬请见谅。在此向原作者表示诚挚的谢意。

由于编写水平有限，书中难免存在错误和不妥之处，殷切希望使用本教材的教师、学生和同行提出宝贵意见，以便今后改正。

编　者

2023年6月

◆◆◆◆◆目 录

模块一　作物病虫害形态识别技术

模块三 作物病虫害综合防治技术

模块一　作物病虫害形态识别技术

项目一

农业昆虫识别技术

学习目的

通过对昆虫形态、生物学特性、内部器官、分类知识等相关内容的学习，为作物害虫调查及综合防治等后续内容奠定基础。

知识要求

掌握昆虫口器的构造、足和翅的类型、目科分类知识，熟悉昆虫的生殖、繁殖、发育及变态类型，了解昆虫口器、体壁、消化系统、呼吸系统、神经系统与防治害虫的关系。

能力要求

能准确识别昆虫的口器、足和翅，能正确使用体视显微镜，对常见昆虫准确分类。

工作任务 1-1　昆虫形态识别

学习目标

熟悉昆虫的形态结构，掌握昆虫的基本特征，了解昆虫的生物学特性与防治的关系。

材料及用具

蟋蟀、蝼蛄、蝶、蛾、天牛、瓢虫、蝉、蝇、虻、螳螂、蜜蜂、蜘蛛、蜈蚣、马陆、虾等干制标本或浸渍标本，昆虫形态挂图，放大镜、解剖镜、解剖针、镊子、剪刀等用具。

操作要点

(1)体视显微镜台面有黑、白两种颜色，根据观察物体颜色选择，使观察物衬托清晰。裸露标本或浸渍标本应先放在载玻片上或培养皿中，再放在载物台上观察。

(2)正确使用体视显微镜，使用 XTL-1 型实体连续变倍显微镜，放大倍数由小到大渐次增大，调至物像清晰为止，并调整目镜间距离，使适应操作人员的双眼观察。

(3)昆虫头式、口器及触角的观察，刺吸式口器口针向头的下后方伸出，口针不易发现。虹吸式口器昆虫口器卷曲在头下方，也不易观察，可用针或镊子挑拨观察。触角类型很多，长短差异很大，对细小的触角应在显微镜下观察，如鳃叶状、具芒状、念珠状及环毛状触角。

(4)足和翅的观察，注意观察足的构造及各部分的差异，对各种昆虫的足进行对比观察。一些昆虫的后翅被前翅覆盖，要借助针或镊子挑拨去观察，重点观察蚊、蝇的后翅(平衡棒)、蓟马的前后翅(缨翅)椿象的前翅(半鞘翅)。

(5)昆虫体壁的观察，注意雌雄外生殖器的区别，雌性产卵器着生位置及组成，观察各种昆虫产卵器的形状及昆虫腹部的构造。

注意事项

(1)干制标本观察时候容易破坏标本，应该谨慎操作。若为针插标本，可将标本插在小的泡沫板上观察，以免破坏标本；

(2)野外幼虫观察时，应该借助镊子等工具，不要用手触摸，避免对身体造成伤害；

(3)体视显微镜使用完毕，应及时降低镜体，取下载物台面上的观察物，放入镜箱内，轻拿轻放；

(4)对疑难的昆虫，应该积极查阅资料并开展小组讨论，达成共识。

内容及操作步骤

一、昆虫特征及其近缘动物形态观察

在日常生活中，我们会遇到许许多多的小型动物，如蝴蝶、蚱蜢、蚂蚁、苍蝇、毛虫、蜘蛛、蝎子、马陆、蚰蜒、蜗牛等，这些，人们都习惯地叫作虫子，但它们并非都是昆虫。那么，什么是昆虫呢？

(一)昆虫的特征

昆虫属于动物界、节肢动物门、昆虫纲。昆虫是小型的节肢动物，身体分为头、胸、腹三个体段，并具有六足、四翅。仔细观察，它具有如下特征(图 1-1-1)。

(1)头部具有 1 对触角，1 对复眼，0～3 个单眼和口器。触角具有感觉的作用，特别是能感受一些化学气味，复眼和单眼能够感光视物，口器摄取食物。可以说，头部是昆虫取食和感觉的中心。

(2)胸部着生有六足、四翅，昆虫靠翅膀飞行，靠六足步行，跳跃。因此，可以说，胸部是昆虫的运动中心。

(3)腹部包藏有大量内脏，末端着生有外生殖器和 1 对尾须。可以说，腹部是昆虫代谢和生殖的中心。

(4)昆虫的身体包有一层坚韧外壳(体壁)，故此昆虫称为“外骨骼”动物。

具有上述特征的节肢动物都是昆虫。此外，昆虫的一生，外部形态要发生一系列的变化，我们称之变态。

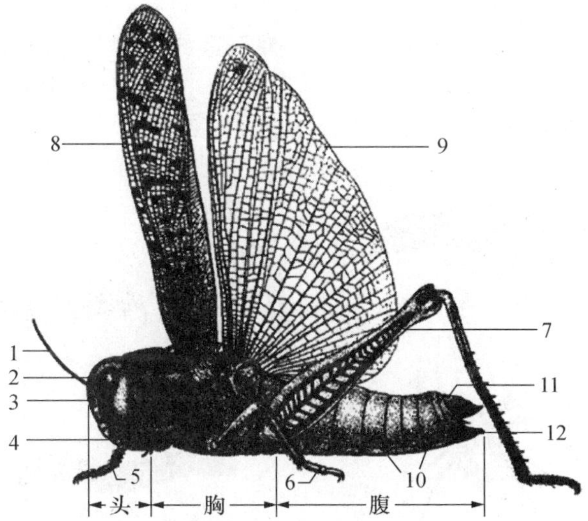

图 1-1-1　东亚飞蝗，示昆虫基本构造（仿彩万志）

1. 触角　2. 复眼　3. 单眼　4. 口器　5. 前足　6. 中足　7. 后足
8. 前翅　9. 后翅　10. 气门　11. 尾须　12. 产卵器

课堂讨论

下列动物中哪些是昆虫？为什么？

蝴蝶、蚂蚱、蚂蚁、苍蝇、毛虫、蜘蛛、蝎子、马陆、蚰蜒、蜗牛、虾、螃蟹。

(二)昆虫的特点

1. 种类多

昆虫是动物界中种类最多的一个类群，估计地球上的昆虫可能有 1 000 万种，目前已知 100 万种左右，占动物界已知种类的 2/3。

2. 繁殖快

昆虫中每雌产卵在 100 个以上的种类十分常见，多的可达 1 000 多个，群栖性昆虫白蚁的部分种类，蚁后每天可产卵 15 000 多个，并能维持数量很少间断。昆虫不仅产卵量大，而且发育快，大多数昆虫一年内就能完成一代、几代，甚至十几代，蚜虫在我国南方一年可发生二三十代。

3. 数量大

一窝蚂蚁可多达 50 多万个个体，一株苹果树可拥有 10 万多头蚜虫。

4. 分布广

从赤道到两级，从海边到内陆，高至世界之巅珠穆朗玛峰，低至山谷沟壑，以及几米深的土壤，都有昆虫的存在。

(三)昆虫的近缘动物

与昆虫同属于节肢动物门的动物都是昆虫的近亲，与昆虫一样，它们都具有节肢动物的特征。主要表现在如下几个方面。

(1)体躯由许多环节组成，相邻的体节间由节间膜连接，虫体可借此自由活动。

(2)各节着生成对的不同功能的附肢。

(3)整体被一层坚韧的体壁所包围,即"外骨骼",其内包藏有内脏器官,并着生肌肉。

与昆虫同属于节肢动物门的主要动物有:甲壳纲(虾、蟹、潮虫)、蛛形纲(蜘蛛、螨类、蝎子)、唇足纲(蜈蚣、蚰蜒)、重足纲(马陆)(图 1-1-2)。

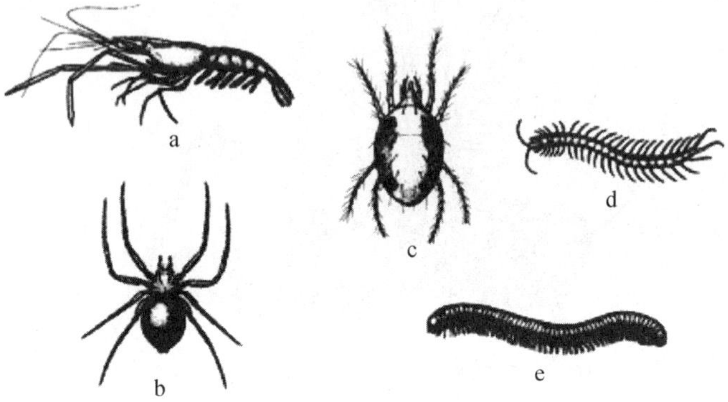

图 1-1-2　昆虫的近亲

a. 甲壳纲(虾)　b. 蛛形纲(蜘蛛)　c. 蛛形纲(螨)
d. 唇足纲(蜈蚣)　e. 重足纲(马陆)

二、昆虫的头部及其附器观察

头部是昆虫的第一体段,通常着生 1 对触角,1 对复眼,0～3 个单眼和口器,是昆虫感觉和取食的中心。

(一)头部的构造

昆虫的头部一般呈圆形或椭圆形,由若干体节愈合而成,但已无分节痕迹,外表为坚硬的外壳,称为头壳。昆虫的头壳表面由许多沟和缝将其分成若干个区域。头壳的上方称为顶,顶的下方和头的前面的区域称为额,额的下方依次为唇基和上唇。头壳两侧称为颅侧区,复眼着生在此区域内。复眼以下部位叫颊,颊和顶无明显分界。头壳的后面称为后头区。见图 1-1-3。

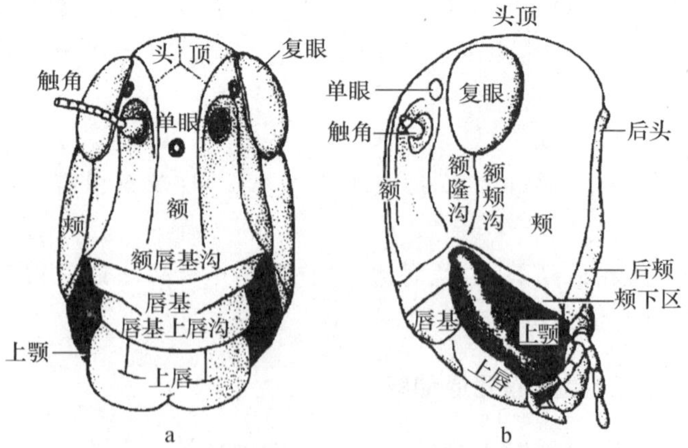

图 1-1-3　蝗虫头部的结构(仿周尧)

a. 正面　b. 侧面

有些昆虫,特别是蛾、蝶类幼虫,额的上方有一条明显的倒"Y"字形的缝,称蜕裂线,主干称冠缝,侧臂称额缝,幼虫蜕皮时就是沿着这条缝裂开的。

昆虫的头部,常常发生一些变化,如象鼻虫头部延长成象鼻状,鹿花金龟的头部着生一对“鹿角”,这些变化与它们的取食行为和求偶行为有密切关系。

(二)昆虫的头式

昆虫头部的形式称为头式。根据口器在头部的着生位置和方向,昆虫的头式可分为三种类型(图 1-1-4)。

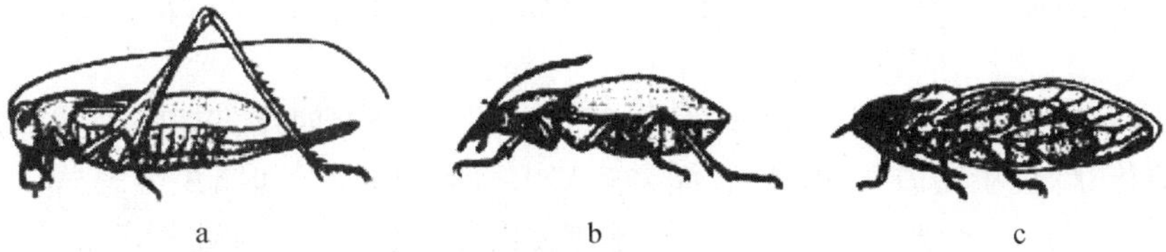

图 1-1-4　昆虫的头式(仿 Eidmann)

a. 下口式(螽斯)　b. 前口式(步甲)　c. 后口式(蝉)

1. 下口式

口器着生在头部下方,与身体的纵轴垂直,这种头式适于取食植物性的食料。如蝗虫、天牛和蛾蝶幼虫等。

2. 前口式

口器着生在头部前方,与身体的纵轴呈钝角或几乎平行。这种头式,适于潜食和钻蛀、捕食其他昆虫等。如步行甲、草蛉幼虫和有钻蛀习性的蛾类幼虫。

3. 后口式

口器向后斜伸,贴在身体的腹面,与身体的纵轴几成锐角。这种头式适于刺吸植物或动物的汁液。如蝉、椿象、蚜虫、介壳虫等。

(三)触角

所有的昆虫都具有1对触角,着生于两复眼之间的触角窝内。触角一般可分为三个部分,基部第一节称为柄节,通常短粗。第二节称为梗节,较细小,其余各节统称鞭节(图 1-1-5)。

触角是昆虫接收信息的重要感觉器官,表面分布有许多感觉器,具有嗅觉和触觉的功能。有的还具有听觉作用。昆虫主要用它来寻找食物和配偶。在触角上生有许多嗅觉器,使昆虫能够嗅到从远方散发出来的化学气味,借以觅食、聚集、求偶、选择产卵场所和逃避敌害等。许多昆虫的雌虫在性成熟后,能分泌性信息素吸引同种昆虫前来交配,所以,雄虫的嗅觉特别发达,可在几百米以外嗅到雌虫分泌的性信息素。一些昆虫表现出明显的趋化性,也与其特殊的嗅觉器有关。如甘蓝夜蛾和地老虎对糖醋液的趋性,菜粉蝶对芥子苷的趋性。所以,利用昆虫的触角对某些化学物质的敏感嗅觉功能,可以进行诱集或趋避,以掌握虫情和开展害虫防治。

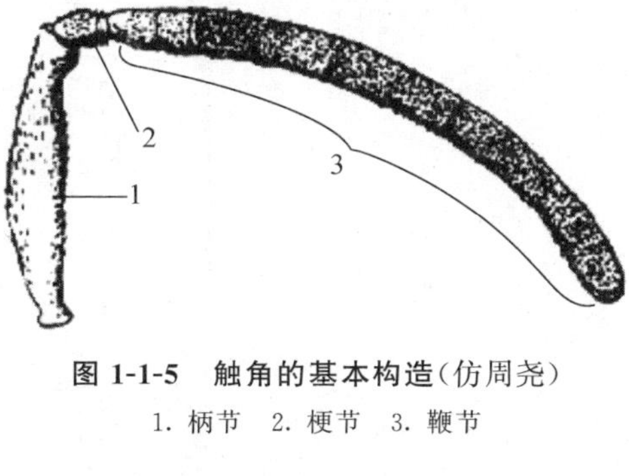

图 1-1-5　触角的基本构造(仿周尧)

1. 柄节　2. 梗节　3. 鞭节

此外,昆虫的触角还具有其他一些功能。如雄蚊的触角具有听觉作用;雄性芫菁的触角在交配时可以抱握雌体;一种幽蚊幼虫的触角能够捕捉食物;水龟虫成虫的触角能够吸取空气;

仰泳蝽的触角则可以平衡身体。

常见的触角有以下几种类型(图 1-1-6)。

刚毛状　触角短,柄节与梗节较粗大,其余各节细似刚毛。如蜻蜓、蝉、叶蝉的触角。

丝状(线状)　细长,除柄节、梗节略粗外,其余各节大小、形状相似,向端部渐细。如天牛、螽斯的触角。丝状触角是昆虫中最常见的类型。

念珠状　柄节长粗,梗节小,其余各节近似圆球形,相互连接形似一串念珠。如白蚁的触角。

棒状(球杆状)　结构与线状触角相似,但近端部数节膨大如棒。如蝶类和蝶角蛉的触角。

锤状　似棒状,但触角较短,鞭节端部突然膨大,形状如锤。如瓢虫等一些甲虫的触角。

锯齿状　鞭节各亚节端部呈锯齿状向一侧突出。如大多叩甲的触角。

栉齿状(梳状)　鞭节各亚节端部向一侧显著突出,状如梳栉。如部分叩甲的触角。

羽毛状(双栉状)　鞭节各亚节向两侧突出,形如羽毛,或似篦子。如许多雄蛾的触角。

膝状(肘状)　柄节极长,梗节小,鞭节各亚节形状及大小相似,在梗节处呈肘状弯曲。如蜜蜂、蚂蚁及部分象甲的触角。

环毛状　除柄节和梗节外,鞭节各亚节具一圈细毛。如雄蚊和摇蚊的触角。

具芒状　鞭节不分亚节,较柄节和梗节粗大,侧生有刚毛状或芒状的触角芒。如蝇类的触角。

鳃状　鞭节端部几节扩展成片,形如鱼鳃。如金龟甲的触角。

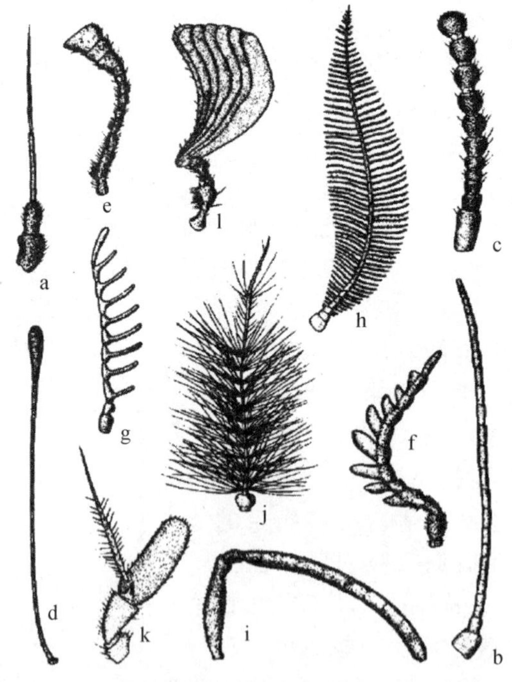

图 1-1-6　昆虫触角的基本类型(仿周尧,管致和等)

a. 刚毛状　b. 线状　c. 念珠状　d. 棒状　e. 锤状　f. 锯齿状　g. 栉齿状

h. 羽毛状　i. 膝状　j. 环毛状　k. 具芒状　l. 鳃片状

(四)眼

眼是昆虫的视觉器官,在取食、群集和定向活动等方面起着重要作用。昆虫的眼有单眼和复眼之分。昆虫一般具有 1 对复眼,多为圆形或卵圆形,着生在头部的两侧,是昆虫的主要视觉器官。昆虫的单眼有背单眼和侧单眼之分,它们只能感受光线的强弱和方向,而不能看清物体的形状。

(五)口器

口器是昆虫的取食器官。各种昆虫因食性和取食方式的不同,口器常常在构造上发生一些变化,而形成了不同的口器类型。例如,取食固体食物的为咀嚼式,取食液体食物的为吸收式,兼食固体和液体食物的为嚼吸式。

1. 咀嚼式口器

咀嚼式口器是昆虫最基本、最原始的口器类型。所有别的口器类型都是由咀嚼式口器演化而来。昆虫的咀嚼式口器由上唇、上颚、下颚、下唇、舌五个部分组成(图 1-1-7)。

上唇　是悬接于唇基下缘的一个双层薄片,能前后活动,有固定、推进食物的作用。

上颚　位于上唇之后,是一对坚硬的锥状构造,可以切断、撕裂和磨碎食物。

下颚　位于上颚之后,左右成对,内外颚叶用于割切和抱握食物,下颚须用来感触食物。

下唇　位于下颚之后,与下颚构造相似,但左右合并为一,用以盛托食物和感觉食物。

舌　位于口腔中央,是一块柔软的袋状构造,用来搅拌和运送食物。舌上具有许多毛和感觉器,具有味觉作用。

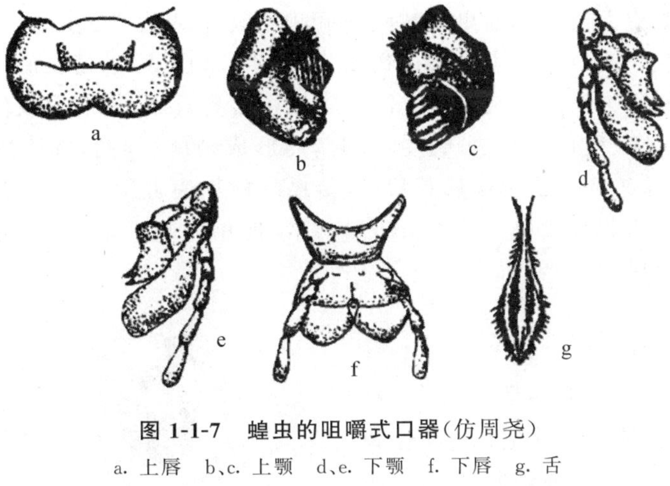

图 1-1-7　蝗虫的咀嚼式口器(仿周尧)

a. 上唇　b、c. 上颚　d、e. 下颚　f. 下唇　g. 舌

咀嚼式口器为害植物的共同特点是造成各种形式的机械损伤,例如,取食叶片造成缺刻、孔洞,严重时将叶肉吃光,仅留网状叶脉,甚至全部被吃光。钻蛀性害虫常将茎秆、果实等造成隧道和孔洞等。

有的钻入叶中潜食叶肉,形成迂回曲折的蛇形隧道。有的啃食叶肉和下表皮,留下上表皮似开"天窗"。有的咬断幼苗的根或根茎,造成幼苗萎蔫枯死。还有吐丝卷叶、缀叶等。直翅目昆虫的成虫、若虫,如蝗虫、蝼蛄等。鞘翅目昆虫的成虫、幼虫,如天牛、叶甲、金龟甲等。鳞翅目的幼虫，如刺蛾、蓑蛾、潜叶蛾等。膜翅目的幼虫，如叶蜂等，都是咀嚼式口器。

防治咀嚼式口器的害虫，通常使用胃毒剂和触杀剂。胃毒剂可喷洒在植物体表，或制成毒饵撒在这类害虫活动的地方，使其和食物一起被害虫食入消化道，引起害虫中毒死亡。

2. 刺吸式口器

刺吸式昆虫的口器是由咀嚼口器演化而成，其上下颚特化成两对口针，相互嵌合两个管道，即食物道和唾液道。下唇延长成包藏和保护口针的喙，上唇则退化为三角形小片，盖在口针基部(图 1-1-8)。

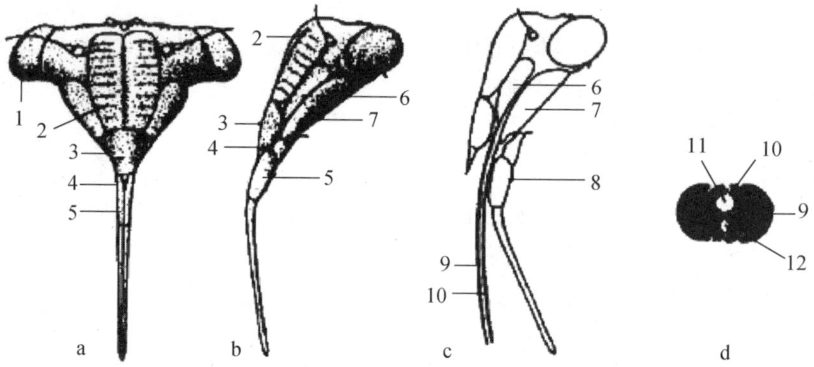

图 1-1-8　蝉的刺吸式口器(仿周尧)

a. 头部正面观　b. 头部侧面观　c. 口器各部分分解　d. 口针横切面

1. 复眼　2. 额　3. 唇基　4. 上唇　5. 喙管　6. 上颚骨片　7. 下颚骨片　8. 下唇

9. 上颚口针　10. 下颚口针　11. 食物道　12. 唾道

同翅目昆虫的成虫、若虫，如蚜虫、叶蝉、蚧壳虫等。半翅目昆虫的成虫、若虫，如椿象等，都是刺吸式口器。刺吸式口器的害虫对植物的为害，不仅仅是吸取植物的汁液，造成植物营养的丧失，而生长衰弱，更为严重的是它所分泌的唾液中含有毒素、抑制素或生长激素，使得植物叶绿素破坏而出现黄斑、变色，细胞分裂受到抑制而形成皱缩、卷曲，细胞增殖而出现虫瘿等。而且，蚜虫、叶蝉、木虱等还传播植物病毒病，其传播的植物病害所造成的损失往往大于害虫本生所造成的为害。对于刺吸式口器的害虫防治，通常使用内吸性杀虫剂、触杀剂或熏蒸剂，而使用胃毒剂是没有效果的。

3. 虹吸式口器

蛾、蝶类成虫所特有的口器类型。上唇和上颚退化，下唇呈片状，下唇须发达，由左右下颚的外颚叶嵌合延伸成喙管，内颚叶和下颚须不发达，喙管通常呈钟表发条状卷曲在头下面，当取食时可伸展吮吸花蜜(图 1-1-9)。蛾蝶类成虫一般不会造成为害，但吸果夜蛾类喙管末端锋利，能刺破成熟果实的果皮，吮吸汁液，造成为害。

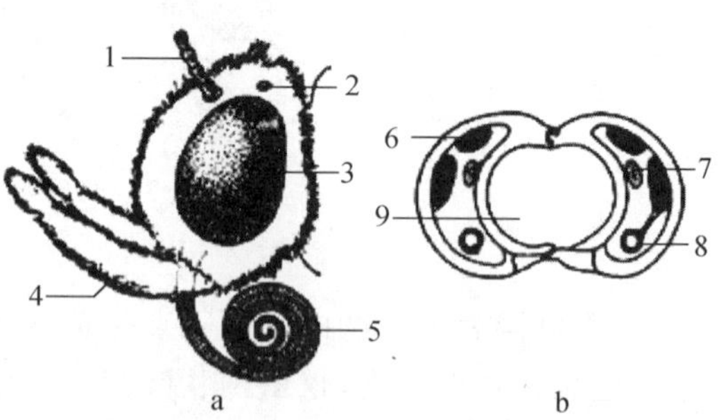

图 1-1-9　蛾蝶的虹吸式口器(仿彩万志，Eidmann)

a. 头部侧面观　b. 喙的横切面

1. 触角 2. 单眼　3. 复眼　4. 下唇须　5. 喙　6. 肌肉

4. 锉吸式口器

这种口器为蓟马类昆虫所特有。

此外，还有刮吸式口器，如牛虻；舐吸式口器，如家蝇；嚼吸式口器，如蜜蜂等。

三、昆虫的胸部及其附器观察

胸部是昆虫的第二体段，其前以膜质颈与头部相连。胸部着生有3对足和2对翅。胸部由三个体节组成，依次称为前胸、中胸和后胸。每一胸节下方各着生一对胸足，依次为前足、中足和后足。多数昆虫在中、后胸上方各着生一对翅，依次称为前翅和后翅。足和翅都是昆虫的行动器官，所以胸部是昆虫的运动中心。

(一)胸节的基本构造

1. 前胸

昆虫的前胸无翅，结构比较简单，但在各类昆虫中也有较大变化，其发达程度与前足是否发达相适应。例如，蝼蛄的前足用于掘土，所以前胸比较发达粗壮。螳螂的前足用于捕捉，所以前胸相当细长。而鳞翅目、膜翅目和双翅目等昆虫的前足和中、后足的功用基本相同，而前胸又不着生翅，因此，前胸比中、后胸小得多。

2. 中胸和后胸

中胸和后胸因为有翅，所以在构造上常与前胸不同，特称为具翅胸节。其特点是背板、腹板和侧板都很发达，结构比较坚强，以适应翅飞行。

具翅胸节的背板一般分为端背片、前盾片、盾片和小盾片。如半翅目和鞘翅目昆虫仅有中胸小盾片露在前翅基部中间。鳞翅目、双翅目和膜翅目的昆虫，主要靠前翅飞行，所以中胸比后胸发达。双翅目和膜翅目昆虫的侧板构造复杂，常作为分类的依据。

(二)胸足

1. 胸足的构造

成虫的胸足一般分为6节，由基部向端部依次称为基节、转节、腿节、胫节、跗节和前跗节(图1-1-10)。

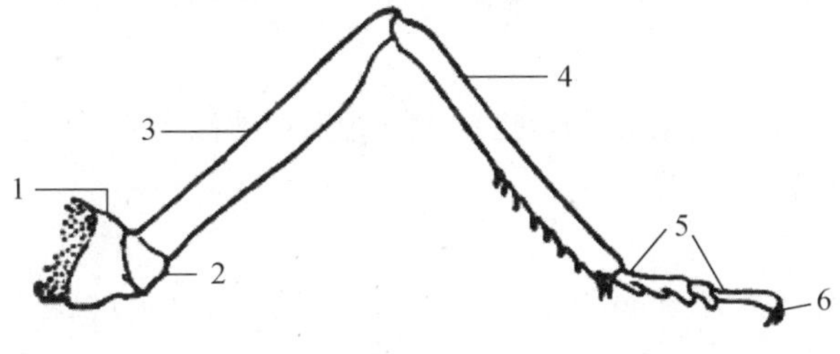

图1-1-10　昆虫胸足的基本构造(仿管致和)

1. 基节　2. 转节　3. 腿节　4. 胫节　5. 跗节　6. 前跗节

基节　是足最基部的一节，常较粗短，多呈圆锥形，着生在侧板、腹板间的基节窝内，能前后活动。

转节　是胸足的第2节，较细小。转节一般为一节，但姬蜂、蜻蜓为二节。

腿节　是胸足的第3节。常比其他各节长大，有发达的肌肉。在善跳的昆虫中，后足腿节尤其粗大。

胫节　通常较细长，与腿节成膝状弯曲。胫节两侧常着生有成列的刺，端部则常有能活动的距。

跗节　通常由25个小节组成，小节数因种类而异。跗节下方常有垫状构造，称跗垫。

前跗节　是胸足最末端的一节，一般退化被两个侧爪所取代。在两爪之间常有膜质的圆瓣状突起称中垫，用以握持和附着物体。有的昆虫两爪下面还有爪垫。

2. 胸足的类型

由于生活环境和活动方式的不同，昆虫足的形态和功能发生了相应的变化，演变成不同的类型(图1-1-11)。

步行足　是昆虫中最常见的一种类型。各节较细长，适于在物体表面行走。如步行甲、蚂蚁、椿象等的足。

跳跃足　一般由后足特化而成，腿节特别膨大，胫节细长，适于跳跃。如蝗虫、蟋蟀等的后足。

开掘足　一般由前足特化而成，胫节宽扁有齿，适于掘土。如蝼蛄的前足。

捕捉足　为前足特化而成。基节延长，腿节腹面有槽，槽边有两排硬刺，腔节腹面也有两排刺。胫节可以折嵌在腿节的槽内，形似铡刀。如螳螂、猎蝽的前足。

游泳足　足扁平，胫节和跗节边缘生有长毛，用以划水。如龙虱、仰蝽等水生昆虫的后足。

抱握足　足粗短，跗节特别膨大，具吸盘状构造，在交尾时用以抱握雌体。如雄性龙虱的前足。

携粉足　如蜜蜂的后足，胫节宽扁，两边有长毛，用以携带花粉，通称“花粉篮”。第一节跗节很大，内面有10～12排横列的硬毛，用以梳刮附着在身体上的花粉。

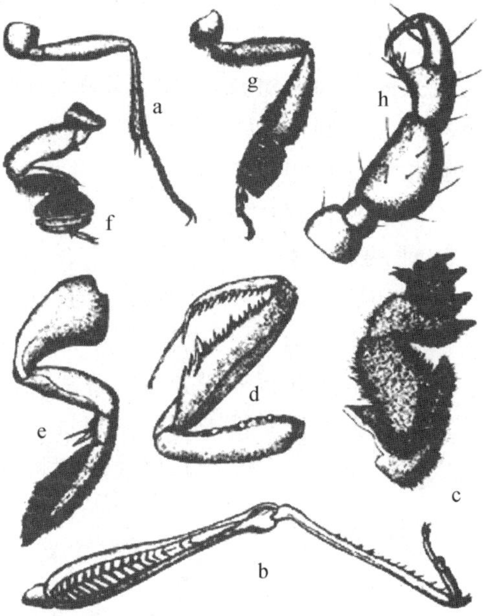

图1-1-11　昆虫胸足的类型(仿周尧，彩万志)

a. 步行足　b. 跳跃足　c. 开掘足　d. 捕捉足　e. 游泳足　f. 抱握足　g. 携粉足　h. 攀缘足

攀缘足　各节较粗短，胫节端部具一指状突，跗节和前跗节弯钩状，构成一个钳状构造，能牢牢夹住人、畜毛发等。如虱类的足。

知识链接

足的变化多种多样，这是昆虫和生活环境相适应的结果。了解昆虫足的构造和类型，对于识别害虫、推断栖息场所，了解生活方式，以及在害虫防治和益虫利用上都有重要的实践意义。而足的类型和跗节的构造是昆虫分类的常用特征。

(三)昆虫的翅

翅是昆虫的飞行器官，昆虫是无脊椎动物中唯一能飞的动物。翅的发生，使昆虫在觅食、求偶、避敌和扩大地理分布方面获得了强大的生存竞争力，而使得昆虫成为动物界中最繁盛的一个类群。

1. 翅的构造

昆虫的翅常呈三角形，分为三缘、三角、四区（图 1-1-12）。

2. 翅脉和脉序

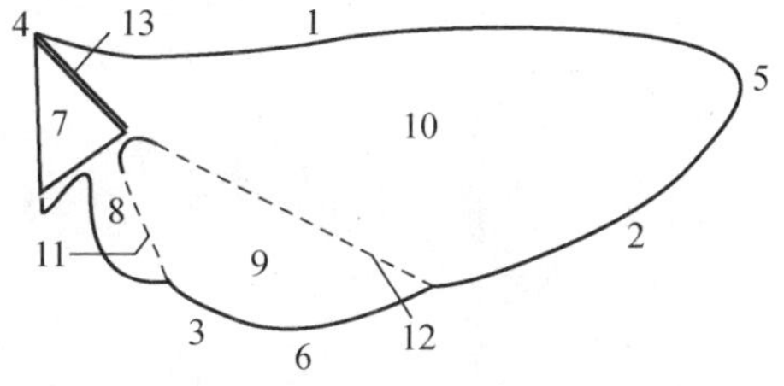

图 1-1-12　昆虫翅的基本构造（仿 Snodgrass）

1. 前缘　2. 外缘　3. 内缘　4. 肩角　5. 顶角　6. 臀角　7. 腋区　8. 轭区　9. 臀区　10. 臀前区

在昆虫的翅上，有许多由气管演化而来的翅脉，像扇子的扇骨一样，起着加固翅面，对整个翅面起着支架的作用。翅脉在翅面上的分布形式称为脉序。翅脉有纵脉与横脉之分。纵脉是由翅基部伸到外缘的翅脉，横脉是横列在纵脉之间的短脉。由于纵横脉的存在，把翅面划分成许多小区，每个小区叫做翅室。纵脉、横脉及翅室，它们都有一定的名称和缩写代号。翅脉在翅面上的分布形式称为脉序。不同类群的昆虫，脉序往往存在一定的差异，因此，可以根据脉序的差异来识别昆虫。人们通过对现代昆虫和化石昆虫翅脉的分析比较，提出了假想模式脉序，作为判别现代昆虫脉序的标准（图 1-1-13）。

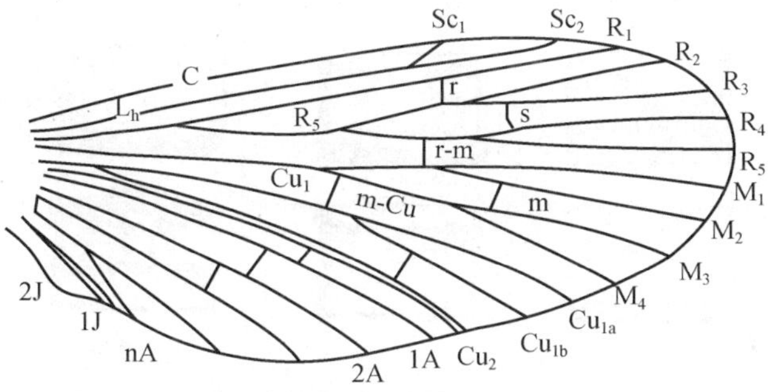

图 1-1-13　昆虫翅的假想模式脉序图（仿 Ross）

C：前缘脉　Sc：亚前缘脉　R：径脉　Rs：径分脉　M：中脉　Cu：肘脉　A：臀脉　J：轭脉　h：肩横脉　r：径横脉　s：分横脉　r-m：径中横脉　m：中横脉　m-Cu：径中横脉

3. 翅的类型

昆虫翅的主要作用是飞行，一般为膜翅，但很多昆虫由于长期适应不同的生活环境和条件，翅在形状、质地和功能上发生了许多变化。根据翅的形状、质地和功能，可将翅分为不同的类型。常见的类型有 8 种（图 1-1-14）。

膜翅　翅膜质，薄而透明，翅脉明显可见，如蜂类、蜻蜓的前后翅，甲虫、椿象等的后翅。

复翅　蝗虫等直翅类昆虫的前翅质地坚韧如皮革，半透明，有翅脉。

鞘翅　翅质地坚硬如角质，不用于飞行，用来保护背部和后翅，如甲虫类的前翅。

半鞘翅　基半部为皮革质或角质，端半部为膜质有翅脉。如椿象前翅。

鳞翅　翅质地为膜质，但翅上有许多鳞片。如蛾蝶类的前后翅。

毛翅　翅膜质，翅面和翅脉上生有许多细毛，翅不透明或半透明。如毛翅目昆虫和前后翅。

缨翅　前后翅狭长，翅脉退化，翅的质地膜质，边缘上着生很多细长缨毛。如蓟马的前后翅。

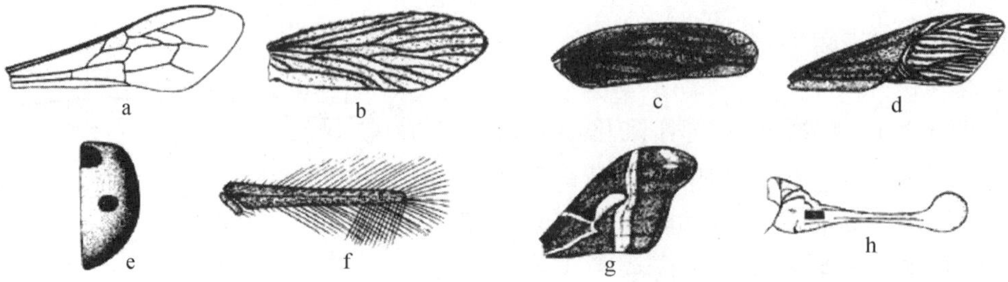

图 1-1-14 昆虫翅的类型(仿彩万志)

a. 膜翅 b. 毛翅 c. 覆翅 d. 半翅 e. 鞘翅 f. 缨翅 g. 鳞翅 h. 棒翅

棒翅(平衡棒) 双翅目昆虫和蚧壳虫雄虫的后翅退化成很小的棒状构造,飞翔时用以平衡身体,又称平衡棒。

4. 翅的连锁

有些昆虫在飞翔时,为了协调两对翅的动作,前翅和后翅之间有一些连锁构造,称连锁器。昆虫的连锁器主要有下列几种(图 1-1-15)。

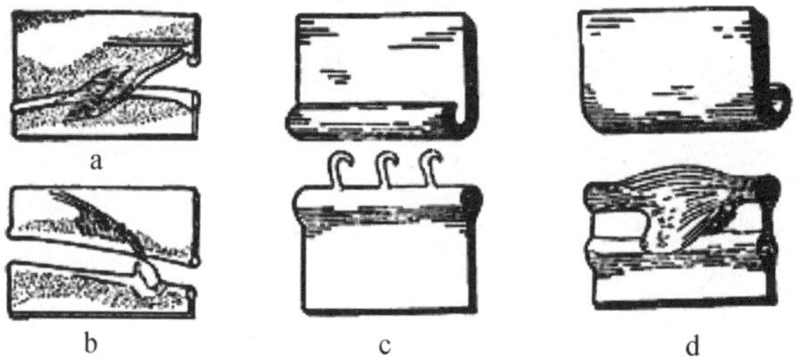

图 1-1-15 昆虫前后翅的连锁器官(仿 Eidmann)

a. 翅轭 b. 后翅的翅缰和前翅的翅缰钩 c. 后翅的翅钩和前翅的卷褶

d. 前翅的卷褶和后翅的短褶

(1)翅抱 后翅肩部加宽,并生有发达的横脉,飞行可靠空气压力紧贴于前翅之下。如蝶类和枯叶蛾的翅。

(2)翅轭 前翅轭区的基部,有一个指状突起,称为翅轭,飞行时可伸到后翅下面夹住后翅。如蝙蝠蛾的翅。

(3)翅缰 后翅前缘有一根或几根硬鬃,称翅缰;而在前翅腹面翅脉上的一簇毛或鳞片所形成的钩,称翅缰钩,翅缰插在翅缰钩内使前后翅连在一起飞行。如大部分蛾类的翅。

(4)翅钩 后翅前缘有一列向上弯的小钩,称翅钩列,飞行时钩连在前翅后缘的卷折内而使前后翅联结起来。如蜜蜂的翅等。

(5)翅褶 前翅后缘向腹面卷折,后翅前缘向背面卷折,飞行时前后翅靠此挂连在一起。如蝉的翅等。

翅的类型是昆虫分目的主要依据,根据昆虫翅的类型,很容易对常见昆虫进行大类的划分,这在识别昆虫中是十分有用的特征。

四、昆虫的腹部及其附器观察

腹部是昆虫的第三体段，紧连于胸部之后，一般没有分节的附肢，里面包藏有各种内脏器官，端部着生有雌雄外生殖器和尾须。内脏器官在昆虫的新陈代谢中发挥着重要的作用，雌雄外生殖器主要承担了与生殖有关的交尾产卵等活动，尾须在交尾产卵过程中对外界环境进行感觉，所以说腹部是昆虫新陈代谢和生殖的中心。

1. 腹部的构造

成虫的腹部一般呈长筒形或椭圆形，但在各类昆虫中常有较大的变化，一般由 9～11 节组成，最多 12 节，最少只有 3～5 节。腹部的构造比胸部简单，每个腹节只有背板和腹板，而没有侧板。背板和腹板之间是柔软的薄膜，节与节之间也是由薄膜相连，称为节间膜，由于腹节前后两侧都是膜质，所以腹部由较大的伸缩能力。腹部 1～8 节两侧各有 1 对气门，用于呼吸。腹部第 8 节（雌性）或第 9 节（雄性）因为着生有产卵器或交配器，构造有些不同，称为生殖节。生殖节以后的各节统称为生殖后节。有的种类腹部末节着生 1 对尾须。见图 1-1-16。

2. 尾须

尾须是 1 对须状构造，有感觉的功能。在各类昆虫中变化很大，分节或不分节或消失。

3. 外生殖器

雄性的称作交尾器，一般由 1 个管状的阳具和 1 对钳状的抱握器所组成。雌性的称作产卵器。通常由 2～3 对瓣状的构造所组成。有些种类没有产卵器，直接由腹部末端的几节伸长成 1 根细管来产卵。如蛾类、蝇类及甲虫等。有些种类的产卵器已不用来产卵，而特化为刺，用以自卫或麻醉猎获物。如蜜蜂等。

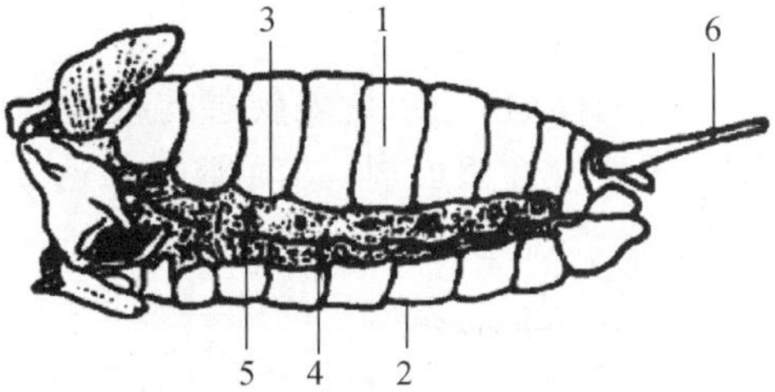

图 1-1-16　昆虫腹部的构造（仿 Snodgrass）

1. 背板　2. 腹板　3. 侧膜　4. 背侧线　5. 气门　6. 尾须

五、昆虫体壁观察

体壁是包在整个昆虫体躯（包括附肢）最外层的组织，它具有皮肤和骨骼两种功能，又称外骨骼。它的骨骼作用主要表现在着生肌肉，固定体躯，保持昆虫固有的体形和特征。保护内部器官免受外部机械袭击，它的皮肤作用表现在防止体内水分过度蒸发，防止外部有毒物质和有害微生物的入侵，感受外界环境。

（一）体壁的构造

昆虫的体壁由底膜、皮细胞层、表皮层三大部分组成（图 1-1-17）。

（1）底膜　是紧贴在皮细胞层下的一层薄膜，由皮细胞分泌而成。

（2）皮细胞层是一排列整齐的单层活细胞，具有再生能力，向上分泌形成新的表皮，向下分泌形成底膜。皮细胞特化可以形成刚毛、鳞片和各种腺体。

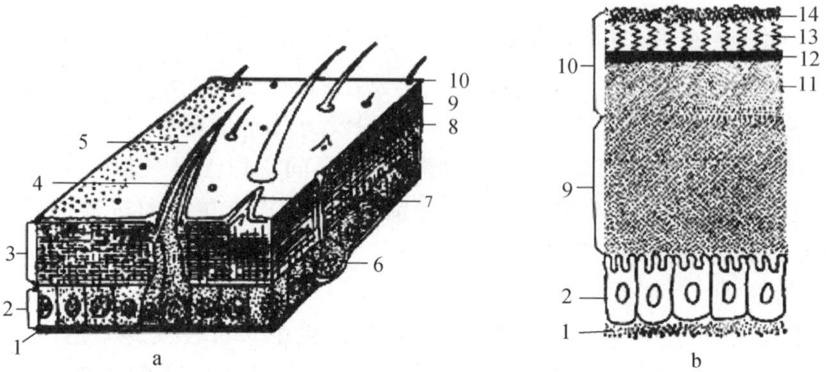

图 1-1-17　昆虫体壁的构造（仿 Richards，Weis-Fogh）

a. 立体　b. 平面

1. 底膜　2. 皮细胞层　3. 表皮层　4. 刚毛　5. 皮细胞腺　6. 腺细胞

7. 非细胞突起　8. 内表皮　9. 外表皮　10. 上表皮　11. 多元酚层

12. 角质精层　13. 蜡层　14. 护蜡层

(3)表皮层　在皮细胞层上方，是由皮细胞向外分泌而成。昆虫的表皮由内表皮、外表皮和上表皮三层组成。

昆虫的体壁，特别是表皮层的结构和性能与害虫防治有着密切的关系。在防治害虫时，我们使用的接触性杀虫剂，必须能够穿透它，才能发挥作用。低龄幼虫，体壁较薄，农药容易穿透，易于触杀，高龄幼虫，体壁硬化，抗药性增强，防治困难，所以，使用接触性杀虫剂防治害虫时要“治早治小”。表皮层的蜡层和护蜡层是疏水性的，使用乳油型的杀虫剂容易渗透进入虫体，杀虫效果往往要比可湿性粉剂好，如在杀虫剂中加入脂溶性的化学物质，杀虫效果也会大大提高。对蜡层较厚的害虫，特别是被有蜡质介壳的昆虫，如介壳虫，可以使用机油乳剂溶解蜡质，杀灭害虫。在防治仓库害虫时，常在农药中加入惰性粉，在害虫活动时，惰性粉可以擦破昆虫的护蜡层和蜡层，使害虫大量失水和药剂顺利进入虫体而中毒死亡。一些新型的杀虫剂，如灭幼脲，能够抑制昆虫表皮几丁质的合成，使幼虫蜕皮时不能形成新表皮，变态受阻或形成畸形而死亡。

知识链接

体壁的分层结构，对昆虫发展成为自然界最昌盛的动物类群有着很大的意义。研究体壁的构造，就是要根据各层的性质，采取各种方法打破体壁的防护作用，提高药剂的穿透能力，达到消灭害虫的目的。

(二)体壁的衍生物

体壁的衍生物指的是由皮细胞和表皮发生的特化构造，大致可分为两类，一类是发生在体壁外的，称体壁的外展物，有刺、距、刚毛、鳞片、毒毛(图 1-1-18)。另一类是发生在体内，由体壁内陷形成的，多为由皮细胞特化的具有分泌作用的腺体，如唾腺、丝腺、蜡腺、毒腺和臭腺等。

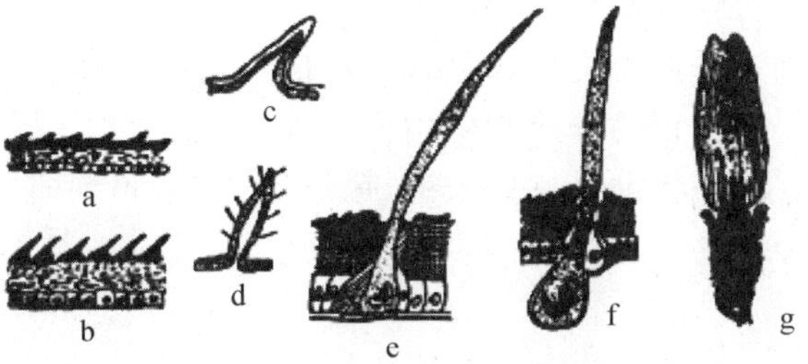

图 1-1-18　昆虫体壁的外展物(仿管致和,Snodgrass)

a,b. 非细胞表皮突起　c. 刺　d. 距　e. 刚毛　f. 毒毛　g. 鳞片

工作任务 1-2　昆虫变态类型及不同发育阶段虫态识别

学习目标

熟悉昆虫的变态类型,掌握昆虫不同类型的卵、幼虫、蛹的特点以及昆虫的性二型和多型现象,了解昆虫的个体发育史、年生活史以及行为习性与防治的关系。

材料及用具

生活史标本(蝗虫和菜粉蝶等),浸渍标本(昆虫不同类型的卵、幼虫、蛹),昆虫性二型的雌雄针插标本(尺蛾、蓑蛾、介壳虫、小地老虎、蝉等),昆虫多型现象标本(蚂蚁的蚁后、蚁王、工蚁、兵蚁),蚜虫的有翅型、无翅型等干制针插标本或浸渍标本,昆虫形态挂图,放大镜、解剖镜、解剖针、镊子、剪刀等用具。

操作要点

(1)使用体视显微镜观察浸渍标本时,应将其先放在载玻片上或培养皿中,再放在载物台上观察。

(2)在进行昆虫变态类型观察时,要注意完全变态和不完全变态类型的区别。

(3)不同类型卵的观察要注意卵的大小、形状以及表面的花纹等,不同类型幼虫的观察要注意比较无足型、寡足型、多足型幼虫的区别,不同类型蛹的观察要注意比较离蛹(裸蛹)、被蛹、围蛹的区别。

(4)性二型的观察:小地老虎主要观察雌雄触角的差异,尺蛾、介壳虫、蓑蛾观察翅的有无,蝉观察发音器等,多型现象的观察主要观察各个类型的形态,并进行区别比较。

注意事项

(1)干制标本观察时候容易破坏标本,应该谨慎操作。若为针插标本,可将标本插在小泡沫板上观察,便于操作;

(2)在进行昆虫变态类型观察时,要利用课余时间,查阅资料,拓展知识面,了解昆虫的个体发育史、年生活史、行为习性及其与防治的关系；

(3)选择当地1～2种主要农业害虫，利用课余时间，系统观察和记载其个体发育史及年生活史，写出观察报告，以促进知识的深化和应用；

(4)野外幼虫观察时，应该借助手持放大镜、镊子等工具，不要直接用手触摸虫体，避免有毒昆虫的伤害。

内容及操作步骤

昆虫的种类繁多，在长期的进化过程中，逐渐形成了各自相对稳定的生长发育特点、繁殖方式和行为习性，即昆虫的种性。掌握昆虫的这些生物学特性，不仅是研究昆虫分类和进化的基础，而且对于农作物害虫的防治和有益昆虫的利用有着重要的实践意义。

一、昆虫的繁殖观察

昆虫在复杂的环境条件下，经过长期的适应，生殖方式也反映了不同的适应方式，归纳起来主要有以下几种。

1. 两性生殖

昆虫的大多数种类进行两性生殖。即通过雌雄交配、受精，产生受精卵，再发育成新个体，又称卵生。如蛾、蝶、甲虫、蝗虫、椿象的生殖方式。

2. 孤雌生殖

雌虫不经过交配，或卵未经过受精而产生新的个体。这种生殖方式称孤雌生殖，又称单性生殖。

有些昆虫没有雄虫或雄虫极少，完全或基本上以孤雌生殖进行繁殖，称为经常性孤雌生殖，如蓟马、介壳虫、粉虱等昆虫；另一些昆虫则两性生殖和孤雌生殖交替，进行1次或多次孤雌生殖后，再进行1次两性生殖，称为周期性孤雌生殖。如许多蚜虫，从春季到秋季，连续10多代都是孤雌生殖，一般不产生性蚜，而在冬季来临前才出现雄蚜，雌雄交配后产下受精卵越冬。在正常进行两性生殖的昆虫中，偶尔也出现未受精卵发育成新个体的现象，称为偶发性孤雌生殖，如家蚕、飞蝗等。蜜蜂雌雄交配后，产下的卵并不是全部受精，因为卵在通过阴道时，一部分卵能够从贮精囊中获得精子，另一部分则不能从贮精囊中获得精子。凡受精卵皆发育为雌蜂，未受精卵孵出的皆为雄蜂。

孤雌生殖对昆虫的广泛分布和适应恶劣环境，起着重要的作用。

3. 多胚生殖

由一个卵产生2个或更多个胚胎的生殖方式。如小蜂，小茧蜂，姬蜂等寄生蜂多以这种方式繁殖。在寄生蜂中，最多的一个卵可孵出3 000多头幼虫。多胚生殖是对活体寄主的适应，在有益寄生蜂的人工繁殖时，可以充分利用寄主繁殖出较多的后代个体，如赤眼蜂的繁殖利用。

4. 卵胎生殖

卵在母体内孵化后直接产生出小幼体的生殖方式。最常见的如蚜虫。这种生殖方式对卵有一定的保护作用。

二、昆虫的变态类型观察

昆虫在生长发育过程中，经过不断地新陈代谢，不仅体积增大，而且外部形态和内部构造也发生一系列的变化，这种变化称为变态，昆虫的长期演化过程中，对生活环境产生了特殊的适应，发生了不少变态类型，主要有：

1. 不完全变态

一生只经过卵，幼虫，成虫三个虫期，幼虫与成虫的外部形态和生活习性很相似，仅体小，翅与附肢短，性器官不成熟，这种变态的幼虫称若虫。如蝗虫、蚜虫、蝉、椿象等(图 1-2-1)。

2. 完全变态

一生经过卵，幼虫，蛹和成虫四个虫期，其幼虫和成虫在体型上和生活上完全不同，完全变态的昆虫在完成幼虫向成虫转化的过程中，幼虫原有的器官必须分解，成虫新的器官要重新形成，蛹则成为来完成这种体型和器官剧烈变化的过渡虫态。如蛾、蝶、蝇、蜂和甲虫等(图 1-2-2)。

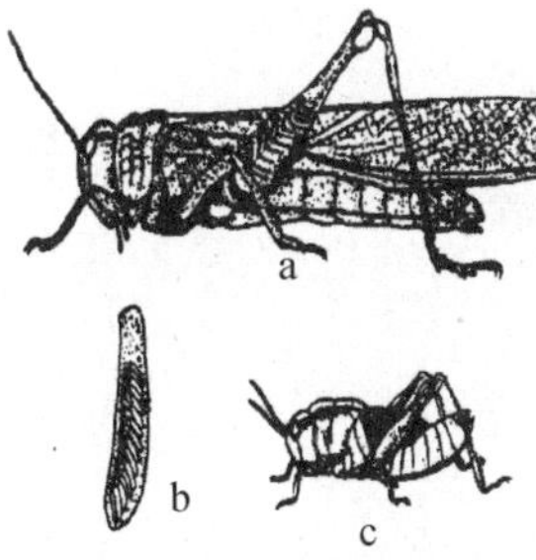

图 1-2-1　昆虫的不完全变态

（仿李清西，钱学聪）

a. 成虫　b. 卵囊及卵　c. 若虫

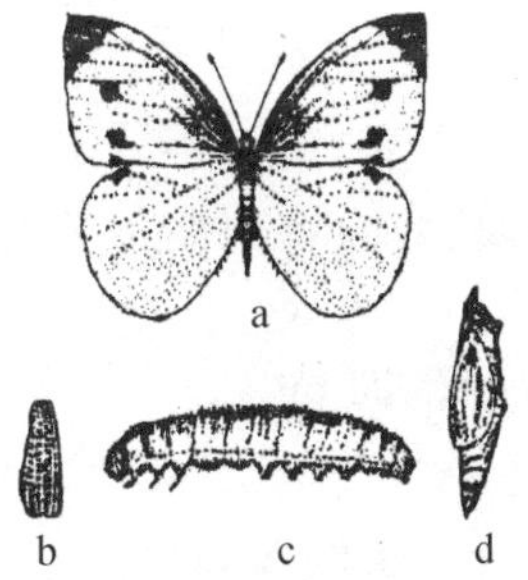

图 1-2-2　昆虫的完全变态

（仿北京农业大学《昆虫学通论》）

a. 成虫　b. 卵　c. 幼虫　d. 蛹

知识链接

昆虫从卵发育为成虫的过程称为个体发育，从卵或幼体离开母体到成虫性成熟产生后代为止的个体发育周期，称为一个世代。从当年越冬虫态开始活动起到第二年越冬结束为止的一年的发育经过称为年生活史。昆虫一年发生一代或多代不等，也有多年发生一代的。在全年的发生过程中，往往要经过越夏和越冬。

三、卵的观察

卵从母体产下时开始到变为幼虫为止，这段时间称卵期。这是昆虫个体发育的第一个时期，昆虫的生命是从卵开始的。从表面看，卵是一个不活动的虫态，其内部却进行着剧烈的生命活动。当胚胎发育完成后，幼虫由卵内破卵壳而出的过程称孵化。

昆虫卵是一个大型细胞，内含原生质、卵核和卵质，外面包被着较坚硬的卵壳，卵壳表面有各种刻纹，具有较高度的不透性，外界物质很难进入卵内。所以，大部分杀虫剂对卵的防效不高。昆虫卵的形状、大小、颜色及卵壳上的斑纹等，均因种类不同而有明显的差异。常见的形态有肾状形、瓶形、球形、桶形、卵形、长椭圆形、半球形、有柄形等。见图 1-2-3。

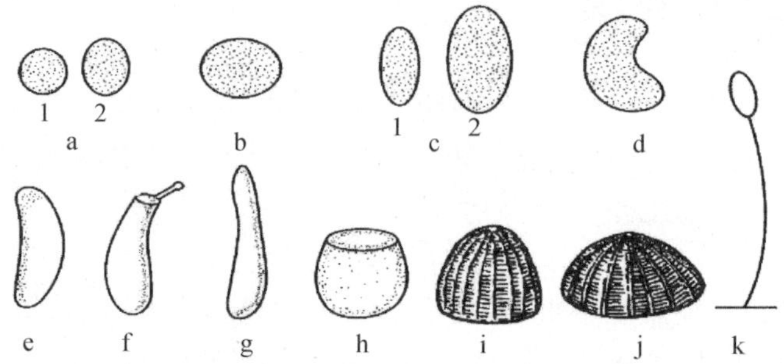

图 1-2-3 昆虫卵的形态（仿西北农学院《农业昆虫学》）

a. 椭圆形：1. 大黑鳃金龟 2. 蝼蛄 b. 球形 c. 长椭圆形：1. 棉蚜 2. 豆芫菁
d. 肾形（棉蓟马） e. 长卵形（蝗虫） f. 袋形（三点盲蝽） g. 长茄形（飞虱）
h. 桶形（椿象） i. 馒头形（棉铃虫） j. 半球形（小地老虎） k. 有柄形（草蛉）

昆虫产卵的方式和场所常因昆虫种类而不同，有的单粒散产如小菜粉蝶、有的聚集成块如菜蝽。有的产在植物表面如棉铃虫、有的产在植物组织内如叶蝉、有的产在其他昆虫体内如寄生蜂。

了解昆虫卵的形态、大小、产卵形式和场所，对于识别害虫种类和防治害虫都有重要的意义。如摘除卵块、剪除有卵枝条等都是有效控制害虫的措施。

四、幼虫的观察

幼虫是昆虫个体发育的第二个阶段。从孵化到幼虫化蛹或若虫羽化为止称幼虫期。幼虫期是昆虫一生中的主要危害时期，也是防治的关键阶段。

幼虫和若虫破卵壳而出的过程称孵化。刚孵化的幼虫，虫体小，体壁柔软，取食后虫体不断增大，当幼虫取食生长到一定的程度，由于受体壁的限制，必须脱去旧表皮，重新形成新表皮，才能继续生长，这种现象称蜕皮。从卵孵化出来的幼虫为第一龄，以后每脱一次皮增加一次龄。两次脱皮之间的时间为龄期。幼虫蜕皮次数，常因昆虫种类及生活条件而变化。一般脱皮 4～5 次，即 5～6 龄。各龄期的长短随昆虫种类而不同，同时又受气温、食料的影响。

昆虫种类不同，其龄数和龄期长短各不相同。同种昆虫的幼虫，各龄的形体、颜色等常有区别。初孵幼体，体小壁薄，有些还群集栖居。利用化学药剂和微生物农药，实行治早、治小的防治措施，便可收到理想的防治效果。

幼虫的类型　全变态昆虫的幼虫根据胸足和腹足的数目可分成三类。见图 1-2-4。

1. 多足型

幼虫有 3 对胸足、2～8 对腹足。如鳞翅目幼虫和膜翅目叶蜂幼虫。

2. 寡足型

幼虫只具 3 对胸足而无腹足。如鞘翅目、脉翅目幼虫。

3. 无足型

幼虫既无胸足也无腹足。如双翅目幼虫和部分鞘翅目幼虫。

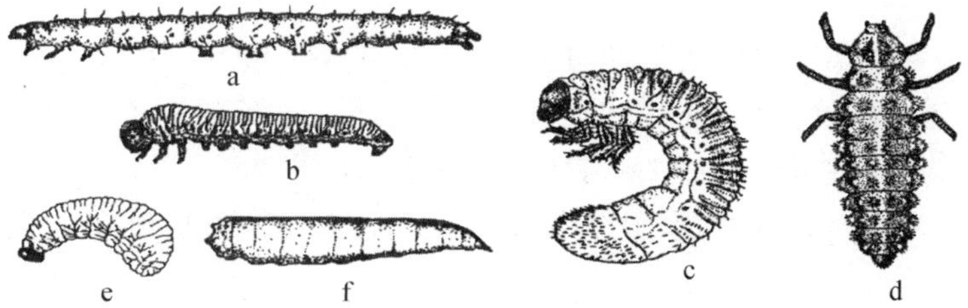

图 1-2-4　完全变态昆虫幼虫类型(仿李清西等)

a,b. 多足型　c,d. 寡足型　e,f. 无足型

五、蛹的观察

全变态类幼虫过渡到成虫的过渡时期，称为蛹期。幼虫老熟后，停止取食、寻找适当的场所，吐丝作茧或潜入土中做土室，身体缩短、停止活动准备化蛹。前蛹和蛹从外表看来是静止状态，其实体内却进行着激烈的生理变化和内部器官及虫态的转变。

蛹期是昆虫生命活动中的一个薄弱环节，由于蛹不活动，易受不良环境的影响，也易遭受敌害，因此老熟幼虫化蛹前常要寻找适当的隐蔽场所如在树皮裂缝中、卷叶内、土壤中、植物组织中等处。此外，有些昆虫的蛹还有特殊的庇护物，如丝茧、土茧等。了解昆虫蛹期的生物学特性，可人为的破坏其化蛹的生态环境是防治害虫的一个重要途径。如施行翻耕晒土，破坏蛹室，使其曝晒致死或增加天敌捕食的机会；掌握蛹期，实施灌水淹杀或人工挖蛹，修剪有蛹枝条等都可以收到一定的防治效果。

昆虫蛹的类型有围蛹、被蛹和离蛹(裸蛹)3 种(图 1-2-5)。

1. 离蛹(裸蛹)

触角、足等附肢和翅不贴附于蛹体，可以活动。如甲虫、蜂类的蛹。

2. 被蛹

触角、足、翅等附肢紧贴蛹体上，不能活动。如蛾类、蝶类的蛹。

3. 围蛹

蛹体实际上是离蛹，但蛹体外面有末龄幼虫所蜕的皮形成的蛹壳所包围。如蝇类的蛹。

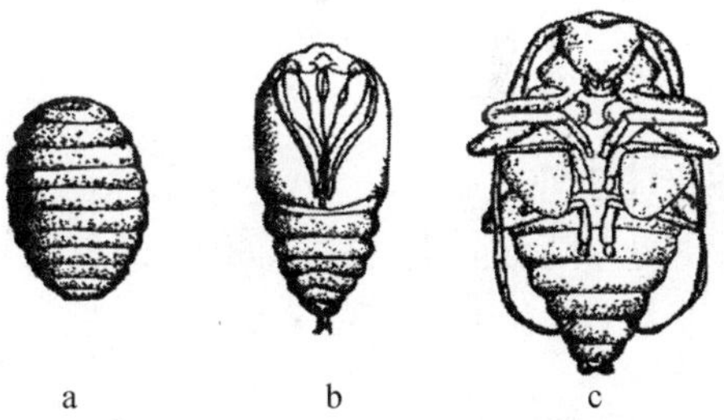

图 1-2-5　昆虫蛹的类型(仿李清西等)

a. 围蛹　b. 被蛹　c. 离蛹

六、昆虫性二型及多型现象观察

不完全变态的若虫和完全变态的蛹，蜕去最后一次皮变为成虫的过程，称为羽化。羽化的成虫体柔色浅，待翅和附肢伸展，体壁硬化后，变成能活动和飞翔。由于成虫期形态结构已固定，昆虫的特征显出，所以成虫的形态特征是昆虫形态分类的主要依据。

1. 性成熟

多数昆虫羽化后性器官已经成熟即可交尾产卵，完成生殖后死去。有的昆虫，羽化后生殖腺尚未成熟，还须进行取食，以补充其卵发育所需的营养，这种取食称为补充营养。有补充营养习性的成虫，有的对农作物仍有危害；有的仅以花蜜，露水为食，对植物无直接危害。在防治上可以利用成虫补充营养的习性，设置糖浆液来毒杀成虫或作预测预报的根据。

2. 性二型

成虫的雌雄两性，除直接产生性细胞的性腺和实行交配，产卵等活动的外生殖器的构造截然不同外，雌雄的区别也常表现在个体的大小，体型的差异，颜色的变化等方面。这种现象称为雌雄二型。例如，尺蠖雌蛾无翅，雄蛾有翅。

3. 多型现象

有的成虫不仅雌雄二型现象显著，而且在同一性别的个体中出现不同类型，这种现象称为多型现象。例如，蚜虫在同一季节可出现有翅胎生雌蚜和无翅胎生雌蚜；稻飞虱的雌虫有长翅型和短翅型；蜜蜂群中，蜂王和工蜂都属雌性，两者体型有差异。

多型现象反映了环境变化与种群的动态，对分析虫情及制定防治指标，开展准确控制措施，具有重要的价值。

知识链接

不同的昆虫往往具有不同的行为和习性，如休眠、滞育、食性(植食性、肉食性等)、趋性(趋光性、趋化性等)、假死性、群集性、迁飞等，利用昆虫的行为和习性可以加强对害虫的防治。

工作任务 1-3　昆虫主要目科种类识别

学习目标

熟悉昆虫分类的基本知识，掌握昆虫主要目科的基本特征，了解各个类群的生物学特性及其与人类的关系。

材料及用具

直翅目、缨翅目、同翅目、半翅目、鞘翅目、双翅目、鳞翅目、膜翅目、脉翅目等各目主要科的干制针插标本、浸渍标本或玻片标本，昆虫形态挂图，放大镜、体视显微镜、生物显微镜、解剖针、镊子等用具。

操作要点

(1)干制针插标本，体型较大的可直接使用手持放大镜观察，较小的可将标本插在小型泡沫板上用体视显微镜观察。浸渍标本，应先将标本放在载玻片或培养皿中，再放在体视显微镜载物台上观察。玻片标本使用生物显微镜观察。

(2)各个目的特征的观察，要注意比较目下各个标本的共同特征，特别要注意口器的类型、翅的类型、触角的类型以及足的类型。

(3)各目主要科的特征观察，要注意从形态上比较各个科之间的差异，掌握其主要特征，特别要注意一些细微特征的观察，如触角的节数和形态、单眼的有无及数量、下颚须及下唇须的形态、各胸节及小盾片的形态和发达程度、翅的形态及脉序、跗节的节数及形态、产卵器的结构及形态等。

注意事项

（1）观察干制标本时，应该谨慎操作，以免破坏标本；

（2）在进行主要目科特征观察时，应利用课余时间多到图书馆查阅资料，明确各个类群的生物学特性及其与人类的益害关系；

（3）要多利用课余时间，到田间采集标本，查阅资料进行鉴定，以促进鉴定技能的不断提高。对采集到的幼虫等标本，难以鉴定时，还必须饲养至成虫再进行鉴定；

（4）对疑难的昆虫，可在查阅资料的基础上，开展小组讨论，达成共识。

内容及操作步骤

自然界中昆虫的种类非常丰富。科学家们根据昆虫的形态、生理、生态等特征及亲缘关系的远近，通过分析、比较、归纳、综合的方法，将自然界种类繁多的昆虫分门别类，建立了一个符合客观规律，能反映昆虫在历史演化过程中亲缘关系的分类系统。了解昆虫的分类系统，掌握一定的分类知识，可以正确鉴别农业害虫和益虫。对害虫控制和益虫利用具有极其重要的意义。

昆虫分类系统依次为界、门、纲、目、科、属、种 7 个分类阶元。为了更精确起见，有的还在各阶元下设“亚”级阶元，在目、科之上设“总”级阶元。现以东亚飞蝗为例，其分类阶梯如下：

昆虫纲（Insecta）

有翅亚纲（Pterygota）

直翅总目（Orthopteroides）

直翅目（Orthoptera）

蝗亚目（Locustodea）

蝗总科（Locustoidea）

斑翅蝗科（Oedipoidae）

飞蝗亚科（Locustinae）

飞蝗属（*Locusta*）

亚属（未分）

种：飞蝗（*Locusta migratoria* L.）

亚种：东亚飞蝗（*Locusta migratoria manilensis* Meyen）

种是昆虫分类的基本单位。每种已知昆虫都有一个全世界通用的科学名称，称为学名。昆虫种的学名由属名和种名组成，称双名法，并用拉丁文书写，印刷时用斜体字，最后附上定名人姓氏或其缩写，用正体字印刷，属名和定名人的第一个字母要大写，有时定名人姓氏上加有圆括号，表示属名已有后人作过修订。如黏虫的学名为：*Mythimna*（属名）*separate*（种名）（Walker）（定名人）。种以下为亚种，以三名法表示，即在种名与定名人之间加上亚种名，用小写斜字体。如东亚飞蝗：*Locusta*（属名）*migratoria*（种名）*manilensis*（亚种名）Meyen（定名人）。

昆虫纲分为 33 个目，与农业生产关系密切的有 9 个目，分别是：直翅目、半翅目、同翅目、缨翅目、鞘翅目、鳞翅目、膜翅目、双翅目、脉翅目。

一、直翅目及主要科特征观察

直翅目昆虫体大型或中型，咀嚼式口器，下口式。前胸发达，中胸和后胸愈合，前翅为覆翅，皮质，后翅膜质纵折，后足跳跃足或前足开掘足，多数雌虫产卵器发达，呈剑状、刀状或凿状，具听器，不全变态，多为植食性。重要的科有：蝗科、蝼蛄科、蟋蟀科和螽斯科（图 1-3-1）。

1. 蝗科（Locustidae）

触角短于身体，丝状、箭状等，前胸背板发达，马鞍形，后足为跳跃足。听器着生在第一腹节两侧，产卵器粗短呈凿状。如东亚飞蝗、云斑车蝗等。

2. 螽斯科（Tettigoniidae）

触角长于身体，丝状，产卵器特别发达，呈刀状或剑状，听器位于前足胫节基部，跗节 4 节。如纺织娘、青螽斯等。

3. 蝼蛄科（Gryllotalpidae）

触角短于身体，前足开掘足，前翅短，后翅长，伸出腹末如尾状；尾须长。听器位于前足胫节内侧，产卵器不外露，土栖，跗节 2～3 节。如华北蝼蛄、东方蝼蛄等。

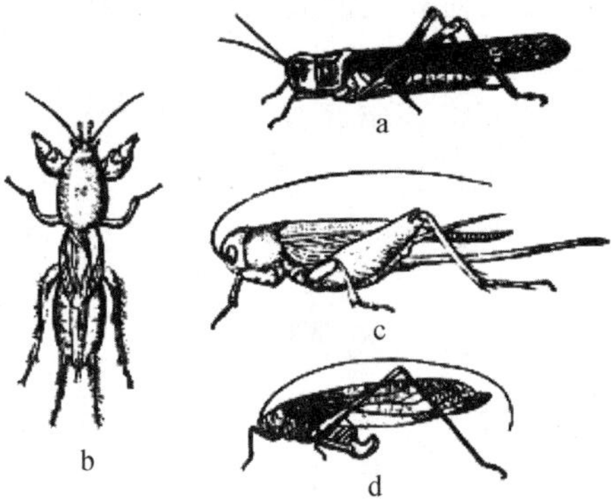

图 1-3-1　直翅目常见科代表

a. 蝗科　b. 蝼蛄科　c. 蟋蟀科　d. 螽斯科

4. 蟋蟀科（Gryllidae）

触角比身体长，丝状，后足跳跃足，听器在前足胫节上，产卵器细长呈剑状或矛状，尾须长，跗节 3 节。如大蟋蟀、油葫芦等。

二、半翅目及主要科特征观察

简称蝽。体小至中型，个别大型，多扁平较硬，刺吸式口器，自头的前端伸出。触角多为丝状，前胸背板发达，中胸有三角形小盾片，前翅为半鞘翅，分为基半部的革区、爪区和端半部的膜区 3 部分，有的种类还有楔区（盲蝽），腹面中后足间多有臭腺，不全变态。植食性或捕食性。与作物关系密切的有下列 5 个科（图 1-3-2）。

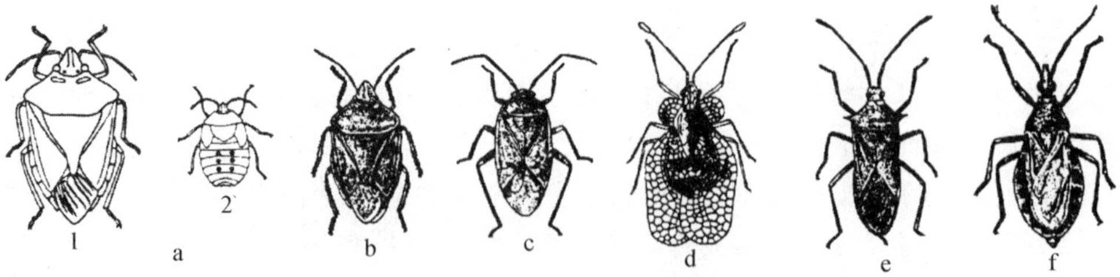

图 1-3-2　半翅目的体躯结构及主要科

a. 半翅目的体躯结构：1. 成虫　2. 若虫　b. 蝽科　c. 盲蝽科　d. 网蝽科　e. 缘蝽科　f. 猎蝽科

1. 蝽科(Pentatomidae)

体小至大型,触角 5 节,小盾片发达,超过翅爪区长度,前翅膜区有多条纵脉,且多从一基横脉上发出。如菜蝽、茶翅蝽、斑须蝽、麻皮蝽等。

2. 缘蝽科(Coreidae)

体中至大型,扁宽或狭长,触角 4 节,小盾片不超过翅爪区长度,前翅膜区内有多条平行纵脉,均出自一条纵脉。跗节 3 节,植食性。如大稻缘蝽等。

3. 盲蝽科(Miridae)

体小至中型,触角 4 节,无单眼,前翅分为革区、爪区、楔区和膜区 4 部分,膜区内有一大一小 2 个翅室。多为植食性。如绿盲蝽、牧草盲蝽等。

4. 网蝽科(Tingidae)

体小型而扁,触角 4 节,末节膨大,前胸背板向后延伸盖住小盾片。前翅无革区和膜区之分,前翅及前胸背板全部呈网状,如梨网蝽等。

5. 猎蝽科(Reduviidae)

体中至大型,触角 4 节或 5 节,头后部细缩如颈状,喙 3 节,基部弯曲,不紧贴于头下;前翅膜区有两个翅室。全为肉食性,如黄足猎蝽等。

三、同翅目及主要科特征观察

同翅目昆虫体多中小型,少数大型。头后口式,刺吸式口器从头部后方伸出。触角短,刚毛状或丝状。前翅质地均匀,革质或膜质,静止时呈屋脊状,有些种类短翅或无翅,或只有一对前翅。不全变态,全部植食性,以刺吸式口器吸取植物汁液,有些种类还传播植物病毒病。

1. 蝉科(Cicadidae)

体中至大型,翅膜质,透明,触角刚毛状,着生于复眼间前方,前足腿节膨大近似开掘足,雄虫有鸣器。成虫生活在果树林木上,刺吸汁液并产卵于组织中,导致顶梢死亡;幼虫期在土中生活。如黑蚱蝉等。

2. 叶蝉科(Cicadellidae)

体小型,头顶圆滑,触角刚毛状,着生于两复眼之间,前翅革质,后足胫节有两列短刺。该科种类能飞善跳,刺吸多种植物汁液,有些还可传播植物病毒。如大青叶蝉、稻黑尾叶蝉、棉叶蝉等。

3. 飞虱科(Delphacidae)

体小型,头顶突出明显,触角刚毛状,着生于两复眼侧下方,前翅透明,后足胫节末端有一大距。如稻灰飞虱、褐飞虱等。

4. 粉虱科(Aleyrodidae)

体小型,体翅被蜡粉,触角 7 节,翅脉仅 1～2 条纵脉,跗节 2 节,是温室栽培植物的重要害虫。如黑刺粉虱、温室白粉虱等。

5. 木虱科(Psyllidae)

体小型,触角 9～10 节,着生于复眼前方,末端有两条长短不一的刚毛,前翅革质,跗节 2 节,若虫体扁平,全体被蜡质。多数种类为木本植物的重要害虫。如梨木虱、柑橘木虱等。

6. 蚜科(Aphididae)

体小型,多柔软,触角丝状,翅透明,前翅翅痣发达,腹部第 6 节背面两侧着生腹管 1 对,腹末中央有一尾片。分有翅和无翅类型,成、若虫刺吸汁液,排泄蜜露,引起霉菌寄生,并能传播植物病毒。如麦蚜、棉蚜等。

7. 蚧总科(Coccoidea)

统称介壳虫。形态多样,雌雄异形。雌成虫无翅,体表常被介壳和蜡粉、蜡块、蜡丝所覆盖,多数固定在植物上不动。雄虫有前翅 1 对,后翅特化为平衡棒,寿命仅 1～2 天。蚧类是果树和林木的重要害虫。如吹绵蚧、红蜡蚧等。

四、缨翅目及主要科特征观察

缨翅目昆虫通称蓟马。体微小至小型,狭长,褐色,锉吸式口器,足短小而末端有泡,翅狭长,翅脉退化,翅缘密生缨状缘毛。过渐变态,多为植食性。与农林植物有密切关系的有腹末呈锥状(锥尾亚目)的蓟马科的花蓟马、棉蓟马和腹末呈管状(管尾亚目)的管蓟马科的稻管蓟马等(图 1-3-3)。

图 1-3-3 蓟马科(仿周尧)

五、鞘翅目及主要科特征观察

鞘翅目昆虫通称“甲虫”,昆虫纲中最大的类群。体小至大型,体壁坚硬,前翅为鞘翅,后翅膜质,咀嚼式口器,触角 10～11 节,形状多样,完全变态,幼虫头部发达坚硬,为寡足型或无足型。蛹多数为离蛹。食性有植食性、肉食性、腐食性和杂食性等类型。本目主要为肉食和多食 2 个亚目。

1. 肉食亚目(Adephaga)

腹部第 1 腹板被后足基节窝分割成左右互不相连的 2 个三角形板块,前胸背板与侧板间有明显分界线,多为肉食性(图 1-3-4)。

(1)步甲科(Carabidae) 体中小型,黑色或褐色,多数种类有金属光泽,头较前胸窄,前口式,足为步行足。幼虫细长,上颚发达,腹末有 1 对尾突。如中国曲胫步甲(图 1-3-5)。

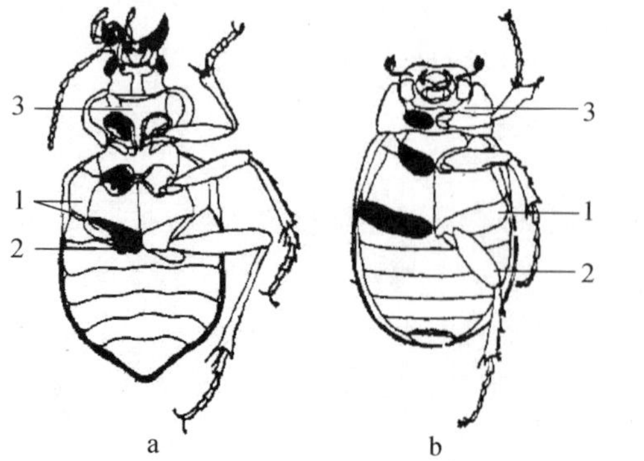

图 1-3-4 肉食亚目和多食亚目的特征(仿 Matheson)

a. 肉食亚目:1. 后侧片 2. 基节窝 3. 前胸腹板

b. 多食亚目:1. 基节 2. 腿节 3. 前胸腹板

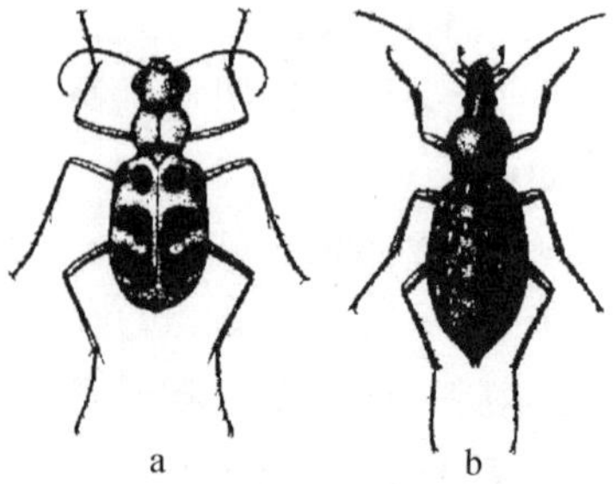

图 1-3-5 肉食亚目常见科代表(仿周尧)

a. 虎甲 b. 步甲

(2)虎甲科(Cicindelidae) 体中型,具有鲜艳光泽;下口式,复眼大而突出,触角丝状,11节;上颚发达,呈弯曲的锐齿;足细长。如中华虎甲等(图 1-3-5)。

2. 多食亚目(Polyphaga)

腹部第一腹板完整,中间不被后足基节窝所分开,前胸背板与侧板间无明显的分界线,多愈合在一起,食性复杂,有水生和陆生两大类群(图 1-3-6)。

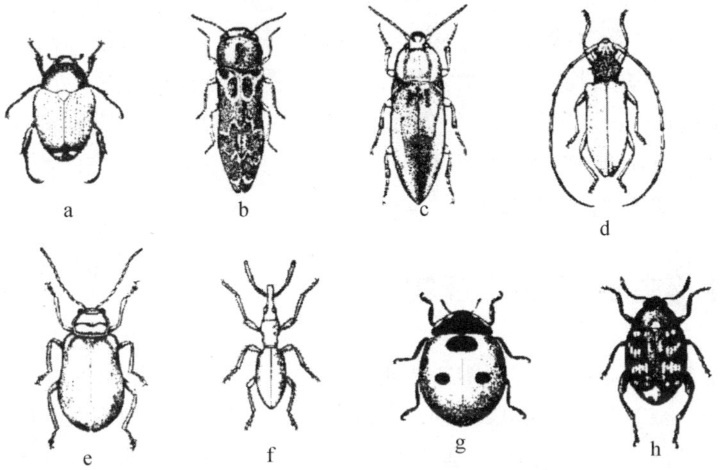

图 1-3-6 多食亚目常见科代表

a. 金龟科 b. 吉丁虫科 c. 叩头甲科 d. 天牛科 e. 叶甲科
f. 瓢甲科 g. 象甲科 h. 豆象科

(1)金龟甲总科(Scarabaeoidea) 包括粪食性、腐食性和植食性种类。本科特征是:体中型至大型,触角鳃叶状,鳃叶能活动,前足开掘足,鞘翅不完全覆盖腹部,末节背板常外露。幼虫称蛴螬,体呈"C"形,土栖,以植物根、块茎、种子、土中有机质及未腐熟的有机肥为食。成虫食害叶、花及果实等。如植食性的暗黑鳃金龟、铜绿丽金龟等。

(2)叩头甲科(Elateridae) 通称叩头虫。体小型至中型,体狭长,体色暗。触角锯齿状或丝状,前胸背板后侧角突出成锐刺状,前胸腹板中间有一向后的突起,纳入中胸腹板的槽内,前胸与中胸衔接不紧密,能作叩头状动作。幼虫称金针虫,体坚硬,黄褐色,生活于地下,为害植物地下根、茎等部位,是重要的地下害虫。如沟金针虫、细胸金针虫等。

(3)吉丁虫科(Buprestidae) 体长形,末端尖,具金属光泽。触角锯齿状,前胸与中胸紧密相连,不能上、下活动,前胸背板的后侧角不向外突出。幼虫体扁,无足,头小。成、幼虫均为植食性,幼虫钻蛀树木韧皮部,造成树皮爆裂,树势衰弱,是林木、果树的重要害虫。如苹果小吉丁虫、大叶黄杨吉丁虫等。

(4)瓢甲科(Coccinellidae) 体小型或中型,体背隆起呈半球形或卵圆形,常有鲜明色斑,头小,部分隐藏在前胸背板下,触角棒状,跗节隐 4 节。幼虫多为纺锤形,头小,体侧或背面多具枝刺或瘤突,有 3 对胸足。本科绝大多数为肉食性,成、幼虫均可捕食蚜虫、介壳虫、螨类、粉虱等。少数为植食性,多为害茄科植物。如肉食性的七星瓢虫、澳洲瓢虫和植食性茄二十八星瓢虫等。

(5)天牛科(Cerambycidae) 体中型至大型,触角特长,鞭状;复眼肾形,围绕于触角基部。

跗节隐5节。大多数幼虫钻蛀木质部为害,造成树木中空,幼虫长圆筒形,无足,前胸大而扁平,腹部背腹面常有步泡突,便于在坑道内行动。如星天牛、柑橘褐天牛等。

(6)叶甲科(Chrysomelidae) 成虫体呈卵圆形或长形,具艳丽的金属光泽,故有"金花虫"之称。触角丝状,复眼圆形,跗节隐5节,有些种类后足发达善跳。幼虫一般有3对胸足,成、幼虫均植食性,为重要的农林害虫。如黄守瓜、黄曲条跳甲、白杨叶甲、大猿叶甲等。

(7)象甲科(Curculionidae) 本科为动物界最大的科。体小至大型,头部延伸成象鼻状,触角膝状,末端3节膨大成锤状,足跗节隐5节,鞘翅长,多盖及腹端。幼虫黄白色无足,身体柔软,肥胖而弯曲。成、幼虫均为植食性,多营钻蛀生活。如玉米象等。

(8)豆象科(Bruchidae) 体小型,卵圆形。体色灰暗,头稍延长,触角锯齿状或棒状。足跗节为隐5节。腹末背板外露。老熟幼虫粗短弯曲,无足。植食性,多为单食性,是豆科植物的重要害虫。常见种类有豌豆象、绿豆象等。

六、膜翅目及主要科特征观察

膜翅目包括蜂类和蚂蚁,是昆虫纲中较进化的目,其中大多数种类为肉食性,为害虫的重要天敌。体微小至大型,口器咀嚼式或嚼吸式,触角丝状或膝状,两对翅均为膜质。有的腹基部缢缩,第1腹节常与后胸合并成并胸腹节。产卵器发达,锯状、刺状或针状,在高等类群中特化为螫针。完全变态;一般植食性幼虫多足型,肉食性幼虫无足型。蛹为离蛹,有时结茧。本目分广腰与细腰2个亚目(图1-3-7)。

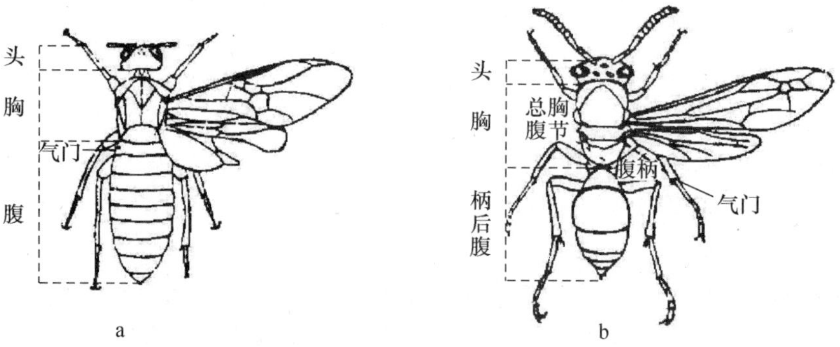

图1-3-7 膜翅目成虫形态特征

a. 广腰亚目(叶蜂) b. 细腰亚目(胡蜂)

1. 广腰亚目(Symphyta)

胸部与腹部广接,不收缩成腰状,后翅至少有3个基室,产卵器锯状或管状。植食性。(图1-3-7,图1-3-8)。

(1)叶蜂科(Tenthredinidae) 体中小型,粗壮,胸腹广接;触角丝状;前胸背板后缘深深凹入,前翅有粗短的翅痣,前足胫节有2端距,产卵器锯状或管状。幼虫腹足6～8对。如小麦叶

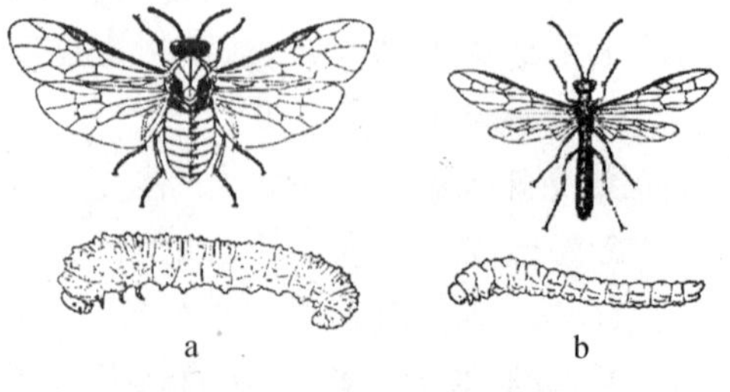

图1-3-8 广腰类群常见科代表

a. 叶蜂科 b. 茎蜂科

蜂、黄翅菜叶蜂等。

(2)茎蜂科(Cephidae)　体中小型,细长,黑色或间有黄色。触角丝状,前翅翅痣狭长,前足胫节具1端距。幼虫无足,钻蛀植物为害。如梨实蜂、梨茎蜂等。

2. 细腰亚目(Apocrita)

胸腹相接处呈细腰状收缩或呈柄状。后翅最多2个基室,多为寄生性(图1-3-7b,图1-3-9)。

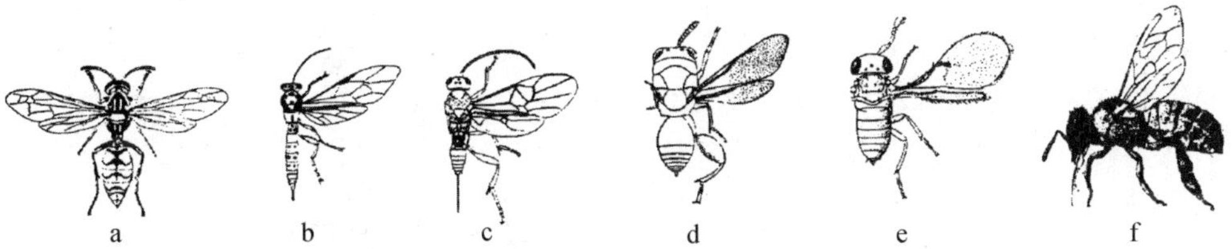

图1-3-9　细腰类群常见科代表

a. 胡蜂科　b. 姬蜂科　c. 茧蜂科　d. 小蜂科　e. 赤眼蜂科　f. 蜜蜂科

(1)姬蜂科(Ichneumonidae)　体细长,小至大型。触角丝状,16节以上。前翅有小室和第二回脉(小室下方的一条横脉称第二回脉)。卵多产于鳞翅目幼虫体内。如广黑点瘤姬蜂、黏虫白星姬蜂等。

(2)茧蜂科(Braconidae)　体小型或微小型,触角线状,静止时触角不停抖动;体型与姬蜂相似,但前翅无第二回脉。卵产于寄主体内,幼虫内寄生,老熟时在寄主体内或体外结黄褐色或白色丝茧化蛹。如螟蛉绒茧蜂、粉蝶绒茧蜂、菜娥绒茧蜂等。

(3)赤眼蜂科(Trichogrammatidae)　体微小,长1 mm以下;触角短膝状,复眼红色;胸腹交界处不收缩,前翅端半部圆阔,翅面有纵行排列的微毛,后翅狭长。全部为卵寄生蜂,是重要的天敌昆虫,生物防治中利用价值较大。如拟澳洲赤眼蜂、松毛虫赤眼蜂等。

(4)小蜂科(Chalcididae)　小型,体黑褐色带黄白色斑纹,翅脉极度退化,仅留1条翅脉,触角膝状,后足腿节膨大,胫节向内弯曲。均为寄生性。如广大腿小蜂等。

(5)金小蜂科(Pteromalidae)　体小型,有金绿、金蓝或金黄等金属光泽。触角13节,翅脉脉纹退化只有1条,后足腿节不膨大,胫节只有1端距。寄生性。如棉红铃虫金小蜂等。

(6)胡蜂科(Vespidae)　通称马蜂。中至大型,色泽鲜艳,常具彩色斑纹;翅狭长,静止时翅纵折于胸背。成虫常捕食鳞翅目幼虫或取食果汁和嫩叶。如金环胡蜂、普通长脚胡蜂等。

(7)蜜蜂科(Aidae)　体小至大型,黑色或褐色,生有密毛,口器嚼吸式,触角膝状,后足具有花粉篮和花粉刷,腹末有螫针。营群居生活,有很强的社会性。如中国蜜蜂和意大利蜜蜂。

(8)蚁科(Formicidae)　体小型,触角膝状,有翅或无翅,腹部基部有1或2个结节。为多态型的社会性昆虫。食性复杂,有些种类喜食蚜虫、介壳虫及木虱等的分泌物,与之形成共栖关系。

七、鳞翅目及主要科特征观察

鳞翅目包括蛾类和蝴蝶。体小至大型,口器虹吸式,触角丝状,羽毛状或棒状等,体及翅上密被鳞片，并由此组成各种颜色和花纹，翅的基部中央由脉纹围成 1 个大型翅室，称“中室”。少数种类无翅。完全变态。幼虫有“人”字形额区，腹足 2～5 对，有趾钩，可与鞘翅目、膜翅目幼虫相区别。蛹多为被蛹。成、幼虫食性差别很大，成虫一般不为害植物，只取食一些花蜜。幼虫大多数为植食性，是重要的农林害虫。

鳞翅目昆虫种类繁多，按其触角的类型、活动习性和静息时的状态，可分为锤角亚目和异角亚目两大类。

1. 锤角亚目(Rhopalocera)

锤角亚目的昆虫通称为蝶类，日出性，触角球杆(棍棒)状，休息时双翅竖立体背，无特殊连锁构造(图 1-3-10)。

(1)凤蝶科(Papilionidae)　体中型或大型，前翅三角形，后翅外缘波状，臀角常有尾状突；幼虫光滑无毛，前胸前缘有臭“丫”腺，受惊动时伸出，散发臭气。幼虫为食叶类害虫。如玉带凤蝶、柑橘凤蝶等。

(2)粉蝶科(Pieridae)　体中型，常为白色，黄色或橙色。有黑色斑点，前翅三角形，后翅卵圆形。幼虫圆筒形，头小，为害十字花科、豆科、蔷薇科植物。如菜粉蝶、云斑粉蝶等。

(3)弄蝶科(Hesperidae)　体小型至中型，身体较粗，头大，触角棍棒状，末端呈钩状，翅常为黑褐色、茶褐色，有透明斑。幼虫纺锤形，喜欢在卷叶中危害。如直纹稻弄蝶等。

(4)蛱蝶科(Nymphalidae)　体中至大型，翅上有各种鲜艳的色斑。前翅三角形，后翅卵圆形，翅外缘常有缺刻或呈锯齿状，少数种类后翅臀角有尾突。幼虫体表多有成对棘刺。如赤蛱蝶等。

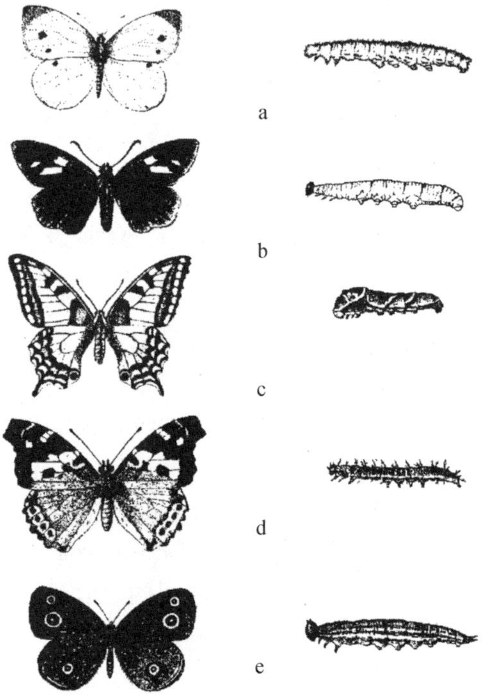

图 1-3-10　蝶类常见科的代表

a. 粉蝶科　b. 弄蝶科　c. 凤蝶科
d. 蛱蝶科　e. 眼蝶科

2. 异角亚目(Heterocera)

异角亚目的昆虫通称为蛾类，夜出性，触角丝状、羽状等多样，末端不膨大，休息时双翅平放或呈屋脊状，常有翅缰等连锁器(图 1-3-11、图 1-3-12)。

(1)尺蛾科(Geometridae)　体小至中型，细弱。翅大而薄，休止时 4 翅平铺，前后翅斑纹相连，个别种类雌虫无翅。幼虫仅有 2 对腹足，行动时体呈拱桥状，一曲一伸，所以称“造桥虫”或“步曲”。如丝棉木金星尺蛾、枣尺蛾等。

(2)毒蛾科(Lymantriidae)　体中至大型，粗壮；触角羽状，翅面鳞片较厚，雌虫腹部末端有成簇的毛，产卵时用以遮盖卵块。静息时多毛的前足前伸。幼虫体被浓密长毛，并经常成毛丛或毛刷，毛长短不一，腹部第 6、7 节背面各具一翻缩腺。如舞毒蛾、大豆毒蛾等。

(3)枯叶蛾科(Lasiocampidae)　中至大型，体粗壮多毛。触角羽毛状，单眼与喙退化。后翅肩角扩大，有肩脉，无翅僵；有些种类后翅外缘呈波状，休息时露于前翅两侧形似枯叶。幼虫体粗，多长毛。如马尾松毛虫、天幕毛虫等。

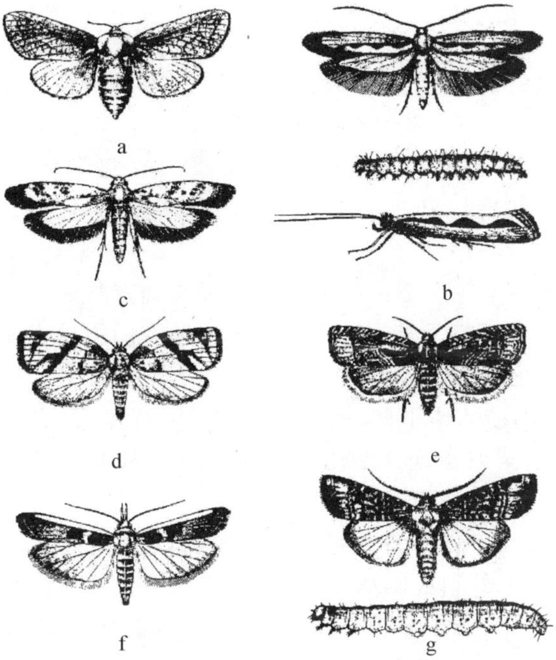

图 1-3-11　蛾类常见科的代表

a. 木蠹蛾科　b. 菜蛾科　c. 麦蛾科　d. 卷蛾科

e. 小卷蛾科　f. 螟蛾科　g. 夜蛾科

(4)灯蛾科(Arctiidae)　体小至中型,粗壮且较鲜艳。腹部多为黄或红色,常有黑点。翅多为白、黄或灰色,常有明显的斑点或条纹;触角羽状或丝状。幼虫体上有突起,生有浓密的毛丛,毛长短较一致。如星白雪灯蛾、人纹污白灯蛾等。

(5)舟蛾科(Notodontidae)　又名天社蛾。中至大型,体灰色或浅黄色,前翅后缘中央常有突出的毛簇,静止时毛簇竖起如角。幼虫休息时头尾翘起似舟形,故称“舟形毛虫”。如国槐羽舟蛾、苹果舟蛾等。

(6)透翅蛾科(Aegeriidae)　体狭长,小至中型,外形及似蜂类,黑褐色,常有红或黄色斑纹。翅窄长,大部分透明,仅在翅缘和翅脉上有鳞片。幼虫为钻蛀性害虫。如白杨透翅蛾、葡萄透翅蛾等。

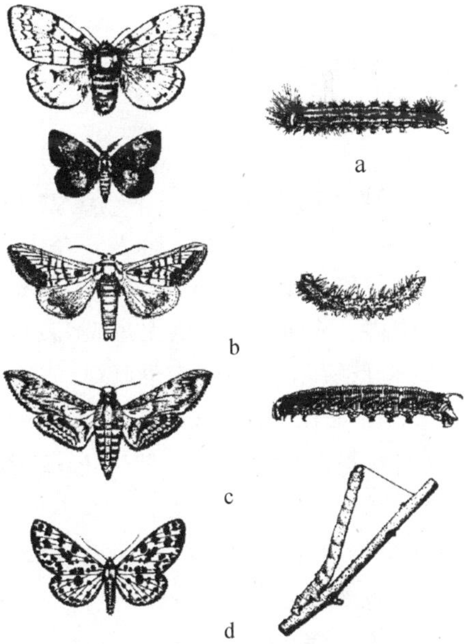

图 1-3-12　蛾类常见科的代表

a. 毒蛾科　b. 舟蛾科

c. 天蛾科　d. 尺蛾科

(7)夜蛾科(Noctuidae)　鳞翅目中最大的科。中至大型,粗壮色深暗,多毛而蓬松。触角丝状,少数种类雄蛾触角为栉齿状,前翅色灰暗,三角形,多斑纹,后翅宽,色淡。幼虫多数取食叶片,少数蛀茎或隐蔽生活。如黏虫、小地老虎、斜纹夜蛾等。

(8)卷蛾科(Tortricidae) 体小至中型,鳞毛紧贴而光滑,前翅肩角发达,顶角突出,休息时两翅合拢似钟罩状。幼虫常吐丝缀叶,藏于其中为害,有的啃食果皮或蛀果为害。如苹小卷叶蛾等。

(9)小卷蛾科(Olethreutidae) 与卷叶蛾极相似。前翅肩区不发达,前缘有一列短的斜纹,后翅中室下缘有栉状毛。幼虫蛀食荚、果。如大豆食心虫、梨小食心虫、顶梢卷叶蛾等。

(10)螟蛾科(Pyralidae) 体小至中型,体细长,鳞片细密紧贴,显得体较光滑。触角丝状,足细长,前翅狭长三角形,后翅有发达的臀区,臀脉3条。幼虫隐蔽取食,蛀茎、果、种子或缀叶。如草地螟、豆荚螟、三化螟等。

(11)麦蛾科(Gelechiidae) 体小型,色暗。下唇须上弯,超过头顶,触角丝状,静止时向后伸,前翅狭长,柳叶形,后翅菜刀状,前后翅缘毛均很长。幼虫白色或红色,常卷叶、缀叶和钻蛀为害。重要的害虫有麦蛾、棉红铃虫等。

(12)菜蛾科(Plutellidae) 体小型。静止时触角向前伸,前翅披针形,后翅菜刀形。幼虫细长,绿色。如小菜蛾为十字花科蔬菜的重要害虫,遍布全世界。

(13)刺蛾科(Eucleidae) 体中型粗壮,鳞片厚。雄蛾触角双栉齿状,雌蛾丝状,前后翅中室内有"M"脉主干存在。幼虫短粗,有毛瘤和枝刺或毒毛,颜色鲜艳,俗称"洋辣子"。如黄刺蛾、青刺蛾等。

(14)天蛾科(Sphingidae) 体大型,粗壮,纺锤形。前翅狭长,外缘倾斜,后翅短小。触角丝状,末端弯曲成钩状。幼虫体粗壮,第8腹节背面有1枚尾角。如豆天蛾、霜天蛾等。

(15)蓑蛾科(Psychidae) 又名袋蛾和避债蛾。雌雄异形,雄蛾有翅,翅面鳞片薄,近于透明。雌虫无翅,形如幼虫,终身居住在幼虫编织的袋囊中,并在囊内交尾产卵。幼虫负袋取食。如大袋蛾、小袋蛾等。

八、双翅目及主要科特征观察

双翅目包括蚊、蝇、虻等。体小至中型,成虫多为刺吸式或舐吸式口器,前翅膜质,后翅退化为平衡棒。全变态,幼虫无足型,食性复杂,蛹为离蛹、围蛹或被蛹。按触角长短和形状,分为长角亚目、短角亚目和芒角亚目。

1. 长角亚目(Nematocera)

泛指蚊类,触角细长,6节以上,口器刺吸式;幼虫为全头型,有骨化的头壳;蛹多为被蛹。

瘿蚊科(Cecidomyiidae) 体小瘦弱,触角细长念珠状,每节上环生细毛或环状毛,足细长,翅脉简单。幼虫纺锤形。如麦红吸浆虫、稻瘿蚊等。

2. 短角亚目(Brachycera)

泛指虻类,触角3节,第3节常延长或分节,无触角芒,口器刮吸式;幼虫为半头型;蛹为被蛹。如吸食动物血液的虻科 Tabanidae 的牛虻(*Tabanus* sp.)和捕食昆虫的食虫虻科 Asilidae(又叫盗虻科)的中华食虫虻(盗虻)。

3. 芒角亚目(Aristocera)

泛指蝇类,触角3节,末端膨大,有触角芒位于第3节背面,口器舐吸式。幼虫无头型(蛆式)；蛹为围蛹。

(1)食蚜蝇科(Syrphidae)　体小至中型，形似蜜蜂，色斑鲜艳，飞行能力强，常停悬于空中，前翅有与边缘平行的横脉，使径脉和中脉的缘室呈闭室，径脉和中脉之间有 1 条两端游离的伪脉。幼虫捕食小型同翅目害虫。如黑带食蚜蝇等。

(2)实蝇科(Trypetidae)　体小至中型，常有黄、棕、橙、黑色。头大颈细，复眼突出，触角芒光滑无毛，翅上有雾状褐色斑纹，雌虫腹末产卵器细长，扁平而坚硬。幼虫植食性，有的造成虫瘿，有的潜入叶内。如柑橘大实蝇和作为重要检疫对象的地中海实蝇等。

(3)潜蝇科(Agromyzidae)　体微小至小型，黑色或黄褐色。前翅前缘脉在近基部的 1/3 处有一折断，有臀室，腹部扁平。幼虫潜叶为害。如美洲斑潜蝇、豌豆潜叶蝇等。

(4)寄蝇科(Tachinidae)　体小至中型，粗壮多毛。暗灰色，有褐色斑纹。触角芒光滑或有短毛，中胸盾片大型，腹部尤其腹末多刚毛。成虫常在花间活动，幼虫寄生性，是重要的害虫天敌。如地老虎寄蝇、毛虫追寄蝇等。

(5)花蝇科(Anthomyiidae)　又叫种蝇科，体小而细长且多毛，灰黑色或黄色。翅脉较直，直达翅缘，翅后缘基部连接身体处，有一质地较厚的腋瓣。幼虫称为根蛆。如种蝇等。

九、脉翅目及主要科特征观察

脉翅目昆虫体小至大型，柔软。头下口式，咀嚼式口器；触角细长，丝状或念珠状；前胸短小，前后翅膜质，翅脉多而密呈网状，翅边缘多数分叉。完全变态，成虫、幼虫都是捕食性的，是重要的天敌昆虫。

草蛉科(Chrysopidae)　体中型，细长而柔弱，草绿色、黄白色，复眼大，有金属光泽，卵具长柄；幼虫称蚜狮，纺锤形，胸、腹部两侧有毛瘤，口器双刺吸式，头式前口式。如中华草蛉等(图 1-3-13)。

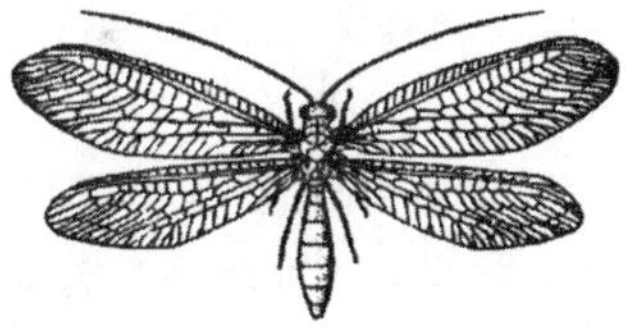

图 1-3-13　草蛉科

附：螨类的主要特征观察

与农林植物有关的害虫和益虫绝大多数属于昆虫纲，但也有少数属于蛛形纲(Arachnida)、蜱螨目(Acarina)。

一、螨类的外部形态

螨类通常为圆形或卵圆形，身体微小，体躯分段不明显，有 4 对步足，少数种类(瘿螨)仅 2 对步足；无翅无复眼或只有 1～2 对单眼等。

螨类身体分区不明显，为了研究和描述的方便，一般划分为 4 个体段(图 1-3-14)：最前面的体段称颚体段，颚体段后面的整个身体称躯体。躯体分足体和末体两部分，足体又分为前足体和后足体。大多数螨类在前、后足体(第 2 和第 3 对足)之间有一横缝，横缝之前称前半体(包括颚体和前足体)，横缝之后称后半体(包括后足体和末体)。

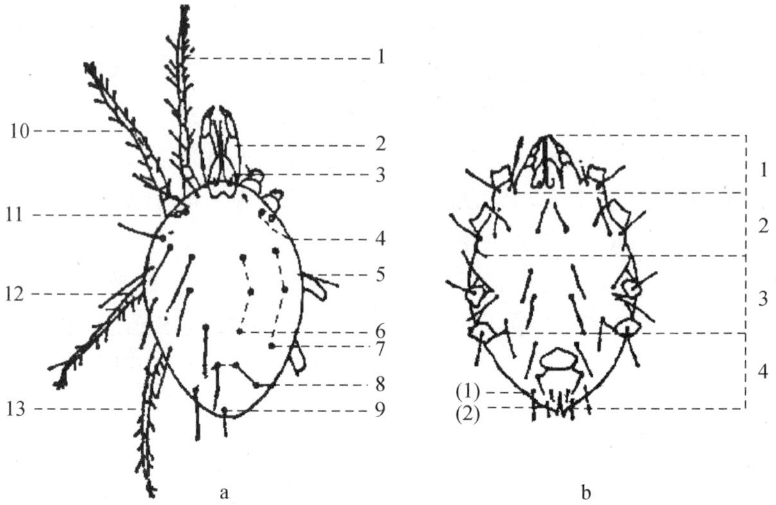

图 1-3-14　螨类的体躯结构

a. 雌螨背面:1. 第一对足　2. 须肢　3. 颚刺器　4. 前足体段茸毛　5. 肩毛
6. 后足体段背中毛　7. 后足体段背侧毛　8. 骶毛　9. 臀毛　10. 第二对足
11. 单眼　12. 第三对足　13. 第四对足
b. 雌螨腹面:1. 颚体段　2. 前足体段　3. 后足体段
4. 末体段　(1)肛侧毛　(2)肛毛

二、螨类生物学特性

螨类多系两性卵生繁殖,也可孤雌生殖。雌性一生经卵、幼螨、第 1 若螨、第 2 若螨、成螨 5 个虫期,雄性则无第 2 若螨期。除瘿螨等外,幼螨期只有足 3 对,自第一若螨期起有足 4 对。雄螨先羽化,守候在即将羽化的雌螨旁。一般雄螨小,雌螨大。螨类每年发生多代,一般世代历期短,繁殖快。多以卵或雌成螨在树皮缝隙或土块下等处越冬。第 1 代发生较整齐,以后出现世代重叠现象。

螨类多数植食性,也有捕食性和寄生性的。许多植食性螨类是农林园艺作物上的害螨,它们以刺吸式口器取食植物汁液,造成变色、畸形或虫瘿等;有的螨为害食用菌或仓储物品。螨类中有许多肉食性种类,捕食害螨、昆虫若虫和卵,是重要的天敌,如植绥螨已被广泛地应用于生物防治研究。有的螨能引起人、畜的肠胃炎和皮肤病。

三、与农林关系密切的螨类

1. 叶螨科(Tetranychidae)

体长约 1 mm 以下,圆形或卵圆形。雄虫腹部尖削。刺吸式口器,植食性,通常生活在植物叶片等处,刺吸汁液,有的能吐丝结网。如棉花红蜘蛛、大豆红蜘蛛等。

2. 瘿螨科(Eriophyidae)

极微小,长约 0.1 mm,体蠕虫形,狭长,足两对,位于体躯前部。前肢体段背板大,呈盾形，后肢体段和末体段延长，具许多环纹。如柑橘锈螨。

3. 跗线螨科(Tarsonemidae)

体微小，体长仅 0.1～0.3 mm。一般呈乳白色、黄色、绿色或黄褐色。螯钳针状，须肢细小；体腹面具表皮内突；爪间突附着爪上，膜质下垂。如为害茄科蔬菜的侧多食跗线螨(茶黄螨)。

4. 植绥螨科(Phytoseiidae)

体小、卵圆或椭圆形，乳白至红褐色。须肢跗节上有两叉的特殊刚毛，背板完整不再分割，着生在上面的刚毛数为 20 对或 20 对以下；雌虫螯肢为简单的剪刀状，雄虫螯肢的活动趾(跗节)上有一导精管，状似鹿角。雌雄腹面有大型的肛腹板 1 块，雌成虫还有 1 块端呈截头形的生殖板。捕食性，如智利小植绥螨和纽氏钝绥螨等。

工作任务 1-4　昆虫的内部器官识别

学习目标

熟悉昆虫的昆虫内部器官结构和位置，掌握昆虫内部器官的基本特征，了解昆虫的内部器官与防治的关系。

材料及用具

新鲜蝗虫(包括雌、雄)、蛾类、蝶类新鲜幼虫、甲虫等标本，蝗虫内部器官模式标本，昆虫形态挂图，放大镜、解剖镜、解剖针、镊子、蜡盘、大头针、剪刀等用具。

操作要点

1. 昆虫解剖方法

取新鲜或浸泡的蝗虫 1 只，先剪去足和翅等附肢，然后自腹部末端沿着近背中线稍偏左侧向前剪至上颚。同时注意尽量使剪刀尖向上挑，以免破坏内脏。再用同样方法剪腹面，然后将较小的左半片轻轻取下，剩下大半体躯的虫体放蜡盘中，用大头针沿剪开处插住，插时尽量使针向外倾斜，使虫体敞开在盘内，再放入清水浸没虫体，以便观察。

2. 昆虫消化器官的观察

注意前、中、后肠的位置及分界线。前肠的前端为口，口后为咽喉、食道、嗉囊和前胃；前、中肠的交界处有胃盲囊；中肠较粗；中、后肠交界处着生乳白色丝状马氏管；后肠前端较细，为小肠和大肠，后端较粗，为直肠，肛门开口于末端。

3. 昆虫呼吸器官的观察

用 10%氢氧化钾溶液煮家蚕标本，消融虫体内脏、肌肉，然后轻轻用镊子将内脏残余物自腹部挤出。由腹部或背中央剪开，在清水中轻轻漂洗，即可得到完整的呼吸系统标本。

4. 昆虫神经系统的观察

用剪刀从前端剪断消化道，小心将其移开并轻轻取掉腹部肌肉，即可看到中枢神经系统。观察脑、咽喉下神经节及腹神经索的构造以及由各神经节向各部伸出的神经纤维。

5. 昆虫生殖器官的观察

观察腹部末端消化道两侧的生殖器官。观察雌性的卵巢、输卵管、受精囊和附腺；雄性的睾丸、输精管、贮精囊、射精管和附腺。

注意事项

(1)昆虫解剖时注意尽量使剪刀尖向上挑，以免破坏内脏；

(2)用大头针插针时，尽量使针向外倾斜，使虫体敞开在盘内，便于观察。

内容及操作步骤

昆虫和哺乳动物不同，它的血液充满着整个体腔，各种内脏器官和组织全部浸润在血液中，体腔又称为血腔。

昆虫的内部器官按其功能主要分为消化、排泄、呼吸、循环、生殖、神经和激素调控系统。

一、消化器官及观察

(一)消化系统的构造与功能

昆虫的消化系统由消化管和消化腺组成，其功能是消化食物和吸收营养。

消化道是一条从口腔到肛门的纵贯体腔中央的管道，分为前肠、中肠、后肠三部分(图1-4-1)。咀嚼口器昆虫的前肠，由口开始，经过咽喉、食道、嗉囊终止于前胃，内部以伸入中肠前端的贲门瓣与中肠分界。中肠又称胃，位于前肠之后，是昆虫消化食物和吸收营养的主要部分。为了增加消化吸收的面积，中肠前端往往向外突出形成管状等各种形状的胃盲囊。后肠是消化道的最后部分，前端以马氏管着生处与中肠分界，后端开口于肛门，由结肠、回肠和直肠组成，主要功能是回收水分和无机盐，排出未经利用的食物残渣和代谢废物。

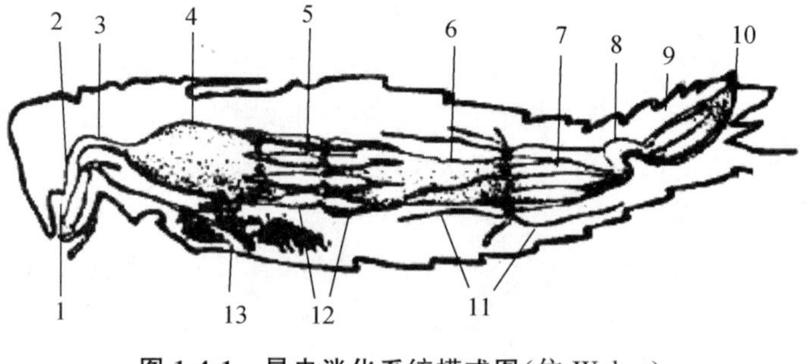

图 1-4-1　昆虫消化系统模式图(仿 Weber)

1. 口腔　2. 咽喉　3. 食道　4. 嗉囊　5. 前胃　6. 中肠　7. 回肠　8. 结肠
9. 直肠　10. 肛门　11. 马氏管　12. 胃盲囊　13. 唾腺

唾腺是由皮细胞内陷形成的，它可将唾液分泌至口腔中，或直接注入寄主组织中(刺吸式口器)，对食物进行初步消化。

(二)消化系统与防治的关系

昆虫消化食物主要依赖消化液中各种消化酶的作用,将糖、脂肪、蛋白质等水解为适当的分子后,才能被肠壁吸收。这种分解消化作用,必须在稳定的酸碱度下才能进行。不同昆虫中肠的酸碱度有较大的差异,如蝶蛾类幼虫多在 pH 8.5~9.9,蝗虫为 pH 5.8~6.9 等,同时昆虫肠液还有很强的缓冲作用,不因食物中的酸或碱而改变中肠液的酸碱度。肠道中的 pH 影响胃毒剂在肠内的溶解和吸收,直接关系到这些胃毒剂对不同昆虫的杀虫效果。中肠液呈碱性的昆虫,酸性胃毒剂易溶解,杀虫效果好。中肠液呈酸性的昆虫,碱性胃毒剂易溶解,杀虫效果好。

二、呼吸器官及观察

(一)呼吸系统的构造与功能

昆虫的呼吸系统由许多富有弹性和一定排列方式的气管组成。气管在体壁上的开口称为气门。气门开口于身体两侧。气管的主干纵贯体内两侧,主干间有横向气管相连接。主干再分支,愈分愈细,最后分为微气管,分布到各组织的细胞间,能把氧气直接送到身体的各部分,同时也能把二氧化碳送出体外。气门一般多为 10 对,即中、后胸各 1 对,腹部 1~8 节各 1 对。但由于昆虫的生活环境不同,气门数目和位置常常发生变化。

(二)呼吸系统与防治的关系

昆虫的呼吸作用主要是靠空气的扩散和虫体呼吸运动的鼓风作用,使空气由气门进入气管、支气管和微气管,最后到达各组织。当空气中含有有毒物质时,毒物也随着空气进入虫体,这就是熏蒸杀虫的基本原理。当温度高或空气中的二氧化碳含量较高时,昆虫的气门开放时间长,施用熏蒸剂的杀虫效果也好。因此在对害虫进行熏蒸法杀虫时,可在空气中加入二氧化碳使昆虫的呼吸作用增强,便于有毒气体大量进入虫体而提高熏蒸效果。昆虫的气门一般都是疏水亲脂性的,水滴不易进入,但油类物质却易进入。农药中的油乳剂除了能直接穿透昆虫体壁外,大量的是由气门进入虫体的。所以,油乳剂是杀虫剂中效果好、应用广泛的剂型。

三、神经器官及观察

(一)神经系统的构造与功能

昆虫身体表面有丰富的各式各样的感觉器官,不断接受着外界的各种刺激,经过神经系统的协调,支配各器官做出相应的适当反应,如进行取食、交配、趋性、迁移等各种生命活动。昆虫的神经系统由中枢神经系统、交感神经系统和周缘神经系统组成。

昆虫靠许多感觉器来接收各种刺激,如在体表附肢上的感觉器,分布在口器上的味觉器,触角上的嗅觉器,在腹侧、胫节或触角等位置的鼓膜听器和单眼、复眼等视觉器。由感觉器接收到的刺激，通过周缘神经系统传入中枢神经系统，经信息加工处理后发出相应的行为指令。

(二)神经系统与防治的关系

通过神经系统的研究，使我们较深刻地理解昆虫的习性、行为及生命活动，对于防治害虫具有重要指导意义。如目前使用的有机磷杀虫剂属于神经毒剂，它的杀虫机理就是破坏乙酰胆碱酯酶的分解作用。当昆虫受到刺激时，在神经末梢突触处产生的乙酰胆碱不能被分解，从而使神经传导一直处于过度兴奋和紊乱的状态，最终导致昆虫麻痹衰竭而死。此外，还可利用害虫神经系统引起的习性反应，如假死性、迁移性、趋光性、趋化性等进行害虫防治。

四、生殖器官及观察

(一)生殖器官的构造和功能

生殖系统是昆虫产生生殖细胞、繁殖后代的器官，一般称为内生殖器官，位于腹部消化道的两侧或侧背面。雌性昆虫的内生殖器官主要由 1 对卵巢、1 对侧输卵管、1 根中输卵管或称阴道，以及受精囊和附腺组成。雄性昆虫的内生殖器官由 1 对睾丸或称睾丸、1 对输精管以及贮精囊、射精管组成。

(二)生殖系统与害虫防治

了解昆虫生殖器官的构造及交配受精的特性，对于害虫防治和测报，具有重要的实用价值和科学意义。

1. 利用性诱法防治害虫

许多昆虫是通过散发性外激素，招引异性前来交配。例如，许多鳞翅目昆虫的雌体腹末有香气腺，可以招引雄虫。某些雄蝶，翅面具有特殊的发香鳞，可以招引雌蝶。人们利用先进科学手段，模拟天然性外激素的结构成分，进行人工合成，并已成功地应用于害虫的诱杀防治中。

2. 利用绝育法防治害虫

对于一生只交配一次的昆虫，利用物理辐射(X 射线或 γ 射线)或化学不育剂处理雄虫，使其性腺受到破坏，不能产生正常活动的精子，但个体仍保持交配竞争的能力，雌虫与这种雄虫交配后产下的卵，不能孵出幼体，致使害虫种群密度受到控制。国外利用昆虫绝育法成功地控制了羊鼻蝇的为害。

3. 进行害虫预测预报

解剖观察雌性昆虫卵巢的发育程度及抱卵量，可以预测害虫的发生期和发生量，为制定科学的害虫防治策略和及时地进行害虫防治提供依据。

学习小结

- 农业昆虫识别技术
  - 昆虫形态特征识别
    - 昆虫头部：口器：咀嚼式、刺吸式、虹吸式、锉吸式等；触角：丝状、棒状、栉齿状、鳃叶状等
    - 昆虫胸部：足：步行足、跳跃足、开掘足、捕捉足等；翅：膜翅、鞘翅、半鞘翅、鳞翅、复翅等
    - 昆虫腹部：结构：内脏器官、生殖器、尾须等
  - 昆虫发育形态识别
    - 生殖方式：两性生殖、孤雌生殖等
    - 变态类型：完全变态(卵、幼虫、蛹、成虫)；不完全变态(卵、若虫、成虫)
    - 卵类型：椭圆形、球形、半球形、桶形、有柄形等
    - 幼虫类型：无足型、寡足型、多足型
    - 蛹类型：离蛹(裸蛹)、被蛹、围蛹
  - 昆虫主要目科识别
    - 直翅目、缨翅目：蝗虫、蝼蛄、蟋蟀、蓟马等
    - 同翅目、半翅目：蚜虫、白粉虱、介壳虫等，蝽、缘蝽等
    - 鞘翅目、脉翅目：叶甲、瓢甲、金龟甲、叩头甲等，草蛉等
    - 鳞翅目：粉蝶、螟蛾、夜蛾、尺蛾、小卷叶蛾等
    - 双翅目、膜翅目：蚊、蝇、虻等，叶蜂、姬蜂、赤眼蜂等
  - 昆虫内部器官识别
    - 消化器官：唾腺、消化道(前肠、中肠、后肠)
    - 呼吸器官：纵气管、微气管、气囊、气门等
    - 神经器官：脑(前脑、中脑、后脑)腹神经索
    - 生殖器官：雌性生殖器官、雄性生殖器官

学习方法体会

1. 昆虫的正确识别和病害的准确诊断是学好本门课程的基础。要达到正确识别昆虫的目的，其主要的方法就是多观察、多比较，有比较才有鉴别。在观察比较的过程中，要牢牢抓住主要特征，例如昆虫纳的主要特征就是具有六足、四翅，抓住了这一主要特征就很容易与其他

节肢动物区别。同时也要注意灵活学习，正确理解生命现象中的复杂性和特殊性，例如有些昆虫的足、翅退化，甚至无翅，而且昆虫还要变态，不同的发育阶段形态不尽相同，所以在观察的过程中，要学会分析和思考，弄清缘由。

2. 昆虫种类多，形态多样，但它们之间又存在有或亲或疏的亲缘关系，而形成了一个可以通过形态相似性得到反映的有序的分类系统。对于昆虫的鉴定识别，要从分类系统的观念出发，多到田间采集标本，并进行分类鉴定。多到实验室观察标本，多到图书馆或上网查阅资料，观看图片，抓住主要特征，明确分类地位，即所属的目科等。见多了，以后自然也就能够识别了，这就叫见多识广。在田间遇到昆虫的其他虫态如幼虫难以鉴定时，可以利用寄主在室内饲养或在田间套袋饲养，养出成虫后再进行鉴定，反过来又促进了对昆虫其他虫态的识别。

3. 在观察不同昆虫的形态时，要注意思考和分析，明确其功能及其与环境的适应性，推测该种昆虫的行为习性，并思考如何利用其行为习性加强对害虫的控制，也可多到图书馆或上网查阅资料，观看录像，掌握其生物学特性及其与防治的关系。

4. 昆虫内部器官结构复杂，各个器官在体腔内的位置，要结合图片或昆虫解剖实体进行仔细观察和了解。昆虫内部器官的观察，既要紧紧依靠实物标本，还要依靠昆虫各个器官的解剖图片及录像资料，通过各种教学手段，广泛接触并进一步认识昆虫的内部器官。要在学习过程中重点掌握每个器官系统的结构及其功能。

5. 从器官及其防治关系的学习中可以看出，要想在实际生产中正确选择各种杀虫剂就必须理解它们的杀虫原理，这就需要清楚的区分昆虫内部各个器官的功能作用。

6. 与农业生产关系密切的9个目的昆虫，各目之间的区别可概述如下：

后足善跳直翅目，前胸发达前翅覆；雄鸣雌具产卵器，蝗虫、螽斯、蟋蟀谱。
前翅同质同翅目，喙出头下近前足；叶蝉飞虱蚜和蚧，常害农林与蔬菜。
基革端膜半翅目，前胸发达盾片露；刺吸口器分节喙，水陆取食动植物。
钻花蓟马缨翅目，体小细长常翘腹；短角聚眼口器歪，缨毛围翅具泡足。
草蛉蚁蛉脉翅目，外缘分叉脉特殊；咀嚼口器下口式，捕食蚜蚧红蜘蛛。
虹吸口器鳞翅目，四翅膜质鳞片覆；蝶舞花间蛾扑火，幼虫多足具趾钩。
装甲护体鞘翅目，触角多变单眼无；前胸发达小盾露，幼虫寡足或无足。
后翅钩列膜翅目，蜂蚁细腰并胸腹；捕食寄生或授粉，害叶幼虫为多足。
蚊蠓牤蝇双翅目，后翅平衡五节附；口器刺吸或舐吸，幼虫无足头有无。

目标检测

一、选择题

（一）单项选择题

1. 下列动物中不属于昆虫的是（　　）。

A. 螳螂　　B. 蝎子　　C. 蚂蚁　　D. 蟑螂

2. 咀嚼式口器的害虫，主要用（　　）防治。

A. 胃毒剂　B. 熏蒸剂　C. 触杀剂　D. 内吸剂

3. 取食植物汁液的昆虫头式一般是(　　)。

A. 前口式　B. 下口式　C. 后口式　D. 不属于前三种

4、菜粉蝶成虫的触角类型为(　　)。

A 丝状　B. 棒状　C. 刚毛状　D. 膝状

5. 幼虫为无足型的昆虫是(　　)。

A. 蛴螬　B. 蝴蝶　C. 蛾类　D. 象甲

6. 蝇类的蛹为(　　)。

A. 被蛹　B. 围蛹　C. 离蛹　D. 假蛹

7. 棉铃虫的繁殖方式为(　　)。

A. 孤雌生殖　B. 两性生殖　C. 卵胎生　D. 多胚生殖

8. 昆虫在胚胎发育完成以后,幼虫破卵壳而出的现象称为(　　)。

A. 羽化　B. 孵化　C. 蜕皮　D. 变态

9. 使用解剖镜时,应当根据观察物体(　　),确定放大倍数。

A. 形状　B. 颜色　C. 软硬　D. 大小

10. 引起昆虫发生滞育的主要因素是(　　)。

A. 温度　B. 湿度　C. 食物　D. 光周期

11. 利用黑光灯诱蛾采用昆虫的(　　)。

A. 趋光性　B. 趋温性　C. 趋湿性　D. 趋化性

12. 昆虫分类的基本的单位是(　　)。

A. 纲　B. 目　C. 科　D. 种

13. 蚜虫属于(　　)。

A. 鞘翅目　B. 同翅目　C. 脉翅目　D. 鳞翅目

14. 赤眼蜂属于(　　)。

A. 膜翅目　B. 双翅目　C. 脉翅目　D. 缨翅目

15. 出现异态交替生殖的昆虫是(　　)。

A. 两性生殖与孤雌生殖交替进行　B. 两性生殖与卵胎生交替进行

C. 孤雌生殖与卵生交替进行　D. 卵胎生与多胚生殖交替进行

二、简答题

1. 昆虫主要有哪两大类型口器？它们是如何为害作物的,受害后植物表现有什么不同？并举例说明防治这两类口器害虫的策略有什么不同。

2. 根据体壁的结构和特点,谈谈如何加强对害虫的防治。

3. 昆虫有哪些生活习性,如何根据昆虫的生活习性来加强对害虫的防治？

4. 防治害虫为什么要提倡“治早、治小”？

5. 如何根据昆虫各系统的特点进行防治？

三、实例分析

1. 你见到过哪些动物，其中哪些是昆虫，请阐述你的理由。

2. 通过饲养观察，记载你所饲养昆虫的个体发育史，并根据昆虫的个体发育史，阐述在害虫防治中应注意哪些问题。

3. 通过田间观察，记载你所观察昆虫的年生活史，并根据昆虫的年生活史，阐述如何加强对害虫的防治。

4. 田间采集不同虫态昆虫至少 10 种，并进行种类鉴定，阐述其鉴定步骤和注意事项，以及准确鉴定在害虫防治和益虫利用中的作用。

5. 根据昆虫消化的特点，分析其与胃毒剂有什么关系。举例加以说明。

项目二

作物病害识别技术

学习目的

通过对作物病害症状、病原物特征、病害诊断等相关内容的学习，为学习作物病害调查预测等后续课程打下基础，也为掌握作物病害综合防治技能奠定基础。

知识要求

掌握作物病害的症状类型、病原物特征知识，熟悉植物病害的定义、病程、发生发展规律及植物病害的诊断技术，了解各种病原物的致病性、侵染过程与防治的关系。

能力要求

能准确诊断常见的作物病害，能正确使用生物显微镜。

工作任务 2-1　作物病害症状识别

学习目标

熟悉作物病害的种类及多样性，掌握作物病害主要病状与病征类型，明确病状与病征的关系。学会通过症状观察识别重大作物病害。

材料及用具

烟草花叶病、甜菜黄化病毒病、马铃薯晚疫病、幼苗猝倒病、立枯病、玉米瘤黑粉病、玉米丝黑穗病、棉花枯黄萎病、稻瘟病、水稻白叶枯病、水稻纹枯病、水稻恶苗病、马铃薯疮痂病、玉米丝黑穗病、小麦白粉病、小麦锈病、大豆霜霉病、大豆灰斑病、大豆花叶病、油菜菌核病、麦类麦角病、棉花角斑病、大豆菟丝子、大豆胞囊线虫病、大豆根结线虫病、甘薯线虫病等干制标本或浸渍标本。

病害症状挂图，放大镜、解剖镜、解剖针、镊子、剪刀、多媒体课件等用具。

操作要点

1. 病状类型观察

观察标本叶片变何种色泽？叶片局部变色还是全变色？变深色还是变浅色？有否绿色浓淡不均的斑驳状？各腐烂有何特征？是干腐还是湿腐？萎蔫植株是否保持绿色？与健株比较有何不同？观察标本有哪些是丛枝、矮化枝、徒长枝、肿瘤状、叶片畸形？

2. 病征类型观察

观察标本病部表面各产生何种颜色霉状物？标本病部是否产生粉状物？什么颜色？病部有无锈状物？有何特征？哪种标本病部有黑色小点、小颗粒、菌核？标本有无脓状黏液或黄褐色胶粒？

注意事项

(1)干制标本观察时候容易破坏标本，应该谨慎操作。以免破坏标本；

(2)对于标本应注意病害与虫害、伤害的区别；侵染性病害与非侵染性病害的混淆；

(3)对疑难的病害，应该积极查阅资料并开展小组讨论，达成共识。

内容及操作步骤

一、作物病害的基本概念与病原

(一)作物病害的概念

作物在生长发育过程中，或在贮藏及运输过程中，由于受其他生物的侵害或不适宜的环境条件的影响，使得正常的生理活动受到干扰，细胞、组织、器官遭到破坏，作物生长发育不正常，甚至植株死亡，这不仅降低了产品的质量，而且造成经济损失。这种现象称为作物病害。

知识链接

作物在受到其他生物侵害或不良环境条件的影响后，要先后在生理上、组织上、形态上发生一系列不正常变化即病理变化(简称病变)。植物通过一系列的病理变化而逐渐表现出病态的过程，称为植物的病理过程(又称病理程序)。有无病理过程是识别植物病害的重要标志。

作物的种类很多，病因也各不相同，造成的病害也形式多样，每一种作物可以发生多种病害，一种病原生物又能侵染几十种作物，同一种作物又可因品种的抗病性不同，出现的症状有多种。因此，作物病害的种类可以有多种分类方法。按照作物类型有果树病害、蔬菜病害、大田作物病害、牧草病害和森林病害等；按照寄主受害部位可分为根部病害、叶部病害和果实病害等；按照病害症状表现可分为腐烂型病害、斑点或坏死型病害、花叶或变色型病害等；按病原生物类型又分为真菌病害、细菌病害、病毒病害等；如按传播方式和介体来分，有种传病害、土传病害、气传病害和介体传播病害等，但最客观也最实用的还是按照病因类型来区分的方法，它的优点是既可知道发病的原因，又可知道病害发生特点和防治的对策等。根据这一原则作物病害分为两大类，第一类是有病原生物因素侵染造成的病害，能够在植株间传染。因而称为侵染性病害或传染性病害。另一类是没有病原生物参与，只是由于作物自身的原因或由于外界环境条件的恶化所引起的病害，这类病害在植株间不会传染，因此称为非侵染性病害或非传染性病害(生理性病害)。

作物病害的性质和一般的机械创伤是不同的,如作物受到昆虫和其他动物的咬伤、刺伤,人为的机械损伤以及冰雹、大风等造成的伤害,这些都是作物在短时间内受外界因素作用而突然形成的,受害作物在表现受害特征前并没有发生病理程序,因此它们都不能称为作物病害,而称为损伤。

(二)作物病害的病原识别

引起作物生病的直接原因统称为病原。按其性质的不同,病原又可分为非生物性病原和生物性病原两大类。

非生物性病原包括影响作物正常生长发育的各种不适宜的环境条件,主要是指气候、土壤、营养等方面的条件。如营养元素不足引起作物的缺素症;高温强光引起作物器官的灼伤,低温引起冻害;水分过多引起烂根,过少引起叶片变黄或叶尖、叶缘枯焦;空气中的有毒气体会直接毒害叶片,农药使用不当会引起药害等。这些非生物性病原引起的作物病害没有侵染过程,不能相互传染。故称为非侵染性病害或非传染性病害,也称生理性病害。

生物性病原包括各种有害生物,如真菌、细菌、病毒、类菌质体、线虫、藻类、螨类、寄生性种子植物等,其中以微生物为主。这些引起作物生病的生物称为病原物,真菌、细菌两类菌类病原又称为病原菌。病原物一般都是寄生物,凡是由生物性病原引起的作物病害都有侵染过程,能相互传染,故称为侵染性病害或传染性病害,也称寄生性病害。

二、作物病害的症状观察

作物感病后其外表的不正常表现统称为作物病害的症状,症状又包括病状和病症。

(一)病状及其类型识别

感病作物本身表现的不正常状态,称为病状。作物病害的病状可归纳为以下五种类型。

1. 变色

作物受害后局部或全株失去正常绿色称为变色。常见的变色种类有以下几种。

(1)花叶　叶片的叶肉部分呈现浓淡绿色不均匀的斑驳,形状不规则,边缘不明显,如茄科的病毒病。

(2)褪色　叶片呈现均匀褪绿后形成明脉和叶肉褪绿等。缺素病和病毒病都可以发生此类病状,如白菜病毒病。

(3)黄化　叶片均匀褪绿,色泽变黄,如豌豆黄顶病。

(4)着色　是指寄主某器官表现不正常的颜色,如叶片变红,花瓣变绿。

2. 坏死

是指作物感病后细胞和组织死亡的现象。作物组织坏死后一般呈褐色或暗褐色,常见的坏死类型有腐烂、溃疡、斑点和炭疽等。

(1)腐烂　作物的各种器官均可发生腐烂,幼嫩或多汁组织更容易发生。腐烂的原因是由于真菌或细菌侵染作物组织后细胞坏死,使组织解体。含水较少或木质化了的腐烂组织,则形成干腐。含水分较多的作物组织腐烂后,其腐烂组织中也往往含有较多的水分,形成湿腐或软腐。按腐烂的部位又可分为根腐、茎腐、花腐、果腐和芽腐等。枝干皮层的腐烂又称为烂皮，如白菜软腐病、果树腐烂病等。

(2)溃疡　主要发生在枝干上，枝干局部皮层坏死，形成凹陷病斑，病斑周围常为木栓化愈伤组织所包围，后期病部常常开裂，这种病斑称为溃疡。一般由真菌和细菌引起，如马铃薯溃疡病等。

(3)斑点　是叶片、果实和种子局部组织坏死的表现，斑点的大小、形状和颜色各种各样。叶片上小型的坏死斑点称为叶斑，叶斑又可分为角斑、圆斑、轮斑、条斑、穿孔斑、黑斑、灰斑、褐斑等。叶片上较大面积的枯死则称为叶枯。各种病斑在后期经常出现霉层、黑色小点或黏液等病原菌的繁殖体，斑点一般由真菌和细菌引起，如大豆灰斑病、稻瘟病等。冻害、药害、烟害也会造成斑点。

(4)炭疽　主要发生在叶片和果实上，坏死病斑上常有轮纹状排列的黑色炭质小点，有时还产生粉红色黏液状物质，由真菌引起，如大豆炭疽病、菜豆炭疽病等。

3. 畸形

作物感病后，细胞或组织生长过度或不足而造成畸形。常见的有：

(1)矮缩和丛簇　矮缩是植株各个器官的生长成比例地受到抑制，病株比健株矮小得多。丛簇只是主轴节间缩短或者伴有节间的数目减少，但叶片的大小还是正常的。畸形由病毒和类病毒引起，如大豆花叶病、玉米病毒病等。

(2)肿瘤　受病作物组织局部细胞增生，形成不定型的畸形肿大，如玉米瘤黑粉病等。

(3)丛枝　作物主枝或侧枝的顶芽生长被抑制，而侧芽、腋芽迅速生长或不定芽大量萌发，使新梢密集成扫帚状，称为丛枝病或疯病。病枝细弱、节间缩短、叶片显著变小，由类菌质体或真菌引起，如花生丛枝病等。

(4)变形　由于受病原物侵染，作物的发病器官肿大、皱缩或形成毛毡，失去了原来的形状。主要指叶、果、枝变形，如缩叶、卷叶、小叶、缩果、袋果、枝条带化等，一般由真菌、病毒、螨类和缺素症引起，如马铃薯卷叶病等。

(5)疮痂　叶片或果实上局部细胞增生并木栓化隆起，形成粗糙的表面，后期有时龟裂甚至下陷。一般由真菌和细菌引起，如马铃薯疮痂病等。

4. 萎蔫

作物因病而表现的失水状态，称为萎蔫。作物的萎蔫是由各种原因引起的，如根部腐烂、茎部皮层的坏死、干旱均可导致萎蔫。但是，典型的萎蔫是指根部或茎部的维管束组织感病，使水分输导受到阻碍而使植株萎蔫的现象。病理萎蔫一般是不能恢复的，病理萎蔫一般由真菌和细菌引起，如马铃薯环腐病等。

5. 流脂流胶

作物感病后，自病部流出树脂或树胶，称为流脂病或流胶病。流脂或流胶的原因比较复杂，一般由真菌、细菌或非生物性病原(霜害、水分过多或不足等)引起，有时可能是它们综合作用的结果，如果树流胶病等。

(二)病症及其类型识别

病症是指病原物在作物感病部位所表现的特征，包括病原物的营养体和繁殖体，病症主要表现为五种类型。

1. 霉状物

感病部位产生各种霉。霉是真菌病害常见的病征，它是由真菌菌丝和着生孢子的孢子梗所构成。霉层颜色、形状、结构、疏密等变化也大。可分为霜霉、黑霉、灰霉、青霉、绿霉等。

2. 粉状物

是某些真菌一定量的孢子密集在一起所表现的特征。因着生形状、位置、颜色等不同，又可分为白粉、锈粉、黑粉等。

3. 粒状物

在病部产生大小、形状、色泽、排列等各种不同的粒状物。有的粒状物呈针头大小的黑点，埋生在寄主表皮下，部分露出，不易与寄主组织分离，包括分生孢子器、分生孢子盘、子囊壳、子座等，如小麦赤霉病；有些粒状物较大，长在寄主表面，包括闭囊壳和菌核，如小麦白粉病及大豆菌核病。

4. 绵(丝)状物

在病部表面产生白色绵(丝)状物，这是真菌的菌丝体。或菌丝体和繁殖体的混合物。一般呈白色，各种真菌的菌丝体表现不一样。如鞭毛菌的菌丝体多数是疏松的，呈棉絮状；有的细密平展如绒状，如水稻纹枯病。

5. 脓状物

这是细菌所具有的特征性结构。在病部表面溢出含有许多细菌细胞和胶质物混合在一起的液滴或弥散成菌液层，具有黏性称为菌脓或菌胶团，白色或黄色，干涸时形成菌胶粒或菌膜。

知识链接

作物病害的症状对于病害诊断有着重要意义。常见病害可以根据症状诊断。但是对某些病害又不能单凭症状进行识别，主要是作物病害的症状表现有复杂性。如环境条件和作物品种不同会使症状发生改变；37℃以上或10℃以下，或光照不足，会使病毒病症状不明显或隐症(症状消失)；一种病害往往是几种症状形成的所谓综合征；植株感病时的生育期不同，症状也有变化。因此，对于一种新发生的病害，不能简单地根据症状确定病害种类。

工作任务2-2 作物病原真菌识别

学习目标

熟悉真菌营养体、繁殖体的一般特性及其类群的特性，掌握真菌各类群所至病害的特点。学会通过症状观察识别真菌性病害。

材料及用具

猝倒病、疫病、白锈病、霜霉病、软腐病、腐烂病、炭疽病、白粉病、黑穗病、锈病、白粉病、灰霉病、叶枯病、褐斑病、黑星病、炭疽病、枯萎病、软腐病、根癌病、花叶病、丛枝病等症状及病原玻片。

生物显微镜、放大镜、载玻片、刀片、盖玻片、蒸馏水、吸水纸、照片、多媒体课件等。

操作要点

1. 生物显微镜使用

低倍镜观察,固定低倍物镜—置玻片标本—调好光线—聚光器调至最高点稍下—调粗螺旋找到标本—调细螺旋观察标本—图像效果清晰;高倍镜观察,低倍镜选好目标—转动物镜转换器换上高倍镜—调细焦螺旋至物像清晰。

2. 菌丝的观察和一般病原菌临时玻片标本的制作

取清洁载玻片,中央滴蒸馏水一滴,用挑针挑取少许腐霉菌的菌丝放入水滴中,用两支挑针轻轻拨开过于密集的菌丝,然后自水滴一侧用挑针支持盖玻片,慢慢盖下即成。注意加盖玻片时不宜太快,以防形成大量气泡,影响观察或观察的病原物冲溅到玻片外。

各亚门真菌及其所致病害观察,观察各亚门真菌标本并挑取其症征制作玻片,放入显微镜下观察其孢子及孢子梗形态特征及所致病害的症状特点。

注意事项

(1)干制标本观察时候容易破坏标本,应该谨慎操作。以免破坏标本;

(2)高倍镜观察,勿使镜头紧压切片,以免损坏镜头和压碎玻片;

(3)生物显微镜使用完毕,应及时降低镜体,取下载物台面上的观察物,放入镜箱内,轻拿轻放;

(4)对疑难的真菌性病害,应该积极查阅资料并开展小组讨论,达成共识。

内容及操作步骤

一、真菌的一般性状观察

真菌生长和发育,一般是先是经过一定时期营养生长阶段,然后产生孢子繁殖。营养生长阶段的结构称为营养体,是真菌生长和营养积累时期,当营养生长进行到一定时期时,真菌转入繁殖阶段形成繁殖体,是真菌产生各种类型孢子进行繁殖的时期。大多数真菌的营养体和繁殖体形态差别明显。

(一)真菌的营养体

1. 营养体的类型

大多数真菌的营养体是丝状体。真菌丝状营养体上的单根细丝称作菌丝,组成真菌菌体的一团菌丝称作菌丝体。菌丝管状透明而有分枝,直径一般为 5～6 μm。高等真菌的菌丝有横隔膜,称作有隔菌丝;低等真菌的菌丝无横膜,称作无隔菌丝。

真菌的菌丝体是以菌丝的顶端部分生长和延伸,且不断产生分枝。菌丝的直径生长有限,长度生长是无限的。菌丝体的每一部分都潜在有生长的能力,在合适基质上,单根菌丝片段可以生长发育成一个完整的菌体。真菌的菌丝体是从一点向四周呈辐射状延伸,所以真菌在培养基上通常成圆形的菌落,在叶片上若无限制形成圆形的病斑。

真菌的营养体除典型的菌丝体外,有些真菌的营养体是一团多核的、没有细胞壁的原生质,称为原质团,如黏菌;而壶菌、酵母菌是单细胞的(图 2-2-1)。

2. 菌丝的变态

真菌的营养菌丝可以形成吸器、假根、菌环、附着胞、附着枝等多种特殊的变态结构，并且有相应功能以适应生活的需要。

(1)吸器　是真菌菌丝产生的一种短小分枝，在功能上特化为专门从寄生细胞内吸取养分的菌丝变态结构，有瘤状、蟹状、掌状或分枝状等(图 2-2-2)。

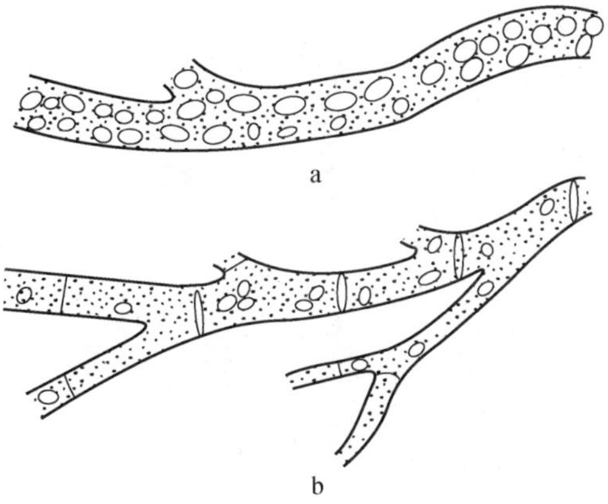

图 2-2-1　真菌的菌丝体

(仿南京农学院《普通植物病理学》)

a. 无隔菌丝　b. 有隔菌丝

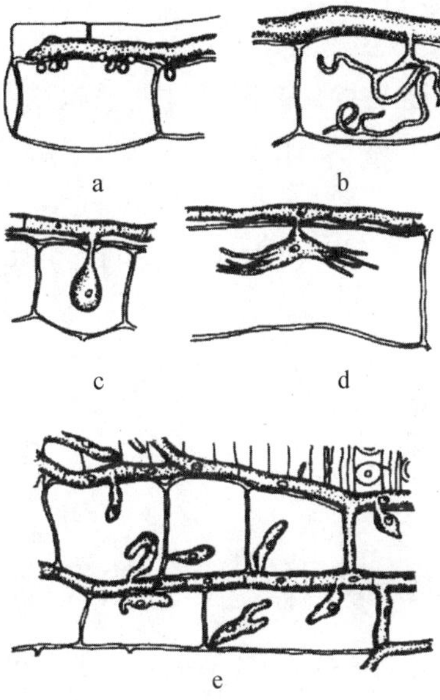

图 2-2-2　吸器类型

(仿南京农学院《普通植物病理学》)

a. 白锈菌　b. 霜霉菌　c,d. 白粉菌　e. 锈菌

(2)假根　有的菌种在菌丝下边长有根状菌丝，伸入基物中吸养并支撑上部的菌体，这种根状菌丝叫假根。

(3)菌环(菌网)　某些捕捉线虫的真菌，常常在菌丝体上长出环状菌丝，借以捕捉线虫，这叫菌环或菌网。

3. 菌丝的组织体

交织在一起的菌丝体叫密丝组织，其中交织较疏松的称为疏丝组织，而排列紧密的称拟薄壁组织。疏丝组织和拟薄壁组织在很多真菌中可形成各种不同的营养结构和繁殖结构，常见的菌组织有菌核、子座和菌索。这些变态结构在真菌的繁殖和传播上，以及对不良环境抵抗方面有着重要作用。

(1)菌核　是一个坚硬的营养结构，可以休眠很长时间以对抗不良的环境，休眠后经过萌发再产生产孢的子实体。菌核的外部是一坚韧的表皮，即拟薄壁组织，内部为疏丝组织。菌核有球形、柱形和不规则形，有褐色、黑色，小的像油菜籽，大的像拳头。

(2)子座　是一个垫状的营养结构，常在其中或其上产生子实体。它是由菌丝组织或菌丝组织和一部分寄主组织结合而形成，可以休眠渡过不良环境。

(3)菌索　也叫根状菌索，是由菌丝平行排列组成的长长的绳状物。发达的菌索分化为颜色较深的拟薄壁组织表层，疏丝组织的心层和顶端的生长点。能抵抗不良环境保持休眠状态，当环境转佳时又从尖端继续生长延伸很长,到一定阶段便从菌索上产生子实体。

(二)真菌的繁殖体

真菌经过营养生长阶段后,即进入繁殖阶段,形成各种繁殖体即子实体。真菌的繁殖分为无性繁殖和有性繁殖两种,无性繁殖产生无性孢子,有性繁殖产生有性孢子。孢子的功能相当于高等植物的种子。

1. 无性繁殖及无性孢子的类型

无性繁殖是指真菌不经过性细胞或性器官的结合,直接从营养体上产生孢子的繁殖方式,所产生的孢子称为无性孢子(图 2-2-3)。常见的无性孢子有以下几种。

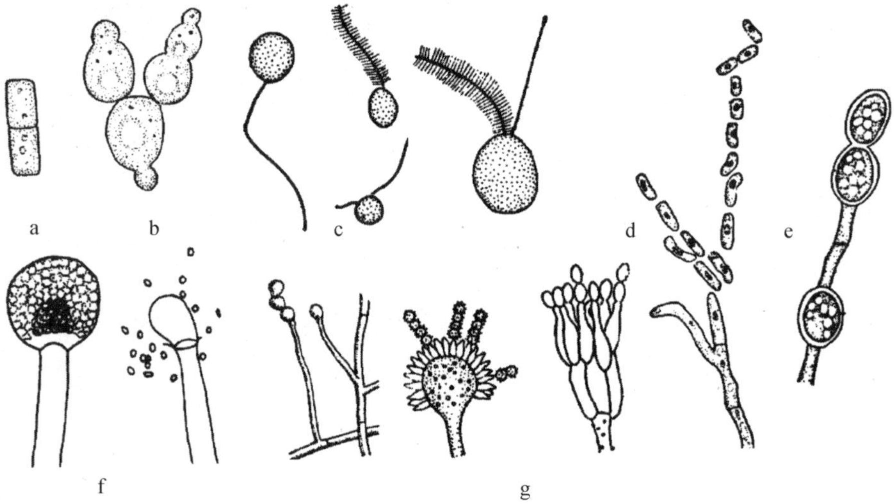

图 2-2-3 真菌的无性繁殖及无性孢子(仿李阜棣《微生物学》)

a. 酵母菌的裂殖 b. 酵母菌的出芽繁殖 c. 游动孢子
d. 节孢子 e. 厚垣孢子 f. 孢囊孢子 g. 分生孢子

游动孢子 是在游动孢子囊中产生的内生孢子,是鞭毛菌的无性孢子。游动孢子囊由菌丝或孢囊梗顶端膨大而成,球形、卵形或不规则形。游动孢子肾形、梨形,无细胞壁,具 12 根鞭毛,可在水中游动。

孢囊孢子 是在孢子囊中产生的内生孢子,是接合菌的无性孢子。孢子囊由孢囊梗的顶端膨大而成。孢囊孢子球形,有细胞壁,无鞭毛,释放后可随风飞散。

分生孢子 产生于菌丝分化而形成的分生孢子梗上产生,成熟后分生孢子从孢子梗上脱落,是子囊菌、半知菌的无性孢子。分生孢子的种类很多,形状、大小、细胞数目、色泽、形成和着生的方式都有很大的差异。不同真菌的分生孢子梗散生或丛生,有些真菌的分生孢子梗着生在特定形状的结构中,如近球形、具孔口的分生孢子器和杯状或盘状的分生孢子盘。

厚垣孢子 是真菌菌丝的某些细胞膨大变圆、原生质浓缩、细胞壁加厚而形成的,可以抵抗不良环境,条件适宜时萌发形成菌丝。

粉孢子(节孢子)由菌丝自分隔处断裂而形成的无性孢子,外观上呈粉末状,故称粉孢子。

芽孢子 从一个细胞生芽而形成的无性孢子。首先细胞产生小突起,并逐渐膨大成子细胞,当子细胞长到正常大时,便脱离母细胞而独立成新个体。或不脱离母细胞,继续进行芽殖,产生新的芽孢子。

2. 有性繁殖及有性孢子的类型

有性繁殖指真菌通过性细胞或性器官的结合而产生孢子的繁殖方式。有性繁殖产生的孢子称为有性孢子(图 2-2-4)。常见的有性孢子有以下几种。

卵孢子　球形、厚壁,如鞭毛菌亚门卵菌的有性孢子。

接合孢子　接合菌亚门的有性孢子称为接合孢子。

子囊孢子　在子囊中产生。子囊是无色透明、棒状或卵圆形的囊状结构。每个子囊中一般形成 8 个子囊孢子,子囊孢子形态差异很大。子囊通常产生在有包被的子囊果内。子囊果通常有 4 种类型:球状无孔口的闭囊壳,瓶状或球状有真正壳壁和固定孔口的子囊壳,盘状或杯状的子囊盘。如子囊菌亚门的有性孢子。

担孢子　通常在担子上产生,1 个担子产生一个外生担孢子。如担子菌亚门真菌的有性孢子。

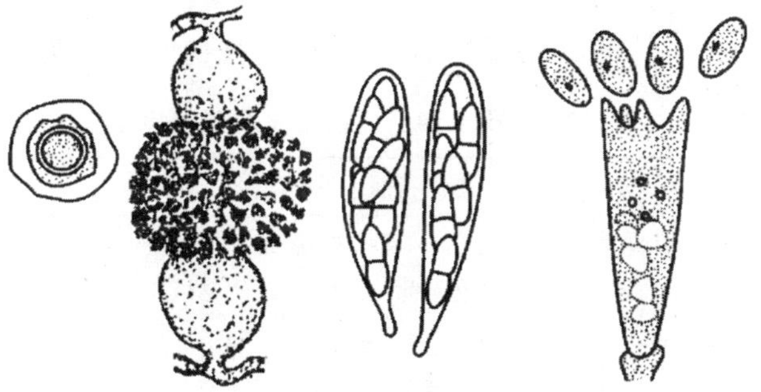

图 2-2-4　真菌的有性孢子(仿张学哲)

a. 卵孢子　b. 接合孢子　c. 子囊孢子　d. 担孢子

(三)真菌的生活史

真菌从一种孢子萌发开始,经过一定的营养生长和繁殖阶段,最后又产生同一种孢子的过程,称为真菌生活史,真菌的典型生活史包括无性和有性两个阶段。真菌的菌丝体在适宜的条件下生长一定时间后,进行无性繁殖产生无性孢子,无性孢子萌发形成新的菌丝体。菌丝体在植物生长后期或病菌侵染的后期进入有性阶段,产生有性孢子,有性孢子萌发产生芽管进而发育成为菌丝体,回到产生下一代无性孢子的无性阶段。

真菌在无性阶段产生无性孢子的过程在一个生长季节可以连续循环多次,是病原真菌侵染寄主的主要阶段,对病害的传播和流行起着重要作用。而有性阶段一般只产生一次有性孢子,其作用除了繁衍后代外,主要是渡过不良环境,成为翌年病害初侵染的来源。

知识链接

并非所有的真菌都是按照一定的模式完成发育的,一些真菌的生长发育中以无性繁殖为主,很少进行有性繁殖,也有些相反。一些真菌不产生任何孢子,靠菌丝体来完成。一些真菌却可以产生几种不同类型的孢子。

二、真菌的主要类群

真菌的分类目前多采用安思沃斯(Alnsworth)分类系统，将真菌界分为黏菌门和真菌门。真菌门又分为5个亚门：鞭毛菌亚门、接合菌亚门、子囊菌亚门、担子菌亚门和半知菌亚门。

作物病原真菌主要有以下类群：

(一)鞭毛菌亚门

鞭毛菌亚门(Mastigomycotina)　鞭毛菌亚门真菌有1 000多种。它的营养体是没有细胞壁的单细胞或者是没有隔膜的菌丝体，无性繁殖产生游动孢子囊，游动孢子囊释放出游动孢子；有性繁殖形成卵孢子或休眠孢子囊。形态差别大，大多数生于水中，少数具有两栖和陆生习性；有腐生的，也有寄生的。鞭毛菌亚门分壶菌纲、丝壶菌纲、根肿菌纲和卵菌纲。

与作物病害有关的是根肿菌纲和卵菌纲，其中较为密切的鞭毛菌见表2-2-1。

表2-2-1　鞭毛菌亚门重要属及所致病害

重要属	主要特征	代表性病害
绵霉属(*Axhlyq*)	菌丝粗壮，很少分枝，聚集在一起呈棉絮状。在菌丝顶端产生棍棒型游动孢子囊。多数腐生，少数弱寄生	稻苗绵腐病
腐霉属(*Pythium*)	菌丝发达，无特殊分化的孢囊梗。在菌丝上顶生或中间生球状、棒状的孢子囊，一般不脱落	瓜果腐烂病、多数植物猝倒
疫霉属(*Phytophthora*)	孢囊梗分化不显著，孢子囊球形、卵形或梨形，萌发时产生游动孢子或直接产生芽管。寄生性强，多为两栖或陆生	马铃薯晚疫病
霜霉属(*Peronospora*)	孢囊梗主轴较明显，粗壮，顶部有对称的二叉状分枝，分枝的顶端尖锐。孢子囊近卵形，无乳突，成熟时易脱落，萌发时直接产生芽管，偶尔释放游动孢子。孢囊梗和孢子囊在寄主表面聚集形成青白色粉霉层。是植物专性寄生菌	大豆霜霉病、十字花科植物霜霉病
白锈属(*Albugo*)	孢囊梗不分枝，短棍棒状，密集在寄主表皮下成栅栏状，孢囊梗顶端串生孢子囊。专性寄生菌，为害植物叶片及嫩梢	多种植物、杂草和十字花科植物白锈病

(二)接合菌亚门

接合菌亚门(Zygomycotina)的真菌，绝大多数为腐生菌，广泛分布于土壤、粪肥上，少数为死养生物，能引起植物贮藏器官如果实、块根、块茎的霉烂。营养体为发达的无隔菌丝体；无性繁殖形成孢子囊，并在其中产生孢囊孢子，有性繁殖产生接合孢子。该亚门真菌与作物病害有关系的主要是根霉。

根霉的菌丝发达，有分枝，分布于基物表面和基物内。有匍匐丝和假根。孢囊梗生于假根的上方，二、三根丛生，不分枝，顶端产生孢子囊，孢子囊球形，成熟后黑色，破裂后散发出大量孢囊孢子。为害贮藏期间的种实、球根、鳞茎等，引起薯类、水果和南瓜软腐病(图2-2-5)。

(三)子囊菌亚门

子囊菌亚门（Ascomycotina）是真菌中形态复杂、种类繁多的一个亚门。除酵母菌为单细胞外，大多数子囊菌有发达的菌丝体。无性繁殖在孢子梗上产生分生孢子，产生分生孢子的子实体有分生孢子器、分生孢子盘、分生孢子束等。有性繁殖产生子囊和子囊孢子，大多数子囊菌的子囊产生在子囊果内，少数是裸生的。常见的子囊果有子囊壳、闭囊壳、子囊腔和子囊盘(图 2-2-6)。

引起作物病害的主要子囊菌见表 2-2-2。

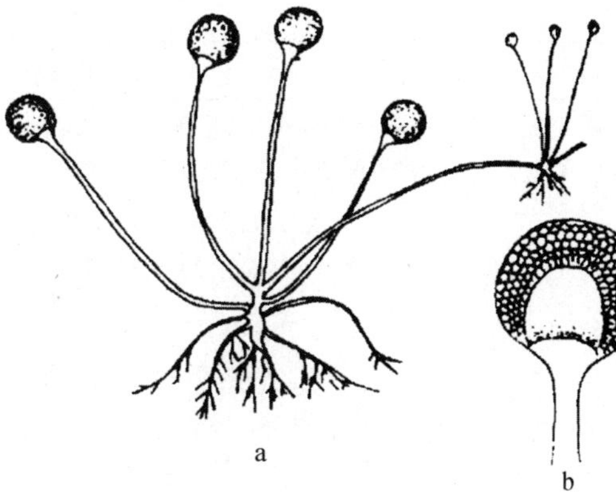

图 2-2-5　根霉(仿华南农学院等《植物病理学》)

a. 孢囊梗、孢子囊、假根和匍匐枝　b. 放大的孢子囊

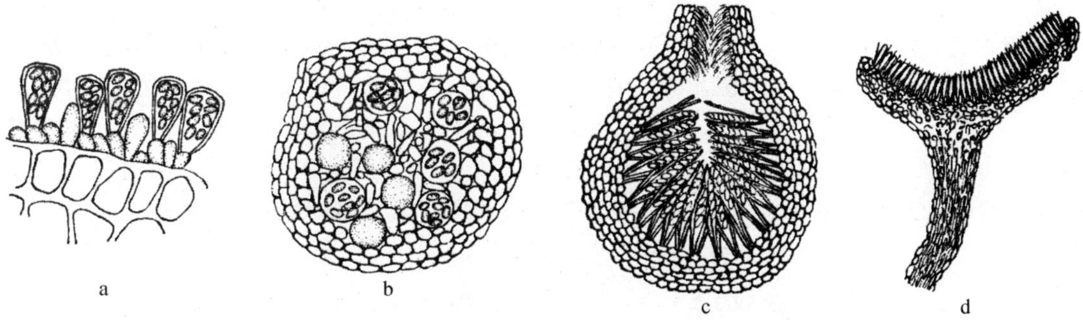

图 2-2-6　子囊果的类型(仿华南农学院等《植物病理学》)

a. 裸露的子囊层　b. 闭囊壳　c. 子囊壳　d. 子囊盘

表 2-2-2　子囊菌亚门重要属及所致病害

重要属	主要特征	代表性病害
白粉菌属 (*Erysiphe*)	菌丝体大多在寄主表面，以吸器伸入表皮细胞吸收营养。分生孢子单胞，椭圆形，串生或单生，着生在分生孢子梗顶端。闭囊壳内含数个子囊，椭圆形或洋梨形，有柄。子囊内含 2～8 个子囊孢子，子囊孢子单胞，无色。病部表面通常有一层白色粉状物，后期可出现许多黑色小粒点，即闭囊壳	豆类、烟草、油菜白粉病
布氏白粉属 (*Blumiria*)	分生孢子梗基部膨大呈近球形，闭囊壳附属丝不发达，呈短菌丝状。闭囊壳内含多个子囊	麦类白粉病
赤霉属 (*Gibberalla*)	子囊壳球形至圆锥形。子囊棍棒形，有柄。子囊孢子纺锤形，有 2～3 个分隔，无色。寄生，主要为害植物的茎、穗，引起腐烂。无性阶段为镰孢菌	小麦、大麦、黑麦、玉米赤霉病，水稻恶菌病
小丛壳属 (*Goumerella*)	子囊壳小，壁薄，丛生于寄主表皮下的子座上，口呈乳状突起，子囊棍棒形，子囊孢子单胞，无色，椭圆形，无侧丝	多种植物炭疽病

续表2-2-2

重要属	主要特征	代表性病害
长喙壳属 (*Ceratocystis*)	子囊壳有一个球形的基部和细长的颈，颈的长度可达子囊壳直径的3倍以上，颈的端部常裂成须状，壳壁暗色。子囊近球形，不规则地散生在子囊壳内。子囊孢子单胞、无色、椭圆形，成熟后从长颈的孔口挤出，并在孔口聚集成团。寄生或腐生，引起组织腐烂	甘薯黑斑病、甘蔗凤梨病
核盘菌属 (*Sclerotinia*)	产生在寄主表面的菌核多为黑色圆形。子囊盘由菌核产生，漏斗状或盘状，褐色。子囊圆柱形，子囊孢子单胞、无色、椭圆形。多数是腐生菌，主要引起植物茎基部、果实及贮藏器官的腐烂	油菜菌核病

(四)担子菌亚门

担子菌亚门(Basidiomycotina)是最高等的一个类群。寄生或腐生。担子菌亚门真菌的营养体为发达的有隔菌丝体。菌丝体发育有两个阶段，由担孢子萌发产生的单核菌丝，称为初生菌丝，性别不同的初生菌丝结合形成双核的次生菌丝。双核菌丝体可以形成菌核、菌索和担子果等结构。无性繁殖一般不发达，有性繁殖除锈菌外，产生担子和担孢子。高等担子菌产生担子果，担子散生或聚生在担子果上。与作物关系密切的有锈菌、黑粉菌和外担子菌等。见表2-2-3。

表2-2-3　担子菌亚门重要属及所致病害

重要属	主要特征	代表性病害
黑粉菌属 (*Ustilago*)	在寄主的各个部位产生冬孢子堆，黑褐色，成熟时呈粉末状。冬孢子散生，单胞，球形或近球形，表面光滑或有皱纹。冬孢子萌发产生有隔担子，担孢子顶生或侧生。有些种的冬孢子直接产生芽管侵入，不产生担孢子	小麦散黑穗病、玉米瘤黑粉病、谷子粒黑穗病、甘蔗黑粉病
条黑粉菌属 (*Sphacelotheca*)	孢子堆通常发生在叶、茎内。厚垣孢子由几个细胞组成，外有一层无色的不孕细胞	小麦秆黑粉病
腥黑粉菌属 (*Tilletia*)	冬孢子堆通常在寄主子房内产生，少数产生在寄主的营养器官上。谷粒成熟后破裂，散发出黑色粉末状的冬孢子堆，有腥臭味。冬孢子萌发产生无隔担子，其顶端集生多个担孢子	小麦腥黑穗病、小麦矮腥黑穗病
层锈菌属 (*Puakopsora*)	夏孢子表面有刺，冬孢子无柄，椭圆形，单胞，在寄主表皮下排成数层	葡萄锈病
柄锈菌属 (*Puccinia*)	冬孢子堆产生在表皮下，大多突破表皮。单主或转主寄生。冬孢子双胞有柄，深褐色，椭圆，棒状；性孢子器球形；锈孢子器杯状或筒状，锈孢子单胞、球形；夏孢子黄褐色，单胞，有柄，有刺	麦类秆锈病、小麦条锈病、小麦叶锈病、玉米锈病、向日葵锈病、花生锈病
栅锈菌属 (*Melampsora*)	冬孢子单生细胞，无柄排列成整齐的一层，着生于寄生表皮细胞下或角质层下。夏孢子表面有庞刺	亚麻锈病

知识链接

锈菌的生活史复杂，典型的锈菌生活史可分为5个发育阶段，依次产生5种类型的孢子，即性孢子、锈孢子、夏孢子、冬孢子和担孢子，它们分别产生于性孢子器、锈孢子器、夏孢子堆、冬孢子堆和担子上。这5个阶段用代号表示为0、Ⅰ、Ⅱ、Ⅲ、Ⅳ。

(五)半知菌亚门

半知菌亚门(Deuteromycotina)在自然界中，有些真菌在个体发育中，只发现无性时期，未发现有性孢子。这类真菌称为半知菌。半知菌亚门真菌的营养体多为分枝繁茂的有隔菌丝体；无性繁殖产生各种类型的分生孢子；多数种类有性阶段尚未发现，少数发现有性阶段的多属子囊菌，少数为担子菌。着生分生孢子的结构类型多样。有些种类分生孢子梗散生或呈束状，或着生在分生孢子座上；有些种类形成孢子果，分生孢子梗和分生孢子着生在近球形、具孔口的分生孢子器中，或盘状的分生孢子盘上。植物病原真菌，约有半数是半知菌。它们为害作物的叶、花、果、茎、枝干和根部，引起局部坏死和腐烂、畸形及萎蔫等症状见表2-2-4。

表2-2-4　半知菌亚门重要属及所致病害

重要属	主要特征	代表性病害
丝核菌属(*Rhizoctonia*)	产生菌核，菌核间有丝状体相连。菌丝多为近直角分枝，分枝处有缢缩	水稻、小麦纹枯病，棉花立枯病
小菌核属(*Sclerotium*)	产生菌核，菌核间无丝状体相连	引起多种植物白绢病和稻灰色菌核病
轮枝孢属(*Verticillium*)	分生孢子梗直立，分枝，轮生、对生或互生。分生孢子单胞	引起棉花、大豆、马铃薯和烟草的黄萎病
链格孢属(*Alternaria*)	分生孢子梗褐色，弯曲，孢痕明显。分生孢子单生或串生，褐色，卵圆形或倒棍棒形，有纵横分隔	马铃薯早疫病
曲霉属(*Aspergillus*)	分生孢子梗无色，不分支，顶端膨大呈球形，产生放射状排列的小梗，顶端着生成串无色或淡色、单胞、圆形的分生孢子	玉米、高粱、花生、棉花种子腐败、烂果、烂铃和茎腐等
粉孢属(*Oidium*)	分生孢子梗短小，不分枝。分生孢子单胞，圆形，串生	多种植物白粉病
葡萄孢属(*Botrytis*)	分生孢子梗细长，分枝略垂直，对生或不规则。分生孢子圆形或椭圆形，聚生于分枝顶端成葡萄穗状	多种植物的灰霉病
尾孢属(*Cercospora*)	分生孢子梗黑褐色，丛生，不分枝，有时呈屈膝状。分生孢子线形、鞭形或蠕虫形，多胞	大豆灰斑病、甜菜褐斑病、高粱紫斑病
梨孢属(*Pyricularia*)	分生孢子梗无色或淡褐色，细长，很少分枝，单生或丛生。分生孢子无色或橄榄色，单生，梨形或倒棍棒形，大多两个隔膜	水稻稻瘟病
平脐蠕孢属(*Bipolaris*)	分生孢子梭形，直或弯曲，脐点稍突出，平截状	水稻胡麻斑病、玉米小斑病
突脐蠕孢属(*Exserohilum*)	分生孢子梭形，圆筒形或倒棍棒形，直或弯曲，脐点明显突出	玉米大斑病

续表2-2-4

重要属	主要特征	代表性病害
镰孢菌属（*Fusarium*）	大分生孢子多孢、细长、镰刀形；小分生孢子卵圆形、单胞，着生在子座上，呈粉红色	麦类赤霉病
痂圆孢属（*Sphaceloma*）	分生孢子盘半埋于寄主组织内，分生孢子较小，单胞，无色，椭圆形，稍弯曲	葡萄黑痘病、柑橘疮痂病
茎点霉属（*Phoma*）	分生孢子器球形，埋生或半埋生，分生孢子梗短。分生孢子小，卵形，无色，单胞	甜菜蛇眼病、块根腐烂病
叶点霉属（*Phyllosticta*）	分生孢子器埋生，以短喙穿出表皮，有孔口。分生孢子梗短。分生孢子小，单胞，无色，近卵圆形	大豆灰星病、棉花斑点病、高粱斑点病
壳针孢属（*Septoria*）	分生孢子器半埋生，无分生孢子梗。分生孢子无色，线形，多隔膜	小麦颖枯病

工作任务2-3　作物病原细菌、病毒、线虫及寄生性种子植物识别

学习目标

熟悉作物病原细菌、线虫、寄生性种子植物的形态特征，掌握其所致病害的症状特点。学会作物病原细菌、线虫、寄生性种子植物的初步识别及细菌的革兰氏染色法。

材料及用具

水稻白叶枯病菌、茄青枯病菌、白菜软腐病菌、马铃薯环腐病菌、枯草芽孢杆菌的新鲜培养物或当地各种细菌性病害等新鲜标本，小麦粒线虫病虫瘿和甘薯茎线虫病组织、大豆胞囊线虫的胞囊、花生根结线虫和水稻干尖线虫的玻片标本，菟丝子、列当、桑寄生、槲寄生等当地的寄生性种子植物标本等。

带油镜显微镜、载玻片、盖玻片、滴瓶、酒精灯、香柏油、二甲苯、挑针、蒸馏水、各种病害症状挂图、多媒体课件等。

操作要点

（1）油镜观察　低倍镜下找被检部分—高倍镜下调焦—移去高倍镜—滴1滴香柏油于盖玻片—换用油镜观察—画图。收镜：观察结束—镜筒升高—取下切光孔两侧。

（2）作物病原细菌观察（革兰氏染色法步骤）　涂片、固定、染色、水洗与吸干、镜检等。用油镜观察细菌时，依次用低倍、高倍镜找到部位，然后在细菌涂面上滴少许香柏油，再把油镜浸入油滴中，调焦镜检。

（3）细菌性病害的简易诊断及症状观察　诊断细菌性病害；观察典型病害的症状特点。

（4）作物病毒病症状观察　观察病毒病、丛枝病等，症状属何类型，有何特点？

(5)作物病原线虫及寄生性种子植物观察

①线虫形态及症状观察:镜检雌雄线虫;根结线虫病根上有无黄白色小颗粒状物?②寄生性种子植物观察:观察菟丝子、桑寄生等,从不同方面找出它们的区别点。

注意事项

(1)干制标本观察时候容易破坏标本,应该谨慎操作,以免破坏标本;

(2)高倍镜观察,勿使镜头紧压切片,以免损坏镜头和压碎玻片;

(3)显微镜使用完毕,应及时降低镜体,取下载物台面上的观察物,放入镜箱内,轻拿轻放;

(4)对疑难的病害,应该积极查阅资料并开展小组讨论,达成共识。

内容及操作步骤

一、作物病原细菌观察

细菌属于原核生物界,细菌门,为单核生物。作物病原细菌是侵染性病害的重要病原。裸子植物上很少发现,主要见于被子植物。在作物栽培中,以马铃薯青枯病、多种作物的癌病及多种作物细菌性叶斑病等发生较为普遍。

(一)作物病原细菌的一般性状

细菌是单细胞原核生物,有细胞壁,但无固定的细胞核,不含叶绿素,多数不能进行光合作用且绝大多数是异养型的,营腐生。

1. 细菌的结构与形态

细菌具有细胞壁、原生质膜、原生质、核物质及各种内含体,但无核膜。其基本形态可分为球状、杆状、螺旋状。病原细菌都是杆状,两端略圆或尖细,一般宽 0.5～0.8 μm,长 1～5 μm。大多数作物病原细菌其体外生有丝状的鞭毛,能移动,一般,最少 1 根。见图 2-3-1。

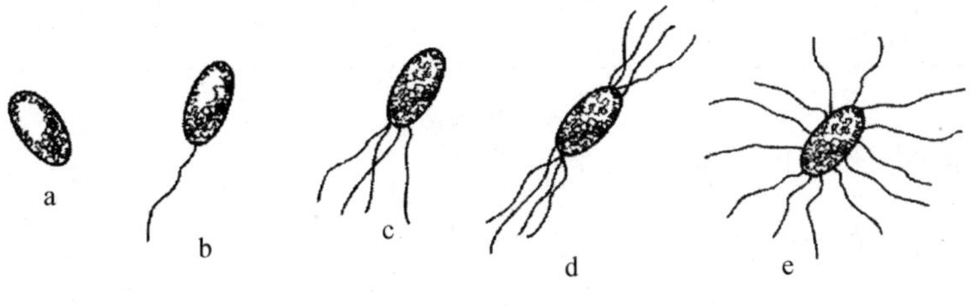

图 2-3-1　细菌形态及鞭毛(仿张学哲)

a. 无鞭毛　b. 单极鞭毛　c. 单极多鞭毛　d. 双极多鞭毛　e. 周生鞭毛

2. 细菌的繁殖与生理特性

细菌的繁殖方式是裂殖。当细菌成熟后,在杆状菌体的中部产生隔膜,把母细胞分裂为两个大小相似的子细胞。细菌繁殖速度很快,在适宜条件下,一般每小时分裂 1 次或数次。

大多数作物病原细菌都是好氧的,适于生活在略带碱性的培养基中。繁殖最适温度为 26～30℃,高于或低于这个温度细菌生长发育会受到抑制。在 33～40℃时停止生长,在 50℃、10 min时,多数细菌死亡。细菌能耐低温,即使在冰冻条件下仍能保持生活能力。作物病原细菌的生长速度也与 pH 有关,一般在中性或微碱性的条件下生长良好。

3. 细菌的生化特性

细菌含有各种各样的酶,在其生命活动中对于不同的培养基和化学成分能产生多种生化作用。因此,可以利用细菌对某种培养基或化学药品产生不同的生化反应,作为鉴别不同细菌的依据。在作物病原细菌中,用革兰氏染色法是鉴别细菌的重要依据。

4. 细菌的培养学特性

作物病原细菌都能在人工培养基上生长繁殖。在固体培养基上形成各种形状和颜色的菌落。菌落的颜色与细菌所产生的色素有关。有的细菌只有菌落本身的颜色,有的可使培养基着色,有的细菌能产生荧光性色素,有的产生大量褐色色素。细菌的菌落边缘整齐或呈波纹状,表面光滑或皱缩。

(二)作物病原细菌的主要类群

细菌的分类主要依据鞭毛有无、数目及着生位置、革兰氏染色反应、培养性状、生化特性、致病性及寄生性等特点进行分类。见表 2-3-1。

表 2-3-1　作物病原细菌重要属及所致病害

重要属	主要特征	代表性病害
棒状杆菌属(*Corynebacterium*)	革兰氏染色反应阳性。一般无鞭毛或少数有极生鞭毛。多从伤口侵入,寄生于维管束组织内	马铃薯环腐病
假单胞杆菌属(*Pseudomonas*)	革兰氏染色反应阴性。极生 3～7 根鞭毛。菌落灰白色或有荧光色素。从自然口或伤口侵入,寄生于薄壁组织内	大豆细菌性斑点病
黄单胞杆菌属(*Xanthomonas*)	革兰氏染色阴性。极生鞭毛 1 根。菌落黄白色。多从自然孔口或伤口侵入	水稻白叶枯病
欧氏杆菌属(*Erwinia*)	革兰氏染色阴性。周生多根鞭毛,弱寄生,从伤口侵入,引起组织腐烂	蔬菜和大田作物软腐病
野杆菌属(*Agrobacterium*)	革兰氏染色阴性。鞭毛极生或周生,1～4 根,少数无鞭毛,伤口侵入	多种作物的根癌病

(三)作物病原细菌病害的症状

作物病原细菌病害的症状主要有以下 5 种类型。

1. 斑点

主要发生在叶片、果实和嫩枝上。由于细菌侵染,引起作物局部组织坏死而形成斑点或叶枯。有的叶斑病后期,病斑中部坏死组织脱落而形成穿孔。主要是假单胞杆菌属或黄单胞杆菌属引起。

2. 腐烂

作物幼嫩、多汁的组织被细菌侵染后,表现的腐烂症状。主要由欧氏杆菌属引起。

3. 枯萎

有些病菌侵入寄主作物的维管束组织,在导管内扩展破坏了输导系统,引起植株萎蔫。常由假单胞杆菌或棒形杆菌属引起。

4. 畸形

有些细菌侵入作物后，引起根或枝干局部组织过度生长形成肿瘤，或使新枝、须根丛生，或枝条带化等多种畸形症状。主要由野杆菌属、假单胞杆菌属和棒形杆菌属引起。

5. 溃疡

主要是指作物枝干局部性皮层坏死，后期因组织失去水分而稍下陷，有时周围还产生一圈稍隆起的愈合组织。一般由黄单胞杆菌属引起。

(四)作物病原细菌的侵染特点

作物病原细菌无直接穿透寄主表皮而入侵的能力，主要通过寄主体表的自然孔口和伤口侵入。

作物病原细菌的田间传播主要是通过雨水的飞溅、灌溉水、昆虫和线虫等，有些细菌还可以通过农事操作，有些则随着种子、球根、苗木等繁殖材料的调运而远距离传播。

作物病原细菌无特殊的越冬结构，必须依附于感病作物，不能离开感病作物而独立存活。因此，感病作物是病原细菌越冬的重要场所。一般高温、多雨、施用氮肥过多等环境因素，均有利于细菌病害的发生和流行。

(五)作物细菌性病害的防治

1. 消除侵染来源

这是作物细菌病害防治的重点。在地区之间，应该严格执行植物检疫措施，防止病区扩大。在病区内应选用无病种子、苗木、球根等繁殖材料，培养健康植株，或进行种苗、球根消毒处理，以消灭所携带的病菌，及时清除病株残体等都是防治作物细菌的重要方法与途径。

2. 农业技术防治

加强栽培管理，避免给植株造成伤口和及时保护伤口，防止细菌侵入；实行轮作、选育抗病品种等。

3. 抗生素治疗

利用抗生素防治作物细菌病害可以收到较好的效果。

二、作物病原病毒观察

病毒又称为分子寄生物。它只能在适宜的寄主细胞内完成自身复制的一个或一套基因组核酸分子。它广泛寄生于动物、作物、细菌和真菌中。高等植物中，目前已发现的病毒有900余种，数量仅次于真菌性病害。几乎每一种作物上都有1至数种病毒病。

(一)作物病原病毒的性状

病毒是一类非细胞结构的专性寄生物，是一种活养生物。体积细小，大小在10～30 nm之间。高等植物病毒粒体主要为球状、杆状和纤维状。作物病毒能通过细菌不能通过的过滤器微孔，故也称为过滤性病毒(图2-3-2)。

作物病毒粒体由核酸和蛋白质衣壳组成。病毒具有传染能力和增殖能力。它的增殖不同于细胞的繁殖。它采用核酸样板复制方式进行增殖，在增殖的同时，也破坏了寄主正常的生理程序,从而使作物表现症状。

病毒只能在活的寄主体内寄生,不能在人工培养基上培养。但它们的寄主范围相当广泛,可包括不同科、属的作物。

病毒对外界条件影响也有一定的稳定性。不同病毒对外界环境影响的稳定性不同,这种特性可作为鉴定病毒的依据之一。主要指标有:

(1)体外存活期　指病毒汁液在室温下能保持侵染力的最长时间。

(2)稀释终点　带毒作物汁液加水稀释超过一定限度时,便失去传毒能力,这个最大的加水倍数叫稀释终点。

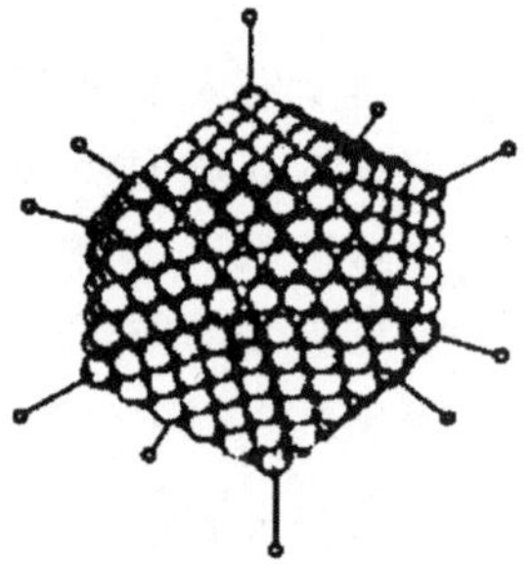

图 2-3-2　病毒
(仿刘璋,陈其国)

(3)热钝化温度　指病汁液处理 10 min,使病毒失去侵染力的最低处理温度。

(二)作物病毒病害的症状

病毒粒体在作物体内不断增殖,引起作物生理过程紊乱,破坏作物的正常生长发育,最终表现出病害症状,作物病毒病只有明显的症状而无病征。主要症状分三类。

(1)变色　最常见的是花叶、斑驳、黄化和碎色。主要是叶绿素受阻引起。一般全株叶片呈深浅绿色不匀,形成浓淡相嵌的现象。

(2)坏死　最常见的是枯斑。是寄主作物阻止侵入的病毒进一步扩展而产生的过敏性的反应。有的病斑褪绿深浅相间呈环痕;有的引起韧皮部坏死;有的引起植株系统性坏死。

(3)畸形　主要表现为感病器官变小和植株矮小;在叶片上常表现皱叶、缩叶、卷叶、裂叶等。

(三)作物病毒的传播与侵染

病毒生活在寄主细胞内,无主动侵染的能力,多借外部动力和通过微细伤口入侵,因此病毒的传播与侵染是同时完成的。传播途径如下。

(1)昆虫传播　传播作物病毒的介体最重要的是昆虫,其次是线虫、螨类、真菌,还有菟丝子。作物病毒对介体的专化性很强,通常由一种介体传染的病毒,另外一种介体就不能传染,所以介体生物的种类在植物病毒的鉴定上具有重要意义。

(2)土壤传播　有些病毒可以通过土壤传播。

(3)机械传播　病毒由摩擦造成的微伤口而传播。

(4)嫁接传播　通过带毒的接穗和砧木可以传播病毒。另外,菟丝子通过它在病株上寄生后,又缠绕到其他健株上,将病毒传到健株内也是一种嫁接传播。

(5)种子和花粉传播　有些病毒可进入种子和花粉。

(四)作物病毒病害的防治

病毒是细胞内寄生物,化学防治效果不佳。目前生产上尚无对病毒有效的药剂,但发现有些药剂可减轻症状。随着科学技术的发展,化学防治将会有很大的发展。目前常采用热力、辐射能及超声波等物理治疗法或采用人工脱毒方法。

知识链接

昆虫介体中以蚜虫最重要，其次为叶蝉、飞虱、粉虱、粉蚧、蓟马及蝽等。植物病毒对介体的专化性很强，通常由一种介体传染的病毒就不能由另外一种介体传染。如蚜虫传染的病毒不能由叶蝉或线虫传染。由一种叶蝉传染的病毒往往也不能由另一种叶蝉传染。因此，介体生物的种类在植物病毒的鉴定上具有重要的意义。

三、作物病原线虫观察

线虫是一种低等动物，属无脊椎动物的线形动物门的线虫纲。在自然界分布广泛，种类多。估计地球上约有植物线虫10万种，目前有记载的植物线虫仅有200属5 000种。

(一)作物病原线虫的一般性状

大多数作物病原线虫体形细长，两端稍尖，形如线状，多为乳白色或无色透明。作物寄生性线虫大多虫体细小，需要用显微镜观察。线虫体长0.3～1 mm，个别种类可达4 mm，宽30～50 μm。雌雄同型线虫的雌成虫和雄成虫都是线形的，雌雄异型线虫的雌成虫为柠檬形或梨形，但它们在幼虫阶段都是线状的。

线虫虫体分为头、颈、腹和尾四部。头部有唇、口腔、吻针和侧器等，位于虫体前端。唇和侧器是感觉器官。吻针位于口腔中央，基部与食道相连，用以穿刺植物细胞吸取营养，是吸收营养的器官。颈部是从吻针基部到肠管前端之间的一段体躯。腹部是从后食道球到肛门之间的一段体躯。尾部是从肛门以后到虫体末端的部分。

作物寄生线虫外层为体壁，不透水、角质，有弹性，有保持体形和防御外来毒物渗透的作用。体壁下为体腔，其内充满体腔液，有消化、生殖、神经、排泄等系统，无循环和呼吸系统。植物线虫有卵、幼虫和成虫3个虫态。卵通常为椭圆形，半透明，产在植物体内、土壤中或留在卵囊内；幼虫有4个龄期，1龄幼虫在卵内发育并完成第一次蜕皮，2龄幼虫从卵内孵出，再经过3次蜕皮发育为成虫。植物线虫一般为两性生殖，也有孤雌生殖。多数线虫完成1代只要3～4周的时间，在一个生长季中可完成若干代。

线虫大部分生活在土壤耕作层。最适于线虫发育和孵化的温度为20～30℃，最高温度40～55℃，最低10～15℃。最适宜的土壤温度为10～17℃，在适宜的温度条件下有利于线虫的生长和繁殖。最适宜的土壤质地为沙壤土。

(二)作物病原线虫的侵染循环

作物病原线虫大多为活养生物，少数为半活养生物。根据取食习惯，常把线虫分为外寄生型和内寄生型。外寄生型的线虫在作物体外生活，以吻针刺穿作物表皮组织根毛取食，虫体不进入作物体内；内寄生型线虫进入作物组织内部取食。有少数线虫是先进行一段外寄生，然后再进行内寄生。总之，线虫能为害作物的根、茎、叶、花等器官。

线虫对作物的致病作用，不仅是用吻针刺伤寄主，或虫体在作物组织内穿行所造成的机械损伤，主要还有线虫食道腺分泌的唾液，其中可能含有各种酶和其他致病物质。它们可以分解植物细胞间的中胶层或细胞壁，能抑制或刺激细胞分裂，造成各种病变。为害地下部分的线虫常使寄主根部功能遭到破坏，引起作物生长停滞、早衰、色泽失常，很像缺肥症。

线虫在土壤中的活动性不强，在土壤中每年迁移的距离不超过 1～2 m；被动传播是线虫的主要传播方式，包括水、昆虫和人为传播。在田间主要以灌溉水的形式传播；人为传播方式有耕作机具携带病土、种苗调运、污染线虫的农产品及其包装物的贸易流通等。通常人为传播都是远距离的。

(三)作物病原线虫的主要类群

线虫纲的分类是以测尾腺口的有无，依此分为侧尾腺口亚纲和无侧尾腺口亚纲。植物寄生线虫主要属于侧尾腺口亚纲中的垫刃目。为害作物的线虫主要有以下种类(表 2-3-2)。

表 2-3-2　作物病原线虫重要属及所致病害

重要属	主要特征	代表性病害
异皮线虫属(*Heterodera*)	又称胞囊线虫属，雌雄异型。成熟雌虫膨大呈柠檬状、梨形，雄虫为蠕虫形。为害植物根部的一类重要线虫	甜菜胞囊线虫病、大豆胞囊线虫病、玉米胞囊线虫病等
根结线虫属(*Meloidogyme*)	雌雄异形，雌成虫呈梨形，有一个明显的颈；卵产于尾部卵囊中，雄虫线形。使植物根形成肿瘤，地上部分生长停止，叶片变黄、早落、枯萎甚至死亡	花生根结线虫病
茎线虫属(*Ditylenchus*)	两性成虫均呈线形，体长可达 2 mm，雌虫体肥胖。内寄生型，引起组织坏死或植株矮化变形	水稻茎线虫病、甘薯茎线虫病
滑刃线虫属(*Aphelenchoides*)	雌、雄成虫均为细长的蠕虫状，内寄生型。为害植物的芽和叶片，引起枯斑和凋萎或花朵干枯、畸形	水稻干尖线虫病
粒线虫属(*Anguina*)	雌虫和雄虫均为蠕虫形，虫体肥大，较长。多数种类寄生在禾本科植物的地上部，在茎、叶上形成虫瘿，或者破坏子房形成虫瘿	小麦粒线虫病

(四)作物线虫病的症状和防治要点

1. 症状特点

作物线虫病害的症状表现为全株性症状和局部性症状。全株性症状类似营养不良的现象，表现为作物生长缓慢，衰弱、矮小，叶色变淡，甚至萎黄等现象；有的呈现全株性枯萎。局部性症状主要为畸形，具体表现是肿瘤、丛根、根结、顶芽花芽坏死、茎叶扭曲、干枯、虫瘿等症状。

2. 作物线虫病的防治要点

(1)在引种和调运种子、苗木的过程中严格实行植物检疫。有些线虫病在国内虽有发生，但仅限于局部地区。为了防止这些线虫病在国内扩大或由国外传入国内，在引种和调运苗木的过程中，要加强植物检疫，严禁将带病种苗输出或输入无病区。

(2)选用高抗性或免疫的品种、实行轮作或间作，施用有机肥等措施。作物寄生线虫主要在土壤中存活，且大多为活养生物。它们在土壤内群体密度及组成随植物而不同。选用高抗性或免疫的作物品种与感病植物轮作或间作，可以收到良好效果。另外，施用有机肥相对可抑制一些线虫的侵染及繁殖。

(3)采用温水或药剂处理种植材料。作物的寄生线虫中,有些是在球茎、鳞茎、根和苗木中越冬或越夏,并通过这些种植材料传播。应用热处理或化学药剂处理,可以将某些种植材料表面或内部的线虫杀死。但这两种处理方法都必须慎用,因为水温太热或在药剂中处理时间太长,均可影响植物生长。

(4)采用药剂或热蒸汽处理土壤。土壤是植物寄主线虫存活的主要场所,即使有些线虫是寄生在植物组织内,但它们仍有一段时间要在土壤中生活。因此,防治植物线虫病,通常要与土壤处理相结合,能收到很好的效果。土壤处理通常有药剂处理和热处理两种方法。

(5)利用捕食性和寄生性线虫、病毒、原生动物、细菌等来防治植物线虫病害。利用捕食性和寄生性真菌或肉食性线虫、病毒、原生动物和细菌等寄生生物来防治植物线虫病害,是有效的生物防治措施。目前,生物防治植物线虫病害还没有大规模应用,有许多基础研究工作需要加强,随着研究的不断深入,线虫的生物防治技术必将取得长足的发展。

四、寄生性种子植物观察

在自然界中,种子植物大多为自养生物,但有些种子植物缺乏叶绿素或某种器官退化,必须寄生在其他植物上以获取营养物质的植物,称为寄生性植物。大多数寄生性植物可以开花结籽,又称为寄生性种子植物。

(一)寄生性种子植物的一般性状

根据寄生性种子植物对寄主植物的依赖程度,可将其分为全寄生和半寄生两类。全寄生性种子植物如菟丝子、列当等,无叶片或叶片已经退化,无足够的叶绿素,根系蜕变为吸根,必须从寄主植物上获取包括水分、无机盐和有机物在内的所有营养物质;半寄生性种子植物如槲寄生、桑寄生等本身具有叶绿素,能够进行光合作用,但需要从寄主植物中吸取水分和无机盐。

按寄生性种子植物在寄主植物上的寄生部位分为根寄生和茎寄生。前者寄生在寄主植物的地上部分,如桑寄生科和菟丝子科的植物;后者则寄生在寄主植物根部,如列当科植物。

寄生性种子植物对寄主植物的致病作用主要表现为对营养物质的争夺。一般来说,全寄生的比半寄生的致病力要强,如菟丝子和列当主要寄生在一年生草本植物上,可引起寄主植物黄化和生长衰弱,严重时造成大片死亡,对产量影响很大;而半寄生的如槲寄生和桑寄生等则主要寄生在多年生的木本植物上,寄生初期对寄主无明显影响,当群体较大时会造成寄主生长不良和早衰,发病速度较慢。除了争夺营养外,还能将病毒从病株传到健株上。

寄生性种子植物靠种子繁殖。种子依靠风力或鸟类传播的,称为被动传播;当寄生植物种子成熟时,果实吸水膨胀开裂,将种子弹射出去的,称为主动传播。

(二)寄生性种子植物的主要类群

寄生性种子植物都是双子叶植物,估计在 2 500 种以上,其中最常见和危害最大的有菟丝子属、桑寄生属、列当属等。

1. 菟丝子属(*Cuscuta*)

菟丝子为旋花科、菟丝子属植物,在我国各地均有发生,寄主范围广,主要寄生豆科、菊科、茄科、百合科、伞形科及蔷薇科等草本和木本植物上，全寄生。

菟丝子种子成熟后落入土中或混杂于寄主植物种子内越冬。第二年当寄主植物生长后，种子开始萌发，种胚的一端先形成无色或黄色丝状幼芽，以棒状的粗大部分固着在土粒上。种胚的另一端也脱离种壳形成丝状的菟丝子幼茎。幼茎在空中来回旋转，遇到适当的寄主就缠绕在上面，在接触处形成吸盘伸入寄主。吸盘进入寄主组织后，部分组织分化为导管和筛管，分别和寄主的导管和筛管相连，吸收养分和水分。当寄生关系建立以后，菟丝子下部的茎逐渐萎蔫与土壤分离。以后上部的茎就不断缠绕寄主，并向四周蔓延扩展危害。

2. 桑寄生属(*Loranthus*)

桑寄生属植物约500种，分布于长江以南(中国有35种)。桑寄生属植物有叶片和叶绿素，但缺少根系。它们都是半寄生的。为常绿性灌木，少数为落叶性。果实为浆果。主要靠鸟类传播。鸟啄食果实果后，吐出种子或经过消化道排出种子，黏附在树皮上。在适宜的环境条件下，种子萌发产生胚根。在接触处形成吸盘，吸盘伸入木质部和寄主导管相连，吸取水分和无机盐，同时胚芽开始发育，当年形成短枝，以后不断产生新枝，呈丛生状。

3. 列当属(*Orobanche*)

列当为列当科、列当属一年生根寄生草本植物，没有叶绿素，不能进行光合作用，没有真正的根，不能吸收水分和无机盐。为全寄生性的。茎肉质、单生或少数分枝，黄白色，直立，高度不等。不具叶片或仅在花基部具鳞片，根退化形成吸盘，花两性，果为蒴果。靠种子传播。种子萌发时形成线状幼芽，侵入寄主根部，吸取水分和养料。如黄连列当病。

(三)寄生性种子植物的防除方法

第一，彻底清除寄生物的种子和植株。在花卉和树木播种前，彻底清除混杂在种子中的菟丝子种子。一年生草本花卉的种植地，冬季进行深耕，将菟丝子种子埋在土层中，使其不能发芽，以减少侵染源；生长季节在花圃、苗圃花坛中、绿地发现菟丝子，应及时清除，防止蔓延。

第二，药剂防治。使用相应的化学药剂或生物制剂喷雾，效果良好。如五氯酚钠、鲁保一号等。

第三，砍除被害枝。在冬季将被害寄主植物的枝条及寄生物一并砍除，使寄生物来年不能重新萌发，是根治桑寄生的好措施。

工作任务2-4　作物病害的发生发展及诊断

学习目标

熟悉作物病害发生发展规律特点，掌握作物病害诊断的要点，了解作物病害发生发展的各个环节，深入分析病原物、寄主作物和环境条件在各个环节中的作用。从而为田间作物病害调查、预测预报及防治提供依据。

材料及用具

典型症状植株。

病害标本采集箱、果枝剪、放大镜、镊子、剪刀、恒温培养箱、生物显微镜、滤纸、培养皿、三角瓶、PDA 培养基、酒精、升汞、漂白粉、次氯酸钠、无菌水、笔记本、铅笔及相关参考资料、多媒体课件等。

操作要点

1. 非侵染性病害的田间诊断

现场观察，田间诊断。非侵染性病害是由于受不良的环境条件所引起的。并与气候、地势、土质、施肥、灌溉、喷药等有关。常造成作物变色、枯死、落花、落果、畸形、生长不良等现象，无病征。病害不传染，病害在田间分布比较均匀，成片发生，没有明显的发病中心。

2. 真菌性病害的田间诊断

田间观察真菌病害的症状坏死型、腐烂型、萎蔫型和畸形特点。大多数真菌性病害都在发病部位产生病症。主要病症有各种色泽的霉、粉、锈、黑点、黑粒、菌索、菌核等，可根据症状特点，结合病征的出现，用扩大镜观察病部的病症类型，确定病害种类。

3. 细菌性病害的田间诊断

观察细菌所致的作物病害症状。主要有斑点、条斑、溃疡、萎蔫、腐烂及畸形等类型。病斑多表现为急性坏死型。多数叶斑受叶脉限制呈多角形或近似圆形斑。病斑初期呈半透明水渍状，边缘常有褪绿的黄晕圈。对于细菌性病害出现的症状，与真菌性病害相似，容易混淆，有些不能作为诊断的主要根据。但多数细菌病害有一个共同特点：发病后期，当气候潮湿时，从病部的气孔、水孔、皮孔及伤口处溢出细菌的粘状物，即菌脓。

4. 病毒病害的田间诊断

症状出现多呈花叶、黄化、丛枝、矮化、畸形、坏死等。感病植株，多为全株性发病，少数为局部性发病。田间病株多分散，零星发生，无规律性。如果是接触传染或昆虫传播的病毒，分布较集中。

5. 作物线虫病害的田间诊断

线虫多数引起作物地下部发病，病害是缓慢的衰退症状，很少有急性发病。通常表现的症状是病部产生虫瘿、胞囊、肿瘤、茎叶畸形、叶尖干枯、须根丛生及作物生长衰弱，类似营养缺乏症状。

6. 寄生性种子植物的田间诊断

观察菟丝子、桑寄生、槲寄生、列当标本的形态。仔细比较哪种仍具有绿色叶片、哪种叶片已完全退化、它们的寄生性有何不同。观察其与寄主接触的特点。

7. 作物病原真菌的分离培养及鉴定

(1)选择材料及处理　选取典型症状的植株，洗净晾干，从病健交界处切 3～5 mm 见方的作物组织。材料先用 70%酒精漂洗 2～3 s 至几分钟，再用无菌水漂洗 3～4 次，用无菌滤纸吸干材料上的水。

(2)制作平板培养基　将三角瓶中的 PDA 培养基融化，无菌操作将培养基倒入已灭菌的培养皿中，厚度 2～3 mm。

(3)移入、培养　在无菌操作下用镊子将材料移入 PDA 培养基上，标明日期、材料等，置培养箱中在室温、阴暗条件下培养 2～3 天，检查结果并做出鉴定。

(4)转管保藏　如果分离成功，在菌落边缘挑取小块菌组织，移入试管斜面 PDA 培养基上，菌丝长满后，放入冰箱中，低温保藏。

8. 作物病原细菌的分离培养及鉴定

(1)材料处理　作物组织先用漂白粉溶液处理3～5 min，或次氯酸钠溶液处理2 min，再用无菌水冲洗。

(2)制备细菌菌悬液　在灭菌培养皿中滴几滴无菌水，切取4 mm见方的病组织，经表面消毒，无菌水冲洗3次，放入水滴中，用灭菌玻棒将组织研碎，静置10～15 min。

(3)划线分离　用接种环蘸取菌悬液在肉汁培养基上划线，分离。

(4)培养观察鉴定　标明时间和材料等，培养皿翻转置恒温培养箱中适温培养24～48 h，观察结果并做出鉴定。

注意事项

(1)注意其症状的稳定性和复杂性。作物病害的症状虽有一定的稳定性，但还表现有一定的变异性和复杂性，即病害发生在初期和后期症状往往不同。由于作物种类、生长环境和栽培管理的不同，症状的表现也不尽相同。有时不同的病原物在同一寄主也表现相似的症状；

(2)病原物的分离培养应选用新鲜的标本，标本不能放在塑料袋中保湿，以免滋生细菌；

(3)为避免污染，应该在无菌室内的超净工作台上严格按照无菌操作要求进行；

(4)所有的接种工具都必须经高温灭菌或灼烧，操作时，应该在酒精灯火焰附近进行，以保证管口、瓶口等所处空间无菌。所有操作动作要快，避免杂菌污染；

(5)病原菌与腐生菌的混淆；

(6)病害与虫害、伤害的区别；

(7)侵染性病害与非侵染性病害的混淆；

(8)田间诊断作物叶部及枝干病害时，应结合作物田间管理水平全面进行，甚至还要留意气候、土壤、环境等方面内容。根部病害的诊断还要重视调查土壤的湿度、温度、质地、前作、污染情况及其他作物的生长情况等内容。

内容及操作步骤

一、作物病害的发生和发展

(一)病原物的致病性和作物的抗病性

1. 病原物的寄生性和致病性

在一定的条件下，寄主能否被病原物侵染为害，主要决定于病原物的寄生性和致病性，以及寄主对病原物侵染的抵抗能力。

(1)寄生性　寄生物有两种主要营养方式，即腐生和寄生。腐生是指只能利用死的有机体作为养料；寄生则指能够从活的有机体吸取养料。营寄生生活的生物，称为寄生物；营腐生生活的生物，称为腐生物。植物病原物都是寄生物，作物病害是由寄生物的寄生而引起的。但是，在寄生和腐生之间没有绝对的界限。寄生性是指病原物在寄主作物活体内取得营养物质而生存的能力，各种病原物的寄生性，根据其寄生能力的表现，分为专性寄生物和非专性寄生物两大类。

①专性寄生物　它们的寄生能力最强，自然条件下只能从活的寄主细胞和组织中获得营养，也称为活体寄生物。寄主作物的细胞和组织死亡后，寄生物也停止生长和发育，寄生物的生活严格依赖寄主，寄主的死亡对其不利，大部分不能在人工培养基上培养。属于这一类的病原物包括全部病毒、寄生性种子植物、一部分真菌和植物线虫。

②非专性寄生物　绝大多数的作物病原真菌和作物病原细菌都是非专性寄生物。但它们的寄生能力也有强弱区分。强寄生物的寄生性仅次于专性寄生物，以寄生生活为主，但也有一定的腐生能力，在某种条件下，可以营腐生生活，能在人工培养基上培养，大多数真菌和叶斑性病原细菌属于这一类。如很多子囊菌的无性阶段寄生能力较强，可在旺盛生长的活寄主上营寄生生活；而有性阶段寄生能力弱，可在衰老死亡的寄主组织（如落叶）上营腐生生活。

另一些非专性寄生物，则以腐生为主，它们在自然界和人工培养基上可以不断以腐生的方式继续生活，而且可以完成其生活史。但是在适当的环境条件下，如遇到寄主就能营寄生生活，侵染为害作物。一些潜居在土壤中的病原物如腐霉菌、丝核菌和镰刀菌都属于这一种类型。这一类病原物往往是在寄主组织的生活力处于衰弱或死亡的情况下，才对其寄生生活有利。

(2)病原物的寄生专化性　寄生物对寄主作物的种和品种的寄生选择性，称寄生专化性。寄生性专化最强的表现是专化型和生理小种。专化型是指病原物种内对寄主作物的科和属具有不同致病力的专化类型。生理小种是病原菌种内形态相同，根据其对寄主作物的品种的致病力不同而划分的分类单位。

任何一种病原物只能寄生在一定的寄主作物上，因此每一种病原物都有一定的寄主范围。各种病原物的寄主范围不同，寄主范围广的，可以为害不同科的作物；寄主范围窄的，一般为害不同属或同属不同种的作物；更窄的，则只能为害某一个种的作物，甚至仅限于某些品种。

通常寄生性强的寄生物，它的寄生专化性也较强；寄生性比较弱的病原物，它的寄生专化性也比较弱。专性寄生物中的霜霉菌是非常专化的，如十字花科蔬菜霜霉病菌。一般寄生性比较弱的病原物则往往有比较广的寄主范围，如丝核菌和黄萎病菌的寄主有百种以上，而且都是无规则地分布在很多不同的目和科的作物上。

(3)病原物的致病性　致病性是指病原物所具有的破坏寄主和引起病变的能力。病原物的破坏作用是由于它吸取了寄主体内的营养和水分。同时，由于病原物新陈代谢的产物和罹病作物的分解物，产生了损害寄主作物的物质，直接或间接地破坏寄主作物的细胞组织。由此可见，病原物的寄生性和致病性是两种既有联系又有区别的特性，而致病性才是导致作物发病的主要因素。

病原物的寄生性不等于致病性，通常寄生性越强，对寄主组织的破坏性越小；寄生性弱的病原物对寄主组织的破坏力往往是较大的。

2. 作物的抗病性

作物的抗病性是指作物避免、中止或阻滞病原物侵入与扩展，减轻发病和损失程度的一类可遗传的特性。抗病性是作物与病原生物在长期的协同进化中相互适应、相互选择的结果。病原物产生不同类别、不同程度的寄生性和致病性，作物也相应地形成了不同类别、不同程度的抗病性。

(1)寄主作物的抗病性表现　不同作物对病原物的抗病能力有程度区分。一种作物对某一种病原物而言，完全不发病或无症状称免疫；表现为轻微发病的称抗病，发病极轻则称高抗；

作物可忍耐病原物侵染，虽然表现为发病较重，但对作物的生长、发育、产量、品质没有明显影响称耐病；寄主作物发病严重，对产量和品质影响显著称感病；寄主作物本身是感病的，但由于形态、物候或其他方面的特性而避免发病称避病。

抗病性是作物普遍存在的、相对的性状，所有的作物都具有不同程度的抗病性。抗病性是作物的遗传潜能，其表现受寄主与病原相互作用的性质和环境条件的共同影响。作物之所以有抗病性的表现，与作物微观的形态结构和生理生化特性有关。形态结构的特性如作物表面毛状物的疏密、蜡层的厚薄、气孔的结构、侵填体形成的快慢等；生理生化方面如酚类化合物、有机酸含量和作物保卫素的积累速度等都会影响到作物抗病性的强弱。

(2)水平抗性和垂直抗性　垂直抗性也称小种专化抗病性。寄主的抗病性可以仅仅针对病原物群体中的少数几个特定小种，寄主和病原物之间有特异的相互作用，生产上，这种抗病性一般表现为免疫或高抗，但抗病性不持久，容易因田间小种变异而导致抗病性丧失。如锈菌、白粉菌、霜霉菌等专性寄生物和稻瘟病菌等部分兼性寄生物。

水平抗性又称非小种专化抗病性。即寄主和病原物之间没有特异的相互作用，作物某品种对病原物所有小种的反应基本一致。水平抗性不易因病原小种变化而在短期内导致抗病性丧失，抗病性较为稳定持久。但在生产上易受栽培管理水平、营养条件的影响。

利用抗病品种来防治病害，必须注重科学合理，最大限度发挥水平抗性和垂直抗性品种的优点，才能收到较好的防治效果。

(二)作物病害的侵染过程及病害循环

1. 作物病害的侵染过程

病原物的侵染过程，就是病原物与寄主作物的可侵染部位接触，并侵入寄主作物，在作物体内繁殖和扩展，然后发生致病作用，显示病害症状的过程。也是作物个体遭受病原物侵染后的发病过程，简称病程。分为接触期、侵入期、潜育期和发病期四个时期。

(1)接触期　接触期是指病原物侵入寄主之前与寄主作物的可接触部位的初次直接接触的时期。病原物的传播体(如真菌的孢子、菌丝、细菌的细胞、病毒的粒体、线虫的幼虫等)要首先接触到寄主可感病部位才能侵入，接触或全然被动地由传播媒介造成或除此而外还有病原物本身的主动活动参与。

土壤中的病原物往往受到寄主根系分泌物的作用，或促进其休眠器官的萌发，或吸引其菌丝的生长，或吸引线虫的活动，从而使根周围土壤中的病原物易于接触到寄主。空气传播的真菌孢子多有机会落于寄主的感病部位萌发，这是其侵入前的准备活动。细菌在作物体表的水滴或水膜中可进行很短距离的游动，寻觅可供侵入的孔口和伤口。病毒粒体的传播与侵入大多同时完成，它本身无任何准备活动可言。

有些病原物在侵入前需要一段生长活动、聚集力量的过程。不少从伤口侵入的细菌和真菌在侵入伤口前已经吸取伤口处外溢的营养进行生长，细菌已开始分裂繁殖，真菌菌丝体已有一定生长量，然后才更易侵入。像小麦赤霉病菌先在败谢花药上腐生，然后侵入小穗和穗部组织，油菜菌核菌也先在衰亡花瓣上或叶片上腐生，然后才侵入健康茎叶和荚果。

(2)侵入期

①病原物的侵入途径　病原物必须通过一定的途径进入作物体内，才能进一步扩展而引起病害。各种病原物的侵入途径概括起来主要有伤口(如机械伤、虫伤、冻伤、自然裂缝、人为

创伤)侵入、自然孔口(气孔、水孔、皮孔、蜜腺等)侵入和直接侵入。各种病原物都有一定的侵入途径。病毒只能从新鲜轻微的伤口侵入;细菌可以从伤口和自然孔口侵入;大部分真菌可从伤口和自然孔口侵入,少数真菌和全部线虫、寄生性植物可从表皮直接侵入。

②侵入所需时间和接种体的数量　病毒的侵入与传播紧密相连,瞬时即完成,细菌的侵入所需时间也较短,在最适条件下不过几十分钟,真菌侵入所需时间较长,大多数真菌在最适条件下需要几小时到一两天,少数真菌侵入较快,如水稻胡麻斑病菌、玉米小斑病菌,它们的分生孢子在最适条件下 1 h 内即萌发,6～8 h 即可完成侵入。另一方面,个别病害侵入期很长,如小麦矮腥黑穗病菌的厚垣孢子需 0～10℃的低温 40 多天才能萌发侵入。

病原物的侵入要有一定的数量,才能引起侵染和发病。有些病原真菌,单个孢子就能引起侵染,例如,麦类作物锈菌,单个夏孢子接种叶片就可引起侵染,并形成一个夏孢子堆。而有些病原真菌,要有一定数量的孢子才能引起侵染。例如,小麦赤霉病菌,要用大于 10 000 个孢子/mL 的悬浮液接种麦穗才能引起发病。

③侵入与环境条件的关系　湿度决定孢子能否萌发和侵入。细菌只有在水滴、水膜覆盖伤口或充润伤口时才能侵入。大雨过后,不少气孔被浸润,气孔从外到内形成一个连续的水道,此时细菌最易侵入。绝大多数真菌的孢子都必须吸水才能萌发,雨、露、雾在作物体表形成水滴或水膜是它们侵入的首要条件。这就是绝大多数真菌病害都在多雨高湿的条件下才会流行的原因。然而,也有少数例外,如白粉病菌,其分生孢子萌发并不需要液态的水,而可吸收气态的水进行萌发甚至在相对湿度很低时也能萌发,若淹没在水滴中反而不能萌发。病毒的侵入对湿度无严格要求,土壤湿度适中利于线虫侵入。

温度影响萌发和侵入的速度。基准温度(最低、最适和最高)因真菌种类而异,一般藻状菌(如白锈菌)、霜霉菌等所需温度偏低,而半知菌、白粉菌及许多锈菌的夏孢子阶段所需温度较高,但同属锈菌,如小麦条锈菌又显然低于叶锈菌和杆锈菌。芽管侵入以后菌丝的发育需要比较高的温度。

此外,还有少数病原菌的侵入需要一些特殊的外界条件,如小麦秆锈病菌夏孢子侵入小麦时需要光照,因为光照下气孔才开张而利于侵入;相反,咖啡锈菌夏孢子则只在黑暗下才易侵入,可能因为紫外线对孢子萌发有抑制作用。

(3)潜育期　潜育期是指病原物从与寄主建立寄生关系,到表现明显的症状为止这一时期。在适宜条件下,各种病害潜育期长短不一,最长的如小麦散黑穗病,前一年小麦扬花时侵入,病菌潜育于带菌种子内部,种子发芽则潜育于其所生成的麦苗内部,直到小麦抽穗时才显露症状,潜育期长达一年。短的如玉米小斑病、水稻胡麻斑病、马铃薯晚疫病等,接种后 2 天即可见到褪绿或水浸状初期病斑。

有些病原物侵入后,其扩展范围有限,只在侵染点四周一定距离内的寄主组织中定植下来,并进行生长和繁殖,使该局部寄主组织受害,显露症状,多呈现为各种形式、大小的病斑,这种侵染扩展方式叫局部侵染,这样的病害叫局部病害。另外有些病原物侵入后沿一定的途径扩展、蔓延到一定的器官或组织中,在那里才迅速生长,大量繁殖,破坏寄主造成症状,这种侵染扩展方式叫系统侵染,所致病害叫系统病害。如黑穗病类,只有扩展到一类组织中,才发生致病作用而使寄主发病;棉花枯萎菌、茄科作物青枯细菌等只有扩展到导管中才引致萎蔫;病毒病基本上系周身侵染,当然也属系统病害。一般来说,局部侵染的病害潜育期较短,而系统侵染的病害则较长。

同一病害，潜育期长短又受环境条件影响，主要受温度影响。对大多数病害来说，湿度对潜育期长短影响不大，因这时病原物已从寄主内部取得所需水分，而外界湿度已不成限制因素。一般来说，局部侵染的病害，潜育期长短受环境影响较大，并成为决定流行速度的重要因素之一。潜育期愈短，再传染代数愈多，病害流行愈严重。系统侵染的真菌病害的潜育期受环境影响较小，其潜育期往往大体固定，如禾谷类黑穗病。病毒病潜育期长短因温度而有明显的变化。此外，潜育期长短还受寄主抗病性的影响。

(4)发病期　发病期指的是从症状显露到病变演变终结为止的过程。症状也有发展过程，有所谓初期症状、典型症状和后期症状之分。症状显露一般指的是初期症状能为肉眼看到的时刻。症状不仅包括寄主本身表现的症状，还包括病原物在病部的繁殖体即病征。病征出现即孢子生成，在多数菌类病害中它往往略迟于症状显露，有时则与症状显露同时，如白粉病。对许多病原真菌来说，孢子生成需要一定的环境条件，主要是湿度，这里的湿度多半指空气相对湿度，如稻瘟病、马铃薯晚疫病和多种霜霉病等只有在相对湿度饱和或接近饱和时才能产生孢子，形成灰色霉层和霜霉状物，若天气干燥，特别是高温干燥，受侵处虽已出现褪绿、发黄或黑绿色病斑(症状已显露)，但其上并无孢子形成。待遇高湿后，才产生孢子。

病部产孢只能维持一定时期，短则数日，长则十几或几十天，因病害种类及各种条件而异，以后病部组织则死亡或腐坏，病原物也停止繁殖转入休止或死亡，病程即告结束。症状的波及范围和侵染的扩展范围并不一定一致，可有四种情况：系统侵染引起系统症状，如病毒病、维管束病害等；系统侵染引起局部症状，如禾谷类黑穗病；局部侵染引起局部症状，如各种叶斑病；局部侵染引起周身症状，如根腐病、根结线虫等。

作物体内的营养状况和外界环境因素对发病都有一定的影响，如水稻体内可溶性氮化合物含量高，空气湿度大，叶片上产生急性病斑，长出大量的分生孢子；而可溶性氮化合物少，空气湿度不够，则形成慢性型病型病斑，分生孢子少。

2. 病害循环

病害循环是指病害从前一生长季节开始发病，到下一生长季节再度发病的过程，也称为侵染循环。它包括病原物的越冬和越夏、病原物的传播以及病原物的初侵染和再侵染等环节，切断其中任何一个环节，都能达到防治病害的目的。

(1)病原物的越冬、越夏　病原物的越冬和越夏就是寄主作物收获或休眠后病原物的存活方式或存在场所。病原物越冬和越夏的场所一般也就是初次侵染的来源，病原物可以寄生、休眠、腐生等方式在以下场所越冬和越夏。

①田间病株　田间的多年生病株(林木、果树等)，如桃缩叶病菌的孢子可潜伏在芽鳞上越冬。寄主的落地自生苗、杂草寄主、野生寄主、转主寄主、保护地的病株等。

②种苗和其他繁殖材料　有的病原物以它的休眠体和种子混杂在一起得以越冬或越夏(在粮库、种子库中)。如小麦线虫病的虫瘿、菟丝子的种子、麦角菌的菌核等，均可混杂在种子中进行越冬和越夏。有的病原物潜伏在种子的种胚内，如黑粉菌的冬孢子。带菌种子、苗木或其他繁殖材料(如块根、块茎、鳞茎、接穗等)长成的植株，不但本身发病，而且是田间发病的中心，可以经过不断的再次侵染而感染其他植株。

在播种前应根据病原物在种苗上的具体位置选用最经济有效的处理方法，如热处理或化学处理法等。对种苗等繁殖材料实行检疫，是防止危险性病害传播的重要措施。

③病株残体　病株残体包括寄主作物的秸秆、根、茎、枝、叶、花、果实等残余组织。绝大部

分的非专性寄生的真菌和细菌可以腐生的方式在残体上存活一段时期。某些专性寄生的病毒也可随病株残体休眠，但残体腐烂分解后，病原物往往也随之死亡。

④土壤　各种病原物可以休眠或腐生的形式在土壤中存活。如鞭毛菌的休眠孢子囊和卵孢子、黑粉菌的冬孢子、线虫的胞囊等，可在干燥土壤中长期休眠。

在土壤中腐生的真菌和细菌，可分土壤寄居菌和土壤习居菌两类。土壤寄居菌的存活依赖于病株残体，当病残体腐败分解后它们不能单独存活在土壤中。绝大多数寄生性强的真菌、细菌属于此类。土壤习居菌对土壤适应性强，可独立地在土壤中长期存活和繁殖，其寄生性都较弱，如腐霉属、丝核属和镰孢霉属真菌等，均在土壤中广泛分布，常引起多种作物的幼苗死亡。

在同一块土地上多年连种同一种作物，就可能使土壤中某些病原物数量逐年增加，使病害不断加重。合理的轮作可阻止病原物的积累，因而有效地减轻土传病害的发生。

⑤肥料　作物的枯枝落叶、野生杂草等是堆肥、垫圈和沤肥的好材料，因此病原物可随各种残体混入肥料，或者虽然经过牲畜消化，但仍能保持生活力而使粪肥带菌。而粪肥未经充分腐熟，就可能成为初侵染来源增加病害发生的可能性。使用腐熟粪肥是防止粪肥传病的有效措施。

(2)病原物的传播　病原物的传播方式主要是依赖外界的因素，其中有自然因素和人为因素，自然因素中以风、雨水、昆虫和其他动物传播的作用最大；人为因素中以种苗和种子的调运、农事操作和农业机械的传播最为重要。

①气流传播　又称空气传播、气传、风传。是大多数真菌病害最主要的传播方式。真菌孢子小而轻，易被振落，或主动弹射而脱离母体，进入空中由气流携带而散布，气传距离可以很远。若孢子脆弱，不抗干燥或紫外线等，则远传过程中大部死亡，不能实现病害的传播，这样的病菌，其病害传播距离不会很远，一般不超过几十米或几百米，如稻瘟病菌和多种霜霉菌的孢子囊。但若遇多风的天气，也能一次传播到几千米之远，如烟草霜霉病菌。有些病菌的孢子，如小麦条锈病菌的夏孢子，抗性较强，则可一次传播到几十千米，在那里传染致病。

②雨水和流水传播　是指降雨、地表径流和灌溉等。细菌病害、真菌中炭疽菌目和球壳菌目的半知菌所致病害以及某些危害穗和叶片的线虫病害，都主要靠雨滴冲溅或靠风雨传播，单纯的风和气流对它们无能为力。雨滴传播距离一般不远，最多几米，风雨交加时，则可远些。地表径流或灌溉流水传播较远，如水稻白叶枯病、烟草黑胫病、小麦霜霉病等流水传播极明显。喷灌有与雨滴同样的传播作用，常使许多叶部病害加重。土壤中线虫也可由流水传播。

③昆虫等介体　多数病毒病害和全部类菌原体病害均为介体昆虫传播，许多细菌病害(如大白菜软腐病)和真菌病害(如黑麦麦角病)均可由昆虫传播，如玉米细菌性枯萎病只能由玉米叶跳甲等三种甲虫传播，榆树枯萎病只能由榆小蠹虫传播。昆虫传播的距离可达很远，如小麦黄矮病由蚜虫传播，冬麦区小麦黄矮病流行时，由于蚜虫的飞迁和传毒，可把病害传播到上百千米以外的春麦区。由昆虫传播的病害，其流行程度首先取决于昆虫的数量、带毒(菌)率和活动程度、飞迁距离。对此类病害，治虫防病是主要措施之一。

④土壤和肥料传播　土壤是病原物在作物体外越冬或越夏的主要场所，带病土壤能黏附在花卉根部、块茎和苗木上被远距离传播，农具、人的鞋靴、动物脚等。

⑤人为因素传播　耕作、施肥是许多土传病原物的重要传播方式，施用含有病原物的堆肥无异于接种。大水漫灌会扩大多种病原物的传播。移栽、整枝、打顶、抹杈、绑架等管理作业，经常传播易于摩擦传染的病毒。至于从病区到无病区的远距离传播，除少数靠气传的真菌病

害和由迁飞性昆虫传播的病害以外，都是人为传播的。

(3)初侵染和再侵染　越冬或越夏的病原物，在作物一个生长季节中最初引起的侵染，称为初次侵染或初侵染。受到初次侵染的作物发病以后，有的可以产生孢子或其他繁殖体，传播后引起再次侵染，称为再侵染。

许多作物病害在一个生长季节中可能发生若干次再侵染。病害潜育期短的，再侵染的可能性较大。如果环境条件有利于病害的发生，潜育期缩短，就可以增加再侵染的次数，造成病害的流行。如马铃薯晚疫病、葡萄霜霉病、禾谷类锈病等。而全株性感染的病害如黑粉病和棉花枯萎病等，潜育期一般都很长，从几个月到一年，多数只有初侵染而无再侵染，这些病害在作物生长期间一般是不会传播蔓延的。

一种病害是否有再侵染，影响到这种病害的防治方法和防治效率。只有初侵染而无再侵染的病害，如小麦线虫病、麦类黑粉病等，只要防止初侵染，几乎就能得到完全控制。至于可发生再侵染的病害，情况比较复杂，除要注意初侵染外，还要解决再侵染的问题。

(三)作物病害流行的因素

作物病害流行是指作物病原物大量传播，在较短时间内和较大的地域内作物群体大量严重发病，并造成严重的产量和经济损失的现象。作物病害流行的三要素是寄主、病原和环境条件。

1. 病原物

病原物的致病性强、数量多并能有效传播是病害流行的主要原因。病毒病还与蚜虫等介体的发生数量有关。

2. 寄主作物

品种布局不合理，大面积种植感病寄主作物或品种，有时会导致病害的流行。

3. 环境条件

环境条件包括气象条件和耕作栽培条件。只有长时间存在适宜的环境条件，病害才能流行。气象因素中温度、相对湿度、雨量、雨日、结露和光照时间的影响最为重要。同时要注意大气候与田间小气候的差别。耕作栽培条件中土壤类型、含水量、酸碱性及营养元素等也会影响病害的流行。

病害的流行是上述三方面因素综合作用的结果。但由于各种病害发病规律不同，每种病害都有各自的流行主导因素。如苗期猝倒病，品种抗性无明显差异，土壤中存在病原物，只要苗床持续低温高湿就会导致病害流行，低温高湿就是病害流行的主导因素。

病害流行的主导因素有时是可变化的。在相同栽培条件和相同气象条件下，品种的抗性是主导因素；已采取抗性品种且栽培条件相同的情况下，气象条件就是主导因素；相同品种、相同气象条件下，肥水管理可成为主导因素。防止病害流行，必须找出流行的主导因素，采取相应的措施。

二、作物病害的诊断步骤

作物病害诊断是指根据得病作物的特征、所处场所和环境条件，经过调查与分析，对作物病害的发生原因、流行条件和危害性等做出准确的判断。作物病害种类繁多，防治方法各异，只有对病害做出肯定、正确的诊断，找出病害发生的原因，才有可能制定出切实可行的防治措施。因此，正确的诊断是合理有效防治的前提。作物病害的诊断可在任何阶段进行。

作物病害的诊断，应根据发病作株的症状和病害的田间分布等进行全面的检查和仔细分析。对病害进行确诊，一般可按下列步骤进行。

(一)田间观察

田间观察即进行现场观察。观察病害的田间的分布规律，如病害是零星的随机分布，还是普遍发病，有无发病中心等，这些信息常为我们分析病原提供必要的线索。进行田间观察，还需注意调查询问病史，了解病害的发生特点、种植的品种和生态环境。

(二)症状的识别与描述

症状的识别与描述即对作物病害标本作全面的观察和检察，尤其对发病部位、病变部分内外的症状作详细的观测和记载。应注意对典型病征及不同发病时期的病害症状的观察和描述。从田间采回的病害标本要及时观察和进行症状描述，以免因标本腐烂影响描述结果。有的无病征的真菌病害标本，可进行适当的保湿后，再进行病菌的观察。

(三)采样检查

肉眼观察看到的仅是病害的外部症状，对病害内部症状的观察需对病害标本进行解剖和镜检。同时，绝大多数病原生物都是微生物，必须借助于生物显微镜的检查才能鉴定。因此，诊断不熟悉的作物病害时，室内检查鉴定是不可缺少的必要步骤。采样检查的主要目的，在于识别有病作物的内部症状；确定病原类别；并对真菌性病害、细菌性病害及线虫所致病害的病原种类做出初步鉴定，进而为病害确诊提供依据。

(四)病原物的分离培养和接种

对某些新的或少见的真菌和细菌性病害，还需进行病原菌的分离、培养和人工接种试验，才能确定真正的致病菌。这一病害诊断步骤，按柯赫氏原则进行。即首先分离病原菌并进行扩大培养，获得接种材料，再将病原菌接种到相同的健康作物体上，如果通过接种试验，在被接种的作物上又产生了与原来病株相同的症状，同时又从接种的发病作物重新分离获得该病原菌，即可确定接种的病原菌就是该种病害致病菌。

(五)致病性测定

对于一些少见病害，通过以上观察是不够的，为了排除腐生生物的混淆，应该进行致病性测定。病原物的鉴定要遵守柯赫氏证病律(1988 年)。

(1)从病组织上分离获得病原物的纯培养物。

(2)将这种纯培养物人工接种到健康的植株上，观察表现的症状是否与原症状相同。

(3)从接种后发病的植株上能再分离到用来接种的相同病原物。

这种病原物就可以确定为该病的病原菌。

(六)非侵染性病原鉴定

通常采用化学诊断法、人工诱发检验、排因试验、指示作物鉴定等。

1. 化学诊断法

常用来诊断作物缺素症,通过分析作物组织和土壤矿物元素(氮、磷、钾、铁等)的含量,确定缺哪种元素。然后用所缺元素的盐类,采用喷洒、注射、灌注等方法进行治疗,观察作物是否恢复健康状态。

2. 人工诱发检验

对非侵染性病害,初步诊断可疑的病因,人为地提供类似发病条件来验证。例如,药害、肥害等,对植株进行相应处理,观察发病的症状与被鉴定的病害是否一致。

3. 排因试验

对于栽培管理措施不当所致的生理性病害,要确定是哪个主导因子起作用,就应该用排因试验。如诊断苗木颈部灼伤是否是气温过高导致,可以采取降温试验来证明。

4. 指示作物鉴定

对缺素症,用指示作物栽培在缺素作物附近,观察它们的症状是否相同,就可以确认。

(七)提出适当的诊断结论

最后应根据上述各步骤得出的结果进行综合分析,提出适当的诊断结论,并根据诊断结果提出或制定防治对策。

三、作物病害的诊断要点

作物病害按照病因可分为两大类:一类是物理和化学因素引起的非侵染性病害;另一类是由病原生物因素引起的侵染性病害。两类病害有本质区别,防治方法也不相同,在诊断中要首先分清。

1. 非侵染性病害的诊断

对非侵染性病害的诊断应根据病害的症状表现、田间分布、环境条件,进行对比调查,结合生理学和病理学知识推测可能病因。应从以下几方面着手。

(1)现场观察病害在田间的分布类型,非侵染性病害没有明显的发病中心,发生分布普遍而均匀,面积较大。

(2)检查病株地上和地下病部有无病征,但要区别腐生菌、侵染性病害的初期症状、病毒病害和类菌质体病害。

(3)治疗诊断　根据植株症状表现,采取相应的治疗措施,观察症状是否减轻或消失。

(4)化学诊断　采取土壤或植株化学分析的方法,测定营养成分含量是否达到要求标准。

(5)人工诱发排除病因　根据怀疑的病因,设置相似的条件,栽植相同的作物,观察发病后的症状表现。

(6)指示作物 根据怀疑的病因,栽植有特定症状表现的指示作物,确定病因。

2. 侵染性病害的诊断

侵染性病害的发生具有发病中心,病害总是有由少到多,由点到片,由轻到重的发展过程。但由于病原的种类不同,病害的症状也不完全相同。大多数病害的病斑上,到发病后期有病征的出现。根据典型的症状表现,对许多病害可以做出初步诊断。

(1)真菌病害的诊断　真菌病害的症状以腐烂和坏死居多,并有明显的病征和典型的症状。对这些病征可直接采用做临时玻片，在显微镜下观察病菌的形态结构，并根据典型的症状表现，确定具体的病害种类。对一些病征不明显的标本，可放在适温(20～28℃)高湿(100% RH)条件下培养 24～72 h，病原真菌通常会长出菌丝或孢子，然后再镜检观察，确定具体的病害种类。如果保湿培养结果不理想，可以选择合适的培养基进行分离培养。

(2)细菌病害的诊断　细菌病害的典型症状是：初期病斑水渍状或油渍状边缘、半透明，有黄色晕圈。在潮湿条件下，会出现黄白色或黄色的菌脓，但无菌丝。萎蔫型细菌性病害，横切病茎基部，可见污白色菌脓溢出，并且维管束变褐。根据症状不能准确诊断细菌病害时，可将病组织制成临时玻片，进行镜检观察，观察细菌从伤口溢出情况。或进行分离培养和接种试验。

(3)病毒病害的诊断　病毒病害在田间诊断时很容易和非侵染性病害混淆，在诊断时应注意：病毒病具有传染性；在新叶、新梢症状最明显；而且有独特的症状表现，如花叶、脉带、环斑、斑驳、蚀纹、矮缩等。经初步确诊的病毒病，还可以在实验室进一步确诊。如通过传播方式的测定；寄主范围、鉴别寄主反应的测定；病毒物理和化学特性的测定；从病组织中挤出汁液，经复染后在透射电镜下观察病毒粒体的形态与结构，来准确地诊断病毒病。

四、作物病害诊断注意事项

(一)病情调查

病情调查内容不仅包括病株的分布情况、植株不同部位病害发生的特点、为害程度上的差异，还包括周围环境及病害发生的历史等。由非生物性病原引起的黄化、枯萎、斑点、落花及落果等症状，有些与生物性病原引起的病害症状相似，这就需要对发病现场进行认真的调查和观察，对发病原因进行分析并做出正确的判断。

(二)症状观察

每种作物病害都有其特异的症状，观察时要注意症状的复杂性。病害的症状并不是固定不变的，同一种病原物在不同的寄主上，或在同一寄主的不同发育阶段，或处在不同的环境条件下，都可能表现出不同的症状。如梨胶锈菌为害梨和海棠叶片产生顺斑，在松柏上形成大小不同的瘤状物即菌瘿；立枯丝核菌为害针叶树幼苗时，若侵染发生在幼苗木质化以前表现为猝倒，侵染如发生在幼苗木质化后则表现为立枯。相反，不同的病原物也可能引起相同的症状，如真菌和细菌，甚至霜害，都能引起李属作物穿孔病，同样，类菌质体、真菌和细菌都能引起作物的丛枝症。而营养缺乏病和类菌质体、病毒等都能引起作物的黄化症。因此，单纯根据症状做出诊断，有时并不完全可靠，在许多具体的病例中常常需要做系统的综合比较观察，进一步分析发病的原因或鉴定病原物。

(三)病原物显微观察

在侵染性病害中，一般由真菌、细菌、寄生性种子植物和寄生藻引起的病害，后期都会产生明显的病症，这些病症通常是病原物的营养体或繁殖体。借用显微镜或肉眼观察它们的形态，便可鉴别它们的类别和种。同时，在病死组织上出现的真菌，也并非都是真正的病原菌。因此，还必须进行组织分离培养和人工接种试验，或借助电子显微镜、血清反应和酶联免疫反应等先进技术和方法，对病原进行分析和鉴定，才能做出正确的诊断。

总之，作物病害的诊断步骤不是呆板的，更不是一成不变的。对于具有实践经验的专业技术人员，往往可以根据病害的某些典型特征，即可鉴别病害，而不需要完全按上述复杂的诊断步骤进行诊断。当然，对于某些新发生的或不熟悉的病害，严格按上述步骤进行诊断是必要的。同时，随着科学技术的不断发展，血清学诊断、分子杂交和PCR技术等许多崭新的分子诊断技术已广泛应用于作物病害的诊断，尤其是作物病毒病害的诊断。这些分子生物学方法具有简便、迅速、灵敏和准确性高等特点。

学习小结

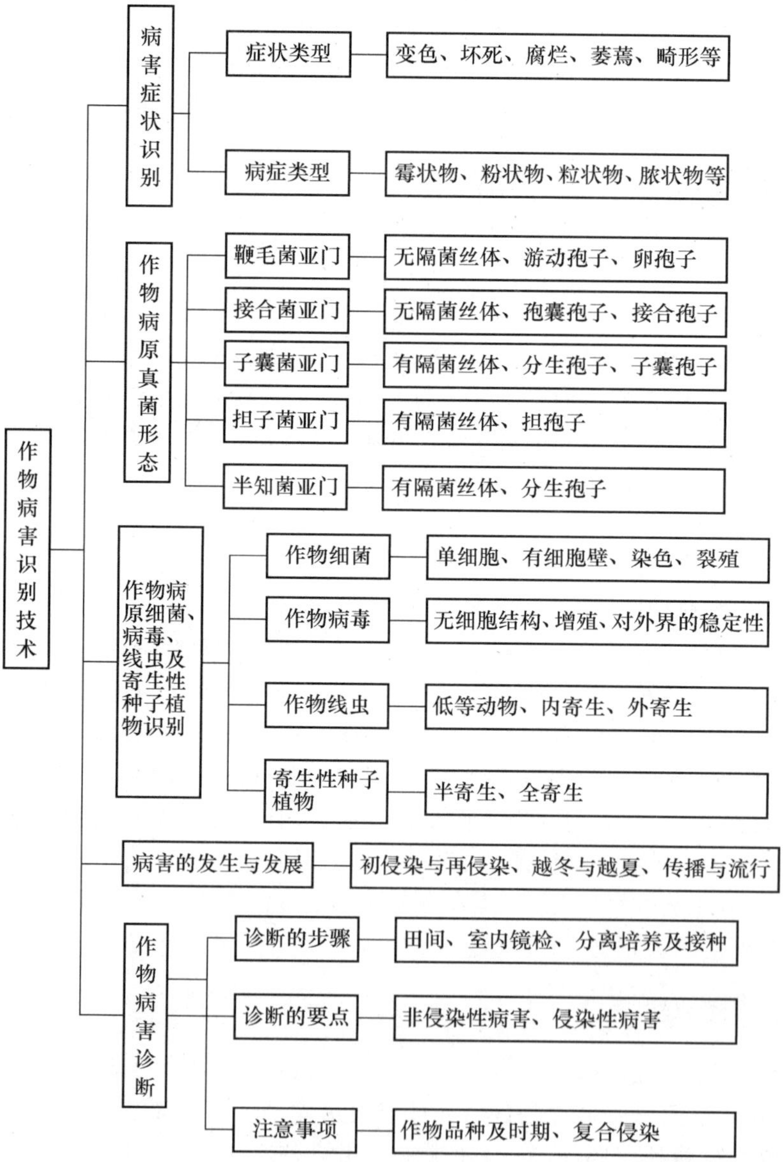

学习方法体会

1. 搜集并分析作物病害危害及发生原因的信息和资料，理解作物病害的概念，列举作物病害的重要性。

2. 对照有关文献和课件认识、区别作物病害的症状类型。症状观察，要紧紧依靠实物标本，尤其是野外实际观察及诊断。还要依靠彩色图片及录像资料，通过各种教学手段，广泛接触并进一步认识病害症状。

3. 观察比较不同类型病原物的形态特征及其所致病害特点，到生产实践中调查环境条件对侵染性病害发生发展的影响和病原物越冬越夏的方式、场所。

4. 病原物的形态及分类部分知识的学习，要通过讲座、网络资源、录像资料等各种渠道去掌握。

5. 作物病害的准确诊断是防治的基础，诊断错误，防治方案就会出现原则性错误。病害诊断时，首先应该判断是病害、虫害还是伤害，这是诊断的第一步，也是最关键的一步。害虫为害后势必造成伤口，给病害的发生创造了条件，因此，有些看似病害，但罪魁祸首或传播媒介却是害虫，只有把害虫防下去，病害的发生也就会减轻。如地下害虫蛴螬对作物根的为害诱发根腐病，蚜虫等刺吸式口器为害作物叶片诱发病毒病等。

目 标 检 测

一、选择题

(一)单项选择题

1. 下列事实中可称为作物病害的是(　　)。

A. 用树木枝干人工培养食用菌　　B. 树木枝干上长出可以食用的真菌

C. 树木被风折断　　D. 叶片萎蔫

2. 霜霉目真菌分属的主要依据是(　　)。

A. 闭囊壳形态　　B. 闭囊壳和分生孢子形态

C. 闭囊壳内子囊数目和附属丝形态　　D. 闭囊壳内子囊和附属丝形态

3. 作物病害发生的时期是(　　)。

A. 作物的生长期　　B. 作物的非生长期

C. 作物的生长期和休眠期　　D. 作物的生长期和贮藏运输期

4. 白粉菌目真菌分属的主要依据是(　　)。

A. 卵孢子的形态　　B. 孢子囊的形态

C. 孢囊梗的形态　　D. 游动孢子的形态

5. 可以从植物自然孔口侵入的病原物有(　　)。

A. 真菌、细菌、植原体　　B. 病毒、类病毒、植原体

C. 真菌、细菌　　D. 真菌、细菌、病毒

6. 细菌性病害的病征特点为(　　)。

A. 颗粒状物　　B. 菌核　　C. 脓状物　　D. 线状物

7. 霜霉菌产生的吸器形状为(　　)。

A. 丝状　　B. 掌状　　C. 棒状　　D. 小球状

8. 真菌无性繁殖不产生(　　)。

A. 游动孢子　　B. 分生孢子　　C. 子囊孢子　　D. 厚垣孢子

9. 下列不属于休眠体的是(　　)。

A. 菌核　　B. 子座　　C. 菌索　　D. 吸器

10. 构成植物病害并影响其发生发展的基本因素是(　　)。

A. 植物、侵染性病原和非侵染性病原　　B. 人为因素、病原和环境条件

C. 植物、病原和环境条件　　D. 植物、病原和人为因素

11. 植物的病理变化过程是指生理变化、(　　)、形态上的一系列变化。

A. 器官变化　　B. 质量变化　　C. 组织变化　　D. 产量变化

12. 病原物的侵染过程分为(　　)个时期。

A. 2　　B. 3　　C. 4　　D. 5

13. 侵染循环,是指病害从植物的前一个生长季节开始发病,到下一个生长季节(　　)的过程。

A. 开始发病　　B. 再度发病

C. 侵入寄主　　D. 接触开始

14. 寄生性种子植物,根据对寄主的依赖程度不同,分为半寄生和(　　)两类 。

A. 专性寄生　　B. 非专性寄生

C. 全寄生　　D. 死体寄生

15. 植物病害流行必须具备有大面积感病寄主,(　　),适宜的环境条件 3 个基本条件。

A. 少量感病寄主　　B. 大量致病力强的病原物

C. 发病程度严重　　D. 损失严重

16. 显微镜使用时禁止用手摸(　　)。

A. 镜筒　　B. 镜臂　　C. 载物台　　D. 光学部分

17. 植物病原细菌对革兰氏染色的反应多为(　　),少数为阳性。

A. 酸性　　B. 碱性　　C. 阴性　　D. 中性

18. 植物病原病毒的粒体形态主要有球状、杆状和(　　)。

A. 椭圆状　　B. 线状　　C. 梭状　　D. 肾状

19. 病害流行,是指病害在一个时期或一个地区内,病害发生面积广、发病程度严重、(　　)的现象。

A. 传播快　　B. 难防治　　C. 损失大　　D. 人为传播

20. 植物病毒的侵入途径是(　　)。

A. 直接侵入　　B. 自然孔口　　C. 较大伤口　　D. 微伤

(二)多项选择题

1、植物病害的病症类型有(　　)。

A. 黄化　　B. 霉状物　　C. 锈状物　　D. 肿瘤

2. 植物病害的病状类型有(　　)。

A. 丛生　　B. 粉状物　　C. 花叶　　D. 小黑点

3. 植物侵染性病害和非侵染性病害两者的关系是(　　)。

A. 前者可以促进后者的发展　　B. 后者可以促进前者的发展

C. 两者互相作用,互相影响　　D. 两者互相不影响,没有联系

4. 真菌是指(　　)的一类真核生物。

A. 有固定细胞核和细胞壁,含叶绿素　　B. 产生孢子进行繁殖

C. 营养体通常为丝状体或单细胞　　D. 有固定的细胞核无细胞壁

5. 关于真菌生活史的正确说法是(　　)。

A. 所有真菌生活史都有无性阶段和有性阶段

B. 典型真菌生活史都有无性阶段和有性阶段

C. 有的真菌生活史中缺无性阶段

D. 有的真菌生活史中缺有性阶段

6. 植物的侵染性病害是由(　　)引起的。

A. 农药使用不当　　B. 真菌侵染　　C. 生物因素　　D. 冻害

7、植物病原细菌可以通过植物的(　　)侵入。

A. 气孔、水孔、皮孔和蜜腺

B. 风雨、冰雹、冻害和昆虫所致伤口

C. 自然孔口和伤口

D. 耕作、施肥、嫁接、收获和运输形成的人为伤口

8. 具有直接侵入寄主植物能力的病原物有(　　)。

A. 真菌、线虫及寄生性植物　　B. 真菌和细菌

C. 真菌和病毒　　D. 真菌和线虫

9. 真菌的营养体(　　)。

A. 全部是菌丝体　　B. 通常是菌丝体,个别是单细胞

C. 具有吸收营养的功能　　D. 具有制造营养的功能

二、简答题

1. 哪些非生物性原因可以使植物发生病害?

2. 侵染性病害与非侵染性病害在田间表现有何不同?诊断有哪些不同?

3. 为什么田间植物病害的出现往往从不适宜的环境开始?

4. 植物病原真菌的无性生殖和有性生殖在植物病害发生中起何作用?

三、实例分析

1. 病原物的传播方式有哪些？如何通过切断病原物的传播防治作物病害？
2. 病原物的越冬(越夏)场所有哪些？如何将病原物消灭在越冬(越夏)场所？
3. 病原物的侵染过程人为地分为哪几个时期？保护剂在哪个时期使用效果好？

模块二　作物病虫害调查、预测预报及标本采集制作技术

项目三

作物病虫害调查技术

学习目的

学会调查不同受害作物的病虫害种类、数量、分布规律、发生时期、为害程度等，并能根据调查结果进行统计分析或预测，以为制定病虫害综合防治方案奠定基础。

知识要求

了解不同作物病虫害在田间的分布规律，学会调查取样的基本方法，熟悉病虫调查记载和为害程度的表示方法，掌握病虫害预测预报常用的方法。

能力要求

能对不同类型的病虫害开展全面调查，能对病虫害的发生时间或为害程度做出分析计算或简单预测，并能根据分析或预测结果撰写病虫预报。

工作任务 3-1　作物害虫调查技术

学习目标

掌握不同类型作物害虫的调查方法，能对当地作物害虫种类、分布规律、为害程度进行全面调查并记载，能够对调查数据进行统计与分析。

材料及用具

卷尺、挖掘工具、剪枝工具、计数器、镊子、放大镜、解剖镜、诱虫灯、糖醋液、黄皿诱集器、记录本、铅笔等用具。

操作要点

(1)结合当地作物生产现状，深入田间调查，重点调查害虫种类、害虫分布规律、虫口密度或有虫株率，并随调查随记载。注意不同种类的害虫需采用不同的取样方法。

(2)对调查数据汇总和分析,得出调查结论,明确危险性害虫的种类及为害程度。

注意事项

(1)在调查过程中要注意一定的调查样本量和必要的重复;
(2)应明确害虫类型或调查目的来确定恰当的取样方式;
(3)抱着实事求是的态度,确保调查结果的准确性。

内容及操作步骤

在进行害虫调查时,先要明确调查任务、对象和目的要求,做好调查前的准备工作。调查时要坚持实事求是和严肃认真的态度,调查方法科学合理,才能准确地反映客观实际。

一、调查类型

(一)害虫发生及为害情况调查

(1)普查　主要是了解一个地区一定时间内害虫种类、发生时期、发生数量及为害程度等。
(2)专题调查　对于当地常发性或暴发性的重点害虫,应详细调查、记载害虫各虫态的始发期、盛发期、末期和数量消长情况,以及害虫的生活习性、发生代数、为害特点等,为确定防治对象和防治适期提供依据。

(二)害虫、天敌发生规律的调查

调查某一害虫或天敌的寄主范围、发生世代、主要习性以及在不同农业生态条件下数量变化等,为制订防治措施和保护天敌提供依据。

(三)害虫越冬情况调查

调查害虫的越冬场所、越冬基数、越冬虫态等,为制订防治计划和开展害虫长期预报等积累资料。

(四)害虫防治效果调查

包括防治前后害虫发生程度的对比调查;防治区与非防治区的对比调查;不同防治措施、时间、次数下的发生程度对比调查等,为寻找有效的防治措施提供依据。

二、调查方法

(一)昆虫田间分布型

每种昆虫或同种昆虫的不同虫态在田间的分布都有一定的形式,称为分布型,分布型是昆虫种的生物学特性对环境条件长期适应的结果,常见的类型有(图 3-1-1):

1. 随机分布

随机分布是指昆虫种群中的个体在每个取样单位中出现的概率相同,任何个体的存在不

影响其他个体的出现，一般活动力强的昆虫在田间的分布型往往呈随机分布。这种分布型在田间的分布比较均匀，调查取样时，每一个个体在取样点内出现的机会相似。例如玉米螟卵块、水稻田中的三化螟成虫及卵等在田间都呈随机分布。

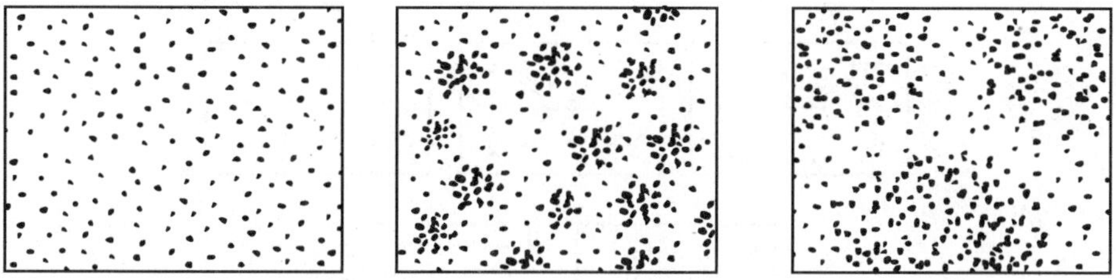

a　　b　　c

图 3-1-1　病虫害田间分布形式

a. 随机分布型　b. 核心分布型　c. 嵌纹分布型

2. 核心分布

活动力弱的昆虫或虫态在田间往往呈分布不均匀的多数小集团，形成一个一个的核心，并从核心做放射状蔓延，属于核心分布，很多卵为块产的昆虫，其初孵的幼虫或若虫常聚集在卵块的周围，从而形成核心分布，如甜菜夜蛾初孵幼虫的分布就呈核心分布。

3. 嵌纹分布

有的昆虫在田间呈疏密相间的分布，称嵌纹分布型，这一类型的昆虫多为从田间杂草中过渡来的或从邻田迁移来的。如棉叶螨在向棉田内迁移时造成周边分布较多，并呈不规则扩展蔓延而成嵌纹分布。

(二)取样方式

由于受人力和时间等的限制，不可能对所有田块逐一调查，需要从中抽取样本作为代表，由局部推知全局。取样的好坏，直接关系到调查结果的可靠性，必须注意其代表性，使之能真实地反映实际情况。

昆虫在田间的分布型不同，采取的取样方式不同。在昆虫的田间调查中常用的取样方式有(图 3-1-2)：

(1)五点式取样　从田块四角的两条对角线的交驻点，即田块正中央，以及交驻点到 4 个角的中间点等 5 点取样。或者，在离田块四边 4～10 步远的各处，随机选择 5 个点取样，是应用最普遍的方法。适于密植的或成行的植物及随机分布型的昆虫调查，可以面积、长度或植株作为取样单位。

(2)对角线式取样　调查取样点全部落在田块的对角线上，可分为单对角线取样法和双对角线取样法两种。单对角线取样方法是在田块的某条对角线上，按一定的距离选定所需的全部样点。双对角线取样法是在田块四角的两条对角线上均匀分配调查样点取样。两种方法适于密植的或成行的植物及随机分布型的昆虫。

(3)棋盘式取样　将所调查的田块均匀地划成许多小区，形如棋盘方格，然后将调查取样点均匀分配在田块的一定区块上。这种取样方法，多用于分布均匀的病虫害调查，能获得较为可靠的调查。

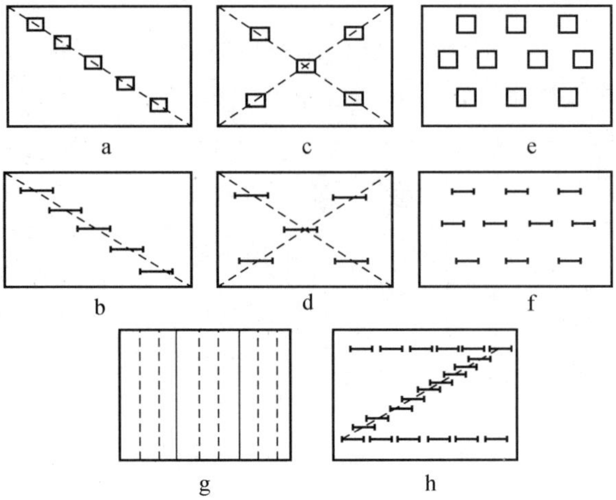

图 3-1-2　取样方法

a,b. 单对角线式(面积或长度)　c,d. 双对角线式或五点式(面积或长度)
e,f. 棋盘式(面积或长度)　g. 平行式　h."Z"字形式

(4)平行线式取样　也称为行式取样,适于成行的植物及核心分布型的昆虫。

(5)"Z"字形取样　也称蛇形取样,对于取样的样点在田边呈点片不均匀分布时用此法为宜,如螨等害虫的调查。

(三)取样单位

取样单位因害虫种类和栽培方式而异,一般常用的单位有:

(1)面积单位(m^2)　适用于调查地下害虫数量或密植植物中的害虫。

(2)长度单位(m)　适用于调查条播密植或垄作上的害虫数量和受害程度。

(3)容量和重量单位(m^3、kg)　调查储粮害虫都以容积或重量为取样单位。

(4)植株和部分器官为单位　用于调查全株或茎、叶、果等部位上的害虫。

此外,根据某些害虫的不同特点,可采用特殊的器具,如用捕虫网捕扫一定的网数,统计捕得害虫的数量,是以网次为单位;利用诱蛾器、黑光灯、草把诱虫等得到的虫量是以诱器为单位。

三、资料记载与计算

(一)害虫调查记载

害虫调查记载是调查中的一项重要工作,无论哪种内容的调查都应有记载。所有的记载应妥善保存。当地害虫发生档案作为历年害虫发生的历史记录,对本地区害虫预测预报有重要作用。记载是摸清情况、分析问题和总结经验的依据。记载要准确、简要、具体,一般都采用表格形式。表格的内容、项目可依据调查目的和调查对象设计,见表 3-1-1。

表 3-1-1 玉米螟产卵及孵化情况调查记载表

调查日期	田块类型	作物生育期	调查株数	卵块数	百株平均卵块数	已孵和将孵卵块数			已孵和将孵卵块百分率	备注
						已孵卵块	有黑点卵块	合计		

(二)害虫统计分析

调查中得到的数据须进行统计整理后，才能便于分析比较，简明准确地反映害虫发生的实际情况。常用的统计方法有：

(1)被害率　是反应害虫发生或危害的普遍程度。其计算公式为：

$$被害率=\frac{被害株(叶蕾果等)数}{调查总株(株蕾果等)数}\times100\%$$

(2)虫口密度　表示一个单位内的虫口数量，常用百株虫口密度或 m^2 虫口密度表示。

$$虫口密度(头/单位)=\frac{调查总头数}{调查总单位数}$$

$$百株虫数=\frac{调查总虫数}{调查总株数}\times100\%$$

(3)虫情指数　害虫为害程度可以用分级记载的方法，统计计算其虫情指数，以更准确地反映受害程度。一般被害指数越大，植株受害越重；被害指数越小，植株受害越轻。植株受害最重时被害指数为 100；植株没受害时，被害指数为 0。其计算公式为：

$$虫情指数=\frac{\sum(各级株,茎,叶,花,果数\times各级代表数值)}{调查总株,茎,叶,花,果数\times最高分级级数}\times100\%$$

例如，对食叶害虫分级的标准是：

0 级：未受害；

1 级：受害轻，叶片被吃去 25%以下；

2 级：受害中等，叶片被吃去 25%～50%；

3 级：受害严重，叶片被吃去 50%以上。

(4)损失估计　只有少数害虫的被害率接近或等于损失率外，大部分害虫的被害率与损失率是不一致的，其所造成的损失应以生产水平相同的受害田与未受害田的产量或经济产值对比来计算。

$$损失率=\frac{未受害区产量(产值)-受害区产量(产值)}{未受害区产量(产值)}\times100\%$$

工作任务 3-2 作物病害调查技术

学习目标

掌握不同类型作物病害的调查方法，能对当地作物的病害种类、发病时期、为害程度进行全面调查并记载，并能够对调查数据进行统计与分析。

材料及用具

卷尺、挖掘工具、剪枝工具、计数器、镊子、放大镜、显微镜、记录本、铅笔等用具。

操作要点

（1）结合当地作物生产现状，深入田间调查，重点调查病害的种类、危害部位、发病时期、发病率及病情指数，并随调查随记载。

（2）对作物病害调查数据分类进行统计、分析，得出调查结论，明确危险性病害的种类及为害程度。

注意事项

（1）在调查过程中要注意一定的调查样本量和必要的重复；

（2）应确保调查结果的真实性，不可弄虚作假，编造数据；

（3）针对不同种类的作物病害，选择恰当的病情指数的分级标准。

内容及操作步骤

一、调查内容

作物病害调查的内容依据调查的目的而定。根据调查的内容确定采用的调查方式。调查的内容一般包括病害的分布、种类、病情的发生发展、农事操作与病害的关系以及其他特殊问题的调查。

（1）一般调查（普查） 当一个地区有关病害发生情况的资料很少，可先进行一般调查，目的在于了解当地病害发生的一般情况，如病害种类、分布、发病程度等。调查的面要广，要有代表性。

（2）重点调查（专题调查） 经过一般调查发现的主要病害，可作为重点调查的对象，深入了解它的分布、发病率、损失率、环境影响和防治效果等。调查某一具体病害的发生发展规律及防治效果等，其调查项目、次数、时间和要求则因调查目的而异。

（3）调查研究 调查研究是解决病害中的怀疑问题，如侵染循环、发病因子和防治方法等。调查的区域不一定要广，但要深入，除田间观察外，更要注意访问和座谈。

二、调查方法

作物病害调查方法因调查的目的、内容、对象、精度要求等的不同而异。如欲了解某种病害发生的一般情况，则最好选择病害的盛发期在一定范围内进行普查，如要了解病害的发生规律，则要采取定点定期的系统调查，并且要持续进行多年。

调查取样的方法，直接影响调查结果的准确性。为了使取样具有代表性，调查之前最好对全田进行普查，对病害的分布型、普遍率做出估计，然后根据分布情况选择适宜的取样方法。田边植株往往不能代表一般的发病情况，应离开田边5步到10步开始取样。取样的单位可以是一定面积，一定的行长，一定数量的叶片等。样本的大小和类型根据调查的对象、精度要求来确定。调查取样过程中，应尽量避免人的主观因素的干扰，而在具体的调查过程中，又要强调调查的严肃性和调查者直觉判断力的重要性。病害的田间分布型及取样方法可参照前述害虫的调查方法。

三、资料记载与计算

（一）病害调查记载

对一般性调查，内容要求比较广泛，记载的项目比较多。每一项目的记载并不要求很精确，可以设计一种通用调查表。调查表应该包括调查日期、作物名称、作物品种、种子来源、病害名称、发病率与田间分布情况、土壤性质与肥力情况、施肥情况、土壤湿度、当地降雨情况（特别是发病前和发病盛期情况）、当地群众对病害的认识和防治经验等项目。见表3-2-1。

表3-2-1　小麦白粉病病情普查表

调查日期	调查地点	品种名称	播种期	生育期	田块面积	实查面积	调查株数	发病株数	病株率/%	调查叶数	发病叶数	病叶率/%	严重度/%	病情指数	病点率/%	备注：点片或全田发病情况

重点调查是为了解一个地区的某种病害发生消长动态，进行定点、定时、定方法的调查。可以参考表3-2-2小麦白粉病病情系统调查表。

表3-2-2　小麦白粉病病情系统调查表

调查日期	调查地点	调查品种	地块类型	发病部位	调查叶数	发病叶数	病叶率/%	平均严重度	病情指数	备注

(二)病害统计分析

植物病害的种类很多,危害情况很不一致,因而,统计方法也不尽一致。目前使用较普遍的统计标准主要有普遍率、严重度和病情指数。

1. 普遍率

普遍率也称发病率,是指发病的普遍程度,用病叶(病穗、病株)数占调查总叶(穗、株)数的百分率表示。

$$\text{发病率}=\frac{\text{感病株数}}{\text{调查总株数}}\times 100\%$$

如调查 1 000 株小麦,其中黑穗病 250 株,发病率则为 25%。

2. 严重度

不同作物病害的发病部位及分级标准不同,严重度的内涵也有差别。小麦白粉病的严重度指病叶上病斑菌丝层覆盖叶片面积占叶片总面积的比率,用分级法表示,设 8 级,分别用 1%、5%、10%、20%、40%、60%、80%、100%表示,对处于等级之间的病情则取其接近值,虽已发病但严重度低于 1%,按 1%记。对群体叶片,需按下面公式计算病叶平均严重度。平均严重度的使用,在病害初发期可严格计数计算;当病害处于盛发期且需调查点数繁多时,某点的平均严重度则根据目测估计给出。

$$D=\frac{\sum(d_i\times l_i)}{L}\times 100\%$$

其中:D 为病叶平均严重度(%),d_i 为各严重度级值,l_i 为各级病叶数,L 为调查总病叶数。

3. 病情指数

病情指数又称感病指数,是用以表示病害发生的平均水平。对于采用百分率表示的分级记载,比较容易计算其平均百分率。而对于不适用百分率表示分级记载,往往用病情指数表示其发病程度。其计算公式如下:

$$\text{病情指数}=\frac{\sum(\text{病害级别代表值}\times\text{该级样本数})}{\text{最高级代表值}\times\text{调查总样本数}}\times 100\%$$

例如番茄早疫病的病株,分级情况如下:

病级	发病程度	代表数值	病株(假定)
1	无病或者几乎没病	0	8
2	少至 25%的叶片枯死	1	15
3	26%～50%的叶片枯死	2	20
4	51%～75%的叶片枯死	3	40
5	76%～100%的叶片枯死	4	30

发病最重的病情指数是 100,完全无病是 0,所以这个数值就能表示发病的轻重。

$$\text{病情指数}=\frac{\sum(0\times 8+1\times 15+2\times 20+3\times 40+4\times 30)}{(8+15+20+40+30)\times 4}\times 100\%=65.3\%$$

病情指数也可以用下列公式进行计算：$I=F\times D\times 100$。其中：I 为病情指数，F 为病叶率，D 为病叶平均严重度。

除发病率、严重度和病情指数以外，有时还用其他指标定量估计病害数量。例如，调查麦类锈病流行初期发病数量时，还常用病田率（发病田块数占调查田块总数的百分率）、病点率（发病样点数占调查样点总数的百分率）和病田单位面积内传病中心或单片病叶数量等指标。

工作任务 3-3　作物病虫害的预测预报技术

学习目标

理解作物病虫害预测预报的概念，掌握病虫害预测预报的种类，会选择应用作物害虫和病害常用的预测方法。

材料及用具

本地多年气象资料、本地多年病虫资料、病虫害发生较重的田块。

操作要点

（1）病虫害预测预报种类，按预测时间长短分为哪几种？按预测内容分为哪几种？

（2）病虫害预测预报的基本方法，害虫预测的方法有哪些？病害预测的方法有哪些？

注意事项

（1）预测应根据病虫害的发生发展规律、近期田间调查的病虫情信息、并结合影响病虫种群数量变动的主要因子未来变化情况，采取多种比较、分析、选择的方法，对其未来发生动态做出科学准确的预测；

（2）预报内容要短小精悍。

内容及操作步骤

农作物病虫害预测预报简称病虫测报。病虫害预测就是系统、准确监测农田病虫发生动态，采用相关的技术和方法，结合实践经验和历史资料，对病虫未来发生情况进行分析和估计的过程。病虫害预报是指通过广播、电视、电话、电报、电子邮件、文件、资料等多种信息传递方式，将病虫发生和危害情况的分析预测的结果，提供给有关部门和植保工作人员等，或向广大农民进行通告，使其能够掌握或了解未来病虫害发生和危害情况。

准确的病虫测报，可以增强防治病虫害的预见性和计划性，提高防治工作的经济效益、生态效益和社会效益，使之更加经济、安全、有效。病虫测报被普遍认为是植物保护乃至农业生产的基础性工作。

一、病虫害预测预报种类

(一)病虫害预测的种类

1. 按预测时间长短分

(1)短期预测　期限大约在20天以内,一般只有几天至十多天,根据害虫前一、两个虫态的发生情况,推算后一、两个虫态的发生时期和数量,以确定未来的防治适期。如根据棉铃虫成虫的出现,可预测棉铃虫卵、幼虫的发生期。

(2)中期预测　一般为20天到一个季度,常在1个月以上,通常是预测下一个世代的发生情况,以确定防治对策和部署。如根据棉铃虫一代幼虫的发育进度,可预测下一代的蛾、卵幼虫的发生期,预测期限可达20天以上。

(3)长期预测　期限常在一个季度以上。如害虫发生程度的长期预测,要根据越冬后或年初某种害虫有效虫口基数及气象资料等做出。如预测棉铃虫二代的发生程度,要根据越冬基数、开春越冬死亡率、气象部门长期天气预报、当地栽培模式、种植结构等。

(4) 超长期预测　多为跨年度至若干年,主要服务对象是中央、省级农业主管部门和植保部门,以制订植保规划、计划以及病虫害长期控制对策和措施。

2. 按预测内容分

(1)发生期预测　预测病虫的发生和为害时间,以便确定防治适期。在发生期预测中常将病虫出现的时间分为始见期、始盛期、高峰期、盛末期和终见期。

发生期的预测在害虫防治上十分重要。例如有些食叶的暴食性害虫,必须消灭在3龄之前,如地老虎、飞蝗等,否则后期食粮量大增,为害严重,同时抗药性增强,毒杀比较困难。

作物病害多根据小气候因子预测病原菌集中侵染的时期,即临界期,以确定喷药防治的适宜时机,这种预测亦称为侵染预测。

(2)发生量预测　预测病虫在某一时期内单位面积的发生数量,以便根据防治指标,决定是否需要防治,以及需要防治的范围和面积。对常发型害虫来说,它的数量变化逐年虽有差异,但波动幅度不甚大。对于那些暴发型害虫来说,数量预测就显得十分重要了。因为这类害虫的发生特点是数量变动幅度大,有的年份它们销声匿迹,不见为害;有的年份却大肆猖獗,为害严重。

作物病害发生量预测,预测结果可用具体的发病数量(发病率、严重度、病性指数等)作定量的表达,也可用流行级别作定性的表达。

(3)分布蔓延预测　预测病虫可能的分布区域或发生的面积,对迁飞性害虫和流行性病害还包括预测其蔓延扩散的方向和范围。

害虫在一定时间内扩散迁移的范围,决定于迁移速度。影响害虫蔓延迁移速度的因素主要是害虫的活动能力、种群数量大小、地形限制条件和气象条件。只要我们掌握了一种害虫的生活习性,参考害虫的食料和寄主的分布,根据当时当地气象要素的具体变化,就能分析出这种扩散蔓延的动向,计算出某一定日期内可能蔓延到的地区;或是根据面积和距离预测迁移到某地所需的时间,做好防治的准备工作。

另外,我们知道了一种害虫的生存条件后,就可以预测它们可能分布的地区。因为一种害虫迁入新的地区后，该地区的环境超出了此虫可能生存的条件，此虫在未经长期的适应以前，就不可能在这个地区生存。

(4)为害程度预测　在发生期预测和发生量预测的基础上结合作的品种布局和生长发育特性，尤其是感病、感虫品种的种植比重和易受病虫危害的生育期与病虫盛发期的吻合程度，同时结合气象资料的分析，预测其发生的轻重及为害程度。病虫害的发生轻重程度可分为小发生、中等偏轻发生、中等发生、中等偏重发生、大发生5级。

(二)病虫害预报的种类

根据测报时期的长短、测报对象的严重程度和指导病虫防治的信息要求不同，可分为以下4类。

(1)预报　根据预报时间长短分为：短期预报，即离防治适期10天以内的预报；中期预报，即离防治适期10天以上的预报；长期预报，即离防治适期30天以上的预报。

(2)警报　即预计将造成严重危害的或是突发性的新发展的病虫，需要人们特别警惕抓紧防治的预报。

(3)技术服务情报　即专门为基层植保技术组织和农户服务的预报。

(4)病虫情况反映　一定时期内面上的病虫发生和防治的实况。

此外，预报发出后，如原来预计的病虫发生情况有所变化时，还可发出补充预报，加以说明。

二、病虫害预测的基本方法

(一)害虫预测方法

1. 发育进度预测法

发育进度预测法可划分为历期法和期距法。所谓历期是指昆虫各虫态在一定温度条件下完成其发育所要求的天数。历期法是通过对前一虫态田间发育进度，如化蛹率、羽化率、孵化率等的系统调查，当调查到其百分率达到始盛期(16%)、高峰期(50%)、盛末期(84%)的标准时，分别加上当时气温下各虫期的历期，即可推算出后一虫期的发生时期。从实质上讲，期距法和历期法都是在检查发育进度的基础上，加上一定的历期推算的。其不同之处在于历期法的历期指前一虫态至后一虫态的相隔时间，通常在一个龄期范围内；而期距法的历期对以经几个龄期，甚至几个世代，故称为“期距”。

例如，湖南省长沙农业学校于2000年系统调查了稻田二化螟越冬代化蛹率，4月16日为50%左右，即越冬代化蛹高峰日为4月16日，可继续求得越冬代成虫的发蛾高峰期：

发蛾高峰期＝化蛹高峰期＋蛹期

如当时气温下的蛹期为16天，则越冬代发蛾高峰期为5月2日。计算出发蛾高峰期，再测知产卵前期和卵期，则又可求得第一代卵孵高峰期：

卵孵高峰期＝ 发蛾高峰期＋ 产卵前期＋ 卵期

如当时气温下产卵前期为5天，卵期为15天，则第一代二化螟卵孵高峰期为5月22日。依此类推，可继续测知2、3龄幼虫高峰期。

那么，一种害虫某个虫态的历期如产卵前期、卵期是怎样获得的呢？观测的方法有：

(1)诱集法　根据害虫的趋光性、趋化性以及取食、潜藏、觅偶和产卵等生物学特性而设计、采取各种诱集方法，如利用诱虫灯、诱虫器、树枝把、谷草把、黄色盆以及性诱剂等诱集害虫并统计。这样便可以看出它们在本地区一年中各代出现的始期、盛期、末期的期距。

(2)饲养法　一般是从田间采集一定数量的卵、幼虫或蛹，在人工饲养下，观察统计其发育变化历期，根据一定数量的个体，求出平均发育期作为期距。

(3)调查法　一般都是选择有代表性的虫源田进行定期调查，由某一虫态出现期开始前，逐日或每隔 1～5 天，取样调查，统计出现数量，计算出发育进度，直至终期为止。下一虫态也是这样，依此类推。根据实际调查的资料，可以看出同一世代中孵化进度、化蛹进度、羽化进度的期距，以及一年中不同世代同一虫态发育进度的期距。

2. 有效积温预测法

昆虫完成一定的发育阶段(某一个虫态或一个世代)需要一定的热量积累，完成这个发育阶段所需的有效温度的积累值是一个常数。有效温度是指发育起点以上的温度，有效温度的积累值称为有效积温，以日度(d・℃)为单位，可用 $K=N(T-C)$ 来表示。其中 K 是有效积温，N 是发育天数，T 是该发育阶段内环境温度，C 是发育起点温度。

有效积温法则的应用：

① 预测一种昆虫在某地区发生的世代数。如小地老虎完成一个世代需 504.7 日度，而南京地区能满足其发育的年总积温是 2 220.9 日度，因此小地老虎在南京地区年发生世代数应为 2 220.9/504.7=4.4(代)。

②预测昆虫的发生期。其依据是，按当地当时的日或候均温预报值求出有效积温，并逐日累加，其值近似等于昆虫某一发育阶段有效积温 K，即 $K/(T-C)\approx 1$ 时的日期，便为完成该发育阶段的日期。

③为天敌昆虫保藏、繁殖与释放利用提供依据。当已知某种天敌昆虫发育起点 C 和有效积温 K 时，为适时释放，可根据 K 值控制保藏温度。

在实际应用有效积温法则时应注意，有效积温法则还存在一定的局限性：首先对于有滞育习性的昆虫不适合，因为很多昆虫的滞育不是因为温度低于发育起点以下而引起的。其次，有效积温法则只能反映昆虫在适宜温区内的发育情况。同时，昆虫的生长发育不仅受温度的影响，还受到湿度、食物等因素的综合影响等。因此，应用依赖于温度单因子的有效积温法预测时，还要考虑到其他因素的影响。

3. 有效基数预测法

害虫的发生数量通常和前一世代或前一虫态有密切关系，基数大，则下一虫态或下一世代的发生可能多；反之则少。因此，许多害虫越冬后在早春进行有效基数的调查，可作为第一代发生数量的依据。在实际运用中，根据害虫的有效基数，推测后一世代的发生数量，常用下列公式：

$$P=P_0[L\times f/(m+f)\times(1-M)]$$

式中：P——繁殖数，即下一世代的发生量；

P_0——上一世代基数；

L——每头雌成虫平均产卵量；

f——雌成虫所占比例；

m——雄成虫所占比例；

M——死亡率。

例如，甘蓝夜蛾每平方米越冬蛹基数为0.5头，雌成虫平均每头产卵700粒，雌雄成虫比为1∶1，死亡率为85%，第一代幼虫发生量是：

$$P=0.5\times[700\times0.5/(0.5+0.5)\times(1-0.85)]=0.5\times52.5=26.25(\text{头}/m^2)$$

4. 物候预测法

物候预测法是根据自然界的生物群落中害虫和其他动植物对于同一地区内的外界环境条件有着相同的时间性反应来预测害虫的发生期。

害虫的生长发育受自然气候的影响，每种害虫某一虫期，在自然界中也是在一定的节令才出现。由于自然界各种动植物的相互联系，我们可以经过观察，找出某种动植物某一发育阶段或活动的出现和害虫某一虫态出现在时间顺序上的标志，来预测害虫某一虫态的出现期。例如，在河南对小地老虎的观察发现："桃花一片红，发蛾到高峰"，"榆钱落，幼虫多"。再如对小麦吸浆虫的观察发现"小麦抽穗，吸浆虫出土展翅"。而棉蚜则"花椒发芽，棉蚜孵化"，"芦苇起锥，向棉田迁飞"，"毛白杨花絮落地，棉蚜卵变蜜；柳絮遍地扬花，棉蚜长翅搬家"等。我们在测报上就是利用这种相关性，借助其他生物的活动规律，来预知害虫的出现期。

利用物候法作为害虫发生期的短期测报是有实际意义的，因为它容易为群众掌握，便于推广。但是在害虫测报上，仅仅停留在同一时间的物候现象上是很不够的，必须把观察的重点放在害虫出现以前的物候上，找出其间的期距，在防治害虫上才更为主动。

5. 经验指数预测法

根据经验指数来估计未来害虫的数量消长趋势，常用的经验指数有温雨系数或温湿系数。

温湿系数 $ER=R/T$ 或 $R/(T-C)$　　　　温雨系数 $ER=P/T$ 或 $P/(T-C)$

式中：P——月或旬总降雨量；

T——月或旬平均温度；

R——月或旬平均相对湿度；

C——该害虫发育起点温度。

6. 昆虫形态特征、内部生理指标预测法

环境条件对昆虫的影响都要通过昆虫本身而起作用，昆虫对外界条件的适应也会从内外部形态特征上表现出来。如虫型的变化、脂肪体含量与结构、生殖器官的变异、雌雄性比等都影响到下一代或后一虫期的繁殖能力。可以依据这些内外部形态上的变化，来估计未来的发生量或迁飞的预测指标。例如，蚜类、蚧类成虫有多型现象，环境条件有利时，无翅蚜多于有翅蚜；无翅雌蚧多于有翅雄蚧。因此，当种群中无翅蚜或无翅雌蚧比例高时，数量将会大发展。

7. 异地预测法

一些远距离迁飞性害虫，其虫源可随气流迁往异地。如黏虫、褐稻虱、稻纵卷叶螟等害虫是逐代呈季节性往返迁移，其迁移的方向和降落区域的变动，又受随季风进退的气流和作物生长物候的季节变换制约。因此，可根据发生区的残留虫量和发育进度，结合不同层次的天气形势以及迁入区的作物长势和分布，来预测害虫迁入的时间、数量、主要降落区域和可能的发生程度。

8. 数理统计预测法

害虫的发生期、发生量和为害程度的变动和周围的物理环境条件(温度、雨量、土壤等)和生物环境(天敌、食物等)的变动密切相关。对害虫、天敌昆虫发生的一定数量特征与一定环境特征之间的相互关系,可用数理统计法进行定性或定量分析,据此发出数理统计预报。常用的方法有函数分析法、相似相关法等。

随着科学技术的进步,一些预测结果准确、操作方便且又实用的新的害虫预测方法正在或将会不断被创建。

(二)病害预测方法

1. 调查预测法

调查预测法是固定专人定时、定点调查记载,研究病害侵染循环和流行规律,观察中心病株在病圃中的发生发展情况,观察空中孢子活动情况,以及结合田间病情调查后物候观察的预测病情技术方法。

(1)病圃预测法　预测圃可以用当地较感病的品种,设置于较适于发病的地块以及采取有利于诱发病害的栽培措施,以保证预测圃先于大田发病。预测圃发病后便可指导大田的病情普查以及估计大面积作物病情发展的趋势。

(2)气象指标预测法　根据温、湿度等气象指标变化情况,进行病害发生发展趋势的预测。

(3)孢子捕捉预测方法　采用空中捕捉孢子的方法预测真菌性病害的发生发展动态。

2. 综合分析预测法

综合分析预测法是一种经验推理方法,多用于中、长期预测。预测人员调查和收集有关品种、菌量、气象因素和栽培管理诸方面的资料,与历史资料进行比较,经过全面权衡和综合分析后,依据主要预测因子的状态和变化趋势估计病害发生期和流行程度。

北方冬麦区小麦条锈病冬前预测(长期预测)可概括为:若感病品种种植面积大,秋苗发病多,冬季气温偏高,土壤墒情好,或虽冬季气温不高,但积雪时间长,雪层厚,而气象预报翌年3～4月多雨,即可能大流行或中度流行。早春预测(中期预测)的经验推理为:如病菌越冬率高,早春菌源量大,气温回升早,春季关键时期的雨水多,将发生大流行或中度流行。如早春菌源量中等,春季关键时期雨水多,将发生中度流行甚至大流行。如早春菌源量很小,除非气候环境条件特别有利,一般不会造成流行。但如外来菌源量大,也可造成后期流行。菌源量的大小可由历年病田率以及平均每亩传病中心和单片病叶数目比较确定。

3. 数理统计预测法

数理统计预测法是运用统计学方法利用多年多点历史货料料建立数字模型预测病害的方法。当前主要用回归分析、判别分析以及其他多变量统计方法选取预测因子,建立预测式。此外,一些简易概率统计方法,如多因子综合相关法、列联表法、相关点距图法、分档统计法等也被用于加工分析历史资料和观测数据,用于预测。

4. 系统模拟预测模型

系统模拟预测模型是一种机理模型。建立模拟模型的第一步是把从文献、实验室和田间收集的有关信息进行逻辑汇总、形成概念模型,概念模型通过实验加以改进,并用数学语言表达即为数学模型,再用计算机语言译为计算机程序,经过检验和有效性、灵敏度测定后即可付诸使用。使用时,在一定初始条件下输入数据,使状态变数的病情依据特定的模型(程序)按给定的速度逐步积分或总和，外界条件通过影响速度变数而影响流行，最后打印出流行曲线图。我国有关稻瘟病、小麦赤霉病、小麦条锈病等病害的电算统计预测模型已在不同范围的生产中应用。

为了提高预测预报技术水平，除应加强生物数学和计算机技术的应用研究外，还需采用一些新技术来加强病情调查和监测的能力。例如，利用遥感遥测技术进行大面积病情普查，可迅速获得大面积病情，全面可靠，利于掌握全局，指导防治。国外试用于森林以及大田病虫害调查，已获得良好结果。

学习小结

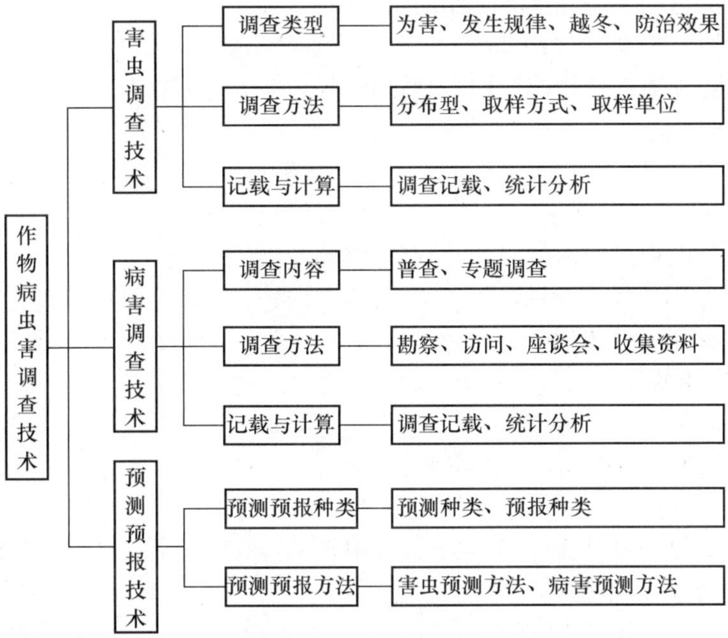

学习方法体会

1. 到生产实践中调查不同作物害虫在田间的分布规律，根据其分别型采取相对应的取样方法，调查虫口密度、有虫株率，并分析调查数据，得出调查结论。

2. 到生产实践中调查不同作物病害在田间的分别规律，根据其分别型采取相对应的取样方法，调查病害的发病规律、病情指数及发病率，并分析调查数据，得出调查结论。

3. 搜集并分析作物病虫害预测预报种类的信息和资料，理解农作物病虫害预测预报的概念，列举害虫与病害预测的方法。

目 标 检 测

一、单项选择题

1. 利用糖醋液盆诱虫，其调查取样单位为(　　)。

A. 网捕　B. 诱集物　C. 面积　D. 时间

2. 调查麦蚜多采用单对角线(　　)。

A. 棋盘取样　B. 平行线取样　C. 10 点取样　D. 5 点取样

3. 表示病害危害的普遍程度时常用的指标为(　　)。

A. 发病率　B. 虫口密度　C. 虫情指数　D. 损失率

4. 根据害虫和其他动植物对于同一地区内的外界环境条件有着相同的时间性反应来预测害虫发生期的方法是(　　)。

A. 发育进度预测法　B. 物候预测法

C. 有效积温预测法　D. 诱集法

5. 严重度的分级是根据标准，(　　)严重度的等级。

A. 计算　B. 目测估计　C. 对比　D. 分析

6. 已知黏虫、2 龄幼虫发育起点温度 7℃，有效积温 60 日度，当时的平均气温是 20℃，其二龄幼虫发育所需要的天数为(　　)天。

A. 2　B. 3　C. 3.5　D. 4.6

7. 病虫发生程度划分为(　　)个等级。

A. 2　B. 3　C. 4　D. 5

8. 根据 3～4 月的降雨量和降雨天数，菌源数量(感病品种)，可预测出小麦条锈病的(　　)，称为综合分析预测法。

A. 发生时期　B. 病情指数　C. 发病率　D. 流行程度

二、多项选择题

1. 害虫在田间的分布型有(　　)。

A. 核心分布　B. 嵌纹分布　C. 随机分布　D. 均匀分布

2. 植物病虫害田间调查的内容有

A. 病虫发生和危害情况调查　B. 病虫、天敌发生规律调查

C. 防治效果调查　D. 越冬情况调查

3. 田间分布均匀的害虫取样时，常用的取样方法是(　　)。

A. 五点式　B. 棋盘式　C. 平行线式　D. 单对角线式

4. 下列属于作物病虫害预测内容是(　　)。

A. 发生期预测　B. 发育程度预测　C. 分布区预测　D. 危害程度预测

三、简答题

1. 如何根据害虫的分布型来选择合适的取样方法？
2. 病虫害预测的种类有哪些？

四、实例分析

1. 对某病害的调查结果如下表，试计算两个品种的被害率及病情指数，并比较两个品种的受害程度？

植物感病情况调查表

分级标准	级 别	品种 A 发病株数	品种 B 发病株数
健　　康	0	15	20
轻微感病	1	10	20
中度感病	2	30	13
重度感病	3	40	34
枯　　死	4	5	13

2. 为调查某食叶害虫的危害情况，共调查 100 片叶片，其中被害叶片 70 片，在这些片被害叶片中，受害程度达到 1 级的 25 片，达到 2 级的 20 片，3 级的 15 片，4 级的 10 片，受害最严重等级为 4 级，计算其被害率和虫情指数。

项目四

作物病虫害标本采集、制作与保存技术

学习目的

通过学习作物病虫害标本的采集、制作与保存技术，掌握病虫害标本采集、制作、保存的操作技能，并能实际应用到病虫害田间调查、昆虫的分类鉴定、病害的田间诊断以及病虫害综合防治等内容的学习之中。

知识要求

掌握作物物病虫害标本采集、制作与保存的方法，能正确使用各种采集工具及标本制作工具，通过标本的采集、制作与鉴定，熟悉当地常见病虫害的特征和发生情况。

能力要求

能熟练运用各类采集工具采集所需病虫标本；会配制各类浸渍液，制作病虫害浸渍标本；会制作病害的干制标本；会制作各类昆虫的针插标本；会正确保存各类病虫标本。

工作任务 4-1　病害标本的采集、制作与保存

学习目标

通过学习作物病虫害标本的采集、制作与保存技术，了解当地常发生作物病害的种类、症状及发生危害情况，能熟练运用各类采集工具，掌握作物病害标本采集、制作和保存的方法，熟练掌握作物病害干制标本和浸渍本的制作技术，为作物病害的诊断和防治奠定基础。

材料及用具

发生病害的农田、标本夹、标本纸、标本绳、采集箱、剪刀、镊子、小刀、枝剪(剪刀)、高枝剪、手锯、手持放大镜、小玻璃管、毛笔、广口瓶、纸袋、塑料袋、电熨斗、电烘箱、电炉或电磁炉、封塑机、塑封膜、显微镜、载玻片、盖玻片、挑针、标本瓶、标本盒、台纸、绘图纸、乳白胶、玻璃棒、大烧

杯、酒精灯、滴瓶、酒精、甲醛、醋酸铜、冰醋酸、记录本、标签、铅笔等。

操作要点

(1)以组为单位,准备病害标本采集工具,制定采集方案,寻找并确定采集目标。

(2)采集具有典型症状的病害标本要,尽可能采到不同时期、不同发病部位、病状病征完全的标本。

(3)采集的标本要完整 ,勿采集有缺损或症状混杂的标本。

(4)把采集到的标本临时存放在采集袋或采集箱内,病征易混杂的标本、腐烂的果实标本以及柔软的肉质标本要包好并分开存放,避免混杂和挤压变形。

(5)每种标本要采集一定数量,采集量勿过少。

(6)及时做好采集记录。记录内容包括寄主名称、采集日期、采集地点、采集人、生态条件等。

(7)病害标本的采集和制作可以同步进行,如干制标本的压制、浸渍标本的制作等。禾本科作物叶片标本要随采随压,或用湿布包好到室内再进行压制。

(8)将压制好的干制标本及时上台纸、做成盒装标本或封套标本。浸渍标本及时封存,写好标签。

(9)按照病害标本制作的操作要求定时更换吸水纸和浸渍液,确保标本的制作质量,以免发霉和虫蛀。

(10)病害标本保存时,要注意保存条件,即避光、通风、干燥处,防止虫蛀。

注意事项

(1)标本症状要典型,尽可能采集有病征的标本。尽可能采到不同时期、不同发病部位的标本。

(2)注意标本的完整性。根、茎、叶、花、果的完整,病状、病症的完整,病害不同发生阶段的完整。

(3)把不同病征的标本分开,避免病原物混杂,尤其对病菌孢子容易脱落的标本,应用塑料袋或光滑清洁的纸将病部包好,放在采集箱内。腐烂的果实标本以及柔软的肉质标本也必须用纸袋分装或用纸包好,放入采集箱并防止挤压。

(4)体形较小或易碎的标本,如种子、干枯的病叶,采集后放入纸袋、小玻璃管或广口瓶内。

(5)适于干制的标本要及时压制,禾本科作物叶片标本在随采随压或用湿布包好,防止变形。

(6)及时进行采集记载,便于病害鉴定。对于不认识的或不熟悉的寄主作物,应采集花、叶、果等一并带回以利于鉴定。

(7)每种标本应采集一定数量(至少 5 份以上),以便鉴定、保存和交换。

内容及操作步骤

一、病害标本的采集

作物病害种类繁多,发生时期、发病部位各不相同,症状也千差万别,给病害的田间诊断和识别带来很大困难。而病害标本是病害症状的最好描述，科学地采集、制作、保存和整理病害标本，可为作物病害的诊断、鉴定、病原的研究等奠定基础。

(一)作物病害标本采集用具

标本夹　用于夹压各种含水分不多的病害叶片标本。有木制和铅丝制两种，木制标本夹较常用(图 4-1-1)。

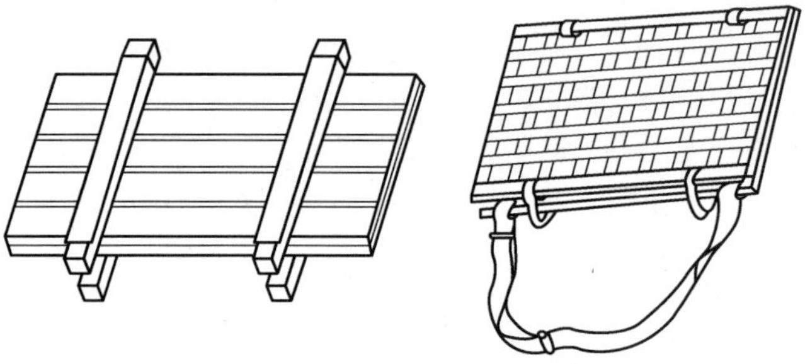

a　　b

图 4-1-1　标本夹(仿陕西省农林学校《农作物病虫害防治》)

a. 标本夹　b. 标本采集夹

标体纸　用于吸除病害标本中的水分，应选吸水力强的纸，保持标本纸的干燥和清洁。污染和水分多的标本纸应即时更换。标体纸常用价格低廉的细质草纸，也可用废旧报纸代替。

标本绳　用于收紧标本夹。一般选用即牢固又柔软结实的尼龙绳，棉绳也可，最好不用玻璃丝绳。每副标本夹一般配约 6 m 长的标本绳。

采集箱 用于放置较大或易损坏的作物组织，如果实、根、茎、块根、块茎及在野外来不及压制的叶片标本。

塑料袋　用于临时盛放采集到的作物标本。

枝剪(剪刀)　用于剪取作物枝条标本，可用专用的枝剪，也可用旧的剪刀。

高枝剪　用于采集高大乔木上的枝条标本。

其他采集工具 手持放大镜、小玻璃管、广口瓶、镊子、手锯、小刀、毛笔、记录本、标签、铅笔等。

(二)病害标本采集方法

不同种类的作物病害，症状不同；而同一种作物病害，发病部位不同，有时症状也不同；即使是同一种作物病害，发病时期不同，症状有时也不一样。病征是作物病害诊断最主要的依据，但病征需要在一定的温、湿度条件下才能出现，而且有的真菌病害的病原具有有性和无性两个阶段。因此，在标本采集时，应采集症状典型、病状和病征齐全的标本，还应采集到寄主在不同时期、不同部位的典型症状。

1. 叶部病害标本的采集

一般将病叶连同叶柄或小枝一同剪下，放入塑料袋或采集箱内，或直接放入有标本纸的标本夹内压制。对于孢子容易散落病害标本，最好用纸包好，先放进采集箱，再分别压制，以免沾污其他病害标本。

2. 果实病害标本的采集

采摘的病果一般放入采集箱或塑料袋中，对柔软多汁的果实，应采集新发病的幼果或未完全成熟的果实，用纸包好放入采集箱塑料袋中，避免孢子混杂影响鉴定，同是要防止挤压导致标本变形而不能制作保存。

3. 枝干病害标本的采集

果树、园林树木等的木质化枝条不易损坏，采集比较方便，直接剪取整个枝条或枝条的一部分，若枝干过于粗大，可用手锯截取症状典型的一部分即可。

4. 根部病害标本的采集

植株较小的根部病害，最好采集整个植株，如蔬菜的猝倒病、立枯病、大豆根腐病等的苗期症状标本。若植株较大或是高大的乔木的根部病害，应把整个根部挖出来或把病根切成段，放入采集箱或塑料袋中，有时还要连根际的土壤一同采集。

5. 寄生性种子植物标本的采集

一般应连同寄主一同采集。肉质蕈菌类子实体含水量大、易破碎，不易保存，采集后最好放在采集箱内，并应及时烘干。

6. 系统侵染病害标本的采集

一般应采集整个植株。对于植株较大或无法采集整个植株的，应采集最有代表性的部分。对于表现矮化或徒长等症状的病害，最好采集未染病植株作为对照。

知识链接

采集病害标本时，每个标本上应只有一种病害的症状，尤其是在各种病害混合发生时，更需要进行仔细的选择。对于真菌病害，采集的标本应病状、病征齐全，以利于病害种类的鉴定。为了采集到症状齐全、发病部位齐全的标本，最好在植株生长的不同时期分几次进行采集。

整个采集的过程要注意观察病害发生的情况、周围有无其他寄主等，必要时可绘图或拍照，为室内鉴定提供依据。

二、病害标本的制作

(一)作物病害标本制作用具

标本盒　用于制作陈列标本或学生上课用的标本。标本盒一般有玻面纸盒和玻面相框盒两种，规格因标本大小不同而异。因盒的一面带玻璃面，便于标本的陈列和展示，但制作成本较高，保存标本数量较少。

台纸　用于装订病害标本，台纸一般用白板纸，一面光滑洁白，一面较粗糙。没有白板纸，也可用较厚的白色绘图纸代替。

绘图纸　用于制作封套盛装干制标本，规格因标本大小不同而异。但制作成本较低，可保存大量干制标本。

乳白胶　用于粘贴、修补病害标本。

标本瓶　用于盛装和保存浸渍标本。

电熨斗　用于熨烫作物标本和吸水纸，以缩短标本压制时间，尤其在阴雨天，防止标本霉变。

电烘箱　用于烘干作物标本。

其他制作用具　电炉或电磁炉、封塑机、塑封膜、显微镜、载玻片、盖玻片、挑针、标本瓶、标本盒、台纸、绘图纸、乳白胶、玻璃棒、大烧杯、酒精灯、滴瓶、酒精、甲醛、醋酸铜、冰醋酸、标签等。

(二)病害标本制作方法

1. 病害蜡叶标本或干标本的制作

(1)标本干燥制作法

①压制法　叶片、小植株、果皮等,可夹在吸水力强的草纸或旧报纸中,然后用标本夹压紧,自然干燥或加温烘烤干燥。夹压干燥过程中要勤翻勤换标本纸。在最初压制的三四天,每天换纸1～2次,以后2～3天换一次,直至完全干燥。采集记录和采集号标签应随标本移动,以免丢失或错放。第一次换纸时,要将标本进行整理和定型,至完全干燥前均可进行整理和定型。已经用过的、直接与标本接触的纸,不能再用,避免标本上的病原物残留在纸上而造成混杂。

②自然干燥法　水分含量很少的标本,如较粗厚枝干、枝条、树皮等,可直接放在通风处自然晾干即可。

③烘干法　肉质的子实体(如蕈菌),不能用标本夹压制,可将标本用烘箱烘干,也可直接放在通风处直接晾干。含水较少且体积较大的果实、块根、块茎等,可将病部切下,然后再烘干或直接晒干。其他标本也可用烘箱烘干,尤其在阴雨天,可防止标本霉变。

④熨烫干燥法　将采集的标本放在吸水纸或布中,用电熨斗迅速烫干,因干燥速度快,能更好地保持标本原有的色泽。此法适用于阴雨天气,可防止采集的标本霉变。

⑤微波干燥法　刘春元等于2003年报道,根据作物病害标本的质地,可用微波处理一定时间(如豆科作物病害叶处理1 min效果最佳),使标本迅速干燥。此法干燥速度快,保色效果佳,长期保存而不褪色,可弥补熨烫干燥法的不足。

⑥冷冻干燥法　标本在冷冻的情况下干燥,几乎能完全保持标本原有的形状和色泽。

(2)标本消毒处理　干燥好的蜡叶标本或干制标本需进行消毒处理,杀死标本上的虫或虫卵。消毒方法有:

①用酒精或升汞液表面消毒。

②将干制标本放在消毒室或消毒箱内,用敌敌畏熏杀3天。

③将干制标本放在消毒室或消毒箱内,用四氯化碳与二硫化碳混合液(混合液要放在玻璃皿内)熏杀3天。

④将干制标本放在−40℃低温处理消毒。

2. 病害浸渍标本的制作

采集到的果实、块根、块茎、担子菌的子实体、幼苗和嫩叶等多汁的标本,不适宜干制,为了保存其原有的形状、色泽、症状特点,必须用浸渍法保存。可根据用途或标本的颜色,选择浸渍液的种类和制作方法。制作浸渍标本时,浸渍液应淹没标本,为防止标本上浮,可用线将标本固定在玻璃片或玻璃棒上。浸渍液多由易氧化的化学药品配制而成,且具有挥发性,要长期保持浸渍效果,必须密封瓶口。

(1)普通防腐浸渍标本制作　将洗净的标本直接浸泡在普通防腐浸渍液中即可。此类浸渍液仅能防腐没有保色作用，宜保存色泽单一的病害标本。若浸泡标本量大，数日后应更换一次浸渍液，并加盖密封。

常用的普通防腐浸渍液有 5%福尔马林、70%酒精，也可用福尔马林 50 mL、95%酒精 300 mL、蒸馏水 2 000 mL 混合而成的混合液。

(2)保绿色浸渍标本制作　作物病害标本中绿色标本数量最多，但绿色标本经过长时间浸泡后，容易褪色，导致标本失真而丧失使用和保存价值。保绿色浸渍标本制作方法有两种。

①醋酸铜浸渍液　适用于能加热的标本，如茎叶、植株等，保绿色能力较好，但保存的标本有时带蓝色，与作物原有的颜色有一定差异。将醋酸铜结晶逐渐加入 50%醋酸溶液中，直到不溶解为止配成饱和溶液(50%醋酸液 1 000 mL，约加醋酸铜 15 g 可达到饱和程度)，然后将该饱和液稀释 3～4 倍后使用。先将稀释液加热至沸腾，投入标本，然后继续加热，待标本绿色褪去再重新恢复绿色后，取出标本，用清水洗净后，保存于 5%福尔马林液中或压制成干标本。

②硫酸铜亚硫酸浸渍液　适用于不宜加热煮沸的果实标本。将洗净的标本在 5%硫酸铜溶液中浸泡 6～24 h，取出用清水漂洗数小时，然后保存在亚硫酸溶液(含 5%～6%二氧化硫的亚硫酸溶液 15 mL，加水 1000 mL；或浓硫酸 20 mL，水 1 000 mL，再加入亚硫酸钠 16 g)中。

(3)保黄色和橘红色浸渍标本制作　含有叶黄素和胡萝卜素的果实类病害标本，如杏、梨、黄色西红柿、柿子、黄苹果、柑橘、柠檬等，可浸泡在 1%亚硫酸溶液中保存。亚硫酸溶液有漂白作用，使用浓度不要太高，一般 1%即可。若因浓度太小，防腐力不够，可加入适量的酒精。果实浸渍后如发生崩裂，可加少量甘油。也可将市场上出售的(含 SO_2 5%～6%)的亚硫酸水溶液，在使用时配成 4%～10%的稀释液(含 SO_2 0.2%～0.5%)。

(4)保红色浸渍标本制作　红色病害标本多含有水溶性的花青素，保存比较困难。长期保存可用瓦查(Vacha)浸渍液，效果较好。其配方是：硝酸亚钴 15 g，福尔马林 25 mL，氯化锡 10 g，水 2 000 mL 混合而成，将洗净的标本完全浸没于该液中，2 周后取出，并保存于福尔马林 10 mL、饱和亚硫酸溶液 30～50 mL、95%酒精 10 mL、水 1 000 mL 的混合液中。

短期保存，可将 45 g 硼酸溶于 2 000 mL 水中，等硼酸全部溶解后，再加入 95%酒精 280 mL，配制成混合液。若溶液混浊，静置沉淀后用上清液。将红色标本浸泡在此混合液中即可。因花青素易溶于水和酒精中，所以不能长期保存。

3. 作物病害切片标本制作

病害标本在显微镜检查前，必须制成显微切片。制作显微切片的方法很多，如徒手切片法、石蜡切片法等。徒手切片因简单易行，在教学和科研中应用最广泛。

(1)徒手切片的制作方法　一般较硬的材料可直接拿在手中切片，细小而柔软的组织，需夹在通草或马铃薯之间切片。通草平时可浸泡在 50%酒精中，用时清水冲洗。切片时，刀片刀口应从外向内、从左向右拉动。为防止干燥，切下的薄片，可放在盛有清水的培养皿中备用。用挑针选取最薄的切片，放在载玻片水滴中，待切片平整后，盖上盖玻片，用显微镜镜检观察。选择典型的切片，需长期保存时，可用甘油明胶作浮载剂，待水分蒸发后，用指甲油或加拿大树胶封固，即可长期保存。

(2)甘油明胶的配制方法　甘油 7 份、明胶 1 份、水 6 份。先将明胶溶于水中，加热至 35℃，溶化后加入甘油和苯酚，搅拌均匀趁热用纱布过滤，盛于玻璃瓶中备用，用时放在热水中溶化即可。每 1 000 mL 制成的甘油明胶中可加入 1 g 苯酚。

三、病害标本的保存

制作完成的病害标本，经过整理和登记后，按寄主种类或病原类别进行分类保存。所有保存的病害标本都要将采集记录内容做成标签附上，鉴定后还要附上鉴定标签。鉴定标签内容包括病害名称、病原名称、鉴定人等。

（一）蜡叶标本或干制标本的保存

干制标本能保持作物病害症状原形，还能长期保存病征，便于在教学中观察病菌。干制标本制作简、单而经济，易于大量保存。干制标本应保存在通风、干燥、避光的地方，在标本袋、封套或标本盒中放入一些樟脑或其他驱虫药剂，以防止标本霉烂、褪色或遭虫蛀。

(1)封套保存　用重磅道林纸或绘图纸折成封套，封套的规格可根据标本的大小决定。将蜡叶标本和采集记载装在封套中，并把鉴定标签贴在封套的右上角。封套的折叠方式和鉴定标签的格式(图 4-1-2)。此法标本保存量大，可为学生实验课提供所需的实物标本。

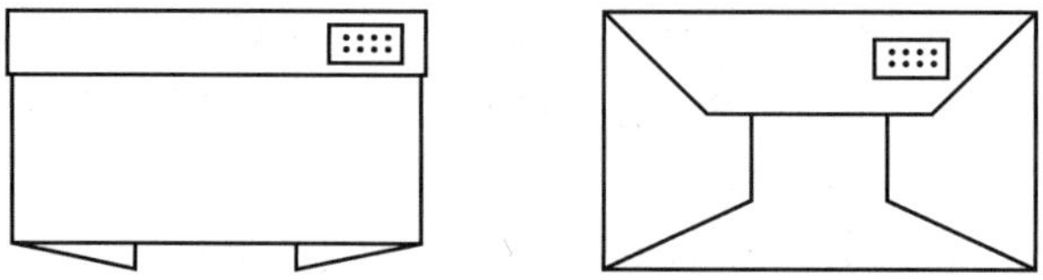

图 4-1-2　植物病害标本封套折叠方法

(2)台纸保存　干燥后的标本可直接用胶水或针固着在厚的白色硬纸(台纸)上，台纸的大小可根据需要而定，台纸的右下角贴上标签，最后粘贴半透明的护盖纸。

(3)玻璃面标本盒保存　教学、示范和用于陈列的干制病害标本，采用玻璃面标本盒保存，比较整齐美观，也便于陈列或使用。玻璃面标本盒的大小不一，常用的 20 cm×28 cm×2 cm。标本盒内先铺一层棉花，棉花上放标本，左下角放标签，棉花中放少许樟脑块防虫，盖上盒盖后，用大头针将盒与盖子固定。

(4)玻璃面镜框保存　教学、示范和用于陈列的蜡叶标本，也可采用玻璃面镜框保存。此法比玻璃面标本盒制作简单，保存时占用空间相对少一些，成本也较玻璃面标本盒低。玻璃面镜框的规格不一，可依据标本大小选用。

(5)塑封保存　适于保存叶片及茎秆较细小的植株等标本。根据标本大小选择塑封膜，把干燥压制好的标本在两层塑封膜中间摆好，并在右下角放上标签，放入预热到 160℃ 的封塑机塑封即成。塑封标本制作简单，成本较盒装标本低廉，体积小，可根据需要装订成册，携带方便，而且能看到标本正反两面的症状。

（二）浸渍标本的保存

浸渍标本一般保存于玻璃标本瓶中。贴上标签后，按昆虫类别或寄主作物分类排列保存。浸渍标本应放在冷凉避光处保存，以减少药液的挥发和氧化。由于浸渍液所用药品易氧化或挥发，若要长期保存标本，必须密封瓶口。瓶口密封有两种方法：

临时封口:可用蜂蜡和松香各1份,分别融化,然后混合,再加入少量凡士林调成胶状即可,用时涂于瓶盖边缘,将瓶盖压紧。也可用明胶4份在水中浸3~4 h,滤去多余水分后加热熔化,加入石蜡1份,继续熔化混合后成为胶状物,趁热涂在瓶盖边缘做临时封口。

永久封口:将酪胶和消石灰各1份混合,然后加水调成糊状即可使用。也可用明胶28 g在水中3~4 h,滤去水分后加热熔化,再加重铬酸钾0.324 g,和适量的熟石膏调成糊状即可使用。

工作任务4-2 昆虫标本的采集、制作与保存

学习目标

通过学习昆虫标本的采集、制作与保存技术,了解当地常见昆虫的种类、形态特征、生物学习性及发生为害情况,能熟练运用各种采集工具,掌握昆虫标本采集、制作和保存的方法,熟练掌握昆虫展翅标本、针插标本和浸渍本的制作技术,为农业害虫的准确鉴定和综合治理及益虫的利用奠定基础。

材料及用具

捕虫网、毒瓶、吸虫器、三角纸袋、活虫采集盒、采集箱、指形管、诱虫灯、镊子、枝剪、手持放大镜、铁锹、毛笔、标签、记录本、体视显微镜、昆虫针、大头针、三级台、展翅板、整姿台、还软器、乳白胶、标本瓶、标本盒、挑针、福尔马林、95%酒精等。

操作要点

(1)以组为单位,准备昆虫标本采集工具,寻找并确定采集地点及目标。

(2)制定采集方案,针对昆虫活动时间、地点及习性,确定采集时间、地点及方法,以组为单位分时间、分片进行采集。

(3)网捕飞行中的昆虫时,最好迎面网捕或从后面网捕。网捕静息的昆虫时,常从后面或侧面网捕。

(4)当网捕到昆虫后需快速扭动网柄,将网袋下部连虫带网翻到网框上,以免昆虫逃逸。蛾、蝶可先隔网捏压其胸部,使之失去飞行能力后,再用扁口镊子夹入三角纸袋中。

(5)当网捕到蜇人的蜂类和刺人的蝽类时,不能用手直接捉取,可将其抖入网底后,连虫带网的底部一同放入毒瓶中熏杀后,再用镊子取出。

(6)昆虫针插标本插针的部位因种类而异,鞘翅目从右翅基部内侧插入,半翅目从中胸小盾片中央偏右插入,鳞翅目、膜翅目、同翅目及蜻蜓目从中胸背板正中央插入,直翅目从前胸背板中央偏右插入,双翅目从中胸中央偏右插入,小型蜂类可不插针,采用侧粘的方法,以免损坏其胸部特征。

(7)昆虫展翅、整姿后,要放在通风干燥处晾干,避免阳光直射,防止标本褪色。

(8)将制作好的昆虫针插标本、生活史标本及时装盒保存,浸渍标本及时封存,规范昆虫标

本标签内容。

(9)针对昆虫标本采集、制作任务小组开展评估,分析操作过程中的难点和重点,总结各个操作程序中存在的问题及解决方案。

注意事项

(1)采集昆虫标本时要及时做好采集记录,记录内容包括采集时间、采集地点、采集人等,有必要时还应记录当时的环境、寄主等情况。

(2)采集制作过程中,应尽量保持昆虫标本的完整性。采集时,毒瓶中已毒死的昆虫可先取出放入三角纸袋或广口瓶中,然后再放入后采集到的昆虫进行毒杀。否则,先毒死的昆虫(特别是足、翅、触角等)易被后放入的昆虫的垂死挣扎而损坏,尤其是甲虫和蛾、蝶不能同时放入。

(3)要注意对不同虫态昆虫的采集,必要时还必须采集寄主,寄生天敌等。

(4)蛾、蝶翅膀上的鳞片极易脱落,采集制作时,应避免直接用手拿取。

(5)放置较久的昆虫标本必须用还软器还软后才能制作。

内容及操作步骤

一、昆虫标本的采集

昆虫标本的科学采集是制作理想昆虫标本的前提条件,也是昆虫分类鉴定的基础,同时对昆虫的饲养观察研究首先也需要采集昆虫标本。昆虫种类多,习性差异大,栖息场所不同,寄主各异,取食部位也有差异,个体大小差异也很大,不同各类的昆虫采集方法也不一样。昆虫标本的采集,主要是使用采集工具人工捕捉,或使用诱集工具进行诱集。

(一)昆虫标本的采集工具

1. 捕虫网

是最常用的采集工具。捕虫网由网框、网袋和网柄三部分组成。按用途可分为气网、扫网和水网。

气网又称空网、捕网,用于采集空中飞翔的昆虫,网框直径约为 33 cm,用粗铁丝弯成,铁丝两端各弯成直角形的小钩,以固着于网柄上。为方便携带,也可将网框做成对折形,即把网框的铁丝从中间截断并各弯成一半圆形,用时将两半圆形连接在一起。网袋常用透气、坚韧耐用、色浅的尼龙纱或纱布做成,网口用结实耐用的厚白布加固。网袋的细密程度可视采集对象而定,飞行快的可用稀疏的网袋,易通风,挥舞速度快,个体较小的可用稍密的网袋。网袋的网底略圆,网袋深为网框直径的 1 倍。网柄长 1～1.5 m,用木棍、竹竿、不锈钢管或轻金属制成(图 4-2-1)。

扫网用来捕捉杂草或灌木丛中栖息的昆虫。扫网与气网相似,但网框应用粗些的铁丝,网柄也要粗而短些,一般长 50～60 cm 即可。网袋要用比较结实的白布或亚麻布制作,通常网袋底端开口,使用时扎紧或套一个塑料管,便于取虫。

水网用来捕捉水生昆虫。制作水网的材料要坚固耐用,透水性好,浸水后伸缩性小,耐腐蚀,不易变形。网袋常用铜纱或尼龙筛网等制作。网框直径 20～35 cm,大小、形状可根据要采集的水生昆虫的栖息环境而定。网袋深度一般 10～20 cm,底部宽圆。网柄长度可根据需要而定。浅水捕捉时,网柄安装与气网相同,深水捕捉时,网口与网柄呈垂直安装。

2. 毒瓶(管)

用来迅速杀死采集到的昆虫,防止虫体损坏,确保标本的完整性。制作毒瓶(管)所用容器的大小,可根据需要而定。一般用严密封盖但又开启方便、不易打碎的、透明的广口瓶制成。制作时,先在瓶(管)底放 5～10 mm 厚的氰化钾(KCN)或氰化钠(NaCN)毒剂,然后盖一层 10 mm厚的细木屑,压紧、压平后,再在上面加一层厚 1 cm 的熟石膏粉,轻轻震动摊平,再用滴管滴入清水使石膏粉全部湿润,置于通风处理晾干 10 h 左右,石膏硬化,再配上一个软木塞或胶塞即成。使用时上铺一层吸水纸,保持毒瓶(管)内的清洁。为避免虫体之间互相碰撞,可在毒瓶中放一些细长的纸条(图 4-2-2)。

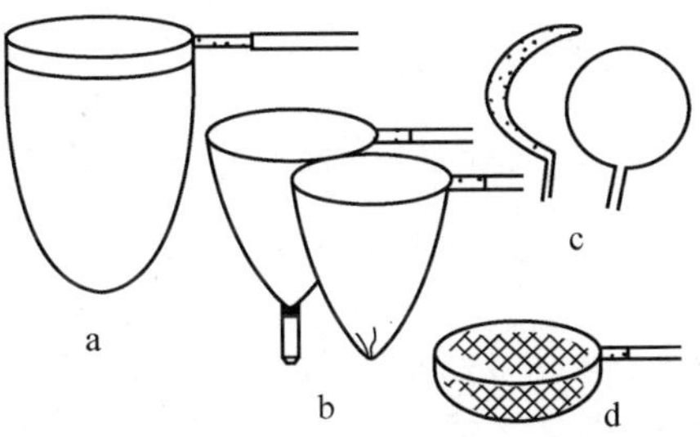

图 4-2-1　捕虫网的类型

a. 扫网　b. 空网　c. 可折叠的网

d. 水网

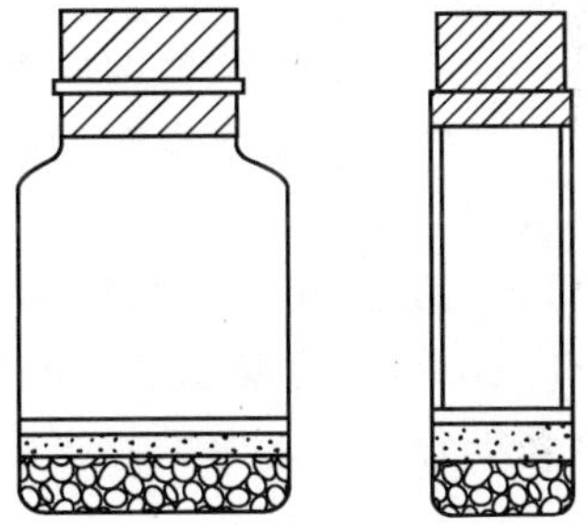

图 4-2-2　毒瓶和毒管

氰化物为剧毒物质,在制作和使用时应该特别注意安全,严格按照《剧毒化学物质使用规定》的要求操作。

除氰化物外,也可用乙醚、敌敌畏、乙酸乙酯、三氯甲烷(氯仿)、四氯甲烷等药物作毒瓶的毒剂。制作时,在瓶底放入适量脱脂棉,用长滴管滴入药液,然后用直径与毒瓶内径等大或稍大的带孔的纸板或泡沫塑料板隔开即成。注意瓶塞不能用橡皮塞。因这些药剂挥发很快,要随时添加才能保持药效。

乙醚、三氯甲烷根据《危险化学品安全管理条例》和《易制毒化学品管理条例》,受公安部门管制。乙酸乙酯列入《首批重点监管的危险化学品名录》。这些化学药剂在使用过程中应特别注意安全。

3. 三角纸袋

用来临时存放野外采集到的蛾、蝶标本。三角纸袋最好用硫酸纸、坚韧的白色光面纸折叠而成,也可用旧报纸代替。将纸裁成 3∶2 的长方形,将中部 45°斜折,再将两端回折,制成三角纸袋(图 4-2-3)。三角纸袋可大可小,常用的有 140 mm×140 mm,10 mm×10 mm,7 mm×7 mm,用时可根据采集到的昆虫大小选择使用,一般一个三角纸袋装一头昆虫。三角纸袋不能挤压和折叠,以免损坏标本。

4. 吸虫器

用来采集身体脆弱不易采集,以及栖息在树皮、墙缝等隐蔽场所的微小昆虫。吸虫器可自

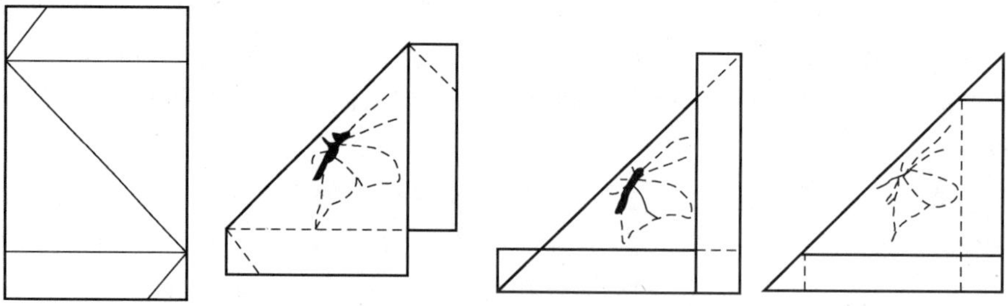

图 4-2-3　三角纸袋的折叠方法

制，常用广口瓶或直径 20～30 mm 的指形管，配一个软木塞或橡皮塞，在塞上钻两个孔，每个孔插一根细玻璃管，其中一根作吸气管，玻璃管的外端接上橡胶管并配上吸气球，管的内端缠上纱布。另一根吸虫管，玻璃管弯成直角或接上橡胶管，使用时对准要采集的小昆虫，按动吸气球吸气，便可将小型昆虫吸入广口瓶或指形管内（图 4-2-4）。

5. 指形管

用来盛放各种活的或已毒死的小型昆虫。指形管要配以合适的软木塞或橡皮塞，大小可根据需要选用。废弃的带盖或带塞抗菌素类小瓶等也可代用。

6. 活虫采集盒

用来存放采集到的需带回饲养的活虫，如卵、幼虫、蛹、成虫等。活虫采集盒可用铁皮、铝等制成，盖上有一块透气的铜纱和一带活盖的孔（图 4-2-5）。也可在广口瓶口包上两层纱布，临时代替活虫采集盒使用。

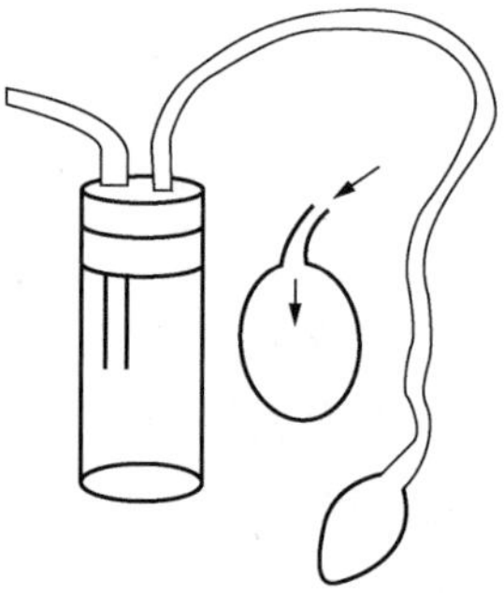

图 4-2-4　吸虫管

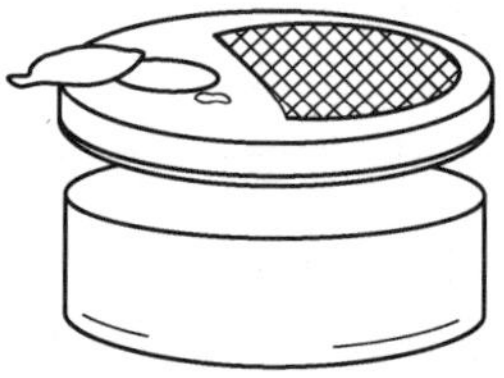

图 4-2-5　活虫采集盒

7. 采集箱

用来存放装有蝶、蛾等怕压的三角纸袋等，可用大的标本盒、硬纸盒等代替。

8. 采集袋

用来盛装各种小型采集工具，如指形管、小瓶、手持放大镜、镊子、铅笔、标签、记录本等。采集袋内有许多大小不一的袋格，具体形式可按要求自行设计，也可购买现成的采集袋。昆虫采集袋一般有两种：一种是肩背式，一种是围腰式。前者能携带多种采集用具，后者只能携带指管，但适于爬山上树。

9. 诱虫灯（黑光灯）

用来诱集各种有趋光性的昆虫。常用诱虫灯由 20～40 W 的紫外光灯管及其配件、防雨罩、挡虫板、集虫漏斗、昆虫收集器等组成。使用时，昆虫收集器放置在灯下，收集器上面放集虫漏斗，里面底层放上杀虫剂(常用敌敌畏熏杀)，在药剂上面放一个带小孔的筛板把诱来的害虫杀死并与杀虫药剂分开。

10. 其他用具

镊子、枝剪、手锯、手持放大镜、毛笔、铁锹、铅笔、标签、记录本等，在昆虫标本采集前，要根据实际情况准备即可。

(二)昆虫标本的采集方法

由于不同种类和昆虫体型大小、生活习性等不同，标本的采集方法也不同。常用的采集方法有：

1. 搜索

许多昆虫都躲藏在各种隐蔽的场所，仔细搜索昆虫的生活场所和活动痕迹，如作物被害状、昆虫分泌物、粪便、蛀孔、隧道等，特别要注意在枯枝落叶下、土壤中、茎秆里、树皮下、作物花果中、砖石下和动物粪便中仔细搜索。

2. 网捕法

是采集时最常用的方法之一，主要用来捕捉善飞善跳的昆虫。对于善飞善跳的昆虫，可用气网迎头捕捉或从旁掠取，并立即抖动网柄，将网袋下部连虫一并甩到网框上，封住网口，以防昆虫逃逸。捕捉到的蛾、蝶类，可在网外用手指捏压其胸部，使之失去飞翔能力，然后放入毒瓶，昆虫死亡后放于三角纸袋中(图 4-2-6)。

栖息于草丛或灌木丛的昆虫，要用扫网边走边扫捕，将小虫集中到网底。用左手握住网袋中部，右手放开网柄，打开网袋底部，将扫集物置入毒瓶中，待虫被熏杀后倒在白纸上挑选。

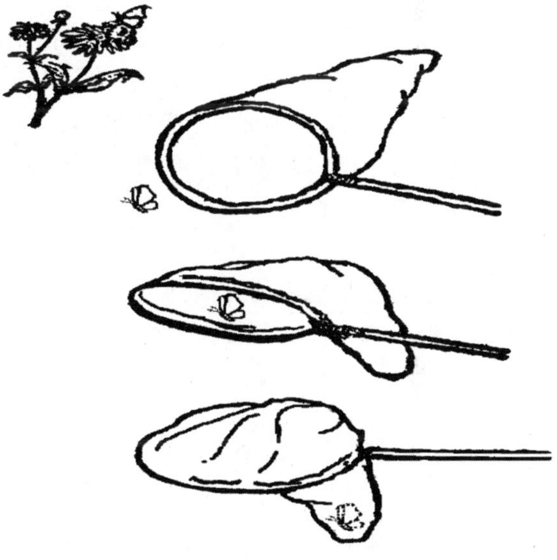

图 4-2-6　气网用法(费显伟)

3. 振落法

摇动或敲打作物、树枝，昆虫假死坠地或吐丝下垂，再进行捕捉；或受惊起飞，暴露了目标，便于网捕。采集时采取敲打振动作物，可以发现很多昆虫。

知识链接

不同种类的病虫害发生的时间不一定相同，若要了解某种植物上的病虫害种类必需全年进行反复调查，最少也要在春夏秋各进行一次。同一时间的同一植株上，可能发生多种病虫害，而且发生部位不同，因此，要仔细观察整个植株的各个部位，逐一采集，应尽量采集病发初期、中期及后期的标本，特别是为害严重的病虫害要作为重点采集和调查对象。

4. 诱集法

利用昆虫的习性来诱集昆虫的方法。如根据昆虫的趋光性、趋色性、趋化性、栖息场所、食性和性诱现象等，可采用灯光诱集(黑光灯诱虫)、色板诱集(黄板诱蚜)、潜所诱集(草把、树枝把诱集)、食物诱集(糖醋液诱虫)和性诱剂诱集等。

采集昆虫标本的过程中,要及时做好。采集记录的内容包括采集日期、采集地点、采集人、采集环境、寄主及为害情况等。当天采集的标本最好当天制作,否则应暂时冷藏保存,防止腐烂变质。若长时间不制作,必须风干,才能长期保存。采集到的卵、幼虫、蛹等其他虫态的昆虫,可先放入活虫采集盒中,带回实验室后再进行处理。

二、昆虫标本的制作

采集到的昆虫若要永久保存起来,用于教学、科研、展览等,必须将其制作成标本。制成的昆虫标本,除了要保持虫体的完整性外,还要求自然美观,并应尽量保持昆虫原本的颜色、形态等,所以不同种类的昆虫标本在制作时需要相应的工具和方法。

(一)昆虫标本的制作工具

1. 昆虫针

用于支持和固定昆虫虫体及标签,由不锈钢制成。由于昆虫体型大小不同,昆虫针也根据粗细分为 7 种型号,即 00、0、1、2、3、4、5 号,其中 3 号针最为常用。昆虫针长度为 39 mm,直径 0.3～0.8 mm,号数越小越细。0 号针最细,直径 0.3 mm,每加一号其直径增粗 0.1 mm。00 号针又称微针、二重针,它没有针帽,长度为 10 mm,用于制作微小型昆虫标本。用时把 00 号针插在小纸片或小木块上。

2. 三级台

用于确定标签及昆虫的针插高度,由木块或有机玻璃制成。三级台共有 3 个台阶,每级高度 8 mm,三级共高 24 mm,每台中央都有一小孔通至底部(图 4-2-7)。

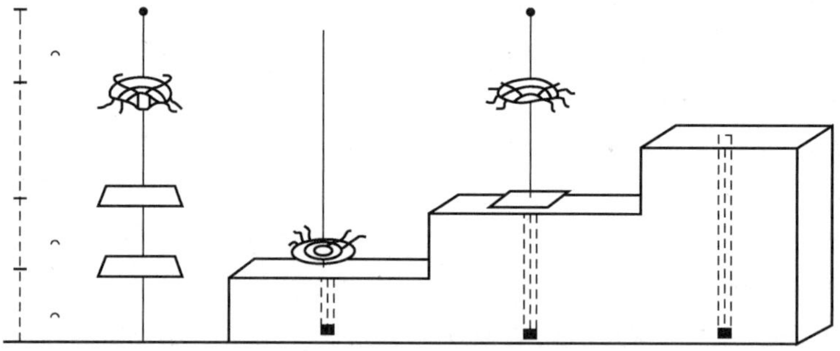

图 4-2-7　三级台(单位:mm)

3. 还软器

用于软化已经干燥变硬的昆虫标本。还软器一般用玻璃干燥器改装而成。使用时在容器底部铺一层洁净的细砂,放入少许蒸馏水细砂潮湿,再在沙面上滴入几滴石炭酸或甲醛溶液以防发霉,最后将盖盖严,还软器身和玻璃盖接触部位要涂上凡士林做密封剂。还软时,将包在三角纸袋里的标本放在带孔的瓷隔板上,或先在瓷隔板铺上吸水纸,再把昆虫标本直接放在吸水纸上,加盖密封(图 4-2-8)。小虫可使用广口瓶自制还软器,在瓶内潮湿细沙上放一张滤纸,再在滤纸上放置装有昆虫的三角纸包。也可将三角纸包放在潮湿的净土层中,外面罩一个玻璃罩进行还软。

4. 展翅板

用于蝴蝶、蛾、蜻蜓等昆虫展翅整姿的工具，用软木制成。展翅板有活动式和固定式两种，长短、宽窄的规格不一，多数长 30～33 cm，宽 8～16 cm。活动式展翅板底部为一整块板，上面装有两块宽约 3 cm 微向内倾斜的木板，其中一块可左右移动，以调节两板间缝隙的宽度。两板中间的缝隙底部放置软木条或泡沫塑料垫板（图 4-2-9）。也可在厚泡沫板上用刻刀刻划出凹槽，制成简易展翅板。凹槽的宽度和深度视展翅昆虫虫体大小而定。

图 4-2-8　还软器

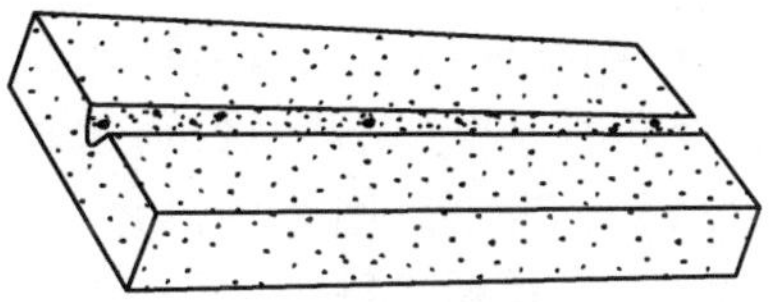

图 4-2-9　展翅板

5. 整姿台（板）

用于插针后不需要展翅的昆虫标本的整姿，如蝗虫、蝽、甲虫等。一般用软木或泡沫制成，整姿台的大小可视需要而定。

6. 台纸

用来黏放不宜直接针插的小型昆虫，如黄条跳甲、二条叶甲、小猿叶虫、米象、飞虱等。可用胶版印刷纸、绘图纸或较硬的厚白纸剪成三角形或长方形的纸片。三角形底宽 3 mm，高 12 mm，长方形长 12 mm，宽 4 mm。

7. 其他制作工具

乳白胶、大头针、标签、挑针、标本瓶、标本盒、体视显微镜、烧杯、剪刀、福尔马林、乙醇等。

（二）昆虫标本的制作方法

采集到的昆虫标本，可依据昆虫的种类、虫态、大小以及使用目的制作成针插标本、浸渍标本、玻片标本、生活史标本等。

1. 昆虫针插标本的制作

针插标本一般适用于干燥处理后不易变形的昆虫的成虫。

（1）标本还软　当天采集或采集后冷藏一两天的标本，虫体未干燥，可直接制成标本。已经干燥硬化的标本，需放置在还软器中的隔板上还软，夏季 1～2 天、冬季 3～5 天就可使昆虫还软如初。特别要注意的是：还软时要将原始记录随同标本一起，不得相互混淆。已经还软的标本，要及时制作，否则容易生霉变质而损坏。

知识链接

干燥的昆虫标本必需软化后才能展翅、整姿制作成昆虫标本。还软的方法很多，除用干燥器改装的还软器还软外，还可用如下方法进行还软：①直接将昆虫浸于温水中还软。此法不适用于蝶、蛾成虫的还软②直接用热气使虫体还软。③用 75% 乙醇滴在需还软的部位（如翅、足等），使之局部软化。

（2）虫体插针　根据标本的大小，选用适当型号的昆虫针，按要求部位插入（图 4-2-10）。若是微小昆虫，先用黏虫胶黏在三角形台纸的尖端或长方形台纸的一侧，粘贴时虫体头部向前。也可用微针一端插入标本腹部，另一端插在与台纸等大小的长方形软木片上。最后用 2

号针插在软木片或台纸的另一端。针插时三角形台纸的尖端向左,虫体的头部向前。

(3)确定高度　插针后用三级台定高。可将针插后的昆虫针倒过来,放入三级台的第一级小孔中,使虫体背部紧贴台面,其上部的留针长度为三级台的第一级高度(8 mm)。虫体下部的鉴定标签和采集标签分别等于三级台的第一级和第二级高度。微小型昆虫可用 2 号针插软木板或三角形或长方形台纸,台纸距离昆虫针顶端的高度为三级台的第一级高度。

(4)展翅　鳞翅目的蝶类和蛾类、双翅目的蝇类、蜻蜓目的蜻蜓、膜翅目的蜂类等昆虫,插针后需要展翅。先将展翅板的凹槽调至稍宽于虫体,把已插针定高后的标本插到展翅板的凹槽内,使虫体背面与两侧木板相平。然后按先左侧后右侧进行展翅,同侧两个翅,要先前翅再后翅的顺序展翅。展翅时,用昆虫针轻拨前翅较粗的翅脉,或用扁口镊子夹住前翅向前轻轻拉动,按要求将前翅拨到适当位置(图 4-2-11)。一般鳞翅目昆虫要求左右前翅的后缘在一条直线上,并与身体纵轴垂直;双翅目昆虫要求前翅的顶角与头顶相齐为准;膜翅目昆虫要求前后翅并接线与身体垂直;脉翅目昆虫要求后翅的前缘与身体纵轴垂直;蜻蜓要求两个前翅后缘与身体纵轴垂直。后翅前缘压于前翅后缘下,呈自然状态展开即可。前后翅要左右对称。之后用透明光滑纸条压住翅膀,并以大头针固定。最后把昆虫的头摆正,触角伸向前侧方,腹部易下垂的种类,可用硬纸片或昆虫针交叉支持在腹部下面。腹部较大的昆虫,如螽斯、螳螂等,整姿前可将腹部侧膜区剪一个小口,取出内脏,塞入脱脂棉,再针插整姿保存。

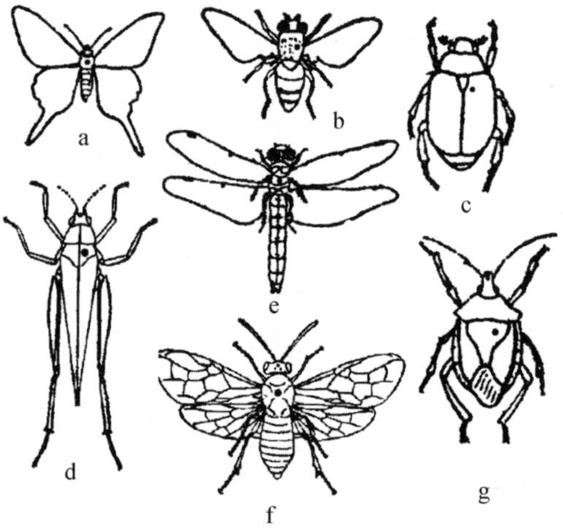

图 4-2-10　昆虫的插针位置

a. 鳞翅目　b. 双翅目　c. 鞘翅目　d. 直翅目
e. 蜻蜓目　f. 膜翅目　g. 半翅目

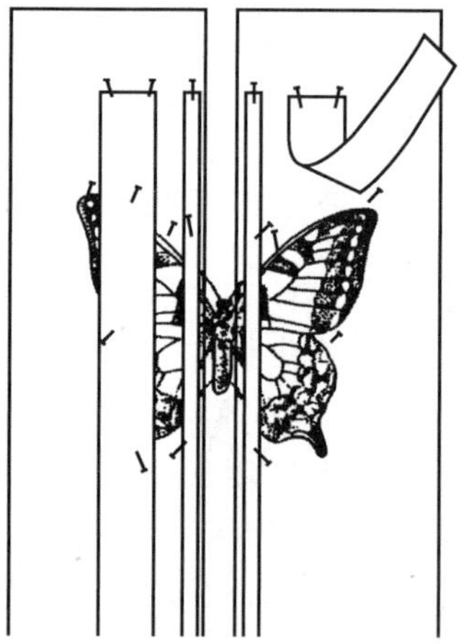

图 4-2-11　展翅方法

(5)整姿　鞘翅目、直翅目、半翅目等昆虫标本,插针后不需要展翅,可直接移到整姿板上,将附肢的姿势加以整理。一般是前足向前,中足向左右两侧,后足向后;触角短的呈倒“八”字形伸向前方,触角长的伸向背侧面。整姿时须使足、触角左右对称,使虫体保持天然姿势。整好后,用大头针固定,以待干燥。

(6)采集标签的制作　采集标签是用硬质纸制成,长约 16 mm,宽 8 mm。采集标签可以手写,也可以打印。采集标签的第一行注明采集地点,地点包括省(市)和县区名,由大到小;第二行注明采集时间,采集时间的月份一般用罗马字表示,如 2009 年 6 月 28 日,可写成 Ⅵ-28,2009;第三行写采集人姓名和寄主。整姿和展翅完毕后,每个标本必须附上采集标签。

(7)装盒　自然条件经1周左右或在50℃左右的温箱中干燥12 h,标本就可完全干燥。之后除去整姿和展翅固定用的大头针和透明纸条等,将标本取出,插上采集标签,再用三级台给采集标签定高,其高度为三级台第二级的高度,然后再将标本插入针插标本盒中。每一个标本都必须附有采集标签,没有采集标签的标本为不规范的标本。

2. 浸渍标本的制作

无法制成针插标本的虫体柔软的微小型昆虫,如蓟马、蚜虫等,以及失水后虫体容易变形的卵、幼虫、蛹、成虫(鳞翅目除外)等虫态。幼虫和成虫在浸渍前,要饥饿一至数天,以便排净体排泄物。为防止幼虫虫体浸渍后皱缩变形,浸渍前先放在开水中浸烫一下,使虫体伸直而显露虫体特征,再投入浸渍液内保存。可用90℃左右热水杀死幼虫并使虫体伸直,一般体小而软嫩的幼虫可浸烫2 min左右,大而粗壮的需要5～10 min。虫体伸直即应取出,降温后再放入浸渍液中。绿色幼虫不宜浸烫。常用的浸渍法有:

(1)酒精液浸存法　常用浓度为75%,也可加入0.5%～1%的甘油,能增加昆虫肢、足等关节的柔软性,弥补了单用酒精脱水变硬的缺点。小形或体软的昆虫,可先用低浓度酒精(50%酒精)浸渍固定12～24 h后,再移入75%酒精液中保存。酒精液在浸渍大量标本后的半个月,应更换一次,以保持浓度。

(2)福尔马林液浸存法　用40%甲醛1份和水17～19份配制成5%的液,用于浸渍保存昆虫的卵、幼虫等。一般经3～5天后换一次浸渍液,再移入5%福尔马林中保存。

(3)卡氏液浸存法　卡氏液一般用冰醋酸40 mL、福尔马林(40%甲醛)60 mL、乙醇(95%)150 mL、蒸馏水300 mL混合而成。把标本浸入卡氏液中浸泡7天后,移入75%乙醇中长期保存,可使标本保持常态,不收缩变黑。

(4)冰醋酸、福尔马林、白糖混合液浸存法　用冰醋酸5 mL、白糖5 g、福尔马林4 mL、蒸馏水100 mL混合配制而成。对于绿色、黄色、红色的昆虫在一定时间内有保护作用,但浸渍前不能用水煮。

(5)绿色和黄色幼虫浸存法　先让虫体排净粪便,然后从肛门注入绿色或黄色幼虫注射液,至虫体死亡后放置阴暗处,让注射液充分渗透到虫体各个部分,再浸入冰醋酸、福尔马林、白糖混合液中保存。红色幼虫或直接侵入硼砂乙醇混合液中保存。

①绿色幼虫注射液:95%乙醇90 mL、甘油2.5 mL、冰醋酸2.5 mL、氯化铜3 g配成。

②黄色幼虫注射液:苦味酸饱和溶液75 mL、冰醋酸5 mL、福尔马林25 mL。

③硼砂乙醇混合液:硼砂2 g、乙醇100 mL。

3. 玻片标本的制作

蚜虫、介壳虫、蓟马、赤眼蜂等体型微小的昆虫,以及虫体的部分器官,如雄性外生殖器、蝶蛾类的翅、昆虫的消化道、昆虫的触角等,往往需要制成玻片标本,放在显微镜下才能看清细微特征。其制作步骤如下:

(1)材料准备　蚜虫、螨类、蓟马、介壳虫、赤眼蜂等微小种类一般都采用整体制片,活虫须用70%酒精固定几小时;对于昆虫的部分器官,如成虫的外生殖器,可取下成虫的腹部;如果是稀有标本,可捏住腹部末端稍挤压,将生殖器挤出,或从腹面剪开,取出外生殖器后,再捏合腹部,使其复原。

(2)碱液处理　将材料取出后放入5%～10%的氢氧化钠或氢氧化钾溶液中,直接加热或隔水加热;或置于80℃温箱中,经5 min至1 h,以消解脂肪、肌肉等,至材料基本透明为止。

如采用加热则不宜太久，以避免材料损坏。

(3)清洗　将碱液处理过的材料，移入蒸馏水中，反复清洗多次，除去碱液和脏物，再移入酒精液中保存备用。

(4)染色　清洗后的材料，染色与否视昆虫种类而定，如鳞翅目雄性外生殖器色深，特征明显，不需染色。其他颜色浅、特征不易看清楚的材料一般需要染色。可用酸性品红溶液(酸性品红 0.2 g，加 10%盐酸 5 mL、蒸馏水 40 mL，24 h 后过滤即可使用)染色 20 min 至 24 h。

(5)脱水与透明　将清洗(不染色)或染色后的材料移至载玻片上，在实体显微镜下初步整姿后，取无水酒精和二甲苯的等量混合液，滴在虫体上脱水透明。在脱水透明过程中，因混合液吸收水分而出现白雾，应继续滴加混合液驱除白雾。然后用吸水纸吸去混合液，再将丁香油或冬青油滴在材料上以取代混合液。

(6)封片　用吸水纸吸除多余的丁香油或冬青油，然后蘸取少量加拿大树胶或中性树胶，将材料粘在载玻片上，在实体显微镜下充分整姿后，移入大培养皿或其他容器中，任其干燥。注意不要沾染灰尘，待树胶干后，再滴加适量的树胶，将盖玻片盖上，置于干燥遮光又不易沾染灰尘的地方，自然干燥后，用刀片刮去溢出的多余树胶，再用酒精擦去残余树胶，贴上标签即成永久性玻片标本。

4. 生活史标本的制作

按昆虫一生的发育顺序，将各个虫态的标本排列在标本盒中，即成生活史标本。生活史标本中也可附有作物被害状、主要天敌等。幼虫(若虫或)要包括各龄，成虫是包括雌雄两性。

卵、幼虫、蛹等可分别放入指形管中，倒入 70%酒精或 5%福尔马林液，用酒精喷灯封口制成浸渍标本。若虫、雌雄成虫可制成针插标本。各个虫态的标本放入标本盒中后，其下方要附上各虫态名称。标本盒上要贴上标签，包括中文名称、学名、制作人、制作时间等(图 4-2-12)。

图 4-2-12　昆虫生活史标本

三、昆虫标本的保存

昆虫标本要保存在避光、通风干燥的地方，防止标本褪色，同时也要防虫蛀、防霉变、灰尘污染、防鼠。

针插标本应放在密闭的标本盒里，盒内放上四氯化碳或樟脑等防虫药品，玻片标本应先放入玻片标本盒中，防止灰尘污染；浸渍标本应保存在标本瓶中，瓶口要密封，并定期更换浸渍液。所有标本均应按照鉴定后的目科分类放入标本柜保存，以便于查找。标本柜柜门要严密，防止危害标本的小型昆虫进入，柜内应放置吸湿剂和熏杀剂，防止标本被虫蛀或发生霉变。标本室要定期用敌敌畏等药物熏蒸杀虫。如果发现个别标本受虫蛀，应立即用药剂熏蒸；如标本发霉，应更换或添加吸湿剂，对个别生霉的标本，可用软性毛笔蘸上酒精刷去霉物或滴加二甲苯处理。

学习小结

- 病害标本的采集制作与保存
  - 病害标本的采集
    - 采集工具：标本夹、标本纸、采集箱、其他用具等
    - 采集方法：叶部病害、果实病害、枝干病害、根部病害等
  - 病害标本的制作
    - 干制标本：夹压、换纸、干燥等
    - 浸渍标本：防腐、保绿、保黄、保红等
  - 病害标本的保存
    - 干制标本：封套、标本盒、塑封等
    - 浸渍标本：避光、密封、更换浸清液等
- 昆虫标本的采集制作与保存
  - 昆虫标本的采集
    - 采集工具：捕虫网、毒瓶、三角纸袋、吸虫管等
    - 采集方法：搜索、网捕、震落、诱集等
  - 昆虫标本的制作
    - 制作工具：昆虫针、三级台、展翅板、整姿台、还软器等
    - 针插标本：还软、插针、定高、整姿、展翅、标签等
    - 浸渍标本：酒精液、福尔马林液、醋酸、白糖液等
    - 玻片标本：准备、碱液、清洗、染色、脱水、封片等
    - 生活史标本：卵、幼虫、蛹、成虫、被害状、标签等
  - 昆虫标本的保存
    - 标本的存放：避光、防虫、防霉、防潮、防尘等
    - 标本的管理：定期检查、处理、鉴定、归类摆放等

学习方法体会

1. 作物病虫害标本的采集和制作，要多实践，反复操作，做到熟能生巧。

2. 明确病虫害标本采集、制作的关键环节。采集典型症状是基础，标本的制作是关键，标本的保存是保证。

3. 通过标本的采集，可提高对作物病虫害的识别诊断能力。这就要求在标本采集制作过程中，多观察，这样才能掌握病害标本的症状特点和昆虫标本的形态特征，结合资料进行准确鉴定，为病虫害的科学防治奠定基础。

4. 标本采集的过程中，注意观察病虫害的发生环境，以及病害不同时期不同部位症状的变化，昆虫不同虫态的变化，以促进对病虫害发生规律的全面了解。

5. 病虫害标本的采集、制作、鉴定与保存是一系列连续性的工作，不是独立的，应对其教学内容理解的基础上，做到前后照应，便于学习和理解，加深记忆。

6. 病虫害标本采集、制作、保存的方法很多，在实践工作中，要根据具体情况化繁为简，同时要多学习最新研究成果，并将这些新成果运用到实践中去。

目 标 检 测

一、选择题

(一)单项选择题

1. ________号昆虫针也叫微针、二重针。

A. 00　　B. 0　　C. 1　　D. 7

2. 多汁的病害标本为了保存其原有的________、形状、症状特点，必须用浸渍法保存。

A. 水分　　B. 体积　　C. 色泽　　D. 重量

3. 捕虫网按用途可分为________、扫网和水网，均由网框、网袋和网柄组成。

A. 纱网　　B. 尼龙网　　C. 气网　　D. 地网

4. 我们可以利用昆虫的趋性，通过(　　)的方法采集昆虫。

A. 网捕　　B. 震落　　C. 搜索　　D. 诱集

5. 依据粗细长短的不同，昆虫针可分为________种。

A. 5　　B. 6　　C. 7　　D. 8

6. 采集的昆虫放置久了就会变硬，在制作标本前需利用________将其还软。

A. 展翅板　　B. 还软器　　C. 三级台　　D. 整姿台

7. 采集的病害标本应具有寄主在________的典型症状。

A. 不同时期，不同部位　　B. 相同时期，不同部位

C. 不同时期，相同部位　　D. 相同时期，相同部位

8. 蛾蝶类在制作展翅标本时，要求左右前翅的________在一条直线上，并与身体纵轴

垂直。

A. 外缘　　B. 前缘　　C. 后缘　　D. 顶角

9. 为防止病害蜡叶标本褪色,标本一定要在________的地方保存。

A. 空气湿润　　B. 避光　　C. 阳光充足　　D. 通风

(二)多项选择题

1. 昆虫生活史标本一般应包括________。

A. 卵　　B. 幼虫　　C. 蛹　　D. 成虫

E. 为害状

2. 防腐浸渍液可用________按一定比例混合而成。

A. 盐酸　　B. 福尔马林　　C. 氢氧化钠　　D. 酒精

E. 蒸馏水

3. 采集标签记载的内容应该包括________。

A. 采集人　　B. 采集时间　　C. 采集地点　　D. 采集工具

E. 采集环境

4. 病害标本主要是感病的________,有些病害在不同部位表现不同的症状,在采集病害标本的时候就应该全部采集。

A. 根　　B. 茎　　C. 叶　　D. 果实

E. 全株

二、简答题

1. 为什么每种病虫害标本不能只采集一份而要采集一定数量(至少5份)?

2. 昆虫标本可以分为哪些类型,简述这些标本的制作流程。

3. 为什么采集的病害标本应具有寄主在不同时期、不同部位的典型症状?

4. 制作昆虫标本的主要工具有哪些?它们的使用方法是什么?

三、实例分析

1. 根据当地作物病害标本的采集及观察,叙述当地作物病害在田间的发生情况,描述主要的病害种类及其症状特征,并制定出防治方案。

2. 根据当地作物害虫标本的采集及为害状,叙述当地作物虫害发生情况,并制定出相应的防治措施。

3. 对病虫害标本进行鉴定,具有什么意义?

模块三　作物病虫害综合防治技术

项目五

作物病虫害综合防治方案的制定

学习目的

通过对病虫害基本防治方法的学习，获取病虫害综合防治的相关知识，掌握各种防治技术的应用，为作物生产打下基础。能根据生产实际和具体的作物病虫害，学会制定科学的综合防治方案并组织实施。

知识要求

理解作物病虫害综合防治的含义和综合防治方案的制定原则，熟悉作物病虫害综合防治方案制定和优化，掌握植物检疫、农业技术、物理防治、生物防治、化学防治基本知识和技术的应用。

能力要求

能结合具体的作物病虫害制定合理的综合防治方案并组织实施，能准确计算、配制农药并正确施药。

工作任务 5-1　作物病虫害综合防治的含义

学习目标

了解作物病虫害综合防治的基本内容，理解综合防治含义和综合防治方案的制定原则，掌握制定主要农作物病虫害综合防治方案的方法，能结合生产实际和具体的病虫害种类，制定可操作性强的综合防治方案，并会实施或指导实施。

材料及用具

当地的病虫害调查资料、病虫害预测预报资料、当地气象资料、主要栽培品种介绍、当地作物丰产栽培技术资料，当地主要病虫害种类、发生分布情况、发生规律、天敌种类及主要防治方法等的历史资料。网络资源、图书馆、多媒体教学设备。各种施药器械、药剂、量筒、天平、笔记本、铅笔、调查用表、计算器等。

操作要点

1. 制定方案前的调查资料准备

确定制定防治方案的区域(村、乡或镇、县、市、省),并对这一区域进行调查,了解该地区的植物种类、气象条件、栽培管理措施、近3年发生的病虫害种类和主要天敌种类。针对某一种植物,调查在不同的栽培管理条件下病虫害的发生情况,通过设置黑光灯诱虫、糖醋盆等,调查诱集到的昆虫种类、数量、食性等。

2. 防治方案的设计和组织实施

在设计防治方案时,要根据预测预报和掌握的调查资料,结合当地具体情况制定综合防治方案。防治方案的内容和形式要切实可行、便于实施。设计内容包括:

(1)根据调查和预测预报资料,结合历年病虫害发生情况和防治经验,确定有主要病虫害种类、病虫害猖獗期和防治最佳时期,确定病虫害防治指标,选择取最经济有效措施开展防治。

(2)确定施药机械型,对施药机械进行检查和维修。确定药剂种类并到信誉好的商店购买。认真阅读使用说明,确定施药方。检查陈旧药品的保质期及药。准备足够的配药器具及防护用品等。

(3)制订周密、翔实的防治计划,组织人力,及时开展防治实施,把病虫为害造成的损失控制在经济损害允许水平之下。

注意事项

(1)综合防治不是各种防治方法的简单罗列,而是各种防治方法的综合运用;

(2)在制定综合防治方案时,尽量使用农业、生物等防治措施,减少化学农药的使用量及使用次数;

(3)在防治有害生物的同时,注意保护天敌,保护生态环境,减少污染。

内容及操作步骤

一、作物病虫害综合防治的概念和意义

(一)综合防治的概念

作物病虫害的防治方法很多,每种方法均有其优点和局限性,单靠其中一种措施往往不能达到目的,有时还会引起不良反应。随着科技的发展和人类对环境保护的认识,病虫害防治在技术和策略上不断进步。综合防治就是对病虫害进行科学管理的体系。它从农业生态系统的总体出发,根据病虫和环境之间的相互关系,充分发挥自然控制因素的作用。因地制宜,协调应用检疫、农业、生物、物理、化学的方法以及其他必要的措施,将病虫害的为害控制在经济损失水平之下,以获得最佳的经济效益、生态效益和社会效益,达到“经济、安全、简便、有效”的目的。它与有害生物综合治理(integrated pest management,简称IPM)的内涵基本一致,都包含了经济、生态和安全环保的观点。它的特点是:

(1)从生物多样性和生态系统的角度考虑,认为没有必要彻底消灭有害生物,只要把有害生物控制在经济损害允许水平以下即可。保留一定数量的有害生物可以为有害生物的天敌提供食料,维持生态系统的平衡,保持生态系统的稳定性和多样性。

(2)在化学防治上,主张节制用药,只有在必要的情况下才采用化学防治措施,避免对污染环境。

(3)强调充分发挥自然因素对有害生物的调控作用,重视作物自身的耐害补偿能力和生物防治。

(4)只有在有害生物为害所造成的经济损失大于防治费用时才采取必要的防治措施。

(5)强调保护生态环境和维护优良的生态系统。

(二)综合防治的意义

在作物有害生物的控制体系中,综合防治能长期发挥作用,在可持续治理中具有重要的意义。

综合防治强调将病虫害种群数量控制在经济损害允许水平之下为目的,这是综合防治的基本原则。综合防治明确指出防治有害生物要有一定的尺度,不要求彻底消灭,而是将其控制在经济损害允许水平以下,这样不仅能减少防治费用,而且会保留一定种群密度的有害生物,有利于保护天敌,维护农田生态系统的自然控制能力。综合防治有利于充分发挥非化学防治措施的作用,减少用药量和用药次数,减少残留污染,延缓有害生物抗药性的发生和发展。

综合防治强调预防为主,标本兼治、综合治理。在有害生物治理过程中,应以预防为主,通过预测预报、加强植物检疫、培育优良抗病品种、加强栽培管理等方法减少有害生物的发生。各种防治方法都有其局限性,在有害生物大发生时,要综合考虑防治对象,积极采取物理、生物、化学等方法,各种措施要相互协调、互为补充、相互促进,从而达到标本兼治的目的。

二、作物病虫害综合防治的策略

作物病虫害综合防治是以保护作物健康为中心的防治和康复相结合的系统工程,因此,实施病虫害的综合治理要在确立目标管理范围和具体目标的基础上,深入了解各系统要素的特性,协调好各要素间关系,才能更好地发挥其功能,并取得良好的综合效应。在实行综合治理的过程中,主要从以下几个方面出发。

(一)从生态系统的整体观点出发

生态系统是整个综合防治的思想核心,农业生态系统是由作物、病虫害、天敌和自然环境构成的生态系统,这个系统中的各个组成部分都不是孤立的,而是相互依存、相互制约的一个整体。其间任一个组分的变化,都会直接或间接地影响整个农业生态系统的变化,从而影响病虫种群的消长以及病虫和天敌种类的变化。因此,作物病虫害综合防治要从农业生态系统的整体出发,在综合考虑作物、病虫害、天敌、环境条件和防治对象的发生发展规律的基础上,通过有目的、有针对性地调节和控制农业生态系统中的某些组分,创造一个有利于作物生长发育和天敌生存繁育,而不利于病虫发生发展的环境条件,从而实现长期可持续控制病虫的发生与为害的目的。

(二)从保护环境,充分发挥自然控制的角度出发

要充分发挥农业生态系统内部生物间相互制约的作用,使农业生态系统进行自我调节,自我控制,但并不排除采用生物防治、化学防治等积极的防治手段,将病虫的种群数量控制在经济损害允许水平之下,不要求完全彻底地消灭病虫。需要注意的是,在实际使用过程中,要从病虫、作物、天敌和环境之间的自然协调关系出发,科学选择及合理使用农药,尽量选用高效、低毒、低残留的农药,防止对人畜产生毒害、污染环境、杀伤天敌、产生药害等。

(三)从灵活、协调运用各种防治措施的角度出发

作物病虫害的防治措施是多种多样的,但每一种防治方法并非万能,都有一定的局限性。另外,病虫的种类不同,生活习性、发生发展规律也各不相同,采用单一的防治措施不能取得理想的防治效果。因此,要根据具体情况,有针对性地灵活采用各种防治措施,做到以植物检疫为前提,以农业技术防治为基础,以生物防治为主导,以化学防治为重点,以物理机械防治为辅助,取长补短,达到理想的防治效果。

(四)从经济效益和生态效益的角度出发

作物病虫害综合治理的目的不是彻底消灭有害生物,而是控制病虫的种群数量,使其为害程度低于经济损害允许水平。在病虫害综合治理中,通常要确立重要有害生物的经济损害允许水平和经济阈值。经济损害允许水平是指某种有害生物引起经济损失的最低种群密度。经济阈值又称防治指标,是为防止有害生物密度达到经济损害允许水平应进行防治的种群密度。若有害生物的种群数量在经济损害允许水平之上,就要采取必要的防治措施,否则就没有必要进行防治。因此,利用经济损害允许水平和经济阈值指导有害生物防治,不仅可以提高防治的经济效益,同时可以获得良好的生态效益和社会效益。

三、作物病虫害综合防治方案的制定和优化

制定病虫害的综合防治方案,以建立最优的农业生态系统为出发点,充分发挥自然控制作用,综合运用各种防治措施,把有害生物控制在经济损害允许水平之下,同时实现有害生物的可持续控制。

(一)综合防治方案制定的基本要求

在制定病虫害综合防治方案时,选择的防治技术措施必须符合"安全、有效、经济、简便"的原则。"安全"是指对人畜、植物、天敌及其他有益生物、环境无伤害。"有效"是指能有效地控制有害生物,保护作物不受侵害或少受侵害。"经济"是指费用低,消耗性生产投入少。"简便"是指因地因时制宜,操作方法简单易行,便于群众掌握应用。

(二)综合防治方案制定过程的原则

综合治理方案的制定作为一种有害生物的管理体系,一般要经过以下几个阶段。

第一阶段：调查作物有害生物的种类，确定主要防治对象以及需要保护利用的重要天敌或有益生物类群。

第二阶段：测定主要防治对象种群密度与为害损失的关系，确定科学的、简便易行的经济阈值（或防治指标）。

第三阶段：研究主要防治对象和主要天敌或有益生物的发生规律、相互作用与各种环境因子之间的关系，揭示有寄生物种群数量变动规律，提出控制危害的方法。

第四阶段：在进行单项防治方法试验的基础上，提出综合治理的措施组合，力求符合“安全、有效、经济、简便”的原则。先进行试验，再示范验证后予以推广。

第五阶段：在此基础上，根据科学研究不断提供的新信息和方法及推广过程中所获得的经验，再进一步改进和完善治理体系，使 IPM 从单一作物上的单种病虫害、多种病虫害水平，向整个生态系统中的多种作物上的多种病虫害的水平发展。

（三）综合防治方案的类型

1. 以一种主要有害生物为防治对象

此种类型的综合防治方案是综合防治发展初期的一种类型，主要是针对某种作物上的一种重要有害生物，根据其发生、发展规律，采用生物防治和化学防治相结合的办法，尽量减少化学农药的使用量，减少对环境的污染。但由于考虑的有害生物种类较少，往往因其他有害生物的为害或上升为害，而影响综合防治的效果。例如，水稻纹枯病的综合防治方案、玉米螟的综合防治方案等。

2. 以一种作物上发生的主要有害生物为对象

此种类型的综合防治方案综合考虑一种作物的多种有害生物，并将作物、有害生物及其天敌作为生态系统的组成成分，把多种防治措施有机结合在一起，互相取长补短，形成有效的防治体系进行系统治理。例如大豆病虫害的综合防治方案。

3. 以某个区域种植的植物为对象

此种类型的综合防治方案是以整个生态区内多种作物为对象，是综合考虑同一生态区内各种植物，协调好作物布局，以及不同作物上的主要有害生物的防治。这是今后的主要发展方向。

知识链接

在有害生物的防治策略上，第二次世界大战之前基本上是自然防治和农业防治。20 世纪 40 年代六六六、DDT 等杀虫剂出现以后，使人类对化学农药的信任和依赖程度达到了空前的高度。但随着时间的推移，杀虫剂带来的 3R（农药残留、抗药性和再猖獗）问题，使人类对有机农药的使用产生了怀疑。1962 年美国生物学家 Rachel Carson 发表的《寂静的春天》，使人们受到了强烈的震惊，并开始寻找防治病虫的新出路。IPM 防治策略的最初想法只是协调化学防治和生物防治之间的矛盾，随着科学技术的不断发展，后来发展成为一种建立在生态学基础上的针对作物生态系统中全部有害生物并广泛利用各种控制技术的有害生物管理方法。

工作任务5-2 植物检疫技术

学习目标

理解植物检疫的概念及任务，熟悉植物检疫程序及主要措施，掌握植物检疫对象的确定依据和疫区、保护区的划分，能结合实际情况对植物的种子、苗木等提出检疫处理措施。

材料及用具

植物检疫条例、当地作物的主要检疫对象名录、植物检疫资料手册(包括植物办理程序中的调入、调出的检疫证书、申请等)。常用的检验工具，包括手持扩大镜、不同孔径的筛子、解剖工具、不同容积的容器、化学药品、培养箱、超净工作台等。

操作要点

(1)对省际之间或省内各个地区间调入和调出的种子、苗木要有植物检疫机构颁发的植物检疫证书方可调入或调出。

(2)对调入的植物及其产品，可根据检验要求，按照植物检疫方法进行简单复检，因检疫对象、植物及其产品的种类和类型不同而异。可采取直接现场初验、过筛检验、解剖、比重、染色等检验，有必要再进一步进行软X光透视、分离培养、萌芽、接种等。

(3)对一般调运的种子、苗木最好采用隔离检验法，在一些调运比较频繁的机构，要设置隔离圃，对调运的种子、苗木放入隔离圃中一段时间进行观察，无检疫性病虫害，方可进行销售或种植。

注意事项

(1)严禁从疫区调运种子、苗木等繁殖材料；

(2)省际之间或省内各个地区间调运种子、苗木等繁殖材料，也要到植物检疫机构进行检疫，经检疫合格，颁发植物检疫证书才可调运。

内容及操作步骤

一、植物检疫的概念

植物检疫是一项法规防治措施，因此又称为法规防治，是由国家或地方政府颁布条例和法令，对植物或植物产品，及其相关的土壤、生物活体、包装材料、容器、填充物、运载工具等进行检验和处理，防止危险性有害生物通过人为传播并进一步扩散蔓延的一种保护性植物保护措施。

植物检疫与其他防治技术具有明显不同。首先，植物检疫具有法律的强制性，任何集体和个人不得违规。其次，植物检疫具有宏观战略性，不计局部地区当时的利益得失，而主要考虑全局长远利益。第三，植物检疫防治策略是对有害生物进行全面的种群控制，即采取一切必要措施，防止危险性有害生物进入或将其控制在一定范围内或将其彻底消灭。所以，植物检疫是一项最根本性的预防措施，是植物保护的主要手段之一。

植物检疫的主要任务有三个方面：一是禁止危险性有害生物随种子、苗木、无性繁殖材料及包装物、运载工具等由国外传入国内或由国内输出到国外。二是将国内局部地区发生的危险性有害生物封锁在一定的范围内，并采取各种措施逐步将其消灭，防止传入未发生地区。三是危险性有害生物一旦侵入新区，则立即采取一切必要措施，彻底消灭。

植物检疫按其职责范围可分为出入境植物检疫(对外检疫或国际检疫)和国内植物检疫(对内检疫)。对外检疫是指国家在沿海港口、国际机场以及国际交通要道的口岸设立植物检疫机构，对进、出口和过境的植物及其产品进行检验和处理，以防止本国尚未发生或仅局部地区发生的危险性有害生物由人为途径传入或传出国境。国内检疫由地方各级农业和林业行政主管部门所属的植物检疫机构实施，以防止检疫性有害生物的传入或输出，或对在国内局部地区发生的有害生物，采取封锁和铲除措施，控制其传播蔓延。

知识链接

检疫一词来源于拉丁文“quarantine”，原意是40天。早在14世纪时，意大利的威尼斯城曾规定外国船只抵达口岸时，必须离岸停泊40天，经检查证明船上人员无当时流行的“黑死病”(即鼠疫、霍乱及疟疾等)传染病后，才允许登上岸。以后，很多国家也陆续采用了这个规定。

二、植物检疫对象的确定

在自然界中，由于地理因素、气候因素和寄主分布不同所造成的隔离，使地区间有害生物的分布存在明显差异。而这种隔离差异很容易被人为破坏，使有害生物扩散蔓延。这是植物检疫的基本依据。

由于自然界有害生物种类很多，各个国家或地区为了保护本国或本地区农业生产的安全，在充分了解国内外危险性有害生物的种类、分布和发生情况以及对可能传入后所造成的危害，也为了保证植物检疫的有效实施和公平贸易，各国在确定检疫对象时，必须对有害生物进行风险评估。

确定植物检疫对象的一般原则：一是国内或当地尚未发生或局部地区发生的病虫杂草等有害生物；二是有害生物的危险性大，一旦传入严重影响植物的生长，防治又比较困难；三是容易随植物及其产品、种子、苗木和所附泥土以及包装材料等传播。

根据《植物检疫条例》第4条规定：“凡局部地区发生的、危险性大的、能随植物及其产品传播的病、虫、杂草，应定为植物检疫对象。农业、林业植物检疫对象和应施检疫的植物、植物产品名单，由国务院农业主管部门、林业主管部门制订。”植物检疫对象分为对内检疫对象和对外检疫对象。

三、植物检疫的主要措施

(一)调查研究,了解国内、外疫情和检疫对象

通过调查研究,及时了解和掌握国内外疫情,防止危险性病、虫、杂草等外来有害生物传入和蔓延。掌握在国际贸易中,通过风险评估后各国确定的检疫对象名单和各省、自治区的对内检疫对象名单。

(二)划定疫区或保护区

疫区划分是植物检疫的重要内容之一,也是实施检疫性有害生物风险管理的重要依据。在国内局部地区发生植物检疫对象的,应划为疫区。疫区是由官方划定并由官方控制的地区。对疫区要严加控制,禁止检疫对象传出,并采取积极的防治措施,逐步消灭检疫对象。

保护区(非疫区)是指有科学证据证明未发现危险性有害生物、并由官方维持的地区。对保护区要严防检疫对象传入,充分做好预防工作。

(三)做好检疫检验

1. 植物检疫的程序

(1)报检　调运和邮寄种子、种苗及其他应受检疫的植物及植物产品时,应向当地有关检疫机构报验。国外引种检疫由引进单位或个人向检疫机构申报,经有关省(直辖市、自治区)检疫机构审批后,再按照审批单位的检疫要求和审批意见办理国外引种手续。引进的种子、苗木等抵达口岸时,由引入单位或个人向入境口岸检疫机构申请检疫。

(2)检验　有关植物检疫机构根据报检的受检材料,进行抽样检验。到达现场后,借助放大镜用肉眼对产品进行外部检查,并抽取一定数量的产品进行详细检查,必要时可进行显微镜检查及诱发试验等。

(3)检疫处理　首先,检疫处理必须符合检疫法规的有关规定及检疫处理的各项管理办法、规定和标准,有充分的法律依据。其次,所采取的处理措施是必不可少的,而且应将处理所造成的损失减少到最低程度。消灭有害生物的处理方法完全有效,能彻底消灭有害生物,完全阻止有害生物的传播和扩展。处理所采取的措施依情况而定,一般在产地或隔离场圃发现有检疫性有害生物,常由官方划定疫区,实施隔离和根除扑灭等控制措施。关卡检验发现检疫性有害生物时,则通常采用退回或销毁货物、除害处理和异地转运等检疫措施。正常调运货物被查出有禁止或限制入境的有害生物,经隔离除害处理后,达到入境标准的也可签证放行,或根据具体情况指定保用范围、控制使用地点、限制使用时间或改变用途。

(4)签发证书　从无检疫性有害生物发生地区调运种子和苗木等繁殖材料,经核实后或从检疫性有害生物零星发生区调运种子和苗木等繁殖材料,凭产地检疫合格证书以及发现检疫性有害生物但经处理后合格,均签发检疫证书。

调运植物检疫的检疫证书由当地植物检疫机构(省植保或植检站)或其授权机构签发。口岸植物检疫由口岸植物检验检疫机构根据检验检疫结果签发“检疫放行通知单”或“检疫处理通知单”。

我国的对内检疫检验主要以产地检验为主、道路关卡检验为辅。在发生疫情的地区，植物检疫机构经批准可设立植物检疫检查站，进行产地检验和现场检验。

2. 常用的检验方法

直接检测、诱器检测、过筛检测、比重检测、染色检测、软 X 光透视检测、洗涤检测、保湿萌芽检测、分离培养及接种检测、噬菌体检测、电镜检测、血清学检测、DNA 探针检测、指示植物接种检测等。

工作任务 5-3 农业技术

学习目标

理解并掌握农业技术防治的措施和方法，并能根据作物的地域性和季节性，因地制宜地采取各种农业技术措施进行防治。

材料及用具

当地的作物的布局和常用的品种，所选用的品种抗性资料，当地作物管护常用方法的相关资料。

操作要点

1. 以组为单位，选择一块农作物田块，通过与种植者座谈交流，掌握当地农作物的管理现状。内容包括：作物种类、土壤类型、肥料种类数量、灌水情况等方面内容，写出调查报告。

2. 针对当地农作物管理现状，寻找管理中存在的问题，从农业技术方面提出合理化建议。

3. 对本工作任务的完成情况进行分组讨论、总结、整理，提出可行性农作物管理方案。

注意事项

1. 重视作物栽培措施，通过改善栽培管理措施可以增强作物对病虫害的抗性，这是病虫害防治的根本；

2. 各种作物在栽培过程中，都提倡种植抗性品种，增强作物抗病虫害的能力；

3. 在进行作物布局时，应做到布局合理，以阻止害虫的扩散蔓延和病害的交叉侵染，延长抗性品种的使用寿命，有效地控制害虫，延缓病害流行的时间。

内容及操作步骤

农业技术防治是通过改进农业生产中的各个环节来防治病虫害的方法，即通过调节病原、寄主植物和环境条件三者之间的关系，创造有利于作物生长发育而不利于病虫害发生的条件，促使作物生长健壮，增强其抵抗病虫害为害的能力，从而达到消灭或控制病虫害的方法。

农业技术防治是病虫害综合治理的基础，其优点是：防治措施结合在作物栽培过程中完成，不需要过多的额外投入，且易与其他措施相配套，可以降低劳动力成本，增加经济效益。其缺点是：具有较强的地域性和季节性，且多为预防性措施，在病虫害已经大发生时，防治效果不大且见效慢。农业技术防治措施主要有：

一、选用抗性品种

选用抗病虫品种来防治植物病虫害是一种安全、经济、有效的防治措施，抗性品种可代替或减少农药的使用，避免和减轻农药带来的残毒和环境污染问题，在综合防治中占有重要地位。植物抗性品种可通过选种、引种和育种等途径获得。

二、培育健苗

很多病虫害可随种子和苗木传播，培育无病虫健康种苗是防治种苗传播病虫害的有效措施。生产上，无病虫健康种苗可通过建立无病虫种苗繁育基地、实行种苗检验与无害化处理，以及工厂化组织培养脱毒苗等途径获得。例如，马铃薯可通过组织培养脱毒苗达到减轻马铃薯病毒病随种苗传播而造成危害。如果选用的种苗中带有某些病虫，要用药剂预先进行处理。

三、加强管理

科学合理的栽培管理措施，可以有效地改善田间小气候环境和生物环境，使之有利于植物的生长发育，而不利于有害生物的发生为害。

(一)建立合理的种植制度

单一的种植模式为病虫害提供了稳定的生态环境，容易导致病虫害猖獗。合理轮作有利于作物生长，提高抗病能力，又能恶化某些病虫害的生存环境，达到减轻病虫为害的目的。轮作是防治种传和土传病害以及在土壤中越冬的害虫的关键措施，如大豆胞囊线虫病、小麦根腐病、地老虎、金龟甲等。不同作物实行合理的间作、套作、邻作，可以控制或减轻某些病虫害的发生。例如，果园间作绿肥，能提高果园生态系统的生物多样性，增加果园内天敌数量，充分发挥自然界天敌对害虫的控制作用；麦棉套种，小麦收获后能增加棉田的瓢虫数量，减轻蚜虫为害；秋白菜地避免与早白菜、早甘蓝等邻作，可减轻蚜虫和病毒病的发生。

(二)合理中耕和深耕

适时中耕，作物收获后及时深耕，不仅可以改变土壤的理化性状，有利于作物的生长发育，提高作物自身的抗性，同时还可恶化土壤中越冬病原菌和害虫的生存环境，达到减少初侵染源和害虫越冬虫源的目的。

(三)科学排灌

在作物栽培管理中，浇水的方法、浇水量及时间等，都会影响病虫害的发生。浇水的方法有滴灌、喷灌、漫灌等，灌水要注意适时适量，水分过大往往引起作物根部缺氧窒息，轻者作物生长不良，重则引起根部腐烂。冬季灌水可杀死某些越冬害虫，春季灌水可以减轻蛴螬和金针虫的为害。但是，灌水不当往往会诱导多种病害的发生，如大水漫灌会造成局部分布病害的传播。喷灌造成田间湿度过大，水滴四溅，也有利于病害的传播和发生。有设施的地方，滴灌是最好的灌溉方式，即节水又能较好地控制病害的发生。浇水时间最好选择晴天的上午，以便及时降低叶片表面的湿度，浇水方式要根据作物的不同类型来选择。多雨季节要及时排水，防止发生涝害。

(四)合理施肥

施肥对作物的生长发育及其抗病虫能力的高低都有较大影响。作物的生长发育需要氮、磷、钾和多种微量元素的平衡供应，作物的种类和发育时期不同，对各种元素的需要量和形式也不同。某种元素的缺乏或过量，会形成缺素症或中毒症，均能导致作物生长发育异常，造成减产甚至死亡。因此，施肥必须科学合理、均衡、适当。强调有机肥与化肥配合施用，大量元素与微量元素配合施用。在大量元素中，强调氮、磷、钾配合施用，避免偏施氮肥，造成作株徒长、茎秆柔嫩，抗性降低，同时分支分蘖过多使田间郁闭，有利于大多数病虫的发生为害。例如，水稻田过量施用氮肥，易发生稻瘟病。适当增加有机肥的施用量，可改善土壤理化性状，促进根系发育。在施用有机肥时，有机肥要充分腐熟，防止未腐熟的有机肥中携带大量的虫卵、病原菌及杂草种子。

知识链接

目前，微生物肥料(含有活微生物的特定制品)发展迅速，具有肥效高、无毒无害、不污染环境、成本低等特点。按微生物种类可分为：细菌肥料(如根瘤菌肥料、固氮菌肥料)、放线菌肥料(如抗生菌肥料)以及真菌肥料(如菌根肥料)。

(五)合理密植

合理密植有利于作物生长发育。密度过大，易造成田间郁蔽，通风透光不良，作物徒长，抗性降低，有利病虫害发生为害。例如，水稻过度密植，有利用稻飞虱、稻叶蝉等大量发生。

(六)保持田园卫生

保持田园卫生，清除田园内的有害生物及其滋生场所，改善田园生态环境，减少有害生物的发生为害。在作物生长期间，间苗、整枝修剪、打杈、刮老树皮、田间的枯枝落叶、落果、病穗、割除的病瘤等，均要及时带出田外。田园杂草往往是病虫害的野生过渡寄主或越冬场所，清除杂草可以减少作物病虫害的侵染源。因此，清除病虫枝、清扫落叶、及时除草可以消灭大量的越冬病虫。

工作任务5-4 物理及机械防治技术

学习目标

理解各种物理防治方法的原理，掌握各种物理防治方法的操作要点，能结合实际和具体的病虫种类，灵活运用各种物理防治方法。

材料及用具

黑光灯、色板、防虫网、剪枝剪、涂白剂、刷子、锹、农药、塑料膜、小谷草把、天平、量筒、烧杯、橡胶手套、玻璃棒、笔记本、铅笔、调查用表、计算器等。

操作要点

(1)以组为单位,结合调查资料,针对某一区域所发生的害虫种类设计一个物理防治方案,针对不同害虫的习性分别采用不同的防治方法,对防治效果进行调查记录。

(2)调查了解当地生产中采用哪些物理防治方法,结合实际情况,进行其他物理防治方法的试验,对防治效果理想、容易实施的方法进行推广。

(3)在防治地点设置黑光灯,投放毒饵进行诱杀,调查害虫种类和防治效果。在温室内自制黄板进行诱杀,调查温室内有趋色性的害虫种类。

注意事项

(1)灯光诱杀害虫应该注意诱、杀相结合,容易导致黑光灯周围害虫密集,应注意监测诱杀区域害虫的虫口密度,必要时要对周围进行防治;

(2)温汤浸种要注意控制水温,避免因水温过高使种子失去生活力;

(3)利用食饵诱杀害虫,应该严格控制饵料的用量。饵料太多,达不到诱的效果。饵料过少,达不到杀的效果。

内容及操作步骤

物理防治是指利用各种物理因子(温、湿、光、电、声、色等)、人工和简单器械直接消灭有害生物的方法。物理防治优点是见效快,常可把害虫消灭在盛发期前;缺点是比较费工,效率较低。物理防治一般作为一种辅助防治措施,但对于一些用其他方法难以解决的病虫害,尤其是当有害生物大发生时,常是一种有效的应急防治手段。常用方法有捕杀法、阻隔法、诱杀法、高温处理法、窒息法等。

一、捕杀法

捕杀法是指根据害虫发生特点和规律,人工或利用简单的机械直接杀死害虫或破坏害虫栖息场所的防治方法。常利用昆虫的群集性、假死性等特点进行捕打、震落、网捕等方法捕杀害虫。例如,金龟甲、叶甲、象甲等害虫的成虫有假死性,利用震落法消灭。结合农事操作和田间管理,组织人工摘除卵块、捕捉害虫成幼虫、采摘蛹等,利用简单器具钩杀天牛幼虫等,都是行之有效的措施。

二、阻隔法

阻隔法是人为设置各种障碍,切断病虫害的侵害途径,阻止有害生物为害或扩散的一种方法。常用方法有套袋、涂胶、涂白、挖障碍沟、设置防虫网和覆盖薄膜等。例如,对有上下树习性的害虫可在树干上涂毒环或涂胶环,或绑塑料薄膜等设置障碍,从而杀死或阻止其上树。果实套袋,可以阻止多种食心虫在果实上产卵。对于无迁飞能力只能爬行的害虫,可在未受害植株周围挖沟,阻止其为害和转移。在保护地栽培中,覆盖适宜孔径的防虫网,可以避免大多数害虫的迁移为害。对于一些根部病害,也可以在受害植株周围挖沟,阻隔病原菌的蔓延,以达到防治病虫害传播蔓延的目的。

三、诱杀法

诱杀法是指利用害虫的趋性,设置诱虫器械或化学毒剂的诱物来防治害虫的方法,利用此法还可以预测害虫的发生动态。常见的诱杀方法有:灯光诱杀、食饵诱杀、潜所诱杀和色板诱杀等。

(一)灯光诱杀

利用害虫的趋光性,采用普通黑光灯、频振式杀虫灯、太阳能杀虫灯、纳米汞灯、双光汞灯等来诱杀害虫的方法。例如,黏虫、甘蓝夜蛾、东方蝼蛄、天幕毛虫、暗黑鳃金龟等均有较强的趋光性。生产上利用灯光诱虫,不仅能消灭大量害虫,而且可以用于预测预报和科学研究,进行害虫种类、分布、虫口密度、发生时期等的调查,为防治工作提供科学依据。灯光诱杀的缺点是在诱杀害虫的同时,也诱杀了害虫的天敌。

设置黑光灯时应以安全、经济、简便为原则。每年设置黑光灯诱杀害虫的时间一般在5～9月,每天天黑时开灯,第二天清晨关灯,一般晚上9:00～10:00诱虫最多、效果最好。黑光灯要设置在空旷处,在闷热、无风、无雨、无月光的夜晚诱集效果最好。

(二)食饵诱杀

利用害虫对食物的趋性,在其嗜好的食物中加入适量的杀虫剂制成各种毒饵来诱杀害虫的方法。例如,可用麦麸、米糠等制成毒饵来诱杀蝼蛄、地老虎、金龟子等地下害虫;配制糖醋液来诱杀地老虎成虫、梨小食心虫、黏虫成虫等,利用新鲜马粪诱杀蝼蛄,利用多聚乙醛诱杀蜗牛和蛞蝓,等等。

(三)潜所诱杀

利用害虫具有选择特殊环境潜伏的习性,人工设置各种适合害虫潜伏的场所来诱杀害虫的方法。例如,在田间插放杨柳枝把诱集棉铃虫成虫,在田间插小谷草把诱集黏虫产卵,在树干上绑麻片或草袋片诱集红蜘蛛、苹小食心虫、梨星毛虫等潜伏。注意诱集后一定要及时消灭。

(四)色板(色皿)诱杀

利用害虫对颜色的趋性来诱杀害虫的方法。例如,蚜虫、粉虱、飞虱、美洲斑潜蝇成虫对黄色有趋性,生产上采用黄色黏虫板或黄色水皿进行诱杀。菜粉蝶对黄色和蓝色有强趋性,梨小食心虫对蓝色和紫色有趋性,蓟马对蓝色有强趋性,生产上均可利用色板或色皿诱虫。

四、高温处理法

高温处理法是指利用高温来控制或杀死有害生物的方法。生产上常用的是热处理法。该法在实际应用过程中需严格控制处理温度和处理的时间，以避免对植物造成伤害。

(一)温汤浸种

温汤浸种就是用一定温度的热水处理种子和无性繁殖材料，杀死携带的害虫或病菌的一种方法。温汤浸种的温度和时间应根据不同的处理对象具体确定，通常需要通过预备试验确定，以便能有效地杀死有害生物而不损害植物的繁殖能力。温汤浸种时，一般先将种子在较低温度的水中(20℃左右)预浸 4～6 h，可提高种子在温汤浸种时的传热能力，从而提高效果。例如，用 55℃的温水浸种 30 min，对番茄早疫病、水稻恶苗病有较好的防效。

(二)高温处理

高温处理主要是利用高温对土壤进行消毒(烧、烘、晒等)或利用热水或热空气处理感染病毒的植株或种子、接穗、苗木、块茎和块根等繁殖材料，以获得无病毒的植株或繁殖材料的方法。例如，用塑料薄膜覆盖潮湿土壤，利用强光保持 4 周以上，能杀死土壤中的很多病原菌和害虫，减轻土传病害及土壤中活动的害虫的发生。将感染马铃薯卷叶病毒的马铃薯块茎在 37℃下处理 25 天，即可繁殖出无毒的植株。

五、窒息法

窒息法是指通过降低空气中氧气的含量，使害虫因缺氧窒息而死亡的方法。窒息法一般采用充入 N_2 或 CO_2 等气体，降低空气中氧的含量。此法对含水分较高且易变质粮食的保存效果良好。在封闭条件下，抽出空气，再充入适量 N_2，使粮食长期处于严重缺氧的环境中，以降低粮食呼吸强度，抑制微生物活动，并使害虫窒息而死。

工作任务 5-5　生物防治技术

学习目标

理解生物防治的含义和生物防治的优缺点，掌握生物防治的方法和具体内容，能结合防治实际和具体的植物病虫害，选择恰当的生物防治方法并应用。

材料及用具

当地的病虫害调查资料、病虫害预测预报资料、气象资料、主要的植物栽培品种介绍、栽培管理措施和条件、主要病虫害发生情况和病虫害种类资料和常用生物农药品种调查资料等。各种施药器械、药剂、量筒、天平、笔记本、铅笔、调查用表、计算器等。

操作要点

(1)结合调查资料,了解当地昆虫天敌的种类,在当地生产上已经应用的天敌有哪些。选择12种天敌昆虫进行人工饲养,观察了解其生长发育规律和习性,并结合害虫防治进行应用,做好调查记录,为今后天敌释放积累资料。

(2)调查了解当地已经应用的生物农药种类,是否已经大面积推广应用。选择1~2种新型或新推广的生物农药,结合当地病虫害发生情况,对某些特定的病虫害进行试验,做好药效调查记录。

(3)对当地已经开展的生物防治进行防治效果调查,重点调查防治对象的为害现状、天敌种类、天敌应用方法、防治范围、资源调查、气候调查、防治效果调查。对当地开展的生物防治提出合理化建议。

注意事项

(1)掌握天敌的释放时间,选择适当的时间释放天敌,可减少天敌的用量,提高防治效果;

(2)从信誉好的公司购买天敌产品,这样可保证产品质量和数量,并注意天敌产品的贮存温度和有效期;

(3)在害虫低密度时释放天敌,释放后限制杀虫剂的使用,使自然天敌有更多机会在作物上建立种群;

(4)为自然天敌创造有利的条件,例如,人工种植豆科作物、紫花苜蓿等作为天敌的过渡寄主,有利于保持天敌种群。

内容及操作步骤

生物防治是利用有益生物及其代谢产物来控制有害生物种群数量的防治技术。传统生物防治主要是保护和利用天敌、引进天敌以及进行人工繁殖与释放天敌控制害虫发生。自20世纪70年代以来,随着微生物农药、生化农药以及抗生素类农药等新型生物农药的研制与应用,人们把生物产品的开发与利用也纳入到害虫生物防治工作之中。

从保护生态环境和可持续发展的角度,生物防治是最好的防治方法之一。具有如下优点:对人、畜、作物低毒,不杀伤天敌,对环境影响极小。有益生物活体防治对有害生物可以达到长期控制的目的,不会形成抗药性和引起害虫的再次猖獗,对害虫种群具有持久性的抑制作用。生物防治的自然资源丰富,易于开发,且防治成本低,是综合防治的重要组成部分和主要发展方向。但生物防治仍具有很大的局限性,主要体现在:作用效果慢,没有化学农药见效快,在有害生物大发生后常无法控制;防治效果受外界环境的影响较大,有时不稳定;使用方法不如化学农药简便;难于批量生产,而且产品质量不易控制,贮存和运输受到限制;目前可用于大批量生产使用的有益生物种类太少;生物防治专化性较强,对于一些防治要求高而且较大范围内同时控制多种主要有害生物,较难实施种群有效治理。

一、以虫治虫

以虫治虫是指利用天敌昆虫来防治害虫的一种方法。这种方法的优点是对人畜安全,不污染环境,不受地形控制,不伤害天敌,不破坏生态平衡,不会引起害虫产生抗性。

天敌昆虫是指通过捕食或寄生而导致害虫死亡的一类昆虫。天敌昆虫按取食特点可分为捕食性天敌昆虫和寄生性天敌昆虫两大类。捕食性天敌昆虫是指通过取食直接杀死害虫的昆虫，在自然界中抑制害虫的效果非常明显。寄生性天敌昆虫是指在生活史的某一时期或终生寄生在其他动物的体内或体外，并吸取寄主的营养物质以维持生存，从而导致害虫死亡的一类昆虫。

知识链接

天敌昆虫中寄生性种类占总数的2.4%，捕食性的占28%。这些天敌昆虫对于维护自然界的生态平衡起着重要作用，尤其对某些害虫的发生、成灾起着制约作用。常见的捕食性天敌昆虫主要有瓢虫、草蛉、蜻蜓、螳螂、食蚜蝇、芫菁、水龟虫、花萤、青蜂、步甲、胡蜂、猎蝽、花蝽等。寄生性天敌昆虫可寄生在寄主的卵、幼虫、蛹或成虫体内，主要有寄生蜂类和寄生蝇类。瘿蜂、姬蜂、细蜂、芫菁、摇蚊、瘿蚊、寄蝇、麻蝇、寄蛾、夜蛾、隐翅虫。

(一)保护利用自然天敌昆虫

自然界天敌昆虫种类繁多，这些天敌昆虫的大量存在，是保证各类害虫能被有效控制而不至于造成危害的重要因素。因此，在生产中要积极保护、利用这些天敌昆虫，充分发挥其自然控制作用。合理使用农药是保护天敌最重要的措施。防治害虫时，最好选用选择性强的农药品种，尽量少用广谱性的高毒、剧毒农药和长残效的农药。同时，改进施药方法，采用局部施药，缩小施药面积，推广隐蔽施药法，尽量减少对天敌昆虫的伤害。此外，生产上可创造有利有天敌昆虫越冬的环境条件，使用其安全越冬，提高越冬种群数量。例如，保护越冬的卵块、虫茧等，保护越冬的天敌昆虫，合理配植天敌的食源植物，补充天敌的食料和寄主，有利于招引和繁殖天敌。

(二)人工繁殖和释放天敌昆虫

人工繁殖和释放天敌昆虫可以增加自然种群数量，提高天敌昆虫对害虫的自然控制作用，使有害生物在大发生为害之前得到有效的控制，特别在害虫发生初期，大量释放于田间，可取得显著的防治效果。此法不仅减少农药的残留污染，同时又可使天敌昆虫在田间建立起稳定的种群。例如，利用柞蚕卵工厂化大量繁殖赤眼蜂，用于防治玉米螟、棉铃虫、烟青虫、松毛虫等多种鳞翅目害，在生产上取得了显著的效果。目前已繁殖利用成功的天敌昆虫有赤眼蜂、草蛉、异色瓢虫、黑缘红瓢虫、丽蚜小蜂、管氏肿腿小蜂、平腹小蜂、周氏啮小蜂等。

(三)引进移植天敌昆虫

有些害虫在当地缺少有效天敌，可从外地或国外引种或移植，引进后通过人工饲养繁殖、驯化再放入田间，使其在当地建立稳定种群来控制害虫为害。国际上最著名的是1888—1889年，美国从大洋洲引进澳洲瓢虫防治柑橘吹绵蚧。我国引进各类天敌昆虫100多种，有的已发挥了较好的控制害虫的作用。例如，1978年从英国引起丽蚜小蜂防治北京等地的温室白粉虱、1986年中国农科院生物防治研究所从美国引进空心莲子草叶甲防治空心莲子草、1953年湖北省从浙江移植大红瓢虫防治柑橘吹绵蚧等。在引进有益生物时应就其对其他生物或生态环境的影响做充分的调查研究和安全评估，以免引进失败或演变成有害生物。

知识链接

引进外来物种后，有可能破坏生态环，造成严重的后果。据国家环保局统计，目前，我国每年因几种主要外来入侵物种造成的经济损失高达574亿元。因此，引种时必须遵照有关规定进行。国外天敌的引种应按农业部颁发的《关于引进和交换农作物病、虫、杂草天敌资源的几点意见》进行实施。并应根据植物检疫的有关法规进行检疫检验。

二、以菌治虫

以菌治虫就是利用病原微生物来防治害虫。可引起昆虫致病的病原微生物种类很多，如真菌、细菌、病毒、原生动物、线虫等。此法的优点是用量少、药效长、不污染环境、不受植物生长阶段的限制等。是目前农业害虫防治中最有推广应用前景的方法之一。生产上细菌和真菌应用较为广泛。

（一）利用病原细菌治虫

目前生产上广泛使用的昆虫病原细菌主要有苏云金杆菌、金龟子芽孢杆菌和缓死芽孢杆菌等，其中苏芸金杆菌应用最为普遍。采用喷雾、喷粉等方法把细菌喷洒到目标植物上，害虫取食时随食物进入消化道而感病致死。死亡虫体软化变色，组织溃疡，有臭味。金龟子芽孢杆菌主要用于防治金龟子幼虫，苏云金杆菌主要防治鳞翅目幼虫，如玉米螟、菜青虫、棉铃虫、斜纹夜蛾、松毛虫、地老虎等。苏云金杆菌对蚜虫、螨类等刺吸式口器害虫无效，对家蚕、蓖麻蚕毒性大，不能在桑园及养蚕场所使用。

苏云金杆菌对人畜、植物、益虫、水生生物等无害，无残留毒性，稳定性较好，残效期一般7～15天。对害虫仅有胃毒作用，杀虫速度较慢，使用时要比化学农药提前2～3天用药，不能与内吸杀虫剂或杀菌剂混用，可与低浓度拟除虫菊酯类农药混用。使用时要避免阳光直射，最好在20℃以上、气温较高时使用，施药时应选择晴天傍晚、阴天或微雨天。

（二）利用病原真菌治虫

能引起昆虫致病的病原真菌有530多种，生产上常用的有白僵菌属、绿僵菌属、虫霉属、座壳孢属等，其中白僵菌应用最普遍。被白僵菌感染致死的昆虫，虫尸僵化，变干变硬，体重减轻，体表覆盖白色至淡黄色的菌丝层。白僵菌致病力和适应性强，寄主范围广，可寄生在鳞翅目、鞘翅目、同翅目、半翅目、直翅目等15科200多种昆虫和螨类的体内，大量繁殖产生白僵菌素和草酸钙结晶，打乱昆虫新陈代谢导致其中毒死亡。家蚕饲养区禁用。

白僵菌可喷雾、喷粉，也可拌种、拌肥，或制成颗粒剂进行撒施。白僵菌在24～28℃、相对湿度80%以上的条件下发育良好。因此，早晚或阴雨后空气湿度大时喷白僵菌效果好。配成的白僵菌菌液应随配随用，不可超过2 h，以免孢子萌发，降低感染力。

三、以病毒治虫

昆虫病毒种类较多，我国已发现昆虫病毒250余种，其中20多株病毒进入大田试验，棉铃虫核型多角体病毒杀虫剂已获准农药登记。利用病毒防治害虫的主要优点是专化性强，在自然情况下，一种病原病毒一般只寄生一种害虫，不存在污染与公害问题，在自然界中可长期反复感染。

(一)主要种类

在已知的昆虫病毒中，应用较广范的有昆虫核型多角体病毒(NPV)、颗粒体病毒(GV)和质型多角体病毒(CPV)。我国目前用于规模防治的有菜青虫颗粒体病毒、小菜蛾颗粒体病毒、棉铃虫核型多角体病毒、斜纹夜蛾核型多角体病毒、舞毒蛾核型多角体病毒、美国白蛾核型多角体病毒等。

(二)症状

昆虫被感染后，初期无明显变化，逐渐行动迟缓，食欲减退，体色变淡或呈油光，病虫常爬向寄主植物高处。死亡昆虫虫体变软，常以腹足或臀足黏附在枝叶上呈“V”字形或“一”字形，组织液化，体壁破裂后流出大量液体，无臭味。

(三)使用方法

一般采用喷雾法，将病毒喷洒在目标植物上，害虫通过取食被病毒感染的植物而感染发病。昆虫病毒不能用人工培养基培养，只能在寄主活体上培养。生产上一般在室内饲养大量活虫，再接种病毒来生产。我国利用病毒防治菜青虫、棉铃虫、斜纹夜蛾、松毛虫等取得了显著效果，各类病毒制剂也正在研究推广之中。

四、以鸟治虫

全世界现存鸟类约有156科9 000多种，我国有81科1 186种，占世界鸟类总数的14%，其中食虫鸟约占一半。鸟类多数以昆虫为食，是农田、果园、林木中多种害虫的天敌，它们在控制农、林害虫方面发挥重要作用，如啄木鸟、麻雀、喜鹊、杜鹃、乌鸦等。

为保护食虫益鸟，除严禁捕鸟外，还要为鸟类创造良好的栖息环境，也可挂设人工鸟巢来保护和招引益鸟。例如，在山东省日照市华山林场，20多年前就人工养育和驯化大量灰喜鹊，消灭松毛虫，在专人驯养下，使灰喜鹊每天定时释放出笼和飞回巢穴，每头灰喜鹊能控制约70 m^2的松林。

五、以菌治病

以菌治病是指利用有益生物及其代谢产物来抑制病原物的生存和活动，从而减轻病害发生的方法。以菌治病主要是通过微生物之间的拮抗作用实现的。

(一)诱导抗性

诱导抗性是指植物在受到一种病原物的侵染后对另一种病原物的后续侵染表现抗性。例如，通过接种烟草花叶病毒的弱毒株系减轻烟草花叶病的危害，利用柑橘衰退病毒的温和性株系保护柑橘等。

(二)拮抗作用

拮抗作用是指一种微生物产生的代谢产物抑制或杀死另一种病原物，从而控制病害的发生，也称为抗生作用。拮抗生物主要有放线菌、真菌和细菌等，它们产生的抗菌物质(抗生素)可抑制或杀死植物病原微生物，从而减轻或控制病害的发生。例如，井冈霉素是由吸水链霉菌井冈变种产生的水溶性抗生素，广泛用于纹枯病的防治。

工作任务 5-6 化学防治技术

学习目标

理解化学防治的含义和优缺点，了解农药的分类方法，熟悉常用农药的剂型和应用特点，掌握农药质量的简易鉴别方法，掌握农药的常用计算方法、农药的配制、农药的合理使用原则。

材料及用具

常用各种剂型的农药品种若干，施药器械每种 2～3 个。药剂配制所需的各种器皿若干，包括烧杯、量筒、角匙、玻璃棒等。配制药剂所需的原料，如硫酸铜、生石灰等。施药所需的防护用品，如口罩、橡胶手套等。其他用品如笔记本、铅笔、调查用表、计算器等。

操作要点

(1)仔细观察提供的各种农药样品，了解其剂型、使用方法、防治对象等信息，鉴别农药的质量。

(2)对当地作物病虫害化学防治开展全面的调查，重点调查病虫害的种类、为害情况、选用的农药品种、防治效果、有无药害产生等情况。

(3)结合当地作物病虫害防治，配制波尔多液及石硫合剂，并现场稀释和施药。

(4)根据提供的几种常见农药剂型，学习喷粉、常规喷雾、超低容量喷雾、施放烟剂、室内熏蒸等技术的应用。

(5)根据防治对象和要求，在不同地块进行实际喷药操作，包括用药量计算、农药的稀释配制、药械的清洗、施药操作、残药的处理等。

注意事项

(1)根据天气变化、病虫发生规律、病情和虫情变化，及时在病虫发生前或发生初期喷施农药，确保防治效果。

(2)化学防治时必须明确病虫害种类和农药的特性，做到对症下药，才能取得好的效果。

(3)喷洒农药前，喷雾器械要调试好，使药液雾化良好。选择无露水无风的晴天，中午高温、光照强时不宜喷药。

(4)喷洒农药时，喷头与植株的距离不能太近，一般 0.4 m 左右。喷洒要均匀、周到，特别是非内吸型农药。

(5)注意不同种类农药的合理搭配与轮换使用,延缓抗药性的产生。

(6)农药在使用使用时要注意个人安全,做好个人防护,避免皮肤直接接触农药。

内容及操作步骤

化学防治是指用化学农药来防治植物害虫、病害、杂草及其他有害生物的方法。它是目前国内外有害生物防治中最广泛的防治手段,在害虫综合防治中占有重要地位。

化学防治具有效率高,见效快,防治效果好,使用方法简单,受季节影响小,适于大面积机械化使用等优点。化学防治适用于各种有害生物,特别在有害生物大发生时,化学防治可在短期内使有害生物得到有效控制,这是其他防治措施无法比拟的。但是,化学防治也存在很多缺点("三 R"问题):长期使用会造成有害生物产生抗药性,致使常规用药量效果不佳甚至无效;在消灭害虫的同时也杀伤天敌,破坏生态系统平衡,造成有害生物的再猖獗或次要有害生物上升危害;农药残留严重污染环境等。因此,化学防治必须与其他防治方法有机结合,充分发挥化学防治优点,克服缺点,才能达到既有效控制有害生物的危害,同时又不破坏生态平衡的目的。

一、农药的分类

农药是指用于预防、消灭或者控制危害农业、林业、牧业生产的各种有害生物和调节植物生长的各种化学药品的总称。农药的品种很多,其分类的方式也多样,为了研究和使用上的方便,常常从不同角度对农药进行分类,主要的有下以下 3 种。

(一)按防治对象分类

按防治对象分类是农药最基本的分类方法,一般可分为杀虫剂、杀菌剂、除草剂、杀螨剂、杀线虫剂、杀鼠剂、植物生长调节剂等。

1. 杀虫剂

是指用来防治农、林、卫生、粮食及畜牧等方面害虫的药剂。如乐果、敌百虫、溴氰菊酯、噻虫嗪、鱼藤酮等。

2. 杀菌剂

是指在一定剂量或浓度下,具有杀死植物病原菌或抵制其生长发育的药剂。如多菌灵、丙森锌、醚菌酯、烯酰吗啉等。

按原料来源分无机杀菌剂和有机杀菌剂两类;按作用方式可分为保护剂、治疗剂、铲除剂三类;按杀菌剂在植物体内的传导特性可分为非内吸性杀菌剂(保护性杀菌剂)、内吸性杀菌剂两类。

3. 除草剂

用来防除农田杂草的药剂。

(1)按其对作物作用的性质分为

选择性除草剂:在一定浓度和剂量范围内杀死或抑制部分植物而对另外一些植物安全的除草剂,如 2,4-D 丁酯等。

灭生性除草剂:在常用剂量下可以杀死所有接触到药剂的绿色植物的除草剂,如百草枯等。

(2)按使用方法分类

土壤处理剂:把药剂喷洒于土壤表面,或通过混土把药剂拌入土壤中一定深度,以杀死萌发的杂草。这类药剂是通过杂草的根、芽鞘或胚轴等部位进入植物体内发生毒杀作用,一般是在播种前或播种后出苗前施药。如乙草胺、精异丙甲草胺、丁草胺、嗪草酮、速收等。

茎叶处理剂:将药剂喷洒于杂草茎叶,利用杂草茎叶吸收和传导来消灭杂草的除草剂。如拿捕净、精稳杀得、玉农乐、苯达松、二氯喹啉酸、烯草酮、杂草焚等。

4. 杀螨剂

可以防治植食性有害螨类的药剂。如克螨特、噻螨酮、石硫合剂、杀螨素等。

5. 杀线虫剂

用于防治农作物线虫病害的药剂。如益舒宝、克线丹、克线磷等。

6. 杀鼠剂

用于毒杀危害农、林、牧业生产和家庭、仓库等场所的各种有害鼠类的药剂。杀鼠剂品种较多,按其来源分为无机、有机合成杀鼠剂和天然植物杀鼠剂,按其作用速度可以分为速效杀鼠剂和缓效杀鼠剂两大类。如溴甲烷、磷化锌、立克命、灭鼠优等。

7. 植物生长调节剂

人工合成的具有天然植物激素活性的物质,可以调节植物生长发育的化学药剂。常见的有 2,4-D、矮壮素、乙烯利、三十烷醇等。

(二)按原料来源分类

1. 无机农药

无机农药又称矿物性农药,主要由天然矿物质原料加工、配制而成的农药,有效成分是无机化合物。无机杀虫剂如砷酸钙、砷酸铝、亚砷酸、氟化钠等,因残留毒性高,防效较低,目前已较少使用。无机杀菌剂如石灰(CaO)、硫黄(S)、硫酸铜($CuSO_4$)等,目前仍有一些品种在生产中广泛使用。无机杀鼠剂如磷化锌、溴甲烷等。

2. 有机农药

有效成分是有机化合物。根据其来源和性质分成天然有机农药、人工合成的有机农药和微生物农药。

(1)天然有机农药 指存在于自然界中可用作农药的有机物质。

①植物源农药 烟草、除虫菊、鱼藤、印楝、川楝、沙地柏等植物中往往含有植物次生代谢产物,如生物碱(尼古丁)、糖苷类(巴豆糖苷)、有毒蛋白质、有机酸酯类、酮类、萜类及挥发性植物精油等,这些物质具有杀虫活性,能作用于有害生物的多种器官系统,具有毒杀、麻醉、拒食、干扰害虫生长发育等作用。利用这些物质加工成的农药称为植物源农药。

②矿物油农药 主要指由矿物油类加入乳化剂或肥皂加热调制而成的杀虫剂。其作用主要是物理性阻塞害虫气门,影响呼吸。如石油乳剂、柴油乳剂等。

(2)微生物农药 主要指用微生物或其代谢产物所制得的农药。如苏云金杆菌、白僵菌、农用抗菌素、春雷霉素、阿维菌素等。

(3)人工合成有机农药 即用化学手段工业化合成生产的可作为农药使用的有机化合物。如溴氰菊酯、毒死蜱、稻瘟净、草甘膦等。

(三)按作用方式分类

1. 杀虫剂和杀螨剂

胃毒剂　药剂随着食物进入害虫的消化器官,被中肠吸收后引起中毒死亡的药剂,如氯虫苯甲酰胺、敌百虫、氟虫腈。此类药剂适用于防治咀嚼式口器和舐吸式口器的害虫。如鳞翅目幼虫、蝼蛄、蝗虫等。

触杀剂　药剂与虫体接触后,药剂通过昆虫的体壁进入虫体内或封闭昆虫的气门导致害虫中毒或窒息死亡的药剂。大多数有机磷杀虫剂和拟除虫菊酯类杀虫剂属于此类,如辛硫磷、溴氰菊酯、乐果、哒螨灵、螨卵酯等。这类药剂对各种口器的害虫都适用,但对介壳虫、木虱、粉虱等体被蜡质分泌物的昆虫防效差。

内吸剂　药剂施到植物上或土壤中,被植物的根、茎、叶或种子等吸收进入植物体内或萌发的幼苗内,并传导致植株的各个部分,或经过植物的代谢作用而产生更毒的代谢物,当害虫取食植物时使其中毒死亡。如乐果、灭蝇胺、噻虫嗪、吡虫啉、久效磷等。这类药剂对蚜虫、蚧壳虫、椿象等刺吸式口器的害虫防效好。

熏蒸剂　药剂在常温常压下能气化为毒气或分解生成毒气,并通过害虫的呼吸系统进入虫体,使害虫中毒死亡。如溴甲烷、磷化铝、敌敌畏等。这类药剂一般在密闭条件下使用,对于防治隐蔽性强的害虫有特效,大田一般只能在无风或小风天使用。如磷化铝片剂防治温室害虫和果树蛀干性害虫,大豆封垄后用敌敌畏药棒熏蒸防治大豆食心虫。

特异性杀虫剂　这类药剂对昆虫无直接毒害作用,而是通过引起昆虫生理上的某些特殊反应,使害虫的生理活动不能正常进行,如拒食、驱避、不育等作用方式,最后导致昆虫死亡。主要是保幼激素、几丁质合成制剂、不育剂、拒食剂、忌避剂(驱避剂)、性诱剂等。如灭幼脲、印楝素、樟脑、风油精等。

除专一作用的杀虫剂外,一种农药常具有多种作用方式,如多数人工合成的有机杀虫剂均兼具有触杀和胃毒作用,有些还具有内吸或熏蒸作用,如三氟氯氰菊酯、敌敌畏、抗蚜威、噻虫嗪等。按作用方式分类时,是按这种农药的主要作用方式来划分的,在选择使用农药时,应注意其主要的杀虫作用。

2. 杀菌剂

保护剂　在植物感病前或病原物侵入寄主之前,将药物喷洒在植物表面或植物所处的环境,用来杀死或抑制植物病原物,以保护植物免受侵染的药剂,称为保护剂。如波尔多液、石硫合剂、氧化亚铜、氢氧化铜、百菌清、代森锰锌等。

治疗剂　植物感病后或病原物侵入植物后,喷洒药剂处理植物,杀死或抑制植物体内的病原物,使植物恢复健康或减轻病害的药剂。许多治疗剂同时还具有保护作用。如多菌灵、甲基托布津、苯醚甲环唑、链霉素、烯酰吗啉、霜霉威等。

铲除剂　对病原菌具有直接强烈杀伤作用的药剂。这类药剂容易使植物生产生药害,一般只用于播前土壤处理、植物休眠期或种苗处理等。如高浓度的石硫合剂、福美胂、五氯酚钠等。

3. 除草剂

内吸型(输导型)除草剂　施用后可以被杂草的根、茎、叶、芽鞘等部位吸收,并在植物体内输导杂草的敏感部位或整个植株,使杂草中毒死亡的药剂,如草甘膦等。

触杀型除草剂　只能杀死所接触到的植物组织，而不能在植株体内传导移动的药剂，如敌稗、虎威、百草枯、精稳杀得等。

知识链接

为了便于区别农药的类别，根据国际惯例统一规定了农药类别颜色标志带。农药类别颜色标志带在标签的下方，底边平行的一个不褪色的窄条带，以表示不同农药类别。一般除草剂绿色，杀虫剂、杀螨剂红色，杀菌剂、杀线虫剂黑色，杀鼠剂蓝色，植物生长调节剂深黄色。

二、农药的剂型及应用特点

由工厂生产出来未经加工的农药有效成分称为原药，固体的称原粉，液体的称原油。多数农药的原药因溶于水或难溶于水或呈块状油状而不能直接使用，必须加入一定量的助剂，加工成含有一定有效成分、一定规格的剂型才能用于生产。原药经加工后的产品叫制剂或商品药。加工后的农药具有一定的形态、组成及规格，称为农药剂型。一种农药可加工成多种剂型。目前，在生产上应用较多的剂型及应用特点见表 5-6-1。

表 5-6-1　农药的常用剂型及应用特点

剂型名称	组分	使用方法	优点	缺点
粉剂	原粉＋填充剂＋分散剂＋黏着剂	低浓度直接喷粉，高浓度拌种、毒饵或土壤处理	使用方便，药粒细、分布较均匀，撒布效率高、节省劳动力，加工费用低	用量大，不易附着在植物体表，持效期短，飘移污染环境严重
可湿性粉剂	原粉＋填充剂＋湿润剂＋分散剂	喷雾，拌种，不可喷粉	包装价格低廉，便于贮运，生产过程粉尘较少，防效比粉剂高，持效期较长	加工技术和设备要求较高，不耐储存，长期存放、堆压后悬浮率下降
乳油	原药＋有机溶剂＋乳化剂	喷雾、泼浇、涂茎、拌种、撒毒土等	有效成分含量高，贮存稳定性好，使用方便，防效好，耐雨水冲刷，持效期较长	易燃，污染环境，使用不当易发生药害，长期存放易沉淀或分层
颗粒剂	原药＋辅助剂＋载体	撒施、土壤处理、沟施等	不污染环境，使高毒农药低毒化，能控制有效成分的释放速度，施用靶标性强	运输成本较高，有效成分含量低，用量较大
可溶性粉剂	原药＋填料＋助剂	喷雾、泼浇	使用方便，分解损失，包装和贮运经济、安全，不污染环境	
悬浮剂（胶悬剂）	原药＋辅助剂	喷雾、涂茎、拌种、浸种	成本低，毒性低，耐雨水冲刷，持效期长，生产、运输较安全	长期存放易分层
烟剂（烟雾剂）	原药＋助燃剂＋氧化剂＋发烟剂	熏烟	使用方便，扩散性好，能深入到极小的空隙中	受风和气流的影响较大
水剂	水溶性原药＋水＋表面活性剂	喷雾、浇灌、浸泡	环境污染小，加工方便，成本低	附着性差，长期储存易分解失效
种衣剂	原药＋成膜剂	种子包衣	省工、可机械化操作	

知识链接

常见农药符号标识：粉剂-DP，可湿性粉剂-WP，可溶性粉剂-SP，乳油（剂）-EC，颗粒剂-CR 或 G，种衣剂-SD，悬浮剂-SC，胶悬剂-JG，油剂-OL，水剂-AS，烟雾剂-FK，缓释剂-BR。

三、农药的质量鉴别

购买农药时，要到正规、信誉好的农药经销商店或国家指定的农药经营部门购买，此外，还要通过包装、标签、剂型物态、有效期等方面，综合判断欲购买农药的质量。农药质量的初步鉴别一般可从外观质量和物理性质两个方面进行。

（一）外观质量鉴别

1. 检查包装

农药包装一定要完整，无渗漏、破损现象；包装必须贴有标签或者附说明书；标签必须完整且不能污损，内容、格式要规范、齐全，有效成分含量要标注清楚。

2. 检查标签

外包装标签字迹要清晰，说明要完整。农药标签和使用说明书中应包括农药名称、农药“三证”、净重或净容量、使用说明、注意事项、质量保证期、农药毒性与标志、农药类别标识色带、象形图、厂名厂址等内容。此外还应包括生产企业名称及分装单位名称、地址、邮政编码、电话号码等。

特别要注意的是：农药商品标签中的农药“三证”，即农药登记证号、农药生产许可证或批准文件号、农药标准号；生产日期或生产批号和有效期，农药的有效期一般为 2 年。

3. 检查外观质量

农药贮存保管不当，或产品质量存在问题，或超过有效期的过期农药，外观上会发生变化，这些变化就意味着农药质量出现了问题，有可能造成药效降低、失效或药害。如乳油有分层、浑浊或结晶析出，而且在常温下结晶不消失；水剂出现沉淀或悬浮物，加水稀释后出现混浊、沉淀等现象；粉剂或可湿性粉剂出现结块现象；可湿性粉剂出现胀袋现象；颗粒剂药粉脱落较多，或药粒崩解很重，或袋中积粉较多；熏蒸用的片剂变成粉末状。

知识链接

农药名称通常有两种：一种是中（英）文通用名称，另一种为商品名。中文通用名称按照国家标准《农药通用名称命名原则》（GB 4839—1998）规定的名称，英文通用名称引用国际标准组织（ISO）推荐的名称；商品名需要经过国家批准方可以使用。不同生产厂家有效成分相同的农药，即通用名称相同的农药，其商品名可以不同。

（二）物理性质鉴别

农药的物理性质主要指药剂的颗粒大小、分散性、湿润性、附着性、展着性、黏着性、乳化性、悬浮率等，物理性质的好坏直接影响农药的质量、药效的发挥及农药的安全性。

1. 颗粒细度

粉剂粉粒的大小和药粉的分散性、附着性和稳定性等有密切关系。粉剂的粉粒细度，一般以 325 筛目为宜。可湿性粉剂的粉粒细度一般达到 400 筛目为宜。

2. 湿润性和展着性

药剂的湿润性好坏是衡量可湿性粉剂的重要指标。药液的湿润性好，其展着性就越强，药效越高。可湿性粉制按比例配好后，把叶片浸入药液中，经数秒钟后取出观察，叶片沾满药液，表明药液湿润性良好。

3. 悬浮率

悬浮率是指可湿性粉剂等药剂用水稀释成悬浮液后，在特定的温度下静置一定时间后，以仍处于悬浮状态的有效成分的量占原样品中有效成分量的百分率。悬浮率是农药剂型的重要质量指标。悬浮率高的农药制剂，配成药液后，有效成分粒子可在较长的时间内悬浮于水中，使药液浓度在喷洒过程中前后保持一致，均匀覆盖于靶标，药效发挥好。悬浮剂在存放过程中，上层逐渐变稀，下层变浓稠，甚至出现沉淀，若摇动后沉淀可悬浮起来，这样的农药还可以使用，若结成硬块，经搅拌仍不散开，则不能使用。

4. 乳化性

乳化性是乳油农药的重要指标。乳化性越高，药剂在水中分散越细，越均匀，其药效也越好。若药剂与水混合后药液呈淡乳白半透明或乳白色，液面无浮油，底部没有沉淀，表明该药剂的乳化性和稳定性良好。若药液静止一段时间后出现油水分层现象，则表明乳化性已破坏，不能使用。

四、农药的配制

(一)药剂浓度表示法

在商品农药中，除了有效成分含量低的粉剂、粒剂和缓释剂可以直接施用外，其他的农药剂型因有效成分含量高，必须用稀释剂稀释到一定浓度后才能施用。一般农药稀释后的浓度表示法有以下几种。

1. 百分比浓度表示法

表示药液或药剂的有效成分含量，即 100 份药液或药剂中含农药有效成分的份数，常以%表示。液体与液体配制时常用容量分数，固体与固体或固体与液体配制时常用质量分数。是生产中较常用的浓度表示法之一。

2. 百万分浓度表示法

表示药液或药剂的有效成分含量，即 100 万份药液或药剂中含农药有效成分的份数，用 μL/L(微升/升)、mg/L(毫升/升)或 mg/kg(毫克/千克)表示。过去用 ppm 表示，因不是国际单位制现已经停用。

3. 倍数法(即稀释倍数)

是常量喷雾的一种习惯表示法，即药液或药剂中水或其他稀释剂的量为商品农药的倍数。在配制时，若未注明按容量稀释，均按质量计算。此法一般不指出单位面积的用药量。在实际应用中，稀释倍数有两种计算方法：

(1)内比法　稀释 100 倍或 100 倍以下，计算稀释剂用量时要扣除原药剂所占的 1 份，如稀释 50 倍，即用原药剂 1 份加稀释剂 49 份。

(2)外比法　稀释 100 倍以上，计算稀释剂用量时不扣除原药剂所占的份数，如稀释 1 000

倍，即用原药剂 1 份加稀释剂 1 000 份。

（二）农药的稀释计算

农药的准确稀释和正确配制是安全用药、避免药害、减少环境污染、防止人畜中毒的关键。在配制农药稀释液前，要准确计算商品农药和稀释剂用量，才能准确配制出所需要的农药稀释浓度。

1. 按有效成分计算

通用计算公式：

$$原药剂浓度\times原药剂重量=稀释药剂浓度\times稀释药剂重量$$

(1)求稀释剂用量

稀释 100 倍以下时，计算稀释剂用量公式：

$$稀释剂用量=\frac{原药\times(原药剂浓度-稀释药剂浓度)}{稀释药剂浓度}$$

例：将 80%敌敌畏乳油 0.5 kg，配成 4%的浓度，需加水多少千克？

计算：0.5×(80%－4%)/4%＝9.5(kg)

稀释 100 倍以上时，计算稀释剂用量公式：

$$稀释剂用量=\frac{原药剂重量\times原药剂浓度}{稀释药剂浓度}$$

例：将 80%敌敌畏乳油 0.5 kg，配成 0.04%的浓度，需加水多少千克？

计算：稀释倍数＝80%/0.04%＝2 000

稀释剂用量＝0.5×80%/0.04%＝1 000(kg)

(2)求药剂用量

药剂用量公式：

$$药剂用量=\frac{稀释药剂重量\times稀释药剂浓度}{原药剂浓度}$$

例：要配制 0.5%乐果乳油 2 L，问需用 40%乐果乳油多少毫升？

计算：2 L＝2 000 mL

药剂用量＝2 000×0.5%/40%＝25(mL)

2. 按稀释倍数法计算

此法不考虑药剂的有效成分含量

(1)求稀释剂用量

稀释 100 倍以下时，计算稀释剂用量公式：

$$稀释剂用量=原药剂重量\times(稀释倍数-1)$$

例：50%辛硫磷乳油 200 mL，加水稀释成 50 倍液，问需加水多少？

计算：稀释剂用量＝200×(50－1)＝9 800(mL)

稀释 100 倍以上时，计算稀释剂用量公式：

$$稀释剂用量=原药剂重量\times稀释倍数$$

例：用 80%敌敌畏乳油 10 mL，加水稀释成 1 500 倍液，求需加水多少升？

计算：稀释剂用量＝10×1 500＝15 000(mL)＝15(L)

(2)求药剂用量

计算公式及计算方法参照上述公式变换和计算方法进行。

注意：农药混合使用时，各农药的用量分别计算，而水的用量合在一起计算。在配制时，如果剂型不同，一般顺序是先配制乳油或水剂，然后再配制粉剂。

例：用40%氧化乐果乳油1 000倍液与50%多菌灵可湿性粉剂800倍液混合喷雾，现有稀释剂(水)2 000 L，求两种药剂各用多少？

计算：40%氧化乐果乳油用量＝2 000/1 000＝2(L)

50%多菌灵可湿性粉剂用量＝2 000/800＝2.5(L)

五、农药的合理使用及安全使用

(一)农药的使用方法

农药的种类繁多，农药的种类、加工剂型和防治对象等不同，使用方法也不同。常见的使用方法有：

1. 喷雾法

是将液态农药用喷雾机均匀喷洒到防治对象上的施药方法，是目前生产上应用最广泛的方法。可分为常量喷雾、低容量喷雾和超低容量喷雾3种。乳油、可湿性粉剂、可溶性粉剂、悬浮剂、水剂等农药剂型可用喷雾法施药。喷雾法主要用于植物茎叶处理和土壤表面处理。喷雾时，要求均匀周到，使植物表面充分湿润，但基本不滴水。喷雾的顺序为从上到下，从叶面到叶背，喷雾时要顺风或垂直于风向操作。严禁逆风喷雾，以免引起人员中毒。优点是方法简便，工作效率高，分布均匀，见效快。缺点是一定的飘移污染和浪费，施药人员安全性较差。

2. 喷粉法

是利用喷粉器械所产生的风力，把农药粉剂均匀地喷布到目标植物或防治对象表面的施药方法。粉剂可采用此法施药。此法要求喷洒均匀、周到，以手指轻摸叶片能看到有点药粉沾在手指上为宜。优点是工具比较简单，操作方便，不受水源的限制，较常量喷雾的工作效率高、速度快，可及时控制有害生物大面积的暴发为害。缺点是药粉易飘移、易被雨水冲刷而缩短药剂的残效期，降低防效。防治效果受施药器械、环境因素和粉剂质量影响较大，气流、露和雨水会影响药粉的沉积，一般风力超过1 m/s时不宜喷粉。

知识链接

种子处理时应注意以下几个问题：①拌种时粉剂用量一般为种子质量的0.2%～0.5%，②拌种时，种子和药剂一定要混拌均匀。③浸种和浸苗的药液可以连续使用，但要及时补充减少的药液量。④浸种时温度一般要在10～25℃，温度高时要适当降低药液浓度、缩短浸种时间。⑤温度一定且药液浓度高时，浸种时间可以缩短。

3. 种子处理法

种子处理有拌种、浸种、浸苗、闷种和种子包衣等，主要用来防治种传病害、地下害虫或苗期害虫。拌种是用一定量的药剂和种子混拌在一起，使种子表面均匀覆盖一层农药的方法。浸种是把种子或种苗在一定浓度的药液里浸一定时间，以消灭种子或幼苗所带的病菌和害虫的方法。闷种法是把稀释好的药液均匀喷洒在种子上，搅拌均匀后盖上覆盖物堆闷一段时间，使种子吸收药剂的方法。种子包衣是指将一定量的种衣剂与定量的种子混拌在一起，使种衣剂均匀附着在种子表面形成一层药膜的方法，是目前生产上使用最广泛的方法。种子处理法的优点是用工作效率高，药量少，大气污染小，对天敌影响小。缺点是药效与用药浓度、浸渍时间和温度、混拌的均匀程度等关系密切。

4. 毒饵(谷)法

是将具有胃毒作用的农药与有害生物喜食的食物(饵料)，按一定比例混拌均匀配制成毒饵或毒谷，撒施在有害生物发生、栖息地，诱集有害生物取食而使期中毒死亡的方法。配制毒谷时应先将谷物炒香或煮半熟，晾成半干后再拌药。常见的饵料有谷物、麦麸、米糠、玉米屑、豆饼、青草、菜叶和树叶等。常用于防治地下害虫(蝼蛄、金针虫、地老虎等)、害鼠和软体动物等。此法用药集中，防效高，相对浓度高，对环境污染少，但对人畜安全性较差。

5. 土壤处理

是将药剂与细土、细沙等混合均匀，撒施于地面，或通过耕耙等混入土层中，或将药剂沟施、穴施或灌浇于植物根部，从而达到防病治目的的方法。

6. 熏蒸法

是利用熏蒸剂或挥发性强的农药产生的有毒气体来消灭有害生物的方法。主要用于防治温室大棚、仓库、蛀干害虫、茂密植物层或密闭容器里的有害生物，需要在密闭条件下用药。如常用溴甲烷、磷化铝防治仓储害虫，用敌敌畏药棒熏蒸防治大豆食心虫等。

7. 撒施法

是指将颗粒剂或毒土直接撒施到目标物上的方法。此法适用于有内吸传导作用或不能喷雾的高毒农药或易挥发的农药品种。撒施法操作简单、省工省力。生产中主要用于土壤处理、水田施药、作物心叶施药等。如撒施颗粒剂防治玉米螟等。

8. 熏烟和烟雾法

熏烟是指利用烟剂产生的烟来防治病虫害的方法。烟雾法是指利用喷烟机把农药的油溶液分散成为烟雾状态的施药方法。由于烟雾能在空间自由扩散，在空气中悬浮时间较长，沉降缓慢且分布均匀，防效高于喷雾和喷粉法。

9. 涂抹法

是将内吸性药剂直接涂抹在植物的受害部位或杂草植株上，从而达到防病、防虫或除草的目的。例如：用精稳杀得 10 倍液涂抹防治芦苇；果树刮去病皮后，涂抹 5% 菌毒清 50 倍液防治腐烂病。

10. 注射法

注射法是用树干注射机或兽用注射器将稀释 2～3 倍的药剂直接注入树体内部，或用打孔器、钻头或铁钎等利器在树干基部向下钻一斜孔，钻孔的方向与树干约呈 45°的夹角，深约 5 cm，然后注入 5～10 mL 稀释 2～5 倍的药剂，最后用泥封口。注射用药一般选用内吸性强的药剂，主要用于防治天牛、木蠹蛾等蛀干害虫、叶部害虫及吸汁类害虫等。

(二)农药的合理使用及安全使用

1. 农药的合理使用

农药的合理使用就是从有害生物综合治理的角度出发，本着“安全、经济、有效”的原则，以控制有害生物种群数量为目的，运用生态学的观点来使用农药，防止有害生物产生抗药性，确保人畜安全。

(1)根据有害生物的种类及特点，正确选用农药　有害生物种类很多，而每种药剂都有一定的性能及防治范围，只有了解农药的性能和防治对象，正确选用农药的品种，切实做到对症下药，避免盲目用药。例如，农用链霉素用于防治细菌性病害，对真菌引起的病害效果不好。

(2)根据有害生物的发生规律，适时用药　在调查和测报的基础上，掌握有害生物的发生发展规律，选择最佳时间用药，既能提高防治效果、防止多次用药，又能节约成本。例如，鳞翅目幼虫最好在3龄前用药防治，因为初孵幼虫多有群居为害习性，而且此时抗药力较弱，防治效果好。在病害防治时，一定要在寄主植物发病前或发病早期用药，尤其是保护性杀菌剂必须在发病前使用。

(3)根据药剂使用说明及有害生物发生情况，适量用药　使用农药时，应按照使用说明书上标明的使用浓度、单位面积上的用药量和施药次数严格执行，不能任意提高浓度、加大用药量或增加使用次数，否则不仅增加成本，而且易使植物产生药害，污染环境，导致有害生物过快产生抗药性，甚至造成人畜中毒事故。

(4)根据农药的性质及防治对象，选择正确施药方法　在使用农药时，采用适当的施药方法，对降低用药量、减少用药次数、节约用药成本、防止污染环境、防止人畜中毒、保护生态平衡具有重大意义。一般可根据农药的种类、农药的剂型、防治对象、有害生物特点等选择施药方法。例如，防治地下害虫可采用种子包衣或土壤处理法，防治保护地害虫可采用熏蒸法，呋喃丹等高毒农药宜撒施颗粒剂而不能喷雾等。

(5)根据农药的性质及防治目标，合理混配用药　两种或两种以上作用机制不同或防治对象不同的农药混配使用，不仅可以提高药效，节约施药成本，延缓有害生物产生抗药性，同时还可兼治多种有害生物，扩大防治范围。但并不是所有农药都可相互混用，农药之间的混用取决于农药的本身的化学性质、剂型等。农药混用的原则是混合后不产生化学和物理变化，不降低药效。大多数的农药为酸性，在碱性条件下会分解失效，因此多数农药不能与碱性物质混合使用，否则会降低药效。

(6)从生态角度出发，科学轮换用药　同一种农药在同一地区长期连续使用，易使有害生物对这种农药产生抗药性，导致药效降低。为避免有害生物过快产生抗药性，应在不同的年份或季节，轮换使用不同化学结构或作用机理的农药品种，是延缓有害生物产生抗药性、保护生态环境、减少农产品中农药残留量的最有效方法之一。

2. 农药的安全使用

在使用农药时，如果不按要求使用，就会产生药害，甚至对人、畜及其他有益动物和环境安全造成危害。

(1)预防人畜中毒　在使用或接触农药过程中，进入人畜体内的量超过了正常的最大忍受量，就会引起人畜中毒。为防止农药中毒，首先要普及安全用药知识。其次是施药人员必须是身体健康的青壮年，且施药人员必须做好安全防护。第三是使用剧毒或高毒农药时要严格按照农药安全使用规定的要求执行，尽可能选用高效、低毒、低残留、无污染的农药。第四是喷药应在无风晴天进行，阴雨天、高温天或炎热中午不宜用药。第五是喷药期间严禁吃东西、吸烟、打闹等，喷药过程中若有不适感，应立即停止喷药，症状严重者应立即送往医院。第六是中间休息或喷药结束后要用肥皂洗净手脸，并更换衣服。

知识链接

农药的毒性一般可分为急生毒性、亚急性毒性和慢性毒性，通常用 LD_{50} 和 LC_{50} 表示毒性大小。急生毒性是指动物口服或接触药剂后在短时间内出现中毒症状。亚急性毒性是指动物在一段时间（一般 30～60 天）内连续口服或接触一定剂量的农药后，出现与急性中毒类似的症状。慢性毒性是指动物长期（一般 6 个月以上）口服或接触低微剂量的农药后引起的慢性中毒症状。

（2）预防作物药害　若用药种类、方法、浓度、时期及气候条件不当，极易引起作物产生药害。药害分急性药害和慢性药害两类。急性药害是在施药后短时间内，一般几小时，最多 1～2 天就会表现出明显的药害症状。慢性药害则在施药后较长时间，一般十几天以后才表现药害症状。

为防止药害的发生，在使用农药前要认真阅读使用说明书，严格按照使用说明书中的用量、使用时期、使用方法等使用，不能任意加大药量、提高使用浓度、扩大使用范围，不能随意混用农药。应避开植物敏感期用药，植物开花期、幼苗期用药要适当降低浓度，避开高温或中午前后高温时段用药。

一旦发生药害，可喷水淋洗受害部位，增施磷钾肥或叶面肥，喷施解药害的药剂等措施。

（3）安全保管农药

①设立专库单独贮存：农药不得和粮食、种子、饲料、化肥及日用品混放，严禁把汽油、柴油等易燃物品放在农药仓库内。库房内要阴凉、干燥、通风，严防高温、潮湿、阳光直射。贮存温度不能高于 35℃（烟雾剂不超过 30℃），不能低于 1℃，相对湿度 75%以下。并有防火防盗措施。

②安排专人负责保管：贮存的农药包装上应有完整、牢固、清晰的标签，并分类、分区存放。登记入库农药种类、名称、数量、入库时间等。健全领发制度，领用药剂须经主管人员批准，保管人员核验后才能领取。药品领取后，应由专人保管，严防丢失。当天剩余的药品须全部退还入库，严禁库外存放。

③科学存放剩余农药：剩余农药保管不当，不仅容易造成人、畜中毒，而且还会因保存方法不当造成变质失效。用剩的农药切忌散装、散放，也不能裸露开放式存放，更不能随手丢弃。开瓶或开袋后没用完的农药，一定要拧紧盖子或将包装袋重新封口，并要保持标签完整。已失效或剩余极小量的农药也不能倾倒在沟渠、池塘、河流等处，最好深埋处理。

④妥善处理农药包装：农药废包装既不能作为它用，也不能随意乱丢、乱放。最好设立农药包装专门回收的地方，统一回收、集中处理。没有专门回收站的地方，一般金属和玻璃容器可洗净后深埋地下至少 50 cm；塑料容器洗净后可焚烧；纸箱等可焚烧或深埋。

六、常用农药的使用技术

（一）杀虫剂

杀虫剂按原料来源分为有机合成杀虫剂、无机杀虫剂、微生物杀虫剂、植物性杀虫剂等。有机合成杀虫剂按化学结构又可分为有机磷杀虫剂、拟除虫菊酯类杀虫剂、氨基甲酸酯类杀虫剂、沙蚕毒素类杀虫剂、苯甲酰脲类杀虫剂等。见表 5-6-2。

表 5-6-2　常用杀虫剂种类及特点

药剂类型	药剂名称	作用原理	性质	防治对象	使用方法
微生物源杀虫剂	阿维菌素	触杀、胃毒，微弱熏蒸	残效期长，渗透作用强，可杀死叶片表皮下的害虫，不能与碱性农药混用，不杀卵	鳞翅目、鞘翅目、同翅目等害虫以及叶螨，对根结线虫防效明显	1.8%乳油 2 000～3 000 倍液喷雾
	苏云金杆菌	胃毒	对蜜蜂、家蚕、水生生物有毒，禁止在河塘等水体中清洗施药器具，不能与有机磷农药及碱性物质混用	鳞翅目、鞘翅目、直翅目、双翅目、膜翅目等 100 多种害虫	100 亿孢子/mL 乳剂 500～1 000倍液喷雾
植物源杀虫剂	烟碱	触杀为主，兼胃毒和熏蒸	杀虫活性较高，勿与强酸、强碱农药混合使用，在避光、阴凉、干燥处贮存	鳞翅目、同翅目、半翅目、双翅目、缨翅目等目的蚜虫、介壳虫、菜青虫多种害虫以及红蜘蛛	10%乳油 800～1 500 倍液喷雾
	鱼藤酮	胃毒、强触杀	杀虫活性高，对人、畜中等毒性，对鱼、猪剧毒	鳞翅目、同翅目、半翅目、鞘翅目、缨翅目、螨类等多种害虫	2.5%乳油 800～1 000 倍液喷雾
	茴蒿素	触杀、胃毒	杀虫谱广，速效性和持效性，对人、畜无毒。不能与酸、碱性农药混用，稀释液要现配现用	防治农作物、果树、林木、蔬菜、草坪等的蚜虫、红蜘蛛、菜青虫等多种害虫。对幼虫及卵均有杀伤作用	0.65%水剂 300～800 倍液喷雾
	苦参碱	触杀、胃毒	杀虫谱广、低毒、低残留，对人畜低毒，对动物和鱼类安全	蚜虫、红蜘蛛及鳞翅目害虫，也可防治地下害虫	0.2%水剂 100～300 倍液喷雾
有机磷类	敌百虫	胃毒作用强，兼有触杀作用	易受潮，弱碱性条件可转化成毒性更强的敌敌畏。高效、低毒、低残留、杀虫谱广。对人、畜安全，残效期短	对双翅目、鳞翅目、膜翅目、鞘翅目、地下害虫等防效好，对蚧类、蚜虫类等刺吸式口器害虫效果不佳	90%晶体 800 倍液喷雾，也可灌根、喷粉
	敌敌畏	触杀、胃毒、强烈熏蒸	高效、广谱，击倒力强，挥发性强，在碱性和高温条件下快速分解为无毒物质，不能与减性农药和肥料混用	蔬菜、果树和多种农田作物防治咀嚼或和刺吸式口器害虫，但李、梅、杏等对敌敌畏较敏感，使用时应注意	80%乳油熏蒸或 1 000～1 500 倍液喷雾

续表 5-6-2

药剂类型	药剂名称	作用原理	性质	防治对象	使用方法
有机磷类	乐果	强内吸，一定胃毒、触杀	高效、低毒、低残留、广谱，遇碱易分解失效，有臭味，蜜蜂、寄生蜂、食蚜蝇等高毒	刺吸式口器害虫、螨类特效，烟草、梅、李、杏、樱桃、柑橘敏感，高浓度易产生药害	40%乳油 1 000～2 000 倍液喷雾
	氧化乐果	强触杀和内吸作用	对人、畜高毒，可采用涂茎法施药。其他同乐果	同乐果对某些高粱品种、梅、李、烟草、樱桃、柑橘、杏易产生药害，花期慎用，对蜜蜂有毒	40%乳油 2 000 倍液喷雾
	辛硫磷	触杀、胃毒	高效、低毒、低残留，遇碱及光照条件易分解，施于土壤中残效期可达 15 天以上	鳞翅目幼虫、蚜虫、粉虱、蓟马、螨类等，施于土壤中可有效防治地下害虫	50%乳油 1 000～2 000 倍液喷雾
	毒死蜱	触杀、胃毒、熏蒸	高效、中毒，在土壤中残留时间长	多种鳞翅目害虫；蚜虫、叶蝉、螨类等	48%乳油 1 000～2 000 倍液喷雾
	乙酰甲胺磷	内吸、胃毒、触杀、一定的熏蒸	缓效型杀虫剂，初效缓慢，2～3 天后效果显著，后效作用强。持效期长，可杀卵，与西维因、乐果等混用有增效作用	农作物、园艺、园林等多种作物上的咀嚼式、刺吸式口器害虫和害螨	30%乳油 500～600 倍液喷雾
	甲基异柳磷	较强的触杀和胃毒作用	对人、畜高毒，不能用于蔬菜、果树、茶叶、中草药材上，不能与碱性农药混用	蝼蛄、蛴螬、地老虎及根结线虫等地下害虫	40%乳油拌种，撒施毒土或毒饵
氨基甲酸酯类	抗蚜威	触杀、熏蒸和内吸	高效、中毒、低残留的选择性杀蚜剂，速效性，持效期短，可根施	多种蚜虫，对蚜虫天敌低毒	50%可湿性粉剂 2 000～3 000 倍液喷雾
	克百威	强烈内吸、触杀、熏蒸	高毒、高效、广谱，可杀虫、杀螨、杀线虫，残效期长达 40 天，耐雨水冲刷，不影响天敌，可与肥料混合施用	鞘翅目、同翅目、半翅目、鳞翅目及螨类等防效好，施于根际并由根部吸收传导而起杀虫作用	2%、3%和 5%颗粒剂撒施进行土壤处理

续表 5-6-2

药剂类型	药剂名称	作用原理	性质	防治对象	使用方法
氨基甲酸酯类	灭多威	触杀、内吸、胃毒	经口毒性高，经皮毒性低，残毒低	多种鳞翅目害虫卵和幼虫，蚜虫、叶甲等	喷雾
	甲萘威	触杀、胃毒	遇碱性物质易分解，忌与波尔多液、石硫合剂及洗衣粉等混用	卷叶蛾、潜叶蛾、蓟马、叶蝉、蚜虫等对有机磷农药产生抗性的害虫，对介壳虫和螨类防效不佳	25%可溶性粉剂 500～700 倍液喷雾
	涕灭威	内吸、触杀、胃毒	人、畜高毒，使用方便、杀虫效果好，持效期长达 12 个月，不污染空气、不杀伤天敌	蚜虫、叶蝉、叶螨、蓟马及地下害虫	15%颗粒剂撒施
拟除虫菊酯类	氰戊菊酯	触杀、胃毒、驱避作用	高效、低毒、广谱，击倒力强，杀虫速度快，对人、畜中等毒性	蚜虫、蓟马、黑刺粉虱、马尾松毛虫等	20%乳油 2 000～3 000 倍液喷雾
	溴氰菊酯	触杀，一定的驱避和拒食	触杀作用迅速，击倒力强，击倒速度快，持效期长达 7～12 天，对人、畜中等毒性，高浓度下对一些害虫有驱避作用	鳞翅目、鞘翅目、直翅目、半翅目、双翅目、缨翅目等多种害虫防效好，对介壳虫、盲蝽、螨类等防效较差，还会刺激螨类繁殖	2.5%乳油 2 000～3 000 倍液喷雾
	氯氰菊酯	触杀、胃毒强，忌避和拒食	高效、中毒、低残留，对人、畜低毒，对光热均稳定，遇碱易分解	鳞翅目食叶害虫及蚜虫、介壳虫、叶蝉类害虫高效	10%乳油 5 000～6 000 倍液喷雾
	三氟氯氰菊酯	极强的胃毒和触杀作用	活性高，杀虫作用快，持效长，杀虫谱广	鳞翅目、半翅目、鞘翅目、膜翅目害虫及蚜虫、叶螨等均有较高防效	2.5%乳油 3 000～5 000 倍液喷雾
	联苯菊酯	强烈触杀和胃毒作用	作用迅速，持效期长，广谱，对人、畜中毒，对天敌的杀伤力低于有机磷类、高于其他菊酯类农药	鳞翅目、鞘翅目、缨翅目及叶蝉、粉虱、瘿螨、叶螨等防效均较好	10%乳油 3 000～5 000 倍液喷雾

续表 5-6-2

药剂类型	药剂名称	作用原理	性质	防治对象	使用方法
拟除虫菊酯类	甲氰菊酯	强触杀、驱避和胃毒作用	杀虫谱广，击倒速度快，持效期长，对人、畜中毒	鳞翅目、同翅目、半翅目、鞘翅目等多种害虫和叶螨，特别适合在害虫、害螨并发时使用	20%乳油 1 500～2 000 倍液喷雾
	二氯苯醚菊酯	触杀、胃毒，无内吸作用	杀虫谱广，高效、低毒、低残留，对人、畜较安全，但对鱼类毒性较大	卷叶蛾、刺蛾、蚜虫、蓟马、叶蝉、芫菁、风蝶、木虱等害虫有效，对螨类、蚧类等防效不佳	
沙蚕毒素类	杀虫双	胃毒、触杀、熏蒸、内吸	对人、畜中等毒性，对鱼和家蚕毒性大，持效期一般 7 天	叶蝉和鳞翅目的食叶性、钻蛀性害虫	5% 颗粒剂撒施，25% 水剂 500～700 倍液喷雾
	杀螟丹	触杀、强胃毒，一定拒食	击倒快，残效期长，杀虫谱广，环境污染少，无残留毒性。对天敌无毒，对人畜、鸟类低毒，对鱼、蜜蜂和家蚕有毒	鳞翅目、鞘翅目、半翅目、双翅目等多种害虫和线虫，对捕食性螨类影响较小。一定的杀卵作用	50%可湿性粉剂 1 000～2 000 倍液喷雾
苯甲酰脲类	灭幼脲	触杀、强胃毒	低毒，对人畜和天敌安全，能抑制和破坏几丁质合成，使昆虫不能正常脱皮而死。残效期 15～20 天	对多种鳞翅目幼虫有特效	50%胶悬剂 1 000～2 000 倍液喷雾
	定虫隆	胃毒、触杀	高效、低毒的昆虫几丁质合成抑制剂，药后 3～4 天见效，与其他杀虫剂无交互抗性	鳞翅目幼虫特效，对有机磷、拟除虫菊酯农药产生抗性的鳞翅目害虫有较高防效	5%乳油 1 000～2 000 倍液喷雾
	噻嗪酮	胃毒、触杀	选择性昆虫生长调节剂，抑制害虫几丁质合成使若虫在脱皮过程中死亡。高效、低残留、残效期长、对天敌安全	叶蝉、粉虱类有特效，对介壳虫也有较好防效。主要作用于若虫，对成虫无效	25%可湿性粉剂 1 500～2 000 倍液喷雾

续表 5-6-2

药剂类型	药剂名称	作用原理	性质	防治对象	使用方法
熏蒸剂	磷化铝	熏蒸	无气味，广谱，高效，干燥条件稳定，易吸水分解出磷化氢气体，对人畜剧毒，防效与密闭好坏、温度及时间长短有	防治仓储害虫、种实害虫、蛀干害虫等	56%磷化铝片剂 34 片/m^3，密封熏蒸
	溴甲烷	强烈熏蒸	无气味，高毒，杀虫谱广，扩散性好，穿透力强，不易燃烧，作用慢。不能熏蒸留种用的植物种子以及含脂肪多的食品	防治温室害虫、苗木、非留种用的种子。对害虫各虫期都有强烈毒杀作用，并能杀螨	27～37.5 g/m^3，密封熏蒸
其他杀虫剂	吡虫啉	内吸、胃毒和触杀	硝基亚甲基类，对人、畜低毒，对天敌、环境安全	刺吸式口器害虫防效突出，对鞘翅目、双翅目和鳞翅目也有效，对线虫和红蜘蛛无效	可湿性粉剂 2 000～3 000 倍液喷雾
	氟虫腈	胃毒、触杀、一定内吸	高效、广谱、中等毒性的苯基吡唑类杀虫剂	果树、蔬菜及多种作物上防治半翅目、鳞翅目、同翅目、缨翅目、鞘翅目等多种害虫，对产生抗性的害虫具有显著的效果	5%悬浮剂 800～1 200 倍液喷雾

1. 微生物源杀虫剂

是指能用于防治害虫的病原微生物(真菌、细菌、病毒和微孢子虫等)和微生物的代谢产物,因来源于微生物,称为微生物源杀虫剂。主要特性是具有传染性,选择性强,不伤害天敌,对人畜毒性较低,残留少,不污染环境,不易使害虫产生抗药性。但应用效果受环境影响大,药效发挥慢,防治暴发性害虫效果差。该类药剂是生产绿色食品应用最多的生物农药。如苏云金杆菌、白僵菌、阿维菌素、青虫菌、棉铃虫核多角体病虫、虫螨素等。

2. 植物源杀虫剂

是指利用具有杀虫作用活性的植物全株或某些部位取提出来或模拟杀虫植物中杀虫物质的化学结构人工合成与其相类似的物质制成的杀虫剂,统称为植物源杀虫剂。主要特点是选择性强,对人畜及天敌毒性低,害虫不易产生抗药性,易降解,持效期短,对农产品、食品和环境基本无污染。如鱼藤酮、烟碱、苦参碱、茴蒿素等。

3. 有机磷杀虫剂

是当前国内外发展最迅速、使用最广泛的一类杀虫剂。优点是品种多、剂型多、药效高、杀虫谱广,缺点是很多种类急性毒性高,使用不当易引起人、畜中毒,但残留毒性低,无积累毒性。

4. 氨基甲酸酯类杀虫剂

是一类含氮化合物,主要特点是触杀作用强,药效迅速、持效期短,对害虫选择性强。杀虫范围不如有机磷广泛,对螨类和介壳虫效果差,对天敌安全,多数品种低毒。

5. 拟除虫菊酯类杀虫剂

是人工合成的一系列的类似天然除虫菊素化学结构的合成有机化合物,主要特点是杀虫谱广、高效、低毒和强烈的触杀作用,对人、畜低毒,不污染环境。但对鱼、蜜蜂及天敌毒性高,连续使用易导致害虫产生抗药性。

6. 沙蚕毒素类杀虫剂

在沙蚕体内含一种有毒物质叫沙蚕毒素,对害虫具有很强的毒杀作用,人们按照沙蚕毒素的化学结构,仿生合成了一系列可用作农用杀虫剂的沙蚕毒素类似物,统称为沙蚕毒素类杀虫剂。是人类开发的一类动物源杀虫剂。如杀螟丹、杀虫双等。

7. 苯甲酰脲类杀虫剂

又称几丁质合成酶抑制剂,是一种特异性杀虫剂,这类药剂不直接杀死害虫,而是引起昆虫生理上的某种特异反应,使昆虫的发育、繁殖、行动受到阻碍和抑制,从而达到控制害虫的目的。此类药剂主要是胃毒作用,对害虫选择性强,杀虫作用缓慢;对人、畜低毒,不污染环境。

8. 熏蒸剂

是一类能挥发成气体毒杀害虫的药剂,主要用于仓库、温室和植物检疫中熏杀害虫。其特点是杀虫作用快,能消灭隐藏的害虫和螨类,对人、畜高毒。

(二)杀菌剂

杀菌剂种类很多,按杀菌剂在植物体内的传导特性可分为非内吸性杀菌剂(保护性杀菌剂)、内吸性杀菌剂两类。见表 5-6-3。

表 5-6-3　常用杀菌剂种类及特点

药剂类型	药剂名称	作用方式	性质	防治对象	使用方法
非内吸性杀菌剂	波尔多液	保护	广谱，残效期15～20天，在病原菌侵入前使用防治效果最好。不能贮存，要随配随用，不能与碱性农药混用	防治多种病害，如多种叶斑病、炭疽病、霜霉病等	1%、0.5%波尔多液喷雾
	石硫合剂	保护、熏蒸	强碱性，强臭鸡蛋味，遇酸易分解。液面上加一层油能长期贮存。不宜与乳剂农药、易分解的有机合成农药混用，不宜与微量元素混用	既能杀菌又能杀虫、杀螨，防治多种病虫害，如白粉病、锈病、红蜘蛛、介壳虫等	休眠期浓度350Bé，生长期浓度0.1～0.3Bé喷雾
	代森锌	保护作用，较强的触杀作用	对人、畜无毒，对植物安全，残效期约7天，在日光下不稳定，不能和碱性药剂混用，不能与含铜制剂混用，吸湿性强	多种作物真菌性病害，对霜霉病菌、炭疽病菌等有较强的触杀作用，对白粉病效果差	65%可湿性粉剂400～600倍，80%可湿性粉剂800～1 000倍液喷雾
	代森锰锌	保护作用	高效、低毒、广谱，遇酸碱易分解，高温时遇潮湿也易分解	对多种叶斑病防效突出，对疫病、霜霉病、灰霉病、炭疽病等也有良好的防效	80%可湿性粉剂600～800倍液喷雾
	百菌清	保护作用	对人、畜低毒，无内吸作用，雨水冲刷，持效期较长	果树、蔬菜上防治霜霉病、疫病、炭疽病、灰霉病、锈病、白粉病及多种叶斑病效果好	75%可湿性粉剂500～800倍液喷雾，10%、30%烟剂熏烟
	速克灵	保护、治疗作用	持效期长，对人、畜低毒，酸性条件稳定，碱性条件不稳定，内吸作用突出，耐雨水冲刷	对灰霉病、菌核病、褐斑病、小斑病等真菌性叶斑病害防效好	50%可湿性粉剂1 000～2 000倍液喷雾
	扑海因	保护、治疗作用	高效低毒，不污染环境，对人、畜、蜜蜂安全，适合在蔬上使用	防治多种果树、蔬菜、瓜果等作物早期落叶病、灰霉病、早疫病、立枯病等	50%可湿性粉剂1 000～1 500倍液喷雾
	克露	保护、治疗、铲除、局部内吸作用	由8%霜脲腈和64%代森锰锌混配而成，对人、畜低毒	对霜霉病、早疫病、晚疫病、霜疫霉病等有较好的防治效果	72%可湿性粉剂600～800倍液喷雾

续表5-6-3

药剂类型	药剂名称	作用方式	性质	防治对象	使用方法
内吸性杀菌剂	多菌灵	保护、治疗和内吸作用	高效、低毒、广谱，易被植物根吸收，可向上运转，残效期7天。对植物生长有刺激作用，对鱼、蜜蜂安全，对酸碱不稳定，不能与铜制剂混用	对半知菌、子囊菌等真菌引起的多种作物病害有较好防效	50%可湿性粉剂500～1 000倍液喷雾，也可种子和土壤处理
	甲霜灵	保护、治疗作用	高效、安全、低毒，在植物体内能双向传导，耐雨水冲刷	对霜霉病、疫霉病、腐霉病有特效，对其他真菌和细菌病害无效	25%可湿性粉剂500～800倍液喷雾
	三唑酮	保护、治疗作用	广谱、高效、低毒，残效期长，能在植物体内传导，对鱼类、鸟类、蜜蜂和天敌安全	锈病、白粉病的特效药剂，还可防治玉米圆斑病、麦类纹枯病、玉米丝黑穗病等	25%可湿性粉剂700～1 500倍液喷雾
	烯唑醇	保护、治疗和铲除作用	广谱，对人、畜、鱼类中毒，持效期长，少数植物有抑制生长现象	对子囊菌、担子菌引起的多种植物病害如白粉病、锈病、黑粉病、黑星病等有特效	12.5%超微可湿性粉剂3 000～4 000倍液喷雾
	氟硅唑	保护、治疗作用	高效、广谱，对人、畜低毒，一个生长季内使用次数不宜超过4次	对子囊菌、担子菌、半知菌有效，对卵菌无效。主要防治白粉病、锈病、叶斑病，对梨黑星病效果突出	40%乳油8 000～10 000倍液喷雾
	苯醚甲环唑	保护、治疗作用	广谱、高效、低毒，对人、畜低毒，不宜与铜制剂混用，喷雾时用水量一定要充足	防治由子囊菌、担子菌和半知菌引起叶斑病、炭疽病、早疫病、白粉病、锈病等	10%水分散粒剂6 000～8 000倍液喷雾
	甲基硫菌灵	保护、治疗作用	广谱，低毒，对人、畜及鱼类安全，残效期5～7天，对光、酸稳定，遇碱性物质易分解失效，不能与含铜制剂混用，需在阴凉、干燥处贮存	对炭疽病、灰霉病、白粉病、褐斑病、轮纹病等多种植物病害防治效果好	50%可湿性粉剂400～600倍液，70%可湿性粉剂1 000～1 200倍液喷雾

续表 5-6-3

药剂类型	药剂名称	作用方式	性质	防治对象	使用方法
抗生素类杀菌剂	井冈霉素	治疗	较强的内吸性，易被菌体细胞吸收并在其内迅速传导，干扰和抑制菌体细胞生长和发育	防治由丝核菌引起的多种作物纹枯病、立枯病、根腐病等	5%水剂 500 倍液喷雾
	多抗霉素	治疗	广谱，有较好的内吸性，干扰菌体细胞壁的生物合成，还能抑制病菌产孢和病斑扩大	防治叶斑病、白粉病、霜霉病、枯萎病、灰霉病等多种病害	10%可湿性粉剂 1 000～1 200 倍液喷雾
	抗霉菌素 120	保护为主，兼具一定的治疗作用	阻碍植物病原菌蛋白质的合成而致病菌死亡。高效低毒，对人、畜安全，不伤害天敌，无残留、不污染农产品	对白粉病、霜霉病等防效好，对许多植物病原菌有强烈抑制作用	2%水剂 600～800 倍液喷雾或 200～400 倍液灌根

1. 非内吸性杀菌剂

是指药剂喷施到植物体表后，不能被植物体吸收并传导，而是在植物体表形成一层药膜，以保护植物不受病原菌侵染的一类药剂。这类药剂一般杀菌谱广，可防治多种病害，多用作病害预防。此类药剂不易使病原物产生抗药性，比较经济，但多数只具有保护作用，不能防治侵入植物体内的病原菌，所以必须在病原菌侵入前使用，一旦病原菌侵入，使用此类药剂就不能达到防治效果。

2. 内吸性杀菌剂

是指能被植物的根、茎、叶、种子吸收或渗入到植物体内，并在植物体内传导、扩散或产生代谢物，保护作物不受病原物的侵染或抑制已经侵入植物组织的病菌生长，因此具有治疗和保护作用。该类杀菌剂容易使病原菌产生抗药性。

3. 抗生素类杀菌剂

抗生素是微生物产生的代谢特质，能抑制植物病原菌的生长和繁殖。该类药剂防效高，使用浓度低，多具有内吸和渗透作用，具有治疗作用。大多对人、畜低毒，残留少，不污染环境。

(三)杀螨剂

杀螨剂是指用于防治植食性有害螨类的药剂。一般指只杀螨不杀虫或以杀螨为主的药剂。杀螨剂一般无内吸传导作用，对人、畜低毒，对植物安全。如噻螨酮、克螨特、石硫合剂、杀螨素、双甲脒、三氯杀螨醇(砜)等。按防治对象可分为专性杀螨剂和兼性杀螨剂两类。见表5-6-4。

表 5-6-4 常用杀螨剂种类及特点

药剂名称	类别	作用原理	性质、特点	防治对象	使用方法
哒螨酮	杂环类	触杀为主	广谱性，速效性好，持效期长，可达30～60天	对多种作物的害螨有特效，对螨类各个生育期都有效	20%可湿性粉剂2 000～3 000倍液喷雾
克螨特	有机硫	触杀和胃毒	杀螨谱广，持效期长，对幼、若、成螨效果好，杀卵效果差	蔬菜、果树、花卉等多种作物上的害螨	73%乳油2 000～3 000倍液喷雾
氟虫脲	苯甲酰脲类	触杀和胃毒	药效缓慢，幼、若螨效果好，不能直接杀死成螨	果树、烟草、观赏植物上的各种害螨和鳞翅目、鞘翅目、双翅目、半翅目等目害虫	5%乳油1 000～1 500倍液喷雾
四螨嗪	有机氮杂环类	触杀	对螨卵效果好，对幼、若螨也有效，对成螨效果差	果树、蔬菜、花卉上的多种害螨	20%悬浮剂2 000～3 000倍液喷雾
浏阳霉素	大环四内酯类抗生素	触杀	杀虫速度快，安全采收期短，仅24 h，无内吸性，喷雾要均匀	多种叶螨，兼治鳞翅目、鞘翅目、同翅目等多种害虫	20%乳油1 000～3 000倍液喷雾

(四)杀线虫剂

杀线虫剂的品种较少，常用的不过十几种，按其作用方式分为熏蒸剂和非熏蒸剂两大类；按防治对象分为专性杀线虫剂和兼性杀线虫剂两类；按化学结构分为卤化烃类、硫代异硫氰酸甲酯类、有机磷类、有机磷类和抗生素类。见表 5-6-5。

表 5-6-5　常用杀线虫剂种类及特点

药剂名称	类别	作用原理	性质、特点	防治对象	使用方法
克线磷	有机磷类	触杀和内吸传导	对人、畜高毒，可在播种前、移栽时或生长期撒在沟、穴内或植株附近土中	农作物、蔬菜、观赏植物多种线虫病的防治，并对蓟马和粉虱有一定的控制作用	10%颗粒剂 4 575 kg/hm² 撒施
克百威	有机磷类	触杀和胃毒	广谱性杀虫、杀线虫剂		
棉隆(必速灭)	硫代异氰酸酯类	较强的熏蒸作用	低毒，对动物、蜜蜂无害，对鱼毒性中等。易在土壤中扩散，作用全面、持久	对多种线虫有效，兼治土壤真菌、地下害虫及杂草	50%可湿性粉剂 1 522.5 kg/hm² 拌细土 1 015 kg 沟施或撒施

(五)除草剂

除草剂的种类很多，可按不同方式进行分类。按作用方式分为选择性除草剂和灭生性除草剂；按在植物体内运转情况分为触杀型除草剂和内吸传导型除草剂；按使用方法分为土壤处理剂、茎叶处理剂、土壤兼茎叶处理剂。见表 5-6-6。

表 5-6-6　常用除草剂种类及特点

药剂名称	类别	作用原理	性质、特点	防治对象	使用方法
2,4-D 丁酯	苯氧羧酸类	选择性、内吸传导型、激素类	有很强的挥发性，雾滴可在空气中飘移很远，使敏感植物受害	禾本科作物和草坪中的阔叶杂草	苗后茎叶处理
百草枯	联吡啶类	灭生性、触杀型	速效，能迅速被植物绿色组织吸收，使其枯死，对非绿色组织无效，对根、多年生地下茎及宿根无效，遇土壤易钝化	果园、林地、苗圃、农田等的各种已出苗杂，杀伤其绿色部分	茎叶处理、行间定向喷雾
乙羧氟草醚	二苯醚类	选择性、触杀型	在杂草体内传导作用很小，杀草速度快，安全性好于三氟羧草醚	防除多种阔叶杂草，对一年生禾本科杂草有一定抑制作用	苗后茎叶处理
草甘膦	有机磷类	灭生性、内吸传导型	草甘膦本身是致癌物质，对人体有害，干扰蛋白质合成，导致植物死亡	果树、苗圃、林地、农田等的各种已出苗杂草	茎叶喷雾

续表5-6-6

药剂名称	类别	作用原理	性质、特点	防治对象	使用方法
莠去津	三氮苯类	选择性、内吸传导型	持效期较长，光合作用抑制剂，光合作用强则除草活性强	一年生阔叶杂草和禾本科杂草	土壤、茎叶处理
苯磺隆	磺酰脲类	选择性、内吸传导型	杂草的茎、叶和根吸收传导，在土壤中持效期长达30～45天	禾本科作物及草坪中的阔叶杂草	茎叶处理
甲草胺	磺胺类	选择性芽前处理剂	幼芽吸收，吸收后向上传导，种子和根吸收传导少	一年生禾本科杂草和某些阔叶杂草	土壤处理

(六)杀鼠剂

杀鼠剂(表5-6-7)大多对人、畜高毒，故使用时应注意安全，以防中毒。

表5-6-7　常用杀鼠剂品种及使用技术

药剂名称	毒性及性能	主要剂型	作用方式	使用方法
敌鼠(野鼠净)	高毒，第一代抗凝血型杀鼠剂，灭鼠效果好，迟效，死亡高峰在吃药后4～6天	80%粉剂、0.005%粒剂	胃毒	适用于室内外和田野灭鼠，室内用小麦、大米等或切成块状的瓜果、蔬菜制成0.025%～0.05%的毒饵，连续投放3～4天，野外灭鼠用0.2%～0.3%浓度毒饵一次性投饵，每洞5～10 g，或在鼠道上每10 m左右投放2～3 g
溴敌隆(乐万通)	高毒，第二代抗凝血型杀鼠剂，具有毒性大、杀鼠谱广、杀鼠彻底等优点，死亡高峰在吃药后4～6天	0.5%粉剂、0.5%液剂、0.005%颗粒剂	胃毒	用小麦等谷物或用萝卜、马铃薯等配成毒饵，防治家鼠一次投饵或间隔投饵，每个房间投2～3堆，每堆5～15 g；野外灭鼠一次性投饵，每洞10 g或每10 m投一堆，每堆5 g
溴鼠隆(大隆)	高毒，杀鼠速效，又有慢性积累能力，使用简便，理想的第二代抗凝血型杀鼠剂	0.005%毒饵、0.005%蜡块	胃毒	防治家鼠，每房间设1～3个饵点，每点2～3 g；防治田鼠，每667 m^2 5堆，每堆5 g，或每鼠洞投饵5～10 g
杀鼠灵(灭鼠灵)	高毒，作用缓慢，作用机理同抗凝血型杀鼠剂，采用低浓度毒饵连续多次投放	2.5%母粉、0.025%毒饵	胃毒	田间灭鼠通常用2.5%母粉加入饵料配成0.05%的毒饵，防治家鼠可使用市售0.025%毒饵或自配

(七)植物生长调节剂

植物生长调节剂(表5-6-8)是人工合成的具有调节植物发育机能的一类物质，具有类似植物体内激素的作用，与其他各类农药的不同之处是用量极少。

表 5-6-8 常用植物生长调节剂品种及使用技术

药剂名称	毒性及性能	剂型	作用特点	适用作物
赤霉素（九二〇）	低毒，遇碱分解，随用随配，留种田不宜使用	80%结晶粉、4%乳油、4%水溶性粉剂	可刺激细胞伸长，促进作物生长发育，提早成熟，提高产量，改善品质，能打破种子、块根、鳞茎等器官休眠，促进发芽；提高坐果率或形成无籽果实等	可用于水稻、芹菜、菠菜、番茄、黄瓜、梨、香蕉、柑橘、西瓜等的促发芽、促生长、保果保鲜、杂交制种及无籽果的生产等
乙烯利（一试灵）	低毒，具有强酸性，能腐蚀金属器皿、皮肤和衣物，不能与碱性农药混用，宜随配随用	40%水剂	属促进成熟的植物生长调节剂，进入植物体内到达作用部位，可释放出乙烯，促进果实成熟及叶片、果实的脱落，减少顶端优势，矮化植株，诱导雄性不育	用于促进棉花、番茄等早熟，矮化小麦、水稻、玉米，增加黄瓜、南瓜雌花等
甲哌鎓（缩节胺、助壮素）	低毒，适用于高肥水田块	40%、97%粉剂，5%、25%水剂	属棉花生长调节剂，可控制棉株高度，协调营养生长和生殖生长，使株型紧凑，减少蕾铃脱落，开花结铃集中，伏前桃与伏桃比例增加，提高产量和品质	适用于棉田控制棉花生长，在棉株45～60 cm高，早期开花阶段，10 m范围内有8～10朵花时，进行喷施，增产显著
多效唑	低毒，可与一般农药混用，土壤施用药效长，效果好	15%可湿性粉剂、25%乳油	可抑制植物营养生长，促使植株节间缩短、茎粗壮、叶片增厚、叶色浓绿、侧枝增多、根系发达，提高植物抗逆性	苹果、梨、葡萄、桃等果树可以环状施肥的形式施入土中；柑橘、葡萄等果树及花生、大豆、棉花、油菜、黄瓜、茄果类蔬菜可叶面喷洒使用
芸薹素内酯（天丰素）	低毒，不能与碱性物质混用	0.01%乳油、0.04%水剂、0.02%可溶性粉剂	促进细胞伸长和分裂，提高叶绿素含量，促进光合作用，提高坐果率和结果率，提高抗逆性，增加产量，改善品质	小麦、玉米、水稻、大豆、花生、果树及萝卜、青椒、马铃薯等多种蔬菜
氟节胺（抑芽敏）	低毒，不能与其他农药混用，对眼睛和皮肤有刺激作用	25%乳油	为接触兼局部内吸型植物生长延缓剂，主要影响植物体内酶系统功能，增加叶绿素和蛋白质含量，抑制烟叶侧芽生长	用于抑制烟芽，在烟草去顶后，随即按每公顷900～1 050 mL乳油喷雾
防落素（番茄灵）	低毒，不溶于水，使用时应先用少量酒精溶解后，再加水稀释成所需浓度，留种田不宜使用	98%粉剂，95%片剂，1%、2.5%、5%水剂	具有内吸传导作用，能抑制植物体内脱落酸的形成，防止落花、落果，加速幼果发育，促进早熟，并能控制瓜果长籽，形成无籽或少籽果实	主要用于番茄、茄果类蔬菜，也可用于小麦、大麦、水稻、油菜、豆类、芝麻、西瓜、苹果等

续表5-6-8

药剂名称	毒性及性能	剂型	作用特点	适用作物
复硝酚钠（爱多收）	低毒，可与一般农药混用	1.8%乳油	为植物细胞赋活剂，能迅速渗入植物体内，对植物生长发育、生根、开花与结果有明显的促进作用	用于小麦、水稻、玉米、棉花、大豆、马铃薯、茄子、黄瓜、番茄、果树、甘蔗等

学习小结

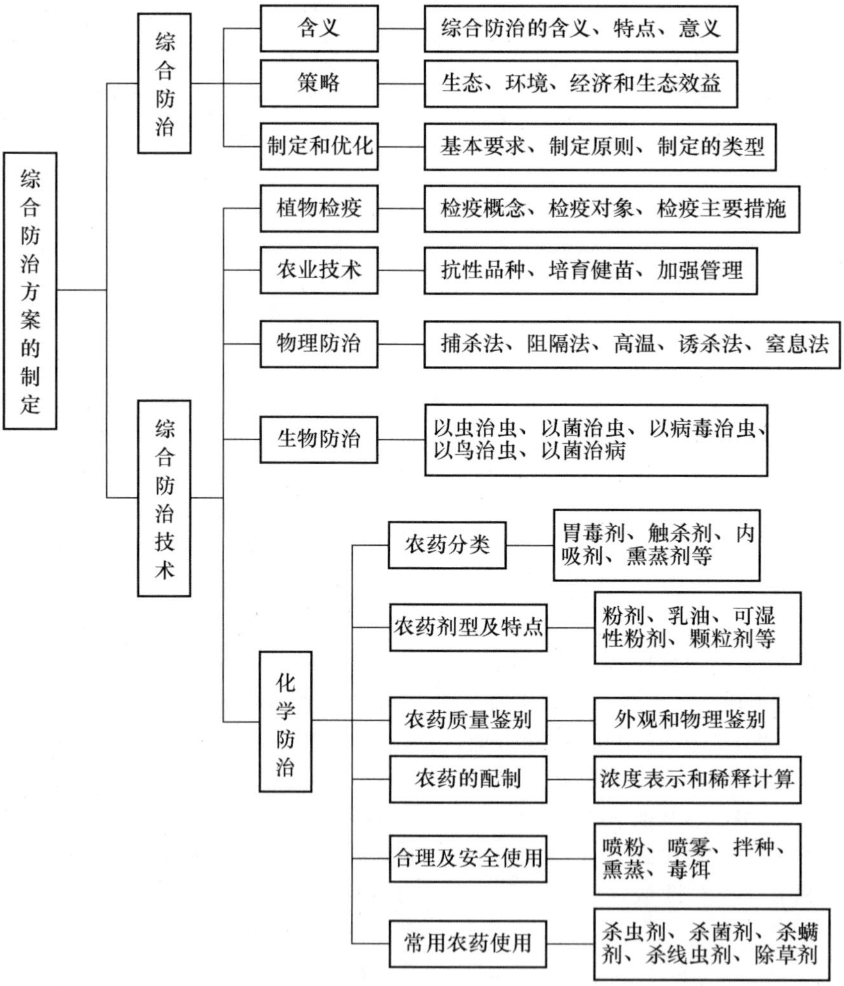

学习方法体会

1. 综合防治方案制定的是否科学合理，在于充分理解综合防治方案制定原理，熟练掌握各种防治技术，全面考虑各个环节的实施条件、地点以及实施过程中的相互协调等。

2. 对某一田块制定综合防治方案时，要对这一地块有个充分的了解，了解这一地块种植的植物品种、当地的气象条件、土壤条件、栽培管理措施、常发生的病虫害种类、主要天敌种类、采取过的防治方法及防治效果等。只有取得第一手资料，才能根据病虫害综合防治的原理，采取相应的技术措施，进行最优的组合，这样制定的方案才能符合防治的需要。

3. 制定和应用方案的时，要因地制宜、灵活运用，根据当地病虫害发生的实际情况采取相应措施。对于发生比较轻的病虫害，采用一些农业技术、物理技术、生物技术等方法，对于发生比较重的或暴发性的病虫害就应采取化学防治措施。

4. 利用化学农药进行防治时，一定要了解农药的特性、应用的范围和防治对象，尽量选用效高、毒性小、污染小的农药品种，并尽可能推广和普及无公害农药。

5. 病虫害综合防治的应用，不仅要在理论上理解，更多的还要在生产实践中不断地探索，积累更多的经验，反复实践和应用，才能取得最佳的防治效果。

目标检测

一、选择题

(一)单项选择题

1. 使用黄板诱蚜是利用蚜虫的________。
A. 趋色性　　B. 趋化性　　C. 趋温性　　D. 趋光性

2. 利用害虫的趋光、趋化等习性杀灭害虫的方法称作________。
A. 诱杀法　　B. 捕杀法　　C. 阻隔法　　D. 汰选法

3. 杀菌剂代森锰锌属于________。
A. 保护剂　　B. 治疗剂　　C. 铲除剂

4. 使用黑光灯诱杀害虫是利用昆虫的________。
A. 群集性　　B. 假死性　　C. 扩散性　　D. 趋光性

5. 下列药剂中属于特异性杀虫剂的是________。
A. 辛硫磷　　B. 敌杀死　　C. 溴甲烷　　D. 灭幼脲

6. 下列药剂属于保护性无机杀菌剂的是________。
A. 波尔多液　　B. 多抗霉素　　C. 多菌灵　　D. 三唑酮

7. 下列________是杀螨剂。
A. 百菌清　　B. 灭幼脲　　C. 克螨特　　D. 克线丹

8. 下列措施中属于物理防治技术的是________。
A. 温汤浸种　　B. 合理密植　　C. 以鸟治虫　　D. 培育健苗

9. 不能用来喷雾的农药剂型是________。
A. 粉剂　　B. 乳剂　　C. 水剂　　D. 可湿性粉剂

10. 下列药剂属于微生物源杀虫剂的是________。
A. 阿维菌素　　B. 多抗霉素　　C. 茴蒿素　　D. 井冈霉素

(二)多项选择题

1. 配制波尔多液的原料是________。
A. 硫黄粉　B. 硫酸铜　C. 熟石灰　D. 生石灰
2. ________属于害虫的生物防治法。
A. 利用天敌昆虫防治害虫
B. 利用病原微生物及其代谢产物防治害虫
C. 利用鸟类防治害虫
D. 利用高温、辐射等防治害虫
E. 利用灯光和毒饵诱杀
3. 化学农药剂型中乳油的使用方法有________。
A. 对水喷雾　B. 喷粉
C. 加载体做颗粒剂　D. 拌种
4. 农药剂型中可湿性粉剂的使用方法有________。
A. 喷粉　B. 对水喷雾　C. 超低容量喷雾　D. 拌种
5. 配制石硫合剂的原料是________。
A. 硫黄粉　B. 硫酸铜　C. 熟石灰　D. 生石灰
6. 病虫害的农业技术防治指的是________。
A. 选用无病种子和无病苗木
B. 合理轮作倒茬、适期播种
C. 加强肥水管理、搞好田园卫生
D. 温汤浸种
E. 喷洒农药
7. 下列农药剂型中________可以直接施用。
A. 可湿性粉剂　B. 乳油
C. 粉剂　D. 缓释剂
E. 颗粒剂

二、简答题

1. 什么是农业技术防治？应从哪几个方面实施农业技术防治措施？
2. 什么是生物防治？生物防治包括哪些方法？
3. 常用的物理防治法有哪些具体措施？
4. 农药的剂型和使用特点如何？
5. 杀虫剂按作用方式可分为哪几类？各有何应用特点？
6. 什么是植物检疫？植物检疫的主要任务是什么？植物检疫的程序包括哪几个方面？
7. 比较农业技术、物理防治技术、生物防治技术、化学防治技术各有哪些优缺点？

三、实例分析

1. 以家庭所在地主栽作物的某种主要害虫或病害为防治对象，制定一份综合防治方案。

2. 到家庭所在地农药或农资商店调查当地销售的主要农药品种，至少列表写明20种农药的类别、剂型、防治对象等，写出调查报告。

3. 寻找一块发生病虫害的地块，根据发生的病虫害种类，选择适宜时间，现场配制农药并进行喷雾防治操作。现场分析农药配制和施药过程中出现的问题。

4. 调查家庭所在地某一区域所有病害种类，根据所掌握的知识，解答防治叶斑病、霜霉病、白粉病、锈病常用哪些药剂？

5. 调查家庭所在地某一区域所有害虫种类，根据所掌握的知识，解答防治蚜虫、介壳虫、螨类、地老虎等害虫常用哪些药剂？

项目六

作物害虫综合防治技术

学习目的

通过对地下害虫、粮食作物害虫、棉麻作物害虫、油料作物害虫、薯类、烟草、糖料作物害虫、储粮害虫等几大类害虫的形态、发生规律、防治技术等内容的学习，为掌握作物优质高效生产技能奠定基础。

知识要求

掌握害虫的形态识别特征及防治措施，熟悉主要害虫的发生规律，了解本地区作物害虫的种类、分布及为害。

能力要求

能利用害虫的形态及被害状准确识别害虫种类，并根据害虫的发生规律制订切实可行的综合防治方案。

工作任务 6-1　地下害虫的防治技术

学习目标

了解地下害虫常见种类，掌握主要地下害虫的外部形态特征、生物学特性和发生规律特点。拟定地下害虫的防治方案并实施防治。

材料及用具

校内实训基地，蝼蛄、地老虎、蛴螬、金针虫、根蛆等成虫和幼虫的干制标本、新鲜标本、盒装标本或瓶装浸渍标本、为害状标本及图片、挂图、光盘、教学课件，多媒体设备，放大镜、解剖镜、解剖针、镊子等用具。常用杀虫剂、喷雾器及其他施药设备等。

操作要点

1. 地下常见害虫形态特征及危害状观察

观察蝼蛄、地老虎、蛴螬、金针虫、根蛆等害虫的危害特点、形态特征、生物学特性及发生规律等。

2. 地下害虫防治

(1)调查当地物主要地下害虫的发生为害情况防治技术，找出防治过程中存在的问题。

(2)根据主要地下害虫的发生规律，结合当地生产实际，提出有效的防治方法和建议。

注意事项

(1)使用标本观察时要注意不要损坏标本。特别是浸渍标本观察完要及时放回标本瓶中；

(2)采集地下害虫时要注意用工具，不要用手触摸，避免对身体造成伤害。

内容及操作步骤

一、蝼蛄类

蝼蛄俗称拉拉蛄、土狗子、蝲蛄，属直翅目，蝼蛄科。分布广泛、为害严重的主要有两种，即华北蝼蛄(*Gryllotalpa unispina* Saussure)和东方蝼蛄(*Gryllotalpa orientalis* Burmeister)(图 6-1-1)。

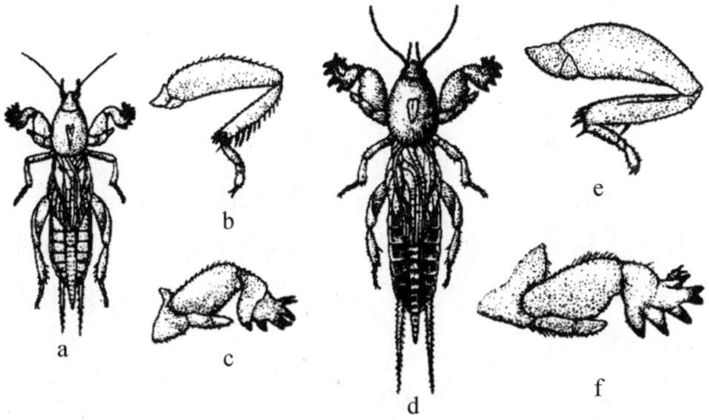

图 6-1-1　东方蝼蛄和华北蝼蛄

a. 东方蝼蛄　b. 后足　c. 前足　d. 华北蝼蛄　e. 后足　f. 前足

(一)为害特点

蝼蛄是最活跃的地下害虫，成、若虫均为害严重。华北蝼蛄在北方各省普遍发生，尤以华北、西北地区干旱瘠薄的山坡地和塬区为害严重。东方蝼蛄在国内广布全国各省(自治区)；过去仅在南方发生严重，20 世纪 80 年代以来随北方地区水利条件的改善，水浇地面积扩大，在平原川地、沿河两岸亦成为优势种群。

(二)被害状

蝼蛄以成虫、若虫咬食各种作物种子和幼苗，特别喜食刚发芽的种子，造成严重缺苗断垄；

也咬食幼根和嫩茎，扒成乱麻状或丝状，使幼苗生长不良甚至萎蔫死亡。特别是蝼蛄在土壤表层善爬行，往来乱窜，隧道纵横，造成种子架空不能发芽，幼苗吊根失水干枯而死。"不怕蝼蛄咬，就怕蝼蛄跑"就是这个道理。谷苗、麦苗最怕蝼蛄窜，一窜就是一大片，损失非常严重。

（三）形态识别

1. 华北蝼蛄

见图 6-1-1。

成虫　体长 39～50 mm，黑褐色，密被细毛，腹部近圆筒形。前足腿节下缘呈"S"形弯曲；后足胫节内上方有刺 1～2 个(或无刺)。

卵　椭圆形，初产时长 1.6～1.8 mm，宽 1.3～1.4 mm，以后逐渐膨大，孵化前长 2.4～3 mm，宽 1.5～1.7 mm。初产黄白色，后变黄褐色，孵化前呈深灰色。

若虫　若虫共 13 龄。初孵若虫体长 3.6～4.0 mm，头胸细，腹部大，乳白色，复眼淡红色，以后体色逐渐变深，5～6 龄若虫体色与成虫相似。末龄体长 36～40 mm。

2. 东方蝼蛄

成虫　体长 30～35 mm，黄褐色，密被细毛，腹部近纺锤形。前足腿节下缘平直；后足胫节内上方有等距离排列的刺 3～4 个(或 4 个以上)。

卵　椭圆形，初产时长约 2.8 mm，宽约 1.5 mm，孵化前长约 4 mm，宽约 2.3 mm。初产乳白色，渐变为黄褐色，孵化前为暗紫色。

若虫　若虫共 8～9 龄。初孵若虫体长约 4 mm，头胸细，腹部大，乳白色。2、3 龄以后若虫体色接近成虫，末龄若虫体长约 25 mm。

（四）发生规律

蝼蛄生活史一般较长，1～3 年才能完成 1 代，均以成、若虫在土中越冬。

华北蝼蛄各地均是 3 年左右完成 1 代。在黄淮海地区，越冬成虫 6 月上中旬开始产卵，7 月初孵化。孵化若虫到秋季达 8～9 龄，深入土中越冬；第二年春季越冬若虫恢复活动继续为害，秋季以 12～13 龄若虫越冬；直至第三年 8 月以后若虫陆续羽化为成虫。新羽化的成虫为害一段时间后即进入越冬状态。

东方蝼蛄在华中、长江流域及其以南各省(自治区)1 年 1 代；在华北、东北及西北约需 2 年才能完成 1 代。在黄淮 2 年 1 代区，越冬成虫 5 月份开始产卵，盛期在 6～7 月；至秋季若虫发育至 4～7 龄，深入土中越冬。若虫共 9 龄，第二年春季恢复活动，至 8 月开始羽化为成虫。当年羽化的成虫少数可产卵，大部分越冬后至第三年才产卵。

两种蝼蛄一年中均有两次在土中上升和下移过程，出现两次为害高峰。上下移动主要受温度的影响。一般来说，春季气温达 8℃时开始外出活动；秋季气温低于 8℃时停止活动。秋末和冬季温度过低及夏季温度过高，均潜入深土层。

二、地老虎类

地老虎俗称土蚕、切根虫、夜盗虫。属鳞翅目，夜蛾科，是农作物的重要害虫。其中以小地老虎(*Agrotis ypsilon* Rottemberg)分布最广，为害最重，全国各地普遍发生。其次，黄地老虎

[*Agrotis segetum*(Schiffermtiller)]在我国北方地区分布普遍，常与小地老虎混合发生。

(一)为害特点

地老虎可为害多种粮食作物、棉花、蔬菜、烟草、中药材及果树、林木的幼苗。低龄幼虫昼夜均可取食，3 龄后昼伏夜出。

(二)被害状

低龄幼虫取食作物的子叶、嫩叶和嫩茎，高龄幼虫可将幼苗近地表部位咬断，造成缺苗断垄甚至毁种重播。

(三)形态识别

1. 小地老虎

见图 6-1-2。

成虫　体长 16～23 mm，翅展 42～54 mm。雌蛾触角丝状，雄蛾触角基半部双栉齿状，端半部丝状。前翅暗褐色，前缘及外横线至中横线部分，有的个体可达内横线，呈黑褐色。肾形纹、环形纹和楔形纹均镶黑边；肾形纹外侧有 1 个尖端向外的楔形黑斑，至外缘线内侧有两个尖端向内的楔形黑斑。后翅灰白色，翅脉及外缘黑褐色。

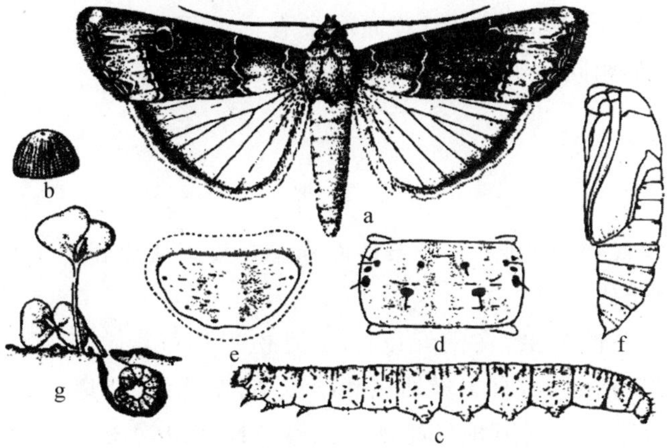

图 6-1-2　小地老虎

a. 成虫　b. 卵　c. 幼虫　d. 幼虫第 4 节背面观

e. 幼虫末节背板(刚毛略去)　f. 蛹　g. 棉苗被害状

卵　半球形，高约 0.5 mm，直径约 0.6 mm，表面有纵横相交的隆线，有些纵线 2～3 叉型。初产乳白色，后变黄褐色。

幼虫　末龄幼虫体长 37～50 mm，头宽 3.2～3.5 mm。黄褐色至黑褐色，表皮粗糙，布满大小不等的颗粒。腹部 1～8 节背面各有 4 个毛片，后 2 个比前 2 个大 1 倍以上。臀板黄褐色，有两条明显的深褐色纵带。

蛹　体长 18～24 mm，红褐色至暗褐色。腹末具臀棘 1 对。

2. 黄地老虎

见图 6-1-3。

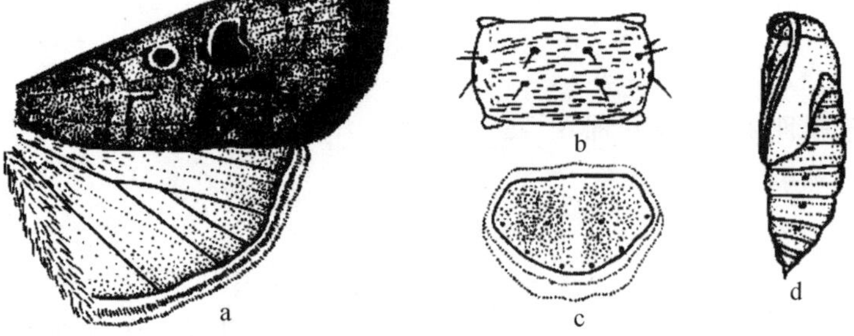

图 6-1-3　黄地老虎

a. 成虫前、后翅　b. 幼虫第 4 腹节背面观　c. 幼虫臀板　d. 蛹

成虫　体长 14～19 mm，翅展 32～43 mm。雌蛾触角丝状，雄蛾触角基部 2/3 为双栉齿状，端部 1/3 为丝状。前翅黄褐色，散布小黑点，各横线为双条曲线，但多不明显，肾形纹、环形纹和楔形纹很明显，各具黑褐色边而中央为暗褐色。后翅灰白色，外缘淡褐色。

卵　半球形，高约 0.5 mm，直径约 0.7 mm。表面纵隆线 16～20 条，一般不分叉。

幼虫　末龄幼虫体长 33～43 mm，头宽 2.8～3 mm。体黄褐色，表皮多皱，颗粒不显。腹部背面毛片 4 个，前后两个大小相似。臀板中央有 1 黄色纵纹，将臀板划分为两块黄褐色大斑。

蛹　体长 15～20 mm。腹部第 4 节背面中央有稀小不明显的刻点，第 5～7 节刻点小而多，背面和侧面刻点大小相同。腹末具臀棘 1 对。

(四)发生规律

1. 小地老虎

小地老虎年发生世代数因地区、气候条件而异。在我国从北到南 1 年发生 1～7 代。在我国北方地区年发生 2～4 代。

小地老虎是一种迁飞性害虫，在南岭以南，1 月份平均气温高于 8℃的地区，终年繁殖为害；南岭以北，北纬 33°以南地区，有少量幼虫和蛹越冬；在北纬 33°以北，1 月份平均温度 0℃以下地区，不能越冬。因此，我国北方地区小地老虎越冬代成虫均由南方迁入。由于南方越冬面积大，生态环境不同，春季羽化进度不一，因此造成北方越冬代成虫的发蛾期长、蛾峰多、蛾量大的特点。如在山东省南部地区，个别年份 2 月份即始见成虫，多数年份在 3 月中旬至 4 月中旬为成虫盛发期，该代成虫可延续至 5 月上旬。

2. 黄地老虎

黄地老虎年发生世代数因地区而异。北方地区年发生 2～4 代。

黄地老虎的越冬虫态主要为幼虫，少数以蛹越冬。如新疆、青海、黑龙江等地多以老熟幼虫越冬，少数以 3、4 龄幼虫越冬；山东主要以 3～6 龄幼虫越冬，另有极少量蛹越冬；江苏盐城有 40%以蛹越冬，60%以 3 龄以下幼虫越冬。越冬场所主要为麦田、绿肥田、菜田及田埂、沟渠、堤坡附近等地的 2～15 cm 深处，以 7～10 cm 深处最多。

多数地区均以第 1 代幼虫为害最重。主要为害棉花、玉米、高粱、烟草、大豆、麻、蔬菜等春播作物，其他世代发生则较少。

三、蛴螬类

蛴螬俗称壮地虫、白土蚕、地漏子等，是鞘翅目金龟甲总科幼虫的通称，为地下害虫中种类最多、分布最广、为害最重的一大类群。其中尤以大黑鳃金龟[*Holotrichia oblita*（Faldermann）]、暗黑鳃金龟（*Holotrichia parallela* Motschulsky）、铜绿丽金龟（*Anomala corpulenta* Motschulsky）等发生普遍而严重。一个地区多种蛴螬常混合发生，全国以黄淮流域受害最为严重。

（一）为害特点

蛴螬食性复杂，主要为害麦类、玉米、高粱、薯类、豆类、花生、甜菜、棉花等大田作物和蔬菜、果树、林木的种子、幼苗及根茎。许多种类的成虫还喜食作物、果树及林木的叶片、嫩芽、花等，特别是喜食苹果、梨、葡萄等果树叶片和花的金龟甲常成为重要的果树害虫。

（二）被害状

蛴螬食害播下的种子或咬断幼苗的根、茎，咬断处断口整齐。轻则缺苗断垄，重则毁种绝收。咬食花生嫩果或马铃薯、甘薯、甜菜的块茎和块根，不但造成减产，而且容易引起病菌的侵染。

（三）形态识别

见表6-1-1，图6-1-4。

表6-1-1 3种金龟甲的形态区别

	大黑鳃金龟	暗黑鳃金龟	铜绿丽金龟
成虫	体长16～22 mm，宽8～11 mm，黑色或黑褐色，具光泽。翅鞘每侧有4条明显的纵肋。前足胫节外齿3个，内方距2根；中、后足胫节末端距2根	体长17～22 mm，宽9.0～11.5 mm。长卵形，暗黑色或红褐色，无光泽。鞘翅两侧缘几乎平行，每侧4条纵肋不显	体长19～21 mm，宽10～11.3 mm。头、前胸背板、小盾片和翅鞘呈铜绿色，有光泽，但头、前胸背板色较深，呈红铜绿色。翅鞘每侧有4条明显的纵肋。雌虫腹板呈黄白色
卵	长椭圆形，长约2.5 mm，宽约1.5 mm，初产白色略带黄绿色光泽，孵化前近圆形	初产时长约2.5 mm，宽约1.5 mm，长椭圆形；发育后期呈近圆球形	初产长椭圆形，长约1.8 mm，宽约1.4 mm，乳白色。孵化前近圆形，表面光滑
幼虫	老熟幼虫体长35～45 mm，头宽4.9～5.3 mm。肛腹板覆毛区无刺毛列，70～80根钩状毛由肛门孔处开始散乱排列	3龄幼虫体长35～45 mm，头宽5.6～6.1 mm。肛腹板后部覆毛区无刺毛列，只有散乱排列的钩状毛70～80根	老熟幼虫体长30～33 mm，头宽4.9～5.3 mm。肛腹板覆毛区刺毛列由长针状刺毛组成，每侧多为15～18根

续表6-1-1

	大黑鳃金龟	暗黑鳃金龟	铜绿丽金龟
蛹	体长 21～23 mm，宽 11～12 mm。初蛹白色，随发育过程色渐深至红褐色	体长 20～25 mm，宽 10～12 mm。尾节三角形，2 尾角呈钝角岔开	长 18～22 mm，宽 9.6～10.3 mm。雄蛹臀节腹面阳基侧突与阳茎呈四裂状突起，雌蛹平坦，生殖孔位于基缘中间

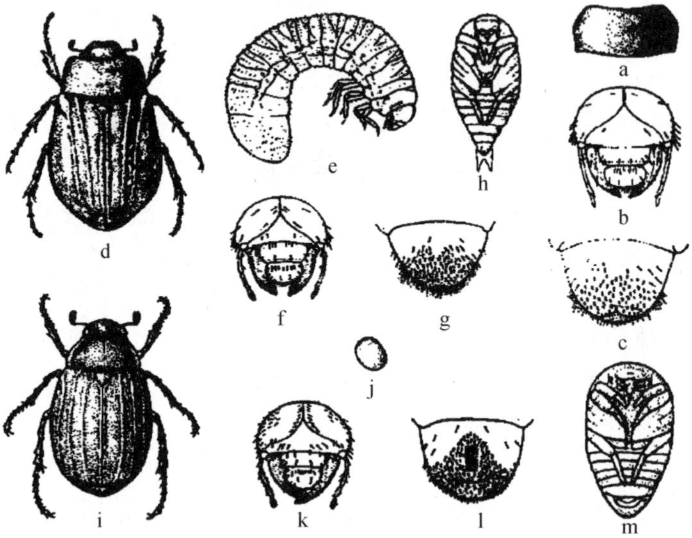

图 6-1-4　暗黑鳃金龟、华北大黑鳃金龟和铜绿丽金龟

暗黑鳃金龟：a. 成虫前胸背板　b. 幼虫头部正面观　c. 幼虫臀节腹面观

华北大黑鳃金龟：d. 成虫　e. 幼虫　f. 幼虫头部正面观　g. 幼虫臀节腹面观　h. 蛹

铜绿丽金龟：i. 成虫　j. 卵　k. 幼虫头部正面观　l. 幼虫臀节腹面观　m. 蛹

(四)发生规律

1. 大黑鳃金龟

大黑鳃金龟在我国华南地区 1 年 1 代，以成虫在土中越冬；其他地区均是 2 年 1 代，成、幼虫均可越冬，但存在局部世代现象，即部分个体 1 年可以完成 1 代。在 2 年 1 代区，越冬成虫春季 10 cm 土温达 14～15℃时开始出土，10 cm 土温达 17℃以上时成虫盛发。5 月中下旬日均温 21.7℃时田间始见卵，6 月上旬至 7 月上旬日均温 24.3～27.0℃时为产卵盛期，末期在 9 月下旬。6 月上中旬卵开始孵化，卵孵化盛期在 6 月下旬至 8 月中旬。秋季土温低于 10℃时，幼虫即向深土层移动，5℃以下全部进入越冬状态。据研究，大黑鳃金龟种群的幼虫越冬虫态既有成虫又有幼虫。以幼虫越冬为主的年份，次年春季麦田和春播作物受害重，而夏秋作物受害轻；以成虫越冬为主的年份，次年春季受害轻，夏秋受害重。对某一种作物而言，出现隔年严重为害的现象，群众谓之“大小年”。这种现象在辽宁、河北等地非常明显。

2. 暗黑鳃金龟

1 年 1 代，多数以 3 龄老熟幼虫筑土室越冬，少数以成虫越冬。以成虫越冬的成为翌年

5月出土的虫源；以幼虫越冬的，一般春季不为害，于4月初至5月初开始化蛹，5月中旬为化蛹盛期。6月上旬开始羽化，盛期在6月中旬，7月中旬至8月中旬为成虫活动高峰期。7月初田间始见卵，盛期7月中旬。7月中旬开始孵化，7月下旬为孵化盛期。初孵幼虫即可为害，秋季为幼虫为害盛期。

3. 铜绿丽金龟

1年1代，以幼虫越冬。越冬幼虫春季10 cm土温高于6℃时开始活动，3～5月有短时间为害。成虫出现始期为5月下旬，6月中旬进入活动盛期。产卵盛期在6月下旬至7月上旬。7月中旬为卵孵化盛期，孵化幼虫为害至10月中旬进入2～3龄期，当10 cm土温低于10℃时开始下潜越冬。

四、金针虫类

金针虫俗称节节虫、铁丝虫、铜丝虫等，成虫俗称叩头虫，为鞘翅目，叩甲科幼虫的通称。我国农田常见种类主要有4种，即沟金针虫（*Pleonomus canaliculatus* Faldemann）、细胸金针虫（*Agriotes fuscicollis* Miwa）、褐纹金针虫（*Melanotus caudex* Lewis）、宽背金针虫（*Selatosomus latus* Fabricius）。其中以沟金针虫发生为害最为严重，是金针虫类中的绝对优势种。

知识链接

沟金针虫是亚洲大陆的特有种，分布于蒙古和我国北方13个省、市、自治区，生活于有机质缺乏而质地较为疏松的粉沙壤土或粉沙黏壤土中，是我国中、东部旱作地区最重要的地下害虫之一；细胸金针虫分布在东北、西北、华北各省区，以水浇地、较低洼的过水地、黄河沿岸的淤地和有机质多的黏土地为害较重；褐纹金针虫主要分布于华北、西北等地区，一般虫口密度较低，以水浇地、有机质丰富的地块发生多，常与细胸金针虫混合发生；宽背金针虫主要分布于东北和西北1 000 m以上高海拔地区，以沿河流开放草原流域、退化黑淋溶钙土、栗钙土地带发生较重。

(一)为害特点

金针虫主要以幼虫为害麦类、玉米、高粱、谷子、薯类、甜菜、豆类、棉花、甘蔗及各种蔬菜和林木幼苗等。在我国北方旱作麦区，麦苗受害率达10%～15%，个别地区可达50%以上。

(二)被害状

金针虫咬食播下的种子，食害胚乳，使之不能发芽；咬食幼苗须根、主根或茎的地下部分，使生长不良甚至枯死。一般受害苗主根很少被咬断，被害部不整齐而呈丝状，这是金针虫为害后造成的典型害状。此外，还能蛀入块茎或块根，有利于病原菌的侵入而引起腐烂。

(三)形态识别(沟金针虫)

成虫　雌虫体长16～17 mm，宽4～5 mm；雄虫体长14～18 mm，宽约3.5 mm。身栗褐色，密被褐色细毛。雌虫触角11节，黑色锯齿形，长约为前胸的2倍；鞘翅长约为前胸的4倍，其上纵沟明显，后翅退化。雄虫触角12节，丝状，长达鞘翅末端；鞘翅长约为前胸的5倍，其上纵沟较明显，有后翅。

卵　椭圆形，长约 0.7 mm，宽约 0.6 mm，乳白色。

幼虫　老熟幼虫体长 20～30 mm，宽约 4 mm，体宽而扁平，金黄色。体节宽大于长，从头至第 9 腹节渐宽；由胸背至第 10 腹节背面中央有 1 条细纵沟。尾节背面有略近圆形之凹陷，并密布较粗点刻；两侧缘隆起，具 3 对锯齿状突起。尾端分叉，并稍向上弯曲，各叉内侧均有 1 小齿。

蛹　体长 15～17 mm，宽 3.5～4.5 mm；纺锤形，末端瘦削，有刺状突起。

(四)发生规律

沟金针虫一般 3 年 1 代，少数 2 年或 4～5 年完成 1 代。以成虫和幼虫在土中越冬，一般越冬深度 15～40 cm，最深可达 100 cm 左右。越冬成虫 3 月初 10 cm 土温 10℃左右时开始出土活动，3 月中旬至 4 月上旬，10 cm 土温稳定在 10～15℃时达活动高峰。产卵期从 3 月下旬至 6 月上旬，5 月上中旬为卵孵化盛期，孵化幼虫为害至 6 月底下潜越夏。待 9 月中下旬秋播开始时，又上升到表土层活动，为害至 11 月上中旬，开始在土壤深层越冬。第二年 3 月初，越冬幼虫开始上升活动，3 月下旬至 5 月上旬为害最重。随后越夏，秋季为害，越冬。直至第 3 年 8～9 月，幼虫老熟，钻入 15～20 cm 土中作土室化蛹。9 月初开始羽化为成虫。成虫当年不出土，仍在土室中栖息不动，第四年春才出土交配、产卵。

五、根蛆类

根蛆为种蝇幼虫的通称，是农业生产，特别是蔬菜生产中常发性害虫。国内常见的种蝇有 4 种：种蝇(*Hylemyia platura* Meigen)、萝卜蝇(又名白菜蝇)(*H. floralis* Fallen)、葱蝇(*H. antiqua* Meigen)、小萝卜蝇(*H. pilipgga* Villeneuva)，均属双翅目，花蝇科。其中以种蝇发生广，为害重，其他种类常在局部地区猖獗成灾。

(一)为害特点

种蝇是一种多食性害虫，寄主植物包括豆类、瓜类、棉花、十字花科蔬菜、玉米等的幼苗和种子。萝卜蝇和小萝卜蝇是寡食性害虫，主要为害十字花科蔬菜尤其是萝卜、白菜受害严重。葱蝇主要为害葱、洋葱、大蒜等。由于根蛆的为害，北方白菜、萝卜、葱、大蒜等常造成严重损失，黄河及长江流域棉区，棉花播种季节常招致种蝇为害。

(二)被害状

种蝇幼虫为害作物的幼苗和种子造成缺苗、断垄。

(三)形态识别(种蝇)

见图 6-1-5。

成虫　体长 4～6 mm，灰黄色。雄虫两复眼在单眼三角区的前方几乎相接；触角芒超过触角全长。前翅基背毛极短小，不及盾间沟后的背中毛的 1/2。后足胫节的内下方有稠密、末端稍弯曲而等长的短毛。雌虫复眼间的距离约为头宽的 1/3，中足胫节的外上方有 1 根刚毛。

卵　长椭圆形，长约 1.6 mm，透明而带白色。

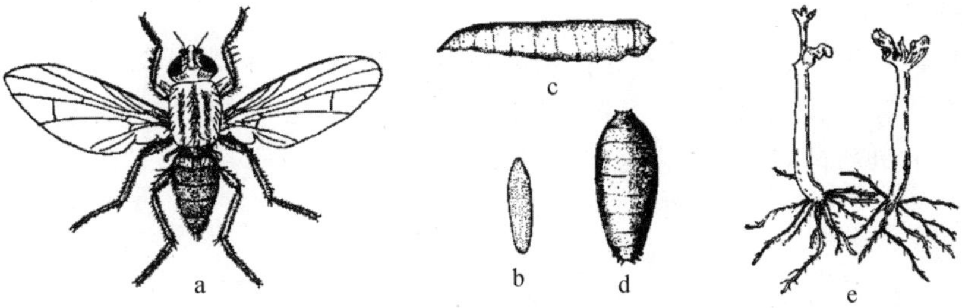

图 6-1-5 种蝇

a. 雌成虫 b. 卵 c. 幼虫 d. 蛹 e. 根部被害状

幼虫 成长幼虫体长 8～10 mm，乳白色略带黄色。头极小，复眼末端有 7 对不分叉的肉质突起，第 1 对与第 2 对突起等高，第 5 对与第 6 对几乎等长。

蛹 长 4～5 mm，宽约 1.8 mm，圆筒形，黄褐色，两端略带黑色。前端稍扁平，后端圆形，并有 7 对突起。

(四)发生规律

种蝇在北京每年可发生 3 代，以蛹在土中越冬。越冬代成虫 3～4 月间羽化，喜在晴朗的白天活动，喜食花蜜、蜜露和腐烂的有机质。卵多产于土中或近地面的有机肥料上。幼虫孵化后即为害棉花、大豆等的种子或幼苗。华北以 3～5 月间第 1 代幼虫为害最烈。化蛹深度一般为 7.5 cm；气温超过 35℃，卵大量死亡，幼虫不能存活，蛹不能羽化。

葱蝇在东北 1 年发生 2 代。成虫在旅大 1 年有 3 次盛发期：4 月中下旬到 5 月中下旬；6 月上旬和 9 月上中旬。也有趋向粪肥发酵气味的习性，中午活动最盛。集中在葱田产卵，幼虫孵化后钻入鳞茎为害，老熟幼虫在土中化蛹。

萝卜蝇每年仅发生 1 代，以蛹越冬、越夏。锦州、沈阳在 9 月上旬为羽化盛期。成虫多在早晚活动，每雌最多产卵 40 粒。幼虫孵化后即钻入白菜、萝卜根内取食。幼虫老熟后在土下 1～2 cm 深处化蛹。

小萝卜蝇在秋季常与萝卜蝇混合发生。

知识链接

地下害虫为一生或一生中某个阶段生活在土壤中为害植物地下部分、种子、幼苗或近土表主茎的杂食性昆虫。种类很多，主要有蝼蛄、蛴螬、金针虫、地老虎、根蛆、根蝽、根蚜、拟地甲、蟋蟀、根蚧、根叶甲、根天牛、根象甲和白蚁等 10 多类，共 200 余种，分属 8 目 36 科。

工作任务 6-2 粮食作物害虫防治技术

学习目标

掌握粮食作物害虫的为害状、形态特征、发生规律，制定有效综合防治方案，并组织实施。

材料及用具

校内实训基地，水稻、小麦、玉米等作物害虫的针插标本、新鲜标本、盒装标本或瓶装浸渍标本，害虫危害状标本、照片、挂图、光盘、教学课件，多媒体设备，体视显微镜、挑针等仪器、用具及药品，常用杀虫剂、喷雾器及其他施药设备等。

操作要点

1. 粮食作物常见害虫形态特征及危害状观察

观察水稻螟虫、稻纵卷叶螟、稻飞虱类、稻叶蝉类、稻弄蝶、麦蚜、小麦害螨、小麦叶蜂、小麦吸浆虫、黏虫、玉米螟、东亚飞蝗等害虫的危害特点、形态特征、生物学特性及发生规律等。

2. 粮食作物害虫防治

(1)调查当地粮食作物主要害虫的发生为害情况防治技术，找出防治过程中存在的问题。

(2)根据粮食作物主要害虫的发生规律，结合当地生产实际，提出有效的防治方法和建议。

注意事项

(1)实训前从图书馆借取具有彩图的相关图书，并查阅相关资料和查看相关图片，了解粮食作物害虫的主要种类、形态特征和为害状等。

(2)实训前准备好害虫调查、采集及防治的相关器具，如数码相机、手持放大镜、剪枝剪、手锯、镊子、喷雾器、笔记本等。

(3)粮食作物害虫的综合防治方案中，内容应该全面，重视各种防治方法的综合运用。所选用的防治方法既要体现“新颖”，又要结合生产实际，体现“实用”。

内容及操作步骤

一、水稻害虫

在我国水稻害虫约有385种，其中发生普遍、为害严重的有二化螟、三化螟、稻纵卷叶螟、稻弄蝶、稻飞虱、稻叶蝉等，局部地区为害严重的有中华稻蝗、稻蓟马、稻负泥虫、稻瘿蚊、稻象甲等。

(一)水稻二化螟和三化螟

水稻二化螟(*Chilo suppressalis* Walker)(图6-2-1)和三化螟[*Tryporyza incertulas* (Walker)](图6-2-2)，俗称水稻钻心虫、水稻螟虫，属鳞翅目、螟蛾科。二化螟在国内分布很广，但以长江流域及以南各省的丘陵山区发生较重。寄主除水稻外，还有玉米、谷子、甘蔗、茭白、芦苇及禾本科杂草。二化螟以幼虫为害水稻，造成枯心、枯鞘、半枯穗、死孕穗、白穗和虫伤株等症状。三化螟广泛分布于长江流域以南稻区，特别是沿江、沿海平原地区受害严重，北限近年已达北纬38°，即山东烟台附近。三化螟食性单一，只为害水稻，以幼虫钻蛀稻株，取食叶鞘组织、穗苞和稻茎内壁，分蘖期形成枯心，孕穗至抽穗期形成枯孕穗和白穗，转株为害还形成虫伤株，严重影响水稻生产。

1. 形态识别

见表6-2-1。

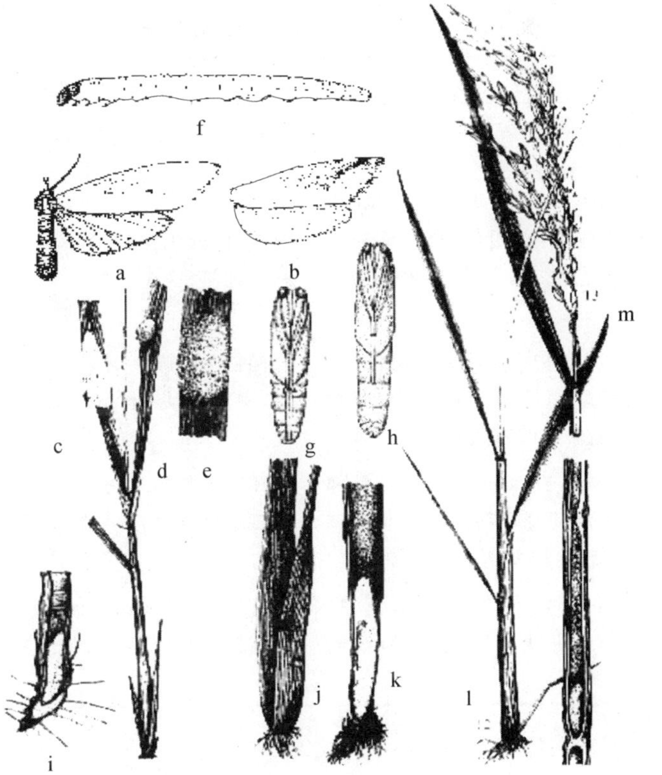

图 6-2-1　三化螟

a. 雌成虫　b. 雄成虫前后翅　c. 雌虫停息在稻叶上　d,e. 稻叶上的卵块　f. 幼虫　g. 雄蛹　h. 雌蛹　i. 幼虫在稻桩内过冬　j. 幼虫咬的羽化孔　k. 化蛹状　l. 枯心苗　m. 白穗

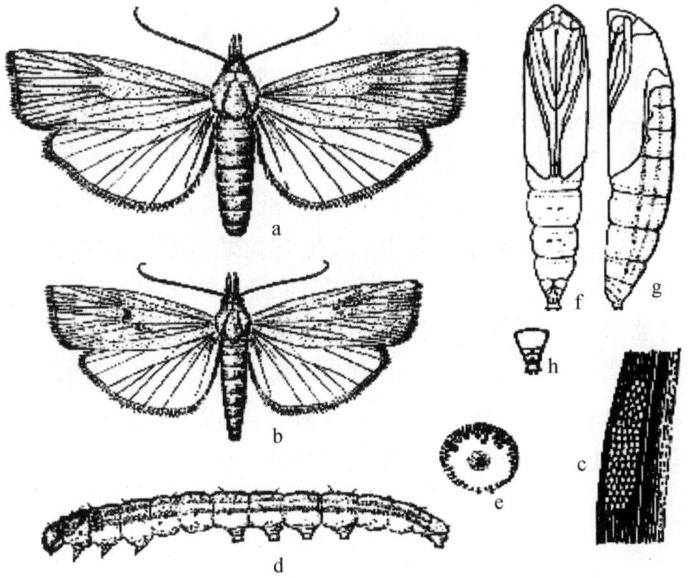

图 6-2-2　二化螟

a. 雌成虫　b. 雄成虫　c. 卵块　d. 幼虫　e. 幼虫腹足趾钩　f. 雌蛹　g. 雄蛹　h. 腹部末端

表 6-2-1　二化螟和三化螟的形态特征区别

虫态	二化螟	三化螟
成虫	体长 10～15 mm，翅展 20～31 mm，前翅近长方形。雌蛾前翅灰黄至淡褐色，翅面有一些褐色不规则小点，外缘有 7 个小黑点，后翅白色。雄蛾体稍小，翅色较深，前翅中央还有 1 个灰黑色斑点，下面有 3 个同色斑点，后翅白色	体长 9～12 mm，翅展 18～36 mm。前翅为近三角形，雌蛾黄白色，翅中央有一明显黑点，腹部末端有一丛黄褐色茸毛。雄蛾灰黄色，前翅翅中央有一小黑点，由翅顶角斜向中央有一条暗褐色斜纹，外缘有 1 列 7～9 个小黑点
卵	扁椭圆形，初产时乳白色，渐变黄褐色，近孵化时为紫黑色。卵块多为长带状，卵粒呈鱼鳞状排列，上盖透明胶质物	长椭圆形，初产时乳白色，后渐变黑色，卵粒叠 3 层，密集成块，上覆盖着褐色绒毛，像半粒发霉的大豆
幼虫	一般 6 龄，老熟时体长 20～30 mm。头部及前胸背板黄褐色，胴部淡褐色，背面有 5 条紫褐色纵线。腹足较发达	4～5 龄，老熟时长 20～30 mm，头淡黄褐色，胴部淡黄绿色或黄白色，背中线暗绿色。腹足不发达
蛹	体长 11～17 mm，圆筒形，初为黄褐色，腹部背面有 5 条棕色纵线，以后蛹变为红褐色，纵线渐消失	体长 10～15 mm，瘦长，初乳白色，后渐变为淡黄褐色有银色光泽，后足伸出翅芽外，雄蛹伸出较长

2. 发生规律

二化螟在我国一年发生 1～5 代，以幼虫在稻桩、稻草、茭白、玉米等根茬或茎秆中越冬。春季，老熟幼虫可爬出为害麦类、油菜、蚕豆等的茎秆。由于越冬环境复杂，幼虫化蛹、羽化时间很不一致，故田间有世代重叠现象。

三化螟在我国从南至北每年发生 2～7 代，以老熟幼虫在稻桩内越冬。春季气温达 16℃时，开始化蛹。越冬蛹约经 14 天羽化为成虫，飞往稻田产卵。

两种螟虫成虫均夜晚活动，有趋光性，喜在高大、茎粗、叶色浓绿的稻田产卵。刚孵出的幼虫称蚁螟，蚁螟蛀入稻茎的难易及存活率与水稻生育期有密切的关系：水稻分蘖期，稻株柔嫩，孕穗期稻穗外只有 1 层叶鞘，蚁螟很易从近水面的茎基部蛀入，孕穗末期，当剑叶叶鞘裂开，露出稻穗时，蚁螟极易侵入，其他生育期蚁螟蛀入率很低。因此，分蘖期和孕穗至破口露穗期这两个生育期，是水稻受螟害的“危险生育期”。二化螟的蛀茎能力比三化螟强，抗寒力强，且耐旱、耐淹。就栽培制度而言，纯双季稻区比多种稻混栽区螟害发生重；而在栽培技术上，基肥足，水稻健壮，抽穗迅速、整齐的稻田螟害轻；追肥过迟和偏施氮肥，水稻徒长，螟害重。二化螟寄主作物种类多，尤其是茭白较多的地方，有利于其繁殖为害，杂交稻田，其发生量大。天敌对二化螟的自然控制能力较强，已知的寄生蜂有 29 种，一般的寄生率达 40％以上，还有寄生蝇、寄生菌和线虫等，与捕食性天敌，对其共同起抑制作用。

(二)稻纵卷叶螟

稻纵卷叶螟(*Cnaphalocrocis medinalis* Guenée)，俗称刮青虫、白叶虫、小苞虫，属鳞翅目，螟蛾科，全国各稻区均有分布。主要寄主为水稻，以幼虫缀丝纵卷单张水稻叶片做成虫苞，并匿居在内取食叶肉，剩留一层表皮，形成白色条斑，使水稻秕粒增加，导致减产，甚至无收。

除为害水稻外，还能为害小麦、甘蔗、粟、玉米、高粱等作物，并取食马唐、芦苇、狗尾草等杂草。

1. 形态识别

见图 6-2-3。

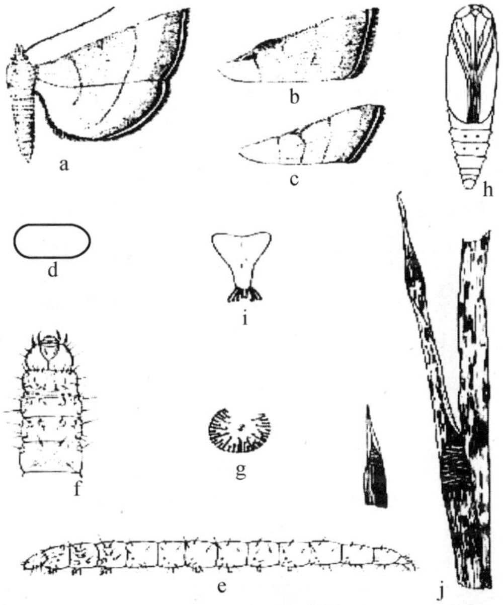

图 6-2-3　稻纵卷叶螟

a. 成虫(雌)　b. 雄成虫前翅　c. 显纹稻纵卷叶螟前翅　d. 卵　e. 幼虫　f. 幼虫头、胸背面　g. 腹足趾钩　h. 蛹　i. 雌蛾腹部末端　j. 被害状

成虫：体长 7～10 mm，翅展 16～19 mm。体及翅的背面黄褐色，前后翅外缘均有黑褐色宽带，翅前缘褐色。前翅有 2 条黑色细横纹，两纹之间有 1 条黑色细短纹。雄蛾前翅的短纹上还有 1 个略凹下的黑色眼状纹，其上有暗黑色毛簇。

卵：近椭圆形，扁平，长约 1 mm，宽 0.5 mm。初产卵乳白色，后渐变淡黄色至黄色。

幼虫：一般 5 龄。头部褐色，胸、腹部绿色，前胸背板前缘有 2 个黑点。4 龄起，前胸背板上两黑点两侧各有 1 个由黑点组成的弧形斑，中、后胸背面各有 8 个明显的小黑点，前排 6 个，后排 2 个，腹足趾钩三序缺环。

蛹：圆筒形，初为淡黄色，后转红棕色至褐色，腹部第 5 节至第 7 节近前缘处，有一黑色细横隆起线，尾尖，上生 8 根钩刺。

2. 发生规律

稻纵卷叶螟抗寒力较弱，在我国北纬 28°～30°以北不能越冬。每年春天，成虫随季风自南方远距离迁飞而来，随气流下沉降落，成为初始虫源，秋季又可随季风回迁至南方繁殖、越冬。全国而言，从北至南每年发生 1～11 代。

成虫白天喜在茂密的稻田潜藏，也可在草丛及其他旱作田栖息，一遇惊动即飞起。夜晚活动，有趋光性，以花蜜或蚜虫蜜露作为补充营养，产卵有趋嫩绿习性，卵散产。初孵幼虫先在心叶内取食叶肉，出现半透明的小白点；2 龄时则爬至叶尖附近，吐丝将叶尖卷成小苞，藏在苞内食叶肉，受害处出现白斑。以后虫苞加大，单叶被吃去 1/4 以上时，幼虫即转移，另结新苞为害。老熟幼虫少数留在原苞内化蛹，多数爬到稻丛下部稻叶上、稻茎之间或叶鞘内化蛹。

稻纵卷叶螟喜温暖、高湿，温度 22～28℃，相对湿度 90%以上，最适于其发生。矮秆、阔叶、叶色嫩绿的品种，或灌水过深、施氮肥过迟，易引起水稻徒长与披叶，适于其取食为害，通常发生严重。天敌种类很多，卵期以稻螟赤眼蜂寄生为主，寄生率可高达 80%以上，幼虫期有稻纵卷叶螟绒茧蜂等多种寄生蜂，捕食性天敌中多种蜘蛛、步甲、隐翅虫等，都能控制其种群数量，应注意加以保护和利用。

（三）稻弄蝶

稻弄蝶俗称稻苞虫，属鳞翅目，弄蝶科。在我国为害水稻的有 13 种以上，主要有直纹稻弄蝶[*Parnara guttata* (Bremer et Grey)]、隐纹谷弄蝶[*Pelopidas mathias* (Fabricius)]、曲纹稻弄蝶(*Parnara ganga* Evans)等，以直纹稻弄蝶分布最广。直纹稻弄蝶在我国除西北地区外，遍及各稻区，以淮河流域以南发生普遍，局部地区发生严重。寄主有水稻、茭白、稗、游草、芦苇等。幼虫吐丝缀连水稻数张叶片成苞，躲在内蚕食叶片，严重时，可将稻叶吃净，还常使稻穗不能伸出。

1. 形态识别

见图 6-2-4。

成虫：体长 16～20 mm，翅展 36～40 mm。体翅黑褐色，有金黄色光泽。前翅有 7～8 枚排成半环状的白斑，后翅有 4 个白斑，呈“一”字形排列。

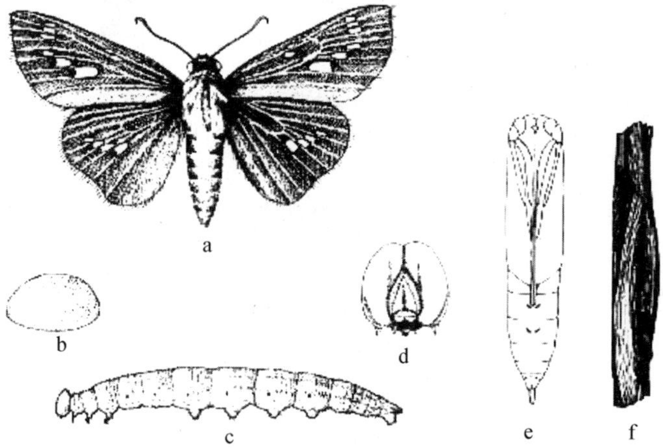

图 6-2-4　直纹稻弄蝶

a. 成虫　b. 卵　c. 幼虫　d. 幼虫头部正面　e. 蛹　f. 叶苞

卵　半球形，直径约 1 mm，顶端平，中间稍下凹，表面有六角形刻纹。初产时淡绿色，后变褐色，快孵化时为紫黑色。

幼虫　老熟时体长 30～40 mm。头大，正面有“W”形黑褐色形纹，胴部第 1、2 节细小似颈，中段肥大，末端又细小，故虫体略呈纺锤形。

蛹：体长 25 mm，近圆筒形，腹面淡黄白色，背面淡褐色，快羽化时腹背均变为紫黑色，第 5、6 腹节腹面中央有 1 个倒“八”字形褐纹。

2. 发生规律

直纹稻苞虫在我国每年发生 3～8 代，以老熟幼虫在田边、沟边、湖边的芦苇、游草及茭白遗株上越冬。次春小满前羽化，第 1、2 代虫量少，对水稻为害不大，以迟中稻、单季晚稻和双季晚稻受害严重。末代幼虫除为害双季晚稻外，多数生活在野生寄主上，天冷后即以幼虫越冬。

成虫白天活动，喜在芝麻、南瓜、棉花、千日红等植物上吸食花蜜。卵散产，在水稻上以叶背近中脉处为多。在叶色浓绿、生长茂盛的分蘖期稻田里产卵量大。幼虫共5龄。1、2龄在靠近叶尖的边缘咬一缺刻，再吐丝将叶缘卷成小苞，自3龄起所缀叶片增多，一般为2～8张叶片缀成一苞。一头幼虫可吃去10多片稻叶，4龄后食量大增，取食量为一生的93%以上，故应在3龄盛期前防治。幼虫老熟后在苞内化蛹。该虫为间歇性猖獗的害虫，其大发生的气候条件是适温24～28℃，相对湿度80%以上。在6、7月份，雨量和雨日数多，时晴时雨，可作为大发生的预兆，高温干燥天气则不利其发生。在山区或水稻与芝麻、棉花等作物交替种植的地区，蜜源充裕，稻苞虫发生严重。在卵期，天敌以寄生蜂作用最大，重要的有稻螟赤眼蜂、拟澳洲赤眼蜂等；幼虫期重要天敌有螟蛉绒茧蜂、螟蛉瘦姬蜂等；捕食性天敌有多种蜘蛛、步甲等。

(四)稻飞虱和稻叶蝉

稻飞虱和稻叶蝉的种类很多，常在稻田混合发生。常见的稻飞虱主要有灰飞虱[*Laodelphax striatellus* (Fallén)]、白背飞虱[*Sogatella furcifera* (Horvath)]、褐飞虱[*Nilaparvata lugens* (Stål)]等；常见的稻叶蝉主要有黑尾叶蝉[*Nephotettix cincticeps* (Uhler)]、白翅叶蝉(*Thaia rubiginosa* Kuoh)、二点叶蝉(*Nephotettix virescens* Ish)等，均属同翅目，分属于飞虱科和叶蝉科，俗称油虫、蠓虫、浮尘子等。寄主植物除水稻外(褐飞虱仅为害水稻)，还有麦类、谷子、甜菜、白菜、萝卜、甘蔗和稗草等多种杂草，都以成虫、若虫吸取寄主植物汁液，虫口多时，常暴发成灾，使受害稻株矮缩下坐，甚至全田烂秧倒伏枯死，群众称“火旋”、“火风”。有些种类还能传播水稻病毒病。

知识链接

20世纪70年代以来，由于栽培制度的变更，高产耐肥品种尤其是杂交水稻的大面积推广以及N肥和化学农药的大量使用，稻飞虱的为害逐年加重。70年代末已成为亚洲水稻产区的头号害虫，1987年、1991年、1997年曾多次大发生，造成极大损失。

1. 形态识别

稻飞虱和稻叶蝉的形态和大小很相似，它们的主要区别是：飞虱头部一般较尖，触角粗短，末端锥状，位于复眼下方，后足胫节末端有一能活动的距；叶蝉头部一般较圆，触角较长，鬃状，位于两复眼间，后足胫节有刺列。3种常见稻飞虱和两种常见稻叶蝉的成虫形态区别见表6-2-2和表6-2-3及图6-2-5至图6-2-8。

表6-2-2 3种稻飞虱成虫形态比较

白背飞虱	灰飞虱	褐飞虱
雄虫灰黑色，雌虫和短翅雌虫灰黄色。头顶极明显，突出在复眼前，小盾片两侧黑色，雄虫小盾片中央黄白色，雌虫姜黄色	雄虫灰黑色，雌虫黄褐或黄色，短翅雌虫淡黄色。头顶稍突出，雄虫小盾片黑色，雌虫淡黄色和土黄色，两侧有半月形的褐色或黑褐色斑纹	体褐色、茶褐色或黑褐色。头顶较宽，突出在复眼前，小盾片褐色，有3条隆起线，翅浅褐色

表 6-2-3 两种稻叶蝉的成虫形态比较

黑尾叶蝉	白翅叶蝉
体黄绿色，两复眼间有明显黑色细横线相连。雄虫前翅鲜绿色，末端黑色，雌虫翅末端淡黄褐色	头胸部橙黄色，前翅膜质半透明，被白色蜡质物，呈白色，有虹彩。腹部背面暗褐色，腹面及足黄色

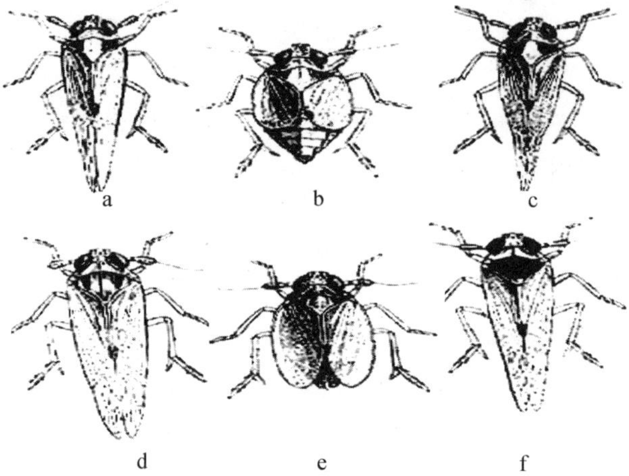

图 6-2-5 白背飞虱、灰飞虱

白背飞虱：a. 长翅型雌虫 b. 短翅型雌虫 c. 长翅型雄虫

灰飞虱：d. 长翅型雌虫 e. 短翅型雌虫 f. 长翅型雄虫

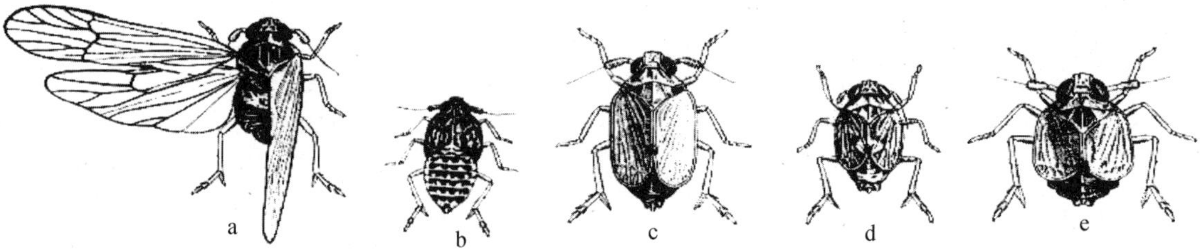

图 6-2-6 褐飞虱

a. 长翅型成虫 b. 5 龄若虫 c. 短翅雌虫 d. 短翅型成虫 e. 短翅型雌虫

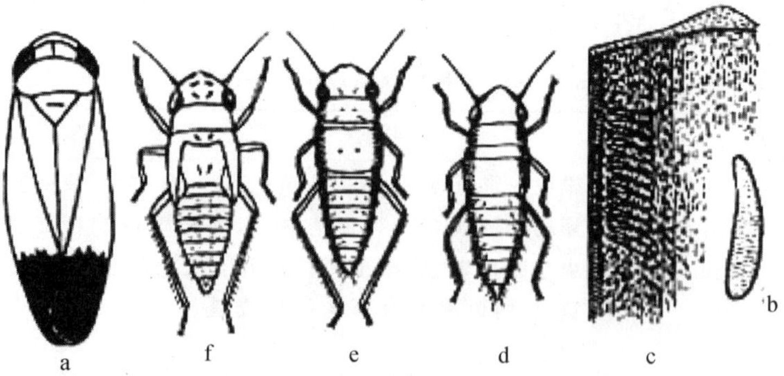

图 6-2-7 黑尾叶蝉

a. 成虫 b. 卵 c. 产在组织内的卵块 d. 第 1 龄若虫 e. 第 3 龄若虫 f. 第 5 龄若虫

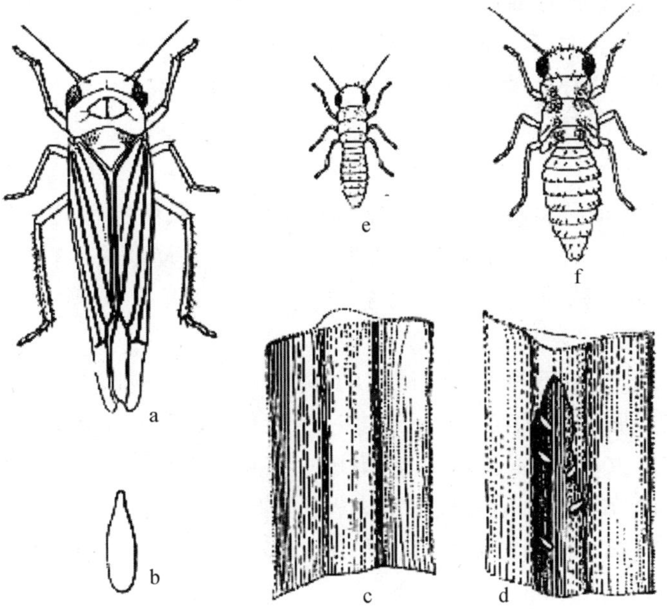

图 6-2-8　白翅叶蝉

a. 成虫　b. 卵　c. 产卵叶的叶面，示裂缝　d. 叶背，示组织内的卵
e. 第 1 龄若虫　f. 第 3 龄若虫

2. 发生规律

稻飞虱每年发生的世代数因种类及各地气候条件而异，在华北地区，一般一年发生 1～5 代，世代重叠现象明显。其中灰飞虱以若虫在麦田、绿肥田、田埂沟边杂草根际、落叶下及土缝内越冬，4～5 月间羽化为成虫，在麦田繁殖为害，5～6 月迁至稻田危害。褐飞虱和白背飞虱有随大气环流由南向北远距离迁飞的习性，一般在 7 月下旬到 9 月上旬达危害盛期，能在短时间内暴发成灾，秋后又随季风陆续由北向南回迁。飞虱成虫产卵时，用产卵器刺破叶鞘，将卵产在叶鞘中部中脉内，产卵密度大时，叶鞘中脉及两侧呈黄褐色。成虫有趋光性，有长、短翅型的分化。飞虱成虫长、短翅型的分化与温湿度、营养条件有关，如短翅型成虫大量出现，说明环境对其有利，是大发生的预兆。

水稻叶蝉中以黑尾叶蝉和白翅叶蝉发生最普遍，为害最重。黑尾叶蝉在我国各稻区均有分布，白翅叶蝉主要分布在长江以南稻区。黑尾叶蝉在我国一年发生 2～8 代，以若虫和少量成虫在绿肥田、田埂、沟边的禾本科杂草上越冬。世代重叠明显，田间为害高峰期在 7～8 月。成虫白天多在稻株中下部，早晚可到稻株上部叶片上取食。性活泼，能飞善跳，晴天时甚为活跃，低温、阴雨及大风时，则栖息于稻茎基部。受到惊动时，横行斜走或飞走。趋光性强，天气闷热的黑夜可大量扑灯，有趋嫩绿习性，生长嫩绿的 2～3 叶期稻苗和本田返青期为成虫大量迁入期，也是病毒传播的关键时期。在稻田内，发生初期以田边虫口密度较大，随后由田边和田中扩散蔓延。黑尾叶蝉发生的最适气温为 28℃左右，适宜的田间相对湿度为 75％～90％。

(五)水稻害虫的综合治理措施

开展水稻害虫的综合治理，必须结合地域特点，建立一个以水稻高产、优质及提高三大效益为目标，丰产保健栽培为基础，抗性品种为主体，科学合理地用药，注意保护天敌和环境等协调措施的综合防治体系，同时，要加强预测预报和植物检疫工作，努力将水稻害虫控制在经济受害允许水平之下。各地可结合本地水稻害虫的发生特点，因地制宜地采用下列综合防治措施。

1. 加强栽培管理

(1)统筹规划，合理布局　避免早、中、晚稻混栽；同稻型、同品种成片种植，消灭插花田；调整播栽期，尽可能地使一地、一片水稻的生育期整齐划一，并使危险生育期避开害虫的高峰期，可有效进消灭“桥梁田”，减少害虫的食物来源，在很大程度上减低害虫的发生数量和为害程度。

(2)加强田间管理，创造不利于害虫滋生的环境　搞好农田排灌设施，进行合理排灌，使稻苗生长健壮；坚持重施底肥，早施苗肥，不过多过迟施氮肥，防止贪青徒长，减少水稻对害虫的引诱作用；有条件的地方，可设置诱杀田，诱集螟虫和其他害虫。

(3)消灭越冬虫源　冬季及早春清除田边、沟边杂草；收获后及时翻耕换水；春前处理有虫的玉米、高粱秆等措施，能有效地消灭三化螟、二化螟、叶蝉、飞虱、稻苞虫、稻瘿蚊等害虫的越冬虫源。

(4)选用抗虫耐害的品种　近年来，我国一些省份，针对褐飞虱、三化螟、稻纵卷叶螟、和蓟马等害虫，开发利用了抗虫品种，明显地减轻了水稻的受害程度。目前我国已筛选和研制了不少抗稻飞虱等的新的抗虫品种和株系，抗稻飞虱的基因已成功转入水稻而研制出了抗虫转基因水稻。

2. 保护和利用天敌

稻田天敌种类非常丰富，如捕食性的蜘蛛、螨类、草蛉、瓢虫、蜻类和寄生蜂、寄生蝇等，对这些天敌资源要注意保护和利用，做到科学合理用药，协调好生物防治和其他防治的关系。有些稻区放鸭除虫，一举两得。有条件的地区，可推广应用无公害生物农药和植物源农药，或利用赤眼蜂防治水稻螟虫。

3. 合理使用化学农药

对水稻主要害虫，应组织人员调查预测，达到防治指标时，再施药防治。应选择恰当的药剂种类与方法：使用选择性或内吸性药剂；尽可能不采用喷雾、喷粉和泼浇法，采用颗粒剂或土壤施药；轮换农药品种；注意兼治；对有趋光性的害虫，可设置黑光灯、双色灯、高压汞灯等诱杀；对有特殊习性或可利用人工防治的害虫，进行人工防治。

二、麦类害虫

在我国为害麦类的害虫有200多种，其中对生产影响较大的有黏虫、蚜虫、吸浆虫、小麦叶蜂、小麦害螨、地下害虫等。在局部地区为害较为严重的种类有麦根蝽、麦水蝇、麦秆蝇、麦茎叶甲、秀夜蛾、小麦皮蓟马等。这些害虫的取食不仅对小麦直接为害造成损失，而且有些害虫如麦蚜等还能传播各种病毒病，造成更大损失。

(一)黏虫

黏虫[*Leucania separata*(Walker)]俗名五彩虫、夜盗虫、剃枝虫、麦蚕等，属鳞翅目，夜蛾科。除新疆未见报道外，遍布全国各地。寄主有麦、稻、粟、玉米等禾谷类粮食作物及棉花、豆类、蔬菜等16科100多种植物。幼虫食叶，大发生时可将作物叶片全部食光，仅剩光秆，尤其是在幼虫成群结队迁移时，更是饥不择食，几乎所有绿色作物被掠食一空，能使几十、几百甚至上千公顷的庄稼毁于一旦，造成严重损失。

1. 形态识别

见图6-2-9。

成虫　体长15～17 mm，翅展36～40 mm。头部与胸部灰褐色，腹部暗褐色。前翅灰黄褐色、黄色或橙色，变化很多；内横线往往只现几个黑点，环纹与肾纹呈两个淡黄色圆斑，肾纹后端有一个白点，其两侧各有一个黑点；亚缘线自顶角斜向后缘，呈一黑褐色斜纹；外横线为一列黑点。后翅暗褐色，向基部色渐淡。

卵　长约0.5 mm，半球形，初产白色渐变黄色，有光泽。卵粒单层排列成行。

幼虫　体长38 mm。体色由淡绿至浓黑，变化甚大(常因食料和环境不同而有变化)。头部两侧有“八”字形黑褐色纹，体表有许多纵行条纹，背中线白色，边缘有细黑线，两侧有两条红褐色纵线条，两纵线间均有白色纵行细纹，腹面污黄色，腹足外侧有黑褐色斑。

蛹　长约19 mm，红褐色，腹部5～7节背面前缘各有一列齿状点刻，臀棘上有刺4根，中央2根粗大，两侧的细短刺略弯。

2. 发生规律

黏虫在生长发育过程中无滞育现象，条件适合时可终年繁殖。因此，在我国各地发生的世代数因地区纬度而异，从北至南2～8代。黏虫属迁飞性害虫，其越冬分界线在北纬33°一带。在33°以北地区任何虫态均不能越冬；在湖南、江西、浙江一带，以幼虫和蛹在稻桩、田埂杂草、绿肥田、麦田表土下等处越冬；在广东、福建南部终年繁殖，无越冬现象。北方春季出现的大量成虫系由南方迁飞所至。黏虫在我国每年有4次大的迁飞活动，具有两种迁飞方式：春、夏季多从低纬度向高纬度地区，或从低海拔向高海拔地区迁飞为害；秋季回迁时，又从高纬度向低纬度，或从高海拔向低海拔地区迁飞为害。

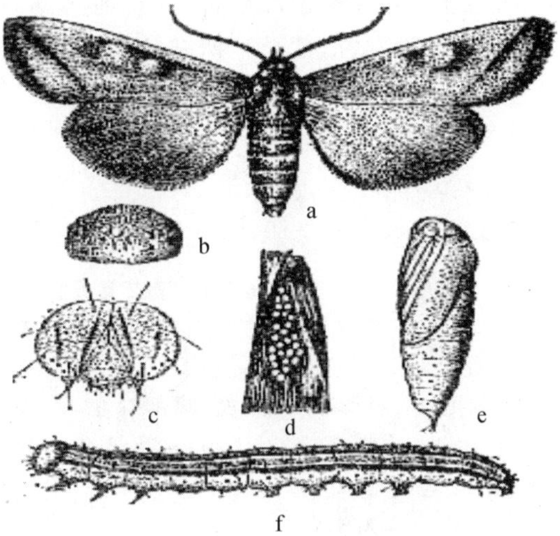

图6-2-9　黏虫

a. 成虫　b. 卵粒　c. 幼虫头部正面
d. 产于叶片上的卵　e. 蛹　f. 幼虫

成虫产卵于叶尖或嫩叶、心叶皱缝间，常使叶片成纵卷。成虫昼伏夜出，傍晚开始活动。黄昏时觅食，半夜交尾产卵，黎明时寻找隐蔽场所。成虫对糖醋液趋性强，产卵趋向黄枯叶片。在麦田喜把卵产在麦株基部枯黄叶片叶尖处折缝里；在稻田多把卵产在中上部半枯黄的叶尖上，着卵枯叶纵卷成条状。每个卵块一般20～40粒，成条状或重叠，多者达200～300粒，每雌一生产卵1 000～2 000粒。幼虫共6龄。初孵幼虫有群集性，1、2龄幼虫多在麦株基部叶背或分蘖叶背光处为害，3龄后食量大增，5～6龄进入暴食阶段，食光叶片或把穗头咬断，其食量占整个幼虫期的90%左右。3龄后的幼虫有假死性，受惊动迅速卷缩坠地，畏光，晴天白昼潜伏在麦根处土缝中，傍晚后或阴天爬到植株上为害。幼虫发生量大食料缺乏时，常成群迁移到附近地块继续为害。老熟幼虫入土化蛹。该虫适宜温度为10～25℃，相对湿度为85%。产卵适温19～22℃，适宜相对湿度为90%左右，气温低于15℃或高于25℃，产卵明显减少，气温高于35℃即不能产卵。湿度直接影响初孵幼虫存活率的高低。该虫成虫需取食花蜜补充营养，遇有蜜源丰富，产卵量高；幼虫取食禾本科植物的发育快，羽化的成虫产卵量高。成虫喜在茂密的田块产卵，生产上长势好的小麦、粟、水稻田、生长茂密的密植田及多肥、灌溉好的田块，利于该虫大发生。天敌主要有步行甲、蛙类、鸟类、寄生蜂、寄生蝇等。

（二）麦蚜

麦蚜俗称“腻虫”、“油旱”，包括麦长管蚜[*Macrosiphum avenae* (Fabricius)]、麦二叉蚜[*Schizaphis graminum* (Rondani)]、禾谷缢管蚜[*Rhopalosiphum padi* (L.)]和麦无网蚜[*Acyrthosiphon dirhodum* (Walker)]等，均属于同翅目，蚜科。麦长管蚜在全国麦区均有发生，是大多数麦区的优势种之一；麦二叉蚜主要分布在我国北方冬麦区，特别是华北、西北等地发生严重；禾谷缢管蚜分布于华北、东北、华南、华东、西南各麦区，在多雨潮湿麦区常为优势种之一。麦蚜的寄主种类较多，除主要危害麦类作物外，也危害稻、高粱、粟等禾本科作物以及禾本科、莎草科等杂草。麦蚜在小麦苗期，多群集在麦叶背面、叶鞘及心叶处。小麦拔节、抽穗后，多集中在茎、叶和穗部危害，并排泄蜜露，影响植株的呼吸和光合作用。被害处呈浅黄色斑点，严重时叶片发黄，甚至整株枯死。穗期危害，造成小麦灌浆不足，籽粒干瘪，千粒重下降，引起严重减产。以乳熟期危害最重、损失最大。麦蚜又是传播植物病毒的重要昆虫媒介，以传播小麦黄矮病毒危害最重。

1. 形态识别

见表6-2-4、图6-2-10、图6-2-11、图6-2-12。

表6-2-4　麦二叉蚜、麦长管蚜、禾谷缢管蚜的形态特征

虫态	特征	麦二叉蚜	麦长管蚜	禾谷缢管蚜
有翅胎生雌蚜	体色	头胸部灰黑色，腹部绿色，腹部中央有一条深绿色纵纹	头胸部暗绿色或暗褐色，腹部黄绿色至浓绿色，腹背两侧有褐斑4～5个	头胸部黑色，腹部暗绿带紫褐色，腹背后方具红色晕斑2个
	额瘤	不明显	明显，外倾	略显著
	触角	比体短	比体长	比体短
	前翅	分2叉	分3叉	分3叉
	中脉		管状，极长，黑色	
	腹管	圆锥形，中等长，黄绿色		近圆形，黑色，端部缢缩如瓶颈状
无翅胎生雌蚜	体色	淡黄绿至绿色，腹背中央有深绿色纵线	淡绿色或黄绿色，腹背两侧有褐斑	浓绿或紫褐色，腹背后方有红色晕斑
	触角	为体长的一半或稍长	与体等长或超过体长	仅为体长的一半
	尾片	圆锥形，中等长，黑色，有2对长毛	管状，极长，黄绿色，有3～4对长毛	圆锥状，中部缢入，有3～4对长毛

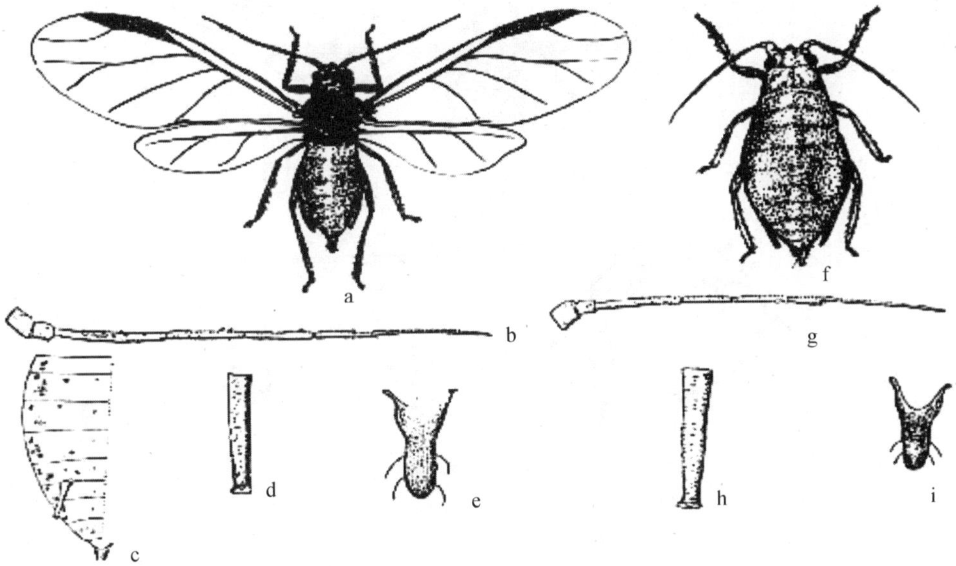

图 6-2-10　麦二叉蚜

有翅胎生雌蚜：a. 成虫　b. 触角　c. 腹部一侧　d. 腹管　e. 尾片

无翅胎生雌蚜：f. 成虫　g. 触角　h. 腹管　i. 尾片

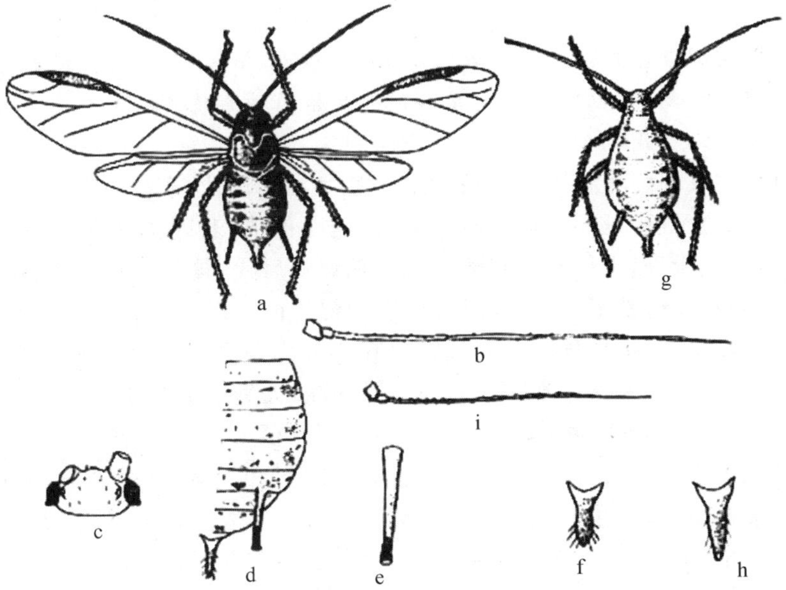

图 6-2-11　麦长管蚜

有翅胎生雌蚜：a. 成虫　b. 触角　c. 头部　d. 腹部一侧　e. 腹管　f. 尾片

无翅胎生雌蚜：g. 成虫　h. 尾片　i. 触角

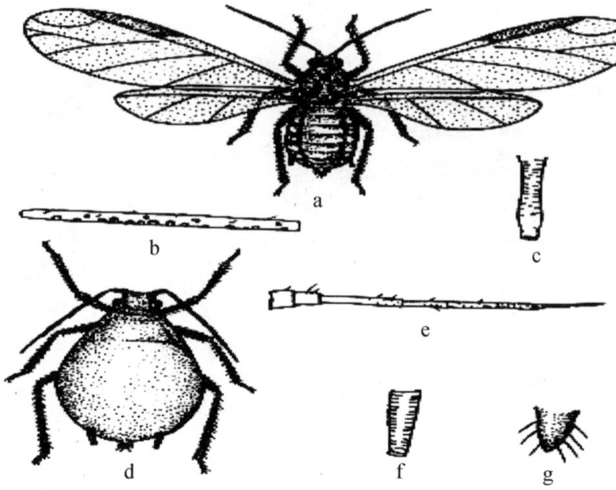

图 6-2-12　禾谷缢管蚜

有翅胎生雌蚜：a. 成虫　b. 触角第 3 节　c. 腹管

无翅胎生雌蚜：d. 成虫　e. 触角　f. 腹管　g. 尾片

2. 发生规律

麦蚜的生活周期可分不全周期和全生活周期两种类型。3 种常见麦蚜在温暖地区可全年行孤雌生殖，不发生性蚜世代，表现为不全周期型；在北方寒冷地区，则表现为全生活周期型。年发生代数因地而异，一般可发生 10～20 代。

知识链接

蚜虫的年生活史很复杂，典型的包括两性生殖世代和孤雌生殖世代，经过卵、干母、干雌、迁移蚜、侨蚜、性母和性蚜，往往将两性生殖和孤雌生殖两种生殖方式交替的称为全周期型，仅进行孤雌生殖的称为不全周期型。

麦长管蚜和麦二叉蚜终年在禾本科植物上繁殖生活。以成、若蚜或以卵在冬麦田的麦苗和禾本科杂草基部或土缝中越冬。遇温暖的晴天，越冬的成、若蚜仍能在麦苗和杂草上活动。来年春暖后，卵孵化成干母，干母产生有翅和无翅孤雌蚜后代；越冬成、若蚜则直接恢复危害和繁殖。在杂草上的越冬蚜，繁殖 1～2 代后产生有翅蚜迁向麦田。随着气温的上升和小麦的生长发育不断进行孤雌生殖，扩大种群。麦长管蚜在小麦灌浆乳熟期是繁殖高峰期。当小麦进入拔节至孕穗期，麦二叉蚜繁殖达到高峰。小麦蜡熟期，大量产生有翅蚜，陆续飞离麦田，迁向禾本科植物上继续危害和繁殖，并在其上或自生麦苗上越夏。秋播麦苗出土后，大部分麦蚜又开始迁回冬麦苗上危害。麦长管蚜喜光照，较耐氮素肥料和潮湿，多分布在植株上部，叶片正面，特嗜穗部；小麦抽穗后，蚜量急剧上升，并大多集中穗部危害；成、若蚜均易受震动坠落逃散。麦二叉蚜喜干旱，怕光照，不喜氮素肥料；多分布在植株下部和叶片背面，最喜幼嫩组织或生长衰弱、叶色发黄的叶片；成、若蚜受震动时假死而坠落；小麦灌浆后多迁离麦田。禾谷缢管蚜喜湿畏光，嗜食茎秆、叶鞘，故多分布于植株下部的叶鞘、叶背，甚至根茎部分，其成、若蚜较不易受惊动。

(三)小麦吸浆虫

小麦吸浆虫主要有两种：麦红吸浆虫(*Sitodiplosis mosellana* Gehin)和麦黄吸浆虫(*Con-*

tarinia tritici Kirby)，俗名小红虫、麦蛆等，是世界性害虫，在我国分布很广，几乎遍及小麦产区。麦红吸浆虫主要分布在沿江、沿河平原低湿地区，在我国东部长江和黄河流域之间形成了一条自东向西的纵带。麦黄吸浆虫主要分布在高原地区和高山地带，如贵州、四川西部、青海、甘肃、宁夏等地，形成了一条自西北向西南的横向条带。小麦吸浆虫主要为害小麦，也可为害大麦、青稞、燕麦、黑麦、雀麦等。以幼虫为害花器和在麦粒内吸食麦粒浆液，使小麦籽粒不能正常灌浆，出现瘪粒，严重时造成绝收，是小麦生产上的毁灭性害虫。在我国历史上，小麦吸浆虫曾多次成灾。该虫在20世纪50年代经过防治已基本控制其为害，但近几年在一些地方又有回升，并造成较大损失。

1. 形态识别

麦红吸浆虫和麦黄吸浆虫的形态区别见图6-2-13和6-2-14，表6-2-5。

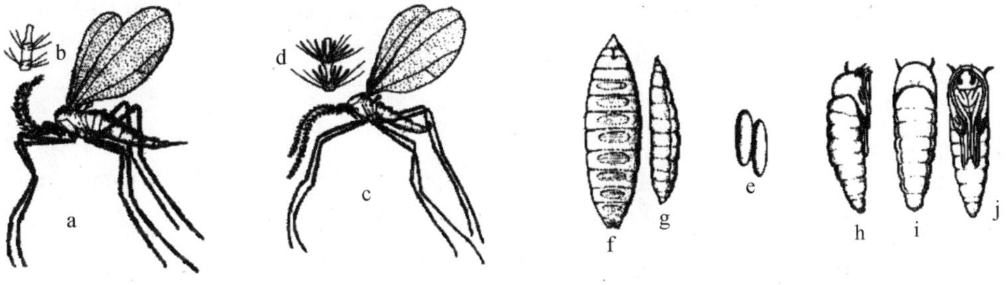

图6-2-13 麦红吸浆虫

a. 雌成虫 b. 雌成虫触角的1节 c. 雄成虫 d. 雄成虫触角的1节 e. 卵 f. 幼虫腹面 g. 幼虫侧面 h～j. 蛹侧、背、腹面

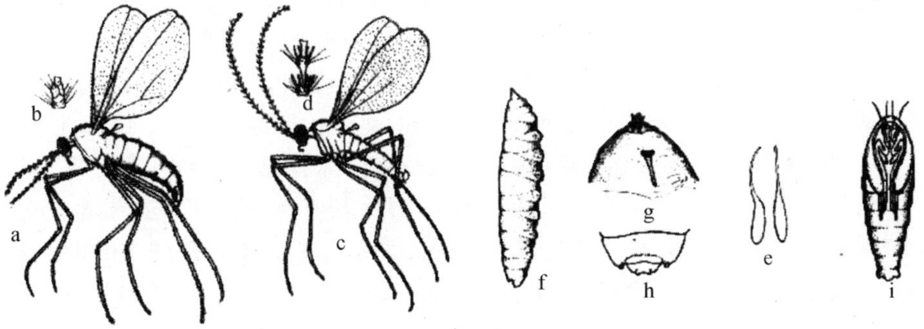

图6-2-14 麦黄吸浆虫

a. 雌成虫 b. 雌成虫触角的1节 c. 雄成虫 d. 雄成虫触角的1节 e. 卵 f. 幼虫侧面 g. 幼虫体躯前端 h. 幼虫腹部末端 i. 蛹腹面

成虫 雌虫体长2～2.5 mm，翅展5 mm左右，体橘红色。触角细长，14节，各节呈长圆形膨大，上环生两圈刚毛。前翅透明，有4条发达翅脉，后翅退化为平衡棍。雄虫体稍小。

卵 长0.09 mm，长圆形，浅红色。

幼虫 体长2～3 mm，椭圆形，橙黄色，头小，无足，蛆形，前胸腹面有1个“Y”形剑骨片，前端分叉，凹陷深。

蛹 长2 mm，裸蛹，橙褐色，头前方具白色短毛2根和长呼吸管1对。

表 6-2-5　麦黄吸浆虫与麦红吸浆虫形态区别

虫态	麦红吸浆虫	麦黄吸浆虫
成虫	体橘红色 雌成虫产卵管不长，伸出时约为腹长一半，末端呈圆瓣状 雄成虫抱握器基部有齿，腹瓣末端稍凹入，阳茎长	体姜黄色 雌成虫产卵管极长，伸出时约与腹部等长，末端呈针状 雄成虫抱握器光滑无齿，腹瓣明显凹入分裂为两瓣，阳茎短
卵	长卵形，末端无附属物	香蕉形，末端有细长的附属物
幼虫	橘黄色，体表有鱼鳞状突起 前胸“Y”形剑骨片中间成锐角深凹陷 腹部末端突起两对，尖形	姜黄色，体表光滑 前胸“Y”形剑骨片中间呈弧形浅凹陷 腹部末端突起一对，圆形
蛹	橙红色，头部前一对毛比呼吸管短	淡红色，头部前一对毛比呼吸管长

2. 发生规律

两种小麦吸浆虫每年发生 1 代或多年完成一代，以末龄幼虫在土壤中结圆茧越夏或越冬。麦红吸浆虫的发生期因地而异，与当地小麦生育期有密切的物候关系。在黄淮地区，翌年当地下 10 cm 处地温高于 10℃时，小麦进入拔节阶段，越冬幼虫破茧上升到表土层。当 10 cm 地温达到 15℃左右，小麦孕穗时，结茧化蛹，蛹期 8～10 天。当 10 cm 地温 20℃上下，小麦开始抽穗，吸浆虫成虫开始羽化出土，各地成虫羽化期与小麦进入抽穗期一致。该虫畏光，中午多潜伏在麦株下部丛间，多在早、晚活动，卵多聚产在未扬花的小麦护颖与外颖之间，少数产于穗轴与小穗柄等处，每雌产卵 60～70 粒，卵期 5～7 天。初孵幼虫从内外颖缝隙处钻入麦壳中，附在子房或刚灌浆的麦粒上为害 15～20 天，经 2 次蜕皮，幼虫短缩变硬，开始在麦壳里蛰伏，抵御干热天气，这时小麦已进入蜡熟期。遇有湿度大或雨露时，苏醒后再蜕一层皮爬出颖外，弹落在地上，从土缝中钻入地下 10 cm 处结茧越夏和越冬。该虫有多年休眠习性，遇有春旱年份有的不能破茧化蛹，有的已破茧，又能重新结茧再次休眠，休眠期有的可长达 12 年。吸浆虫的发生与雨水、湿度关系密切，春季 3～4 月间雨水充足，利于越冬幼虫破茧上升土表、化蛹、羽化、产卵及孵化。小麦品种对吸浆虫的抗感性差异很大，凡麦穗颖壳坚硬、扣和紧、种皮厚、籽粒灌浆迅速的品种受害轻，抽穗整齐，抽穗期与吸浆虫成虫发生盛期错开的品种，成虫产卵少或不产卵，可逃避其为害。天敌主要有宽腹姬小蜂、光腹黑蜂、蚂蚁、蜘蛛等。

麦黄吸浆虫生活习性与麦红吸浆虫大致相似，唯成虫发生期稍早，在春麦区为害青稞较重。雌虫主要选择初抽麦穗上产卵，卵产在内外颖间，一般每次 5～8 粒，一生产卵 100 粒左右。卵期 7～9 天，幼虫侵入后主要为害花器，后吸食子房和灌浆的麦粒。幼虫期 15 天左右，老熟后不停留在蜕皮内，所以离穗时间较早，抗旱力也较弱。

(四)小麦叶蜂

小麦叶蜂(*Dolerus tritici* Chu)又叫小黏虫、齐头虫等，属膜翅目，叶蜂科。分布广泛，主要发生在淮河以北麦区，为害麦类作物及看麦娘等禾本科杂草。一般虫量少，为害轻，但近年来，在局部地区为害加重。小麦叶蜂以幼虫为害麦叶，从叶边缘向内咬食成缺刻，重者可将麦叶全部吃光。危害严重时可将麦株吃成光秆，仅剩麦穗，使麦粒灌浆不足，影响产量。

1. 形态识别

见图 6-2-15。

成虫　体长 8～9.8 mm，雄蜂体略小，黑色微带蓝光，后胸两侧各有一白斑。翅透明，膜质，带有极细的淡黄色斑。胸腹部光滑，散有细刻点。小盾片黑色近三角形，有细稀刻点。雌蜂腹末有锯状产卵器。

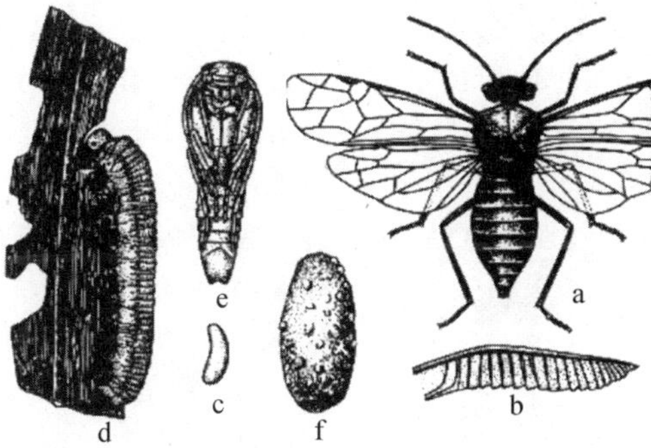

图 6-2-15　小麦叶蜂

a. 成虫　b. 雌虫产卵器　c. 卵　d. 幼虫为害状　e. 蛹　f. 茧

卵　长 1.8 mm，宽 0.6 mm，肾形，淡黄色，表面光滑。

幼虫　共 5 龄，老龄幼虫 17～18.8 mm，圆筒形。头深褐色，胸腹部灰绿色，胸部较粗，腹末较细，胸腹各节均有多条横皱纹，具 7 对胸足和 1 对尾足。

蛹　长 9～9.5 mm，淡黄到棕黑色。头胸部粗大，腹部细小，末端分叉。

2. 发生规律

小麦叶蜂在华北麦田 1 年发生 1 代，以蛹在土中 20～25 cm 深处结茧越冬，在某些地区，老熟幼虫和蛹均可在土壤中越冬。第二年 2～3 月羽化为成虫，在麦田内交尾产卵。4 月中旬是幼虫为害盛期，到 5 月上中旬老熟幼虫入土滞育越夏，到 9、10 月间再蜕 1 次皮化蛹越冬。成虫昼出夜伏，白天活动，夜晚或阴天隐蔽在小麦根际或浅土中，飞翔力不强，有假死性。成虫用锯状产卵器将卵产在叶片主脉旁边的组织内，在叶面呈现长 2 mm，宽 1 mm 的突起，可检查发现。1 次 1 粒，成串产下。成虫寿命 3～7 天，卵期 10 天。幼虫共 5 龄，1～2 龄白天为害叶片；3 龄后白天隐蔽，黄昏后上升为害，多集中于下部叶片或无效分蘖上危害；4 龄后，食量剧增，常将整个麦株吃光。幼虫有假死性，遇震动即落地。冬季温暖、土壤水分充足，翌春湿度大，春季羽化出土时雨水少有利其发生。若冬季温度低、土壤干旱、3 月间又降大雨，麦叶蜂则发生少。此外，沙性土壤比黏性土壤受害重。

(五)小麦害螨

危害小麦的害螨有麦圆叶爪螨[*Penthaleus major* (Duges)]和麦岩螨[*Petrobia latens* Müller]。麦圆叶爪螨又称麦圆蜘蛛、麦叶爪螨、麦大背肛螨，属真螨目，叶爪螨科。麦岩螨又称麦长腿蜘蛛、小麦红蜘蛛，属真螨目，叶螨科。两种害螨主要危害小麦、大麦等麦类作物，其次危害棉花、大豆、葱、洋葱、桃、苹果、桑、槐、茅草、蒿、芦苇、苦菜籽等多种植物。以刺吸式口器刺入植物组织取食危害，叶片被害后，呈现黄白色斑点，叶色发黄，蒸腾作用增大，麦苗抗寒能力下降，受害严重时，麦株枯死或不能抽穗。此外，麦岩螨还可传播洋葱花叶病毒。

1. 形态识别

见表 6-2-6、图 6-2-16。

表 6-2-6　两种小麦害螨的形态区别

虫态	麦圆叶爪螨	麦岩螨
成螨	雌螨体长 0.65～0.8 mm,椭圆形,深红色或黑褐色。足 4 对,约等长。肛门位于末体部背面,稍隆起,周围红色	雌螨体长 0.62～0.58 mm,阔椭圆形,紫红色或绿色。足 4 对,第 1、4 对足特别长,其长度超过 2、3 对足的 1～2 倍。肛门位于腹部腹面。雄螨稍小,梨形,末端尖
卵	长约 0.2 mm,椭圆形。初产时暗红色,后变淡红色。表皮皱缩,外有 1 层胶质卵壳,表面有五角形网纹	有二型,一为红色非滞育型卵,长约 0.15 mm,圆球形,表面有隆起纵纹;另一为白色滞育卵,长约 0.18 mm,圆柱形,表面被有蜡质,顶端向外扩张,形似倒放草帽,顶面上有放射状条纹
幼螨	圆形,初为淡红色,取食后变为草绿色,足 3 对	圆形,足 3 对,初为鲜红色,取食后变为暗绿色
若螨	分第 1 若螨和第 2 若螨两个时期,足 4 对,体色、体形似成螨	分第 1 若螨和第 2 若螨两个时期,足 4 对,体色、体型似成螨

2. 发生规律

麦岩螨每年发生 2～4 代,除北疆以卵越冬外,其他地区主要以成螨或卵越冬。越冬场所因地而异,春麦区在麦田附近的杂草上越冬,冬、春麦混栽区和冬麦区在杂草和冬麦田内越冬。越冬雌螨在 11～12 月间遇到无风暖和的天气,仍能出来活动取食。翌年 3 月上中旬,越冬雌螨开始产卵,此时越冬卵也相继孵化,到 4 月上中旬,完成第 1 代。第 2 代发生于 5 月上中旬,第 3 代发生于 5 月下旬至 6 月上旬。第 3 代雌螨产滞育卵越夏。大部分越夏卵在当年 10 月上中旬开始孵化,10 月下旬至 11 月上旬为孵化盛期,少数未孵化的越夏卵,可到翌春孵化,甚至滞育多年不孵化。第 3 代发育快的雌螨,能产第 4 代卵,大部分发育为成螨后直接进入越冬。成螨和若螨有群集习性、遇惊下坠和弱的负趋光性。多数栖息在离地面 4～6 cm 的植株上,在叶片背面取食危害。麦岩螨的主要繁殖方式为孤雌生殖,但也有营两性生殖的。产卵于麦株附近的硬土块、小石块和干粪块上,干叶、干草、麦秸和杂物上也有。每雌螨产卵 29～72 粒。麦岩螨性喜温暖干燥。田间露水较大或降小雨时,躲藏于麦丛或土缝内。生长发育最适温度为 15～20℃,活动最适温度为 16～18℃,超过 20℃即产白色滞育卵越夏。麦岩螨的发生数量与麦田的地势、方位、土壤质地、灌水和降雨量等都有密切关系。地势较高的田块、低丘陵地的向阳坡,虫口密度较大,发生危害重;塬地次之,阴坡最少。壤土麦田发生量多,黏质土次之,沙质土壤发生最少。非水浇地比水浇地发生重。4～6 月降雨量少,麦岩螨猖獗发生,降雨量多,危害

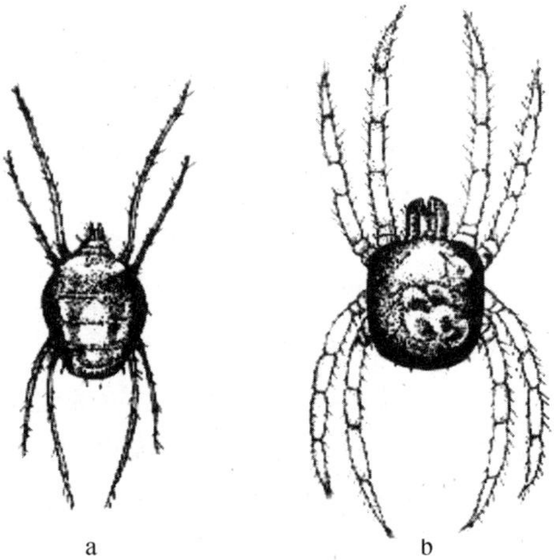
a　b

图 6-2-16　小麦害螨

a. 麦岩螨　b. 麦圆叶爪螨

明显减轻。麦岩螨的繁殖高峰期晚于麦圆叶爪螨，往往与北方冬麦区小麦的孕穗、抽穗期吻合，因此，所造成的产量损失比麦圆叶爪螨大。

麦圆叶爪螨年发生代数因地而异。在豫北、晋南、陕西关中等地1年2～3代，以成螨、卵和若虫在麦根土缝、杂草或枯叶上越冬。此螨耐寒力强，冬季温暖晴朗的天气，仍可爬到麦叶上危害。早春2～3月气温达4.8℃时，越冬卵开始孵化。3月下旬至4月上旬田间虫口密度最大，因正值冬小麦拔节期，危害比较严重。到4月中下旬完成第1代，产卵在麦茬或土块上越夏。5月很难在田间见到此螨。10月越夏卵孵化，危害秋播麦苗。11月中旬田间密度较大，出现第2代成螨，产第3代卵越冬，或直接以成螨越冬。成、若螨有群集习性，早春气温低时可集结成团。爬行敏捷，遇惊动即纷纷坠地或很快向下爬行。雌螨营孤雌生殖，单雌产卵量20余粒，产卵时间多在夜间，卵堆产或排成串，春季多产于麦株分蘖丛或土块上，秋季产于麦苗和杂草近根部土块、干叶或须根上。麦圆叶爪螨性喜阴凉湿润，这与麦岩螨相反。生育适温为8～15℃，气温超过20℃大量死亡。相对湿度70%以上，表土含水量20%左右最适于其繁殖危害。因此，水浇地、低湿或密植麦田常发生严重，干旱麦田发生轻。

知识链接

叶爪螨喜阴湿，怕高温干燥，取食高峰期为每天6:00～9:00和16:00～20:00。麦岩螨喜温暖干燥，取食高峰期为每天9:00～16:00；其中，以15:00～16:00数量最大，对湿度反应敏感，小雨或露水大时停止活动。

（六）小麦害虫的综合治理措施

我国麦区辽阔，不同麦区自然地理、农业生境、栽培制度差异较大，害虫种类和发生消长规律各不相同。各地应从当地实际出发，确定2～3种害虫作为防治对象，把重点害虫防治贯穿于整个麦田管理的始终。

1. 备耕阶段

（1）做好麦田规划，合理轮作，选用抗虫品种，可以预防多种害虫为害。

（2）小麦收获后立即进行浅耕灭茬，在伏天尽可能进行深翻，对吸浆虫、小麦害螨、麦叶蜂、蛴螬等有很强的杀伤作用。

2. 播种至秋苗阶段

（1）适期晚播，既可防止冬旺，又避过一些害虫的迁入高峰期，减轻为害。

（2）药剂拌种或处理土壤，对各种地下害虫均有良好的效果，可选用辛硫磷、甲基异硫磷等。也可用呋喃丹颗粒剂进行盖种。

3. 春季返青至拔节期

这一时期为害严重的主要是小麦害螨和地下害虫，在黄矮病流行区还需注意防治麦二叉蚜。

（1）早春碾、耙小麦，可杀死大量麦蚜和害螨。在黄矮病流行区还应及时喷药防治二叉蚜。

（2）田间撒施毒土并浅锄，及时防治地下害虫，或结合防治小麦害螨，选择具有触杀和内吸作用杀虫剂撒施。

4. 孕穗、抽穗阶段

孕穗、抽穗期是小麦吸浆虫防治的关键时期，可撒毒土、喷雾或喷粉等，同时兼治麦蚜、黏虫和小麦叶蜂等害虫。

5. 灌浆阶段

小麦灌浆期是麦蚜种群急剧增长并达到高峰的时期，同时，也是麦田各种天敌如瓢虫、食蚜蝇、蚜茧蜂等种群数量最多的时期，既要防治蚜虫，又要保护天敌。所以，要选择合理的药剂，改进施药方法，可选用辟蚜雾等选择性药剂进行防治。

三、禾谷类杂粮害虫

玉米、高粱和谷子是三种主要的禾本科作物，俗称杂粮、旱粮。其中以玉米的栽培面积最大，为北方重要农作物之一，南方丘陵地区也广为栽培。高粱和谷子主要在北方种植。

由于这三种作物分类地位相近，且种植区均集中在东北、华北、西北和黄河流域等温带地区。因此，主要害虫的发生为害情况也有很多相同之处。在生长季节，玉米螟和玉米蚜对三种作物的为害均比较严重；条螟和桃蛀野螟则常与玉米螟混合发生，为害高粱和玉米；黏虫、蝗虫、棉铃虫、棉叶螨等多食性害虫也是这三种作物的重要害虫；二点螟、粟穗螟和粟凹胫跳甲主要为害谷子，也可为害高粱和玉米；高粱蚜主要为害高粱，也可为害玉米。

(一)玉米螟

玉米螟俗称玉米钻心虫，属鳞翅目，螟蛾科。

我国玉米螟共有 2 个种，其中以亚洲玉米螟[*Ostrinia furnacalis* (Guenee)]分布最广、为害最重，为世界性害虫。我国除青藏高原外各地均有分布。在华北、东北、华东及西北严重为害玉米等旱粮作物。欧洲玉米螟[*Ostrinia nubilalis*(Hubner)]在我国的新疆和宁夏是其主要发生区，在内蒙古呼和浩特、宁夏永宁和河北张家口一带与亚洲玉米螟混生，但仍以亚洲玉米螟为主。

1. 为害特点

玉米螟的食性较杂。主要寄主有玉米、高粱、谷子、黍、棉花、大麻、甘蔗、向日葵、甜菜、甘薯等作物。野生寄主也很多。主要有艾蒿、野苋、苍耳、野蓼等。玉米螟对玉米的为害最大。

2. 被害状

玉米螟主要以幼虫蛀茎为害，破坏茎秆组织，影响养分输送，使植株受损，严重时茎秆遇风折断。

初孵幼虫先取食嫩叶的叶肉，保留下表皮，3～4 龄后咬食其他坚硬组织，心叶期则集中在心叶内为害。被害叶长出喇叭口后，呈现出不规则的半透明薄膜窗孔、孔洞或排孔，统称花叶；被害严重的叶片支离破碎不能展开，雄穗不能正常抽出。在孕穗时，心叶中的幼虫都集中到上部，为害幼嫩穗苞内未抽出的玉米雄穗。当玉米雄穗抽出后，大部分幼虫开始蛀入雄穗柄和雌穗以上的茎秆，造成雄穗及上部茎秆折断。到雌穗逐渐膨大或开始抽丝时，初孵幼虫喜集中在花丝内为害，其中部分大龄幼虫则向下转移蛀人雌穗着生节及其附近茎节，破坏营养物质的运输，严重影响雌穗的发育和籽粒的灌浆。这是蛀茎盛期，也是影响玉米产量最严重的时期。

为害高粱时，主要为害茎部。在孕穗前，幼虫多集中于心叶内为害，形成花叶。孕穗后为害苞叶内的嫩穗。抽穗后为害茎秆和穗茎，植株和穗茎容易折断，影响籽粒的灌浆和成熟。

为害谷子时，幼虫在靠近地面处蛀入茎秆。苗小时引起枯心苗，抽穗前受害则多数不能抽穗，抽穗后受害形成虫伤株，植株易被风吹折断。一般玉米螟的蛀孔高于二点螟，蛀孔外有虫粪，可将它们区别开。

为害棉花时，低龄幼虫取食叶片，蛀食花蕾，引起落蕾。大龄幼虫可蛀入枝条、茎部，造成蛀入处以上部位的萎蔫枯死，甚至在蛀孔处折断；还可蛀入棉铃，引起脱落或影响吐絮，降低纤维品质。

3. 形态识别

见图 6-2-17。

成虫　雄蛾体长 10～14 mm，翅展 20～26 mm，褐黄色。前翅内横线为暗褐色波状纹，外横线为暗褐色锯齿状纹，两线之间有 2 个褐色斑。外缘线与外横线间有 1 条宽大的褐色带。后翅淡褐色，亦有褐色横线，当翅展开时，与前翅内外横线正好相接。雌蛾体长 13～15 mm，翅展 25～34 mm，前翅淡黄色，不及雄蛾鲜艳，内、外横线及斑纹不明显，后翅黄白色，腹部较肥大。

卵　扁椭圆形，长约 1 mm，宽 0.8 mm。一般 20～60 粒黏在一起，排列成鱼鳞状，边缘不整齐。初产时乳白色，后变为黄白色，半透明，临孵化前颜色灰黄。

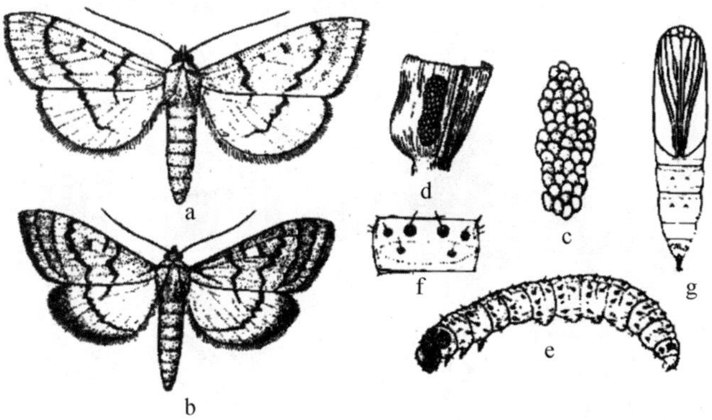

图 6-2-17　玉米螟

a. 雌成虫　b. 雄成虫　c. 卵块　d. 卵产于玉米叶背

e. 幼虫　f. 幼虫第 2 腹节背面　g. 蛹

幼虫　老熟幼虫体长 20～30 mm，淡褐色。头壳及前胸背板深褐色，有光泽，体背灰黄或微褐色，背线明显，暗褐色。中、后胸毛片每节 4 个，腹部 1～8 节每节 6 个，前排 4 个较大，后排 2 个较小。腹足趾钩 3 序缺环。

蛹　体长 15～18 mm，纺锤形，红褐色或黄褐色。尾端臀棘黑褐色，尖端有 5～8 根钩刺，缠连于丝上，黏附于虫道蛹室内壁。

4. 发生规律

玉米螟在我国的年发生代数随纬度的变化而变化，1 年可发生 1～7 代。在北纬 45°以北的黑龙江和吉林的长白山区年发生 1 代；北纬 40°～45°间的吉林、辽宁及内蒙古大部分地区和河北北部年发生 2 代；北纬 45°～30°间的长江以北广大地区年发生 2～3 代；而在 25°～20°间的广西、广东和台湾等地年发生 5～6 代；在同一省区，海拔高则代数相应减少。但各地的玉米螟均以末代老熟幼虫在寄主秸秆、穗轴或根茬中越冬。

各个世代以及每个虫态的发生期因地而异。在同一发生区也因年度间的气温变化而略有差别。通常情况下，第一代玉米螟的卵盛发期在 1～3 代区大致为春玉米心叶期，幼虫蛀茎盛期为玉米雌穗抽丝始期；第二代卵和幼虫的发生盛期在2～3代区大体为春玉米穗期和夏玉米心叶期；第三代卵和幼虫的发生期在3代区为夏玉米穗期。

(二)东亚飞蝗

东亚飞蝗[*Locusta migratoria manilensis*(Meyen)]俗称蚂蚱，属直翅目，蝗总科。东亚飞蝗为飞蝗的1个亚种，属直翅目，斑翅蝗科。东亚飞蝗是蝗虫灾害中发生最严重的种类。

知识链接

经常发生及适合发生飞蝗的地区称蝗区，而飞蝗迁入后不能定居繁殖的地区称扩散区。根据蝗区的生态环境，我国将蝗区分为四种类型：滨湖蝗区、沿海蝗区、内涝蝗区、河泛蝗区。

1. 为害特点

东亚飞蝗嗜食禾本科和莎草料杂草及作物，其中以芦苇、稗、红草(荻)最喜食，主要作物有小麦、玉米、粟、稻、高粱等。一般不取食双子叶植物。

2. 被害状

成虫和蝻咬食叶片和嫩茎，大发生时可将作物食成光秆或全部食光，造成颗粒无收。

3. 形态识别

见图6-2-18。

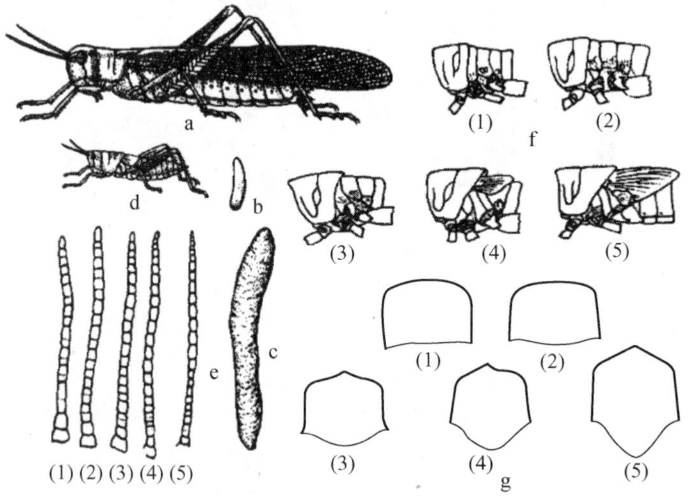

图6-2-18 东亚飞蝗

a. 成虫 b. 卵 c. 卵块 d. 若虫 e. 各龄若虫的触角(括弧内数字示龄期，下同)
f. 各龄若虫翅芽的发育情况 g. 各龄若虫的前胸背板

成虫 雄虫体长32.4～48.1 mm，雌虫38.6～52.8 mm；雄前翅长34.0～43.8 mm，雌44.65～55.9 mm；后足腿节长，雄19.2～28.2 mm，雌22.0～30.0 mm。体常为绿色或黄褐色。头顶与额面形成圆弧状，额面垂直，无头侧窝。触角丝状，淡黄色。上颚青蓝色。前胸背板中隆线发达，略呈弧状隆起(散居型)或较平直(群居型)，两侧常具棕色纵纹，群居型更明显。前翅褐色，有许多暗色斑纹；后翅无色。后足腿节内侧基半部黑色，近端部具黑环，胫节红色，外缘具刺10～11个。

卵囊及卵 卵囊黄褐色，长筒形，长45～67 mm，中间略弯，上部稍细。上部1/5为海绵状胶质，下部含卵粒，卵粒间胶质黏结。每块卵 45～85 粒，最多 200 粒，呈 4 行斜向排列。卵粒呈香蕉状，长 6.5 mm，宽 1.6 mm 左右。

若虫（蝻）共 5 龄。

4. 发生规律

该虫无滞育，年发生代数与时间因各地气温而异。北京以北发生 1 代，黄淮海地区 2 代，江淮地区 2～3 代，江西、广东、广西和台湾 3 代，海南 4 代。各地均以卵在土下 4～6 cm 处的卵囊内越冬。

在 2 代区，越冬代称夏蝗，第一代称秋蝗。4 月底至 5 月中旬越冬卵孵化，5 月上中旬为盛期。6 月中旬至 7 月上旬羽化，7 月上中旬为产卵盛期。7 月中旬至 8 月上旬孵化为秋蝗。秋蝗期约 30 天，于 8 月中旬至 9 月上旬羽化为秋蝗，盛期为 8 月中下旬，9 月份为产卵盛期。大部分地区和年份即以该代卵越冬，而在该区南部的秋旱温高年份，该代部分卵于 9 月中旬前后又孵化为第二代秋蝗，10 月中下旬羽化，但因冬季低温降临，成虫也不能产卵而冻死。由此增加了当年的为害，却减少了来年夏蝗的虫源基数。

飞蝗迁移时间多在晴天的 9:00～16:00，当遇阴雨天、浓云密布、中午地面温度超过 40℃ 或日落后，均停止迁移。群居型成虫迁飞多发生在羽化后 5～10 天的性成熟前期。微风时常逆风飞，大风时则顺风飞，可持续飞行 1～3 个昼夜。由于取食、饮水，在飞行中可降落，下雨时亦可迫降。飞行距离可达数百千米，能超过 1 000 m 高的太行山。

飞蝗在生长发育过程中，受种群密度和生态条件的影响，群居型和散居型可相互转变。

(三)高粱条螟

高粱条螟[*Proceras venosaus*(Walker)]又名条螟、高粱钻心虫、甘蔗条螟等，俗称高粱钻心虫，属鳞翅目，螟蛾科。国外主要分布于越南、印度、印度尼西亚、菲律宾、巴基斯坦、斯里兰卡、埃及等国家。国内大多数省、自治区均有发生。

1. 为害特点

高粱条螟为世界性害虫，国内分布甚广。东北、华北、华东和华南大部分省区均有发生。寄主植物有高粱、玉米、粟、麻、甘蔗等。在北方旱粮地区，主要为害高粱、玉米，并常和玉米螟混合发生，钻茎为害，但在高粱的蛀茎类害虫中，此虫所占比例最高。在广东、广西和台湾，主要蛀害甘蔗。

2. 被害状

高粱条螟主要以幼虫钻蛀为害作物的茎秆。初孵幼虫潜入高粱、玉米心叶，造成“花叶”，以后蛀茎或蛀穗颈为害，被害茎秆和穗遇风易折断。

3. 形态识别

见图 6-2-19。

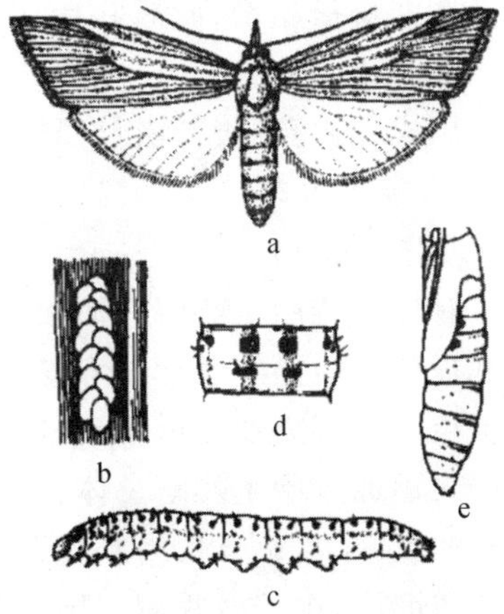

图 6-2-19 高粱条螟

a. 成虫 b. 卵块 c. 幼虫
d. 幼虫第 2 腹节 e. 蛹

成虫 雄成虫体长 10～14 mm，翅展 25～30 mm；雌成虫体长 14 mm 左右，翅展 32～34 mm。头、胸部背面淡黄色，复眼暗黑色。前翅灰黄色，翅面有 20 多条暗色纵皱纹，中央有 1 个小黑点；外缘略成直线，有 7 个小黑点，翅尖下部略向内凹。后翅颜色较淡。腹部及足黄白色。

卵　长径 1.5 mm，短径 0.9 mm，扁平椭圆形，表面有龟甲状纹，数粒或数十粒卵排成“人”字形双行重叠的卵块。初产时乳白色，后变为深黄色，孵化前中央出现小黑点，即幼虫的头部。

幼虫　老熟幼虫体长 20～30 mm，乳白至淡黄色，具紫褐色纵纹 4 条，头部黄褐至黑褐色。初孵化时乳白色，上有许多淡红褐色斑连成条纹。幼虫分夏、冬两型。夏型幼虫腹部各节背面有 4 个黑褐色斑点，上生刚毛，排列成正方形；冬型幼虫越冬前蜕皮 1 次，蜕皮后黑褐色斑点消失，体背出现 4 条淡紫色纵纹。腹足趾钩双序缺环，腹面颜色纯白。

蛹　长 12～16 mm，红褐色或黑褐色。腹部第 5～7 节背面前缘有深色网纹，腹末有 2 对尖锐小突起。尾部较钝，无尾刺。

4. 发生规律

辽宁南部、河北、山东、河南及江苏北部 1 年发生 2 代；江西发生 3～4 代；广东、台湾 4～5 代。在北方多以老熟幼虫在高粱、玉米秸秆内越冬，也有少数幼虫在玉米穗轴或谷草内越冬；在南方则以老熟幼虫在甘蔗的枯叶鞘内侧结白茧越冬。

越冬代成虫的发生期因地而异。北方越冬幼虫于 5 月中下旬开始化蛹，5 月下旬至 6 月上旬羽化；在江西 4 月下旬即可见蛾；广东汕头则在 3 月中旬至 4 月下旬见蛾。第一代幼虫在北方 7 月上中旬开始化蛹，7 月中下旬羽化为成虫，第二代卵盛期在 8 月上中旬。条螟在华北地区为害玉米的时间，一般比玉米螟晚 10 天左右。

（四）玉米蚜

我国为害玉米的蚜虫有玉米蚜（又名玉米缢管蚜）、禾谷缢管蚜、高粱蚜和荻草谷网蚜等，均属同翅目，蚜科。但以玉米蚜[*Rhopalosiphum maidis*（Fitch）]为害最重，分布遍及全国主要玉米产区。

1. 为害特点

玉米蚜主要为害玉米，也为害高粱、小麦、大麦、燕麦、谷子、芦苇等。玉米苗期开始受害，至扬花期蚜量猛增，此后叶片、叶鞘甚至雌、雄穗均布满蚜虫，能传播玉米病毒病，为害极大。

2. 被害状

以成、若蚜刺吸汁液，常导致叶面生霉变黑，影响光合作用。

3. 形态识别

见图 6-2-20。

有翅孤雌胎生雌蚜　体长 1.8～2.0 mm，长卵形，深绿色或黑绿色。头部黑色稍亮，复眼暗红褐色。中额瘤及额瘤稍微隆起。触角 6 节，长度为体长的 1/2，翅透明，前翅中脉分叉。足黑色。腹部第 3、4 节两侧各有 1 个小黑点。尾片两侧各着生刚毛 2 根。

无翅孤雌胎生雌蚜　体长 1.8～2.2 mm，长椭圆形，暗绿色。复眼红褐色，触角较短，为体长的 2/5，第 6 节长为基部的 2.5 倍。腹管长圆桶形，基部周围有黑色的晕纹，端部收缩。尾片圆锥形，中部微收缩。尾片和腹管均为黑色。

4. 发生规律

玉米蚜在我国北部的辽宁 1 年发生 9～11 代，在浙江嘉兴 1 年可发生 26 代。冬季在小麦和狗尾草、马唐、李氏禾及芦苇等禾本科杂草的心叶和叶鞘内越冬。春季气温回升后在越冬寄主上繁殖为害，待小麦近成熟时产生有翅蚜，迁飞到春玉米、夏玉米上为害，秋季再迁回越冬寄主。

高温干旱是玉米蚜大发生的重要气候条件。玉米蚜在 7～28℃ 均能繁殖后代，适宜温度为 22～24℃。适宜玉米蚜发生的相对湿度为 85%。由于玉米蚜多在寄主心叶内为害，在干旱年份，心叶中仍能保持较高的湿度，有利于其发生为害；而多雨年份心叶中容易积水，常不利于其发生。

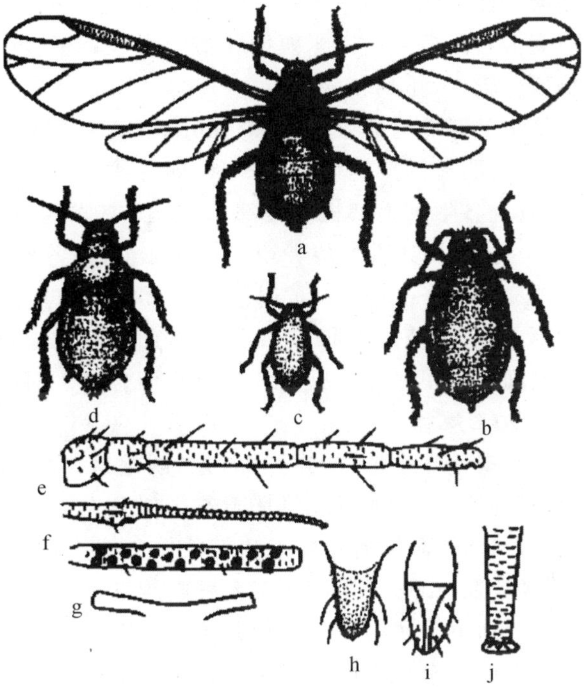

图 6-2-20　玉米蚜

a. 有翅蚜　b. 无翅蚜　c. 若蚜　d. 有翅若蚜　e. 无翅蚜触角　f. 有翅蚜触角第 3 节　g. 中胸腹叉　h. 尾片　i. 喙端部　j. 腹管

(五)粟灰螟

粟灰螟(*Chilo infuscatellus* Snellen)又名二点螟，俗称谷子钻心虫。

1. 为害特点

主要为害谷子，其次糜子、玉米、高粱、甘蔗、狗尾草等禾本科作物和杂草。

2. 被害状

以幼虫蛀食为害，谷子苗期受害后造成枯心苗，谷株抽穗后被蛀，常形成穗而不实，或通风折伏，造成减产。

3. 形态识别

见图 6-2-21。

成虫　雄蛾体长 8.5 mm，翅展约 18 mm，雌蛾体长约 10 mm，翅展 25 mm 左右，体背及前翅黄褐色。复眼黑褐色，下唇须发达，向前下方直伸。前翅近长方形，其上散生黑褐色的细鳞片，中室端部有 1 个不甚明显的暗灰色小点，沿外缘翅脉末端有 7 个并列的小黑点，偶有 6 个者。后翅灰白色，外缘淡褐色。

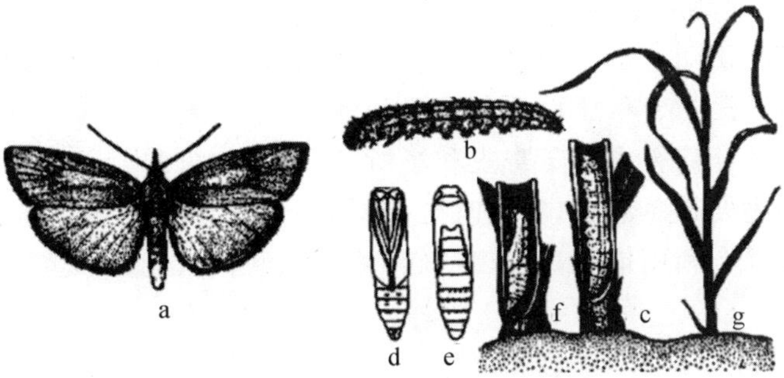

图 6-2-21　粟灰螟

a. 成虫　b. 幼虫　c. 茎内幼虫　d～e. 无翅蚜触角　f. 茎内蛹　g. 被害枯心谷苗

卵　椭圆形，扁平，长径 0.8 mm，短径 0.65 mm。卵面有微细网状纹。初产时乳白色，孵化前变为灰黑色。与玉米螟卵相似。常数粒至数十粒排列成鱼鳞状卵块，但卵较薄，且卵粒间重叠部分较少，排列较松散。

幼虫　老熟时体长 15～30 mm。头部红褐色。前胸盾近三角形，黄褐色。中胸至腹部末端；背面有明显的紫褐色纵线 5 条，即背线、亚背线和气门上线。中、后胸背面各有 4 个深色毛瘤片，其上各生细毛 2 根。腹部 1～8 节，各节背面近中央有 1 细横皱，其前方各生深色毛瘤片 4 个，排成横列，其后方各有较小毛片 2 个，均各生细毛 1 根。腹足趾钩 3 序缺环式。

蛹　长 12～20 mm，黄褐色，背面仍保留幼虫时的 5 条纵线。腹部第 7 节以后瘦削，末端平。第 5～7 腹节背面和 6～7 腹节腹面的近前缘，均有横向排列不规则的突起数个，其中第 6 腹节腹面的较不明显。并在 5、6 节腹面各具 1 对腹足痕迹。

4. 发生规律

粟灰螟年发生世代与为害时期，因地区不同而异。我国北方谷子产区，粟灰螟年发生世代，有三种情况：长城以北早播春谷区年发生 1～2 代；长城以南迟播春谷区年发生 2 代，受害最严重；渭河流域夏谷区年发生 3 代。各地均是第一代幼虫为害较严重，以老熟幼虫在谷茬内越冬，少数在谷草、玉米茬和玉米秆内越冬。

越冬幼虫于次年 5 月中旬开始化蛹，经 8～18 天羽化为成虫。白天成虫潜伏隐蔽，晚间外出活动。成虫有趋光性。成虫羽化后立即能交配，第二天产卵。因此，成虫羽化盛期也就是产卵盛期。成虫一般爱在生长旺盛的高大谷苗上产卵。卵呈块状，多产于叶背面主脉处。幼虫孵化后很快分散，多数从叶背经茎部爬至茎基部，立即从叶鞘缝隙蛀入茎内为害。少数随风吐丝下垂至地面，爬至茎基部分蘖节处蛀入谷苗，5 天后出现枯心苗、第一代幼虫蛀入谷苗后，一株上常有虫 4～5 头，多的达 10 头，3 龄以后有转株为害习性，一般每株只有 1 头幼虫，能为害谷苗 2～3 株。第二代幼虫没有转株为害的习性。幼虫老热后即在谷秆中化蛹。

(六)禾谷类杂粮害虫综合治理措施

1. 越冬期

(1)合理布局，轮作倒茬　玉米、高粱连作不仅地力损耗大，而且害虫为害严重。应统筹安排，尽可能与双子叶作物轮作。

(2)精选种子，选用抗虫品种　玉米、高粱品种之间对玉米螟、蚜虫、蓟马等的抗性有较大差异，应选种适合当地的高产、优质、抗虫品种。

(3)深翻冬灌，清除田间杂草　春播玉米、高粱地必须在冬前进行深翻，破坏害虫的越冬场所，并清除田块周围的寄主杂草，压低越冬虫口基数。

(4)处理秸秆，彻底铲除害虫越冬寄主和场所，消灭越冬虫源　玉米、高粱和谷子秸秆是蛀茎螟蛾和多种害虫的主要越冬场所，要及时处理，综合利用。各地可结合积肥、饲畜、燃料、造纸、酿酒、制醋等秸秆综合利用措施，采取封、碾，铡、压、沤、喂、烧、贮、蒸等办法，彻底处理越冬寄主。

2. 播种期和苗期

(1)土壤处理　参照地下害虫的防治方法，用药剂处理土壤，防治蛴螬、金针虫、蝼蛄等地下害虫。

(2)种子处理　用防治地下害虫的药剂，按种子重量的 0.2%～0.3%拌种，或直接播种包衣种子。

(3)苗期施药 根据各地害虫发生的实际情况,针对主要害虫进行药剂防治,兼治其他害虫。在苗期,可能造成为害的有蓟马、玉米蚜、玉米旋心虫、蛀茎夜蛾等,按常量喷洒辛硫磷、敌敌畏乳油等有机磷农药或拟除虫菊酯类农药。

3. 心叶期至穗期

以防治蛀茎螟蛾为重点。在系统调查,做好预测预报的基础上,可采取下列防治方法。

(1)投施颗粒剂 在心叶中撒放细菌颗粒剂或化学农药颗粒剂,具体用药量参照玉米螟的防治方法。

(2)药液灌心 一般年份当预测玉米心叶末期花叶株率达10%时,应集中防治1次,重发生年可在心叶中期加治1次。目前,在心叶末期的喇叭口内投施药剂,仍是我国北方控制春玉米第一代和夏玉米第二代玉米螟最好的防治方法。如用0.5%辛硫磷颗粒剂、2.5%西维因颗粒剂等,每株2 g。或用药液灌心一般每株10~15 mL,常用的药剂有90%晶体敌百虫1 000~2 000倍液、80%敌敌畏乳油5 000倍液、50%辛硫磷3 000倍液、20%氰戊菊酯5 000倍液、2.5%溴氰菊酯5 000倍液等。

(3)药液滴穗 在玉米雌穗花丝抽出后,卵孵化盛期,药液滴穗防治初孵幼虫。

(4)释放赤眼蜂 防治玉米螟和条螟。

四、粮食作物其他害虫

见表6-2-7。

表6-2-7 粮食作物其他害虫

害虫名称	为害特点	生活史及习性	防治要点
中华稻蝗[*Oxya chinensis* (Thunb)]	以成、若虫咬食稻叶呈缺刻状,严重的稻叶被全部吃光,仅剩叶脉 在抽穗期和乳熟期,可咬断和咬伤穗颈,形成白穗,有时咬食谷粒,影响产量	各地均一年一代,以卵囊在土中越冬。次年4月至5月上旬开始孵化。若虫3龄前群集性和迁移能力强,多在滋生地取食杂草,3龄后迁至稻田为害	1. 农业防治:消灭虫源、调整茬口、清除杂草、保护利用天敌等 2. 严重发生地块,可在3龄前用锐劲特、辛硫磷、杀螟松等防治
稻蓟马(*Thrips oryzae* Williams)	以成、若虫锉吸叶片汁液,轻者出现花白斑,重者使叶尖卷褶枯黄,严重时一片枯焦,形似火烧。水稻苗期、本田分蘖期容易受害	在福建及两广南部,可以终年繁殖为害,其他稻区,每年发生10~14代,以成虫、若虫或蛹在麦类或看麦娘等禾本科杂草的心叶里或基部叶鞘内越冬。世代重叠严重。稻蓟马怕光,有趋绿习性,秧田及水稻分蘖期危害严重	1. 农业防治:注意清除田边杂草、合理施肥、加强秧苗管理等 2. 药剂防治可选用吡虫啉、锐劲特、晶体敌百虫、杀虫双等喷雾。也可在播种前用吡虫啉拌种或用呋喃丹颗粒剂处理土壤

续表6-2-7

害虫名称	为害特点	生活史及习性	防治要点
稻负泥虫（*Oulema oryzae* Kuwayama）	以成、幼虫为害水稻叶片，成虫将叶片吃成纵行透明条纹，幼虫咬食叶上表皮和叶肉，残留下表皮，严重时叶片灰白干枯，叶尖逐渐枯萎，全叶枯焦破裂。水稻秧苗期、分蘖初期受害最重	各地均一年一代，以成虫在稻田附近的芦苇等禾本科杂草丛中及其切口或其根际土缝内越冬。成虫喜选择生长嫩绿的秧苗产卵，卵多产于秧苗叶正面近叶尖处，有假死性，喜阴湿，飞翔力弱。多山阴凉的地方发生多	1. 冬、春防除田间杂草，消灭越冬成虫 2. 秧田灌水，捞除成虫 3. 药剂防治可用晶体敌百虫、杀螟松等喷雾
稻瘿蚊（*Pachydiplosis oryzae* Wood-Mason）	幼虫为害，侵入生长点，使生长点不能发育。秧苗受害初期症状不明显，中期基部膨大，称"大肚秧"，愈合后的叶鞘后期成管状伸出，称"标葱"，极易死亡	每年发生6～11代，以两广、福建及云南发生普遍。以幼虫在游草或野生稻上越冬。生活周期短，世代重叠。成虫有趋光性，卵多产在叶片上。幼虫侵入稻苗生长点危害	1. 冬、春清除杂草，压低虫源基数 2. 加强管理，适时早栽，避免混栽 3. 选用抗虫品种 4. 药剂防治可选用呋喃丹、益舒宝、米乐尔等颗粒剂，拌土撒施
稻象甲（*Echinonemus squameus* Billberg）	成虫钻食稻苗基部，使心叶抽出呈横排圆形小孔，重则叶片折断。幼虫为害稻根，轻者血腥味发黄似缺肥状，重者生长停滞，甚至枯死	在北方一年发生1代，多以成虫在田边杂草及落叶下越冬，幼虫和蛹也可在土中越冬。成虫早晚活动，白天潜伏，有假死性，喜食甜物 卵多产在秧苗基部叶鞘上。幼虫孵化后，沿稻株潜入土中危害水稻根部，使稻株变黄萎缩甚至枯萎	1. 冬、春清除杂草，压低虫源基数 2. 用糖醋草把诱捕成虫 3. 药剂防治可选用呋喃丹、益舒宝、米乐尔等颗粒剂撒施，也可用晶体敌百虫、杀灭菊酯等喷雾
麦秆蝇（*Meromyza saltatrix* L.）	幼虫从叶鞘与茎间钻入，在心叶或穗节基部呈螺旋状蛀食。植株在分蘖拔节期受害，可造成枯心、烂穗、坏穗、白穗等症状	北方春麦区和部分冬麦区重要害虫，以幼虫在麦苗上越冬；成虫对糖蜜有较强趋性；小麦拔节末期幼虫蛀茎多，有转株为害习性，幼虫老熟爬到叶鞘外部化蛹	选用抗虫品种是经济有效途径；在成虫发生初期利用药剂防治成虫

续表6-2-7

害虫名称	为害特点	生活史及习性	防治要点
高粱蚜（*Longiunguis sacchari*）	寄生在寄主作物叶背取食营养，初发期多在下部叶片为害，逐渐向植株上部叶片扩散。叶背布满虫体，并分泌大量蜜露，滴落在下部叶片和茎上：油亮发光，故称“起油株”。影响植株光合作用及正常生长。造成叶色变红，“秃脖”、“瞎尖”，穗小粒少	以卵在荻草叶背或叶鞘内越冬；初期在植株下部叶背为害，后蔓延到中部和穗部为害；气温 24～28℃，相对湿度 50%～60%，可能大发生	实行间、套作保护天敌，可减轻蚜虫为害；冬、春季铲除荻草减少越冬虫源；利用药剂早期挑治蚜害中心株，高粱孕穗前后和蚜虫扩散前全面防治

工作任务 6-3　棉麻作物害虫防治技术

学习目标

了解棉麻作物常见害虫种类，掌握主要害虫的外部形态特征、生物学特性和发生规律特点。拟定几种重要害虫的防治方案并实施防治。

材料及用具

校内实训基地，棉花、麻类等作物害虫的针插标本、新鲜标本、盒装标本或瓶装浸渍标本，害虫危害状标本、照片、挂图、光盘、教学课件，多媒体设备，体视显微镜、挑针等仪器、用具及药品，常用杀虫剂、喷雾器及其他施药设备等。

操作要点

1. 棉麻作物常见害虫形态特征及危害状观察

观察棉蚜、棉铃虫、棉红铃虫、麻叶甲、棉盲蝽、棉小造桥虫、棉叶蝉、棉金钢钻、苎麻蛱蝶、麻天牛等害虫的危害特点、形态特征、生物学特性及发生规律等。

2. 棉麻作物害虫防治

(1)调查当地棉麻作物主要害虫的发生为害情况防治技术，找出防治过程中存在的问题。

(2)根据棉麻作物主要害虫的发生规律，结合当地生产实际，提出有效的防治方法和建议。

注意事项

(1)使用标本观察时要注意不要损坏标本。特别是浸渍标本观察完要及时放回标本瓶中；

(2)采集地下害虫时要注意用工具，不要用手触摸，避免对身体造成伤害。

内容及操作步骤

一、棉花作物害虫

(一)棉蚜

棉蚜(*Aphis gossypii* Glover)属同翅目,蚜科。棉蚜俗称腻虫、油汗、蜜虫等。

1. 为害特点

棉蚜是世界性分布的害虫。在我国各棉区均有分布和为害。以北方棉区常发而严重,黄河流域棉区又是棉蚜发生为害最严重的区域,不仅在棉苗期普遍而严重发生,而且在有些年份的夏季"伏蚜"暴发,对棉花生产影响很大。近年来棉蚜秋季在西北内陆棉区连年发生"秋蚜"为害,必须引起高度重视。长江流域棉区为害次之,华南棉区干旱年份发生较重,一般年份较轻。

棉蚜是一种多食性害虫,全世界记载的寄主植物达74科285种。我国已知的常见越冬寄主(第一寄主)有花椒、木槿、石榴、鼠李、芙蓉、夏至草、车前草、苦荬菜、月季、菊花等,夏季寄主(第二寄主)有棉花、瓜类、麻类、菊科、茄科、豆科、苋科等植物。

2. 被害状

棉蚜为害棉花以成、若蚜群集于棉叶背面和嫩尖上刺吸汁液。叶片向背面卷曲,棉株矮缩呈拳头状。同时引起棉株发育不良,植株矮小、叶数和蕾铃数减少、生育期推迟,造成减产和品质下降。棉蚜在吸食过程中,排出大量蜜露,招致霉菌寄生,影响棉株光合作用的正常进行。棉蚜又是传播多种病毒的媒介,据统计可传播各种作物病毒病达60多种,造成更大的为害和损失。

3. 形态识别

见图6-3-1。

无翅胎生雌蚜　体长1.5～1.9 mm,卵圆形,春、秋季深绿色,体表具清楚的网纹构造。前胸、腹部第1及第7节有缘瘤。触角不及体长的2/3。尾片常有毛5根。盛夏常发生小型蚜,俗称伏蚜,触角可见5节;尾片有毛4或5根,体黄色。

有翅胎生雌蚜　体长1.2～1.9 mm,腹背各节间斑明显。第3节常有次生感觉圈6～7个。尾片常有毛6根。

若蚜　复眼红色,无尾片,共4个龄期。1龄若蚜触角4节,腹管长宽相等;2龄、3龄触角5节,腹管长为宽的2倍4龄触角6节,腹管长为2龄的2倍。

卵　长0.5～0.7 mm,椭圆形,初产时橙黄色,后变漆黑色,有光泽。

4. 发生规律

棉蚜在辽河流域棉区每年发生10～20代,黄河流域、长江流域及华南棉区20～30代。

在北方以受精卵在越冬寄主上(木本植物多在冬芽内侧及其附近或树皮裂缝中,草本植物多在根部)越冬。早春卵孵化产生干母、干雌、有翅迁移蚜,成长后迁飞到夏季寄主(棉花、瓜类等)上,产生有翅侨蚜和无翅侨蚜,在棉田或其他夏季寄主上迁飞和蔓延为害,至晚秋夏季寄主衰老,侨蚜产生性母,有翅雌性母迁回越冬寄主,在夏季寄主上产生的有翅雄蚜,长成后飞回越冬寄主,与无翅雌蚜交配产卵越冬。

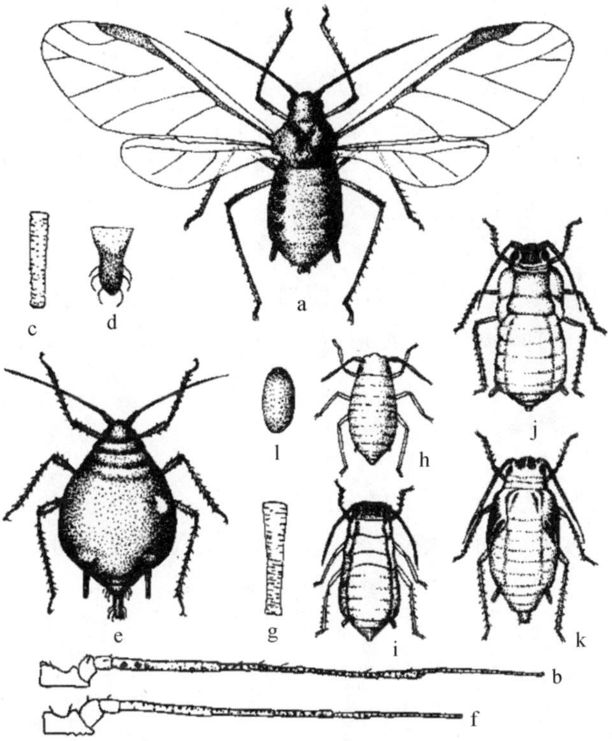

图 6-3-1　棉蚜

有翅胎生雌蚜 a. 成蚜　b. 触角　c. 腹管　d. 尾片有翅胎生雌蚜

e. 成蚜　f. 触角　g. 腹管有翅胎生雌蚜

h～k. 1～4 龄若蚜　l. 越冬卵

棉蚜在棉田的发生会产生苗蚜、伏蚜、秋蚜。在棉苗出土至现蕾阶段发生的棉蚜，常称苗蚜。苗蚜在黄河流域和辽河流域棉区发生最普遍而严重，在长江流域棉区也较为常发。严重为害阶段一般在 5 月下旬至 6 月上旬。伏蚜是棉蚜种群在盛夏形成的生物型，体型小、色黄、耐高温。黄河流域和长江流域棉区在 7～8 月间经常发生。棉株上蚜虫分泌的蜜露如同油腻展布，枝叶卷缩，蕾铃脱落，损失十分严重。一般持续为害 20～40 天。在 9～10 月间的吐絮期，棉田秋蚜蚜虫虫口密度迅速增长，造成较严重的为害，这就加大性蚜的虫量，增加了越冬卵量。

(二)棉叶螨

在我国棉花上发生的叶螨有朱砂叶螨[*Tetranychus cinnarinus*(Bots)]、截形叶螨(*Tetranychus truncates* Ehara)、二斑叶螨(*Tetranychus urticae* Koch)、土耳其斯坦叶螨(*Tetranychus torkestani* Ugarov et Nikolski)和敦煌叶螨(*T. dunhuangensis* Wang)5 种，俗称棉红蜘蛛，均属蛛形纲，蜱螨目，叶螨科。

1. 为害特点

棉叶螨是世界性的棉花害虫，国际各大洲主要棉产区，在国内各棉区都有分布。一般认为，朱砂叶螨是在我国分布最广泛、为害最严重的种类，其次为截形叶螨和二斑叶螨，三者分布几乎遍及国内各棉区，尤以黄河流域棉区、西北内陆棉区和长江流域棉区部分地区发生为害严重，是当地棉花生产中的突出虫害问题之一。

棉叶螨不仅是棉花的重要害虫，而且也严重为害玉米、高粱、豆类、瓜类、芝麻、红麻、向日葵、茄子、辣椒、烟草、苹果、梨、桃、葡萄以及多种杂草。已知寄主植物有 32 科，113 种。棉叶螨为害棉花，一方面以口针刺吸汁液，使寄主组织造成机械伤害；另一方面分泌有害物质进入寄主体内，对植物组织产生毒害作用。

2. 被害状

棉叶螨以成螨、若螨刺吸植物汁液为害，使棉株营养恶化，代谢强度减弱，生理机能失调，棉叶先出现失绿的红斑，继而出现红叶干枯，甚至在叶柄和蕾、花、铃的基部产生离层而脱落，状如火烧。

3. 形态识别(朱砂叶螨)

见图 6-3-2。

成螨　雌螨体椭圆形，长 0.42～0.56 mm，宽 0.32 mm，锈红色或深红色。体躯两侧有黑斑两对。雄螨较雌螨小，红色或淡红色。体长 0.35 mm，宽 0.19 mm。

卵　圆球形，直径 0.13 mm。初产时无色透明或略带乳白色，孵化前夕呈浅红色。

幼螨　卵初孵的幼螨，体近圆形，长约 0.15 mm，浅红色、稍透明，具足 3 对。

若螨　具 4 对足。体椭圆形，体色较若螨深，体侧出现深色斑点。

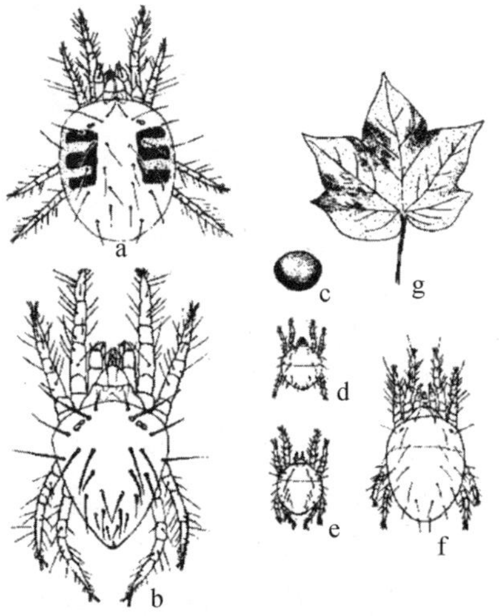

图 6-3-2　朱砂叶螨

a. 雌成螨　b. 雄成螨　c. 卵　d. 幼螨　e. 第 1 若螨　f. 第 2 若螨　g. 棉叶被害状

(三)发生规律

1 年发生代数因地区气候条件而异。在北方棉区 1 年发生 12～15 代；长江流域棉区 18～20 代；华南棉区在 20 代以上。10 月中下旬由棉田迁至干枯的棉叶、棉秆、杂草根际、土块、树皮缝隙等处，雌性成螨开始吐絮结网，聚集成块越冬。

朱砂叶螨通常以间作套种棉田内和靠近棉田的渠边、路边杂草根际越冬虫口密度最大。翌年 2 月中旬至 3 月初，5 日平均气温达 6℃时，越冬成虫开始活动取食。3 月上中旬气温达 7～8℃时开始产卵；3 月底气温达 10℃以上时，卵开始孵化；4 月底至 5 月初出现第一代成虫。第一二代棉叶螨主要在豌豆、扁豆、小麦、苜蓿、苕子、草木樨、夏至草、旋花、紫花地丁等越冬寄主上生活。5 月上中旬至 6 月初大部分越冬寄主衰老时，陆续迁到棉苗上为害。5 月上中旬气温较低时，繁殖速度缓慢，棉苗受害较轻。此时如气温较高、雨水少、湿度低，繁殖速度迅速，会造成灾害。一般年份，在 6 月下旬至 7 月上旬的繁殖速度最快，7 月中下旬常达全年为害的最高峰。通常 6～8 月是棉叶螨的发生为害盛期，大量虫口随时都可以从豆类、芝麻、夏玉米、瓜类、茄类及多种杂草上迁入棉田造成为害。直到 9 月中旬气温下降、棉株衰老，逐渐转移到秋播作物和杂草上为害，并准备越冬。

(四)棉铃虫

棉铃虫[*Helicoverpa armigera*(Hübner)]属鳞翅目,夜蛾科。又名棉铃实夜蛾。

棉铃虫是世界性棉花生产中的大害虫,分布于北纬50°至南纬50°的亚洲、大洋洲、非洲及欧洲各地。我国各棉区普遍发生,黄河流域棉区、辽河流域和西北内陆棉区为常发区,长江流域棉区为间歇性发生区。大发生时,使棉花大幅度减产,造成惨重损失。

1. 为害特点

棉铃虫是一种多食性的害虫,寄主植物达30多科200余种。常见受害作物包括棉花、玉米、小麦、高粱、豌豆、蚕豆、苕子、苜蓿、油菜、芝麻、胡麻、青麻、花生、番茄、向日葵等。

2. 被害状

棉铃虫为害棉花,主要是在棉花蕾花铃期蛀食蕾、花、铃,其中花蕾被蛀,苞叶张开发黄脱落;蛀花食害柱头和花药,不能受粉结铃;蛀害青铃造成孔洞,影响棉铃生长并诱发病害,造成污染烂铃。每头幼虫一生可食害蕾、花、铃10个左右,是棉花蕾、花、铃期重要的钻蛀性害虫。其次食害棉花嫩叶,造成孔洞或缺刻;取食嫩尖后造成无头棉,严重影响棉花的正常生长发育。

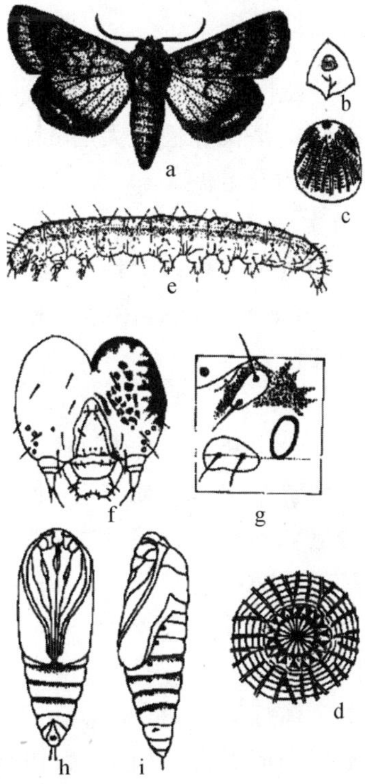

图 6-3-3 棉铃虫

a. 成虫 b. 卵 c. 卵放大 d. 卵顶部花冠放大 e. 幼虫 f. 幼虫头部正面 g. 幼虫前胸侧面 h. 蛹腹面 i. 蛹侧面(示前胸气门2根毛基部连线与气门相切)

3. 形态识别

见图6-3-3。

成虫 体长15~20 mm,翅展31~40 mm。雌蛾赤褐色,雄蛾灰绿色。前翅翅尖突伸,外缘较直,斑纹模糊不清,中横线由肾形斑下斜至翅后缘,末端达环形斑正下方;外横线也很斜,末端达肾形斑正下方;亚缘线锯齿较均匀,与外缘近于平行。后翅灰白色,脉纹褐色明显;沿外缘有黑褐色宽带,宽带中部2个灰白斑不靠外缘。

卵 半球形,较高。卵高0.51~0.55 mm,直径0.44~0.48 mm。

幼虫 初孵幼虫青灰色,末龄幼虫体长40~50 mm。体表密生长而尖的小刺。气门上线白斑连成断续的白纹。幼虫体色多变,有淡红色、黄白色、淡绿色、绿色、黄绿色5个类型。

蛹 纺锤形,赤褐色,体长17~20 mm。腹部末端有1对基部分开的刺。

4. 发生规律

棉铃虫在我国各棉区,因气候条件的差异,每年发生的世代数各不相同。在辽河流域棉区和新疆大部棉区,每年发生3代;黄河流域棉区和部分长江流域棉区,每年发生4代;长江流域棉区,每年发生5代;华南棉区,每年可发生6~7代。各地一般均以蛹在土中越冬。

在辽河流域和新疆棉区以第二代为害为主;黄河流域棉区一般以第二代为害最重,3代次之;长江流域棉区以第三、四代为害重;华南棉区则以第三、四、五代为害重。

棉铃虫全年的发生过程,以黄河流域棉区为例。9月下旬至10月中旬老熟幼虫入土,在5~15 cm深处筑土室化蛹越冬。次年4月下旬至5月中旬当气温升至15℃以上时,越冬代成虫羽化,并产卵。第一代幼虫主要在小麦、豌豆、苜蓿、春玉米、番茄等作物上为害。6月上中旬入土化蛹,6月中下旬第一代成虫盛发,此时棉花进入现蕾期,大量成虫迁入棉田产卵和为害。6月底至7月中下旬为第二代幼虫化蛹盛期,7月下旬至8月上旬第二代成虫盛发,主要集中于棉花上产卵和为害,少量迁至番茄、玉米上产卵、为害,为害盛期在8月上中旬。第三代成虫盛发期在8月下旬至9月上旬,大部分成虫仍在棉花上产卵、为害。一部分转移至夏玉米、番茄、辣椒、高粱等作物上产卵、为害,直至9月下旬第四代幼虫开始陆续入土化蛹越冬。

(五)棉红铃虫

棉红铃虫[*Pectinophora gossypiella* (Saunders)]属鳞翅目,麦蛾科。

棉红铃虫是世界性的大害虫,国内除西北内陆棉区的新疆和甘肃的河西走廊未发现外,其他各棉区都有发生。

1. 为害特点

棉红铃虫是一种多食性害虫,文献记载的寄主植物有8科77种。在我国除为害棉花属植物外,还为害秋葵、红麻、洋绿豆和木槿。棉红铃虫一直在我国长江流域棉区为害最重,其次是黄河流域棉区。

2. 被害状

棉红铃虫主要为害棉花的蕾、花和铃,尤其是在青铃上为害最重。幼蕾受害后不久即脱落;中、大型蕾受害后仍能开花,但因幼虫吐丝缠绕花瓣,被害花冠扭曲,花瓣不能正常展开。蛀食子房造成落花。青铃受害,破坏嫩子、纤维发育不良,造成烂铃或僵瓣。棉子受害食去种仁,造成空壳或双连子。

3. 形态识别

见图6-3-4。

成虫　体棕黑色,长6.5 mm,翅展12 mm;触角棕色;前翅尖叶形,暗褐色,从翅基到外缘有4条不规则的黑褐色横带;后翅菜刀形,银灰色。

卵　长椭圆形,长0.4~0.6 mm,宽0.2~0.3 mm,初产时乳白色,孵化前变为粉红色。

幼虫　者熟幼虫体长11~13 mm,头部红褐色,体白色,体背各节有4个浅黑色毛片。毛片周围红色,腹足趾钩为单序缺环。

蛹　长6~9 mm,宽2~3 mm。淡红褐色,尾端尖,末端有短而向上弯曲的钩状臀棘,周围有钩状细刺8根。蛹茧灰白色,椭圆形,柔软。

4. 发生规律

在我国由北向南1年发生2~7代。辽宁与河北北部棉区,1年发生2代;黄河流域大部棉区,1年发生2~3代;长江流域棉区,1年发生3~4代;华南棉区一般每年发生5代,多的可达7代。

各地均以老熟幼虫结茧在仓库的墙缝、屋顶、棉籽堆、晒花工具和棉柴、枯铃中越冬,其中以贮花库中越冬虫量最多。5月底6月初气温升到20℃以上时,越冬幼虫陆续开始化蛹,6月上中旬成虫开始羽化。其越冬代成虫的出现时间大体上与各地棉花的现蕾期相吻合。

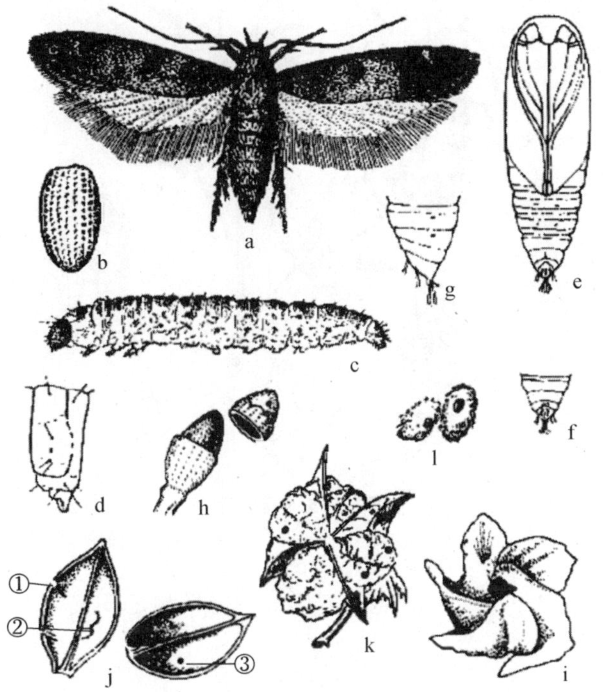

图 6-3-4 棉红铃虫

a. 成虫 b. 卵 c. 幼虫 d. 幼虫第 3 腹节 e. 雌蛹腹面观 f. 雄蛹腹部末端腹面观 g. 蛹腹部末端侧面观(示臀棘和角刺) h. 花蕾被害状 i. 花被害状(示花瓣为幼虫吐丝缠绕,不能张开) j. 铃壳内被害状 k. 僵瓣铃 l. 被害种子

二、麻类害虫

麻叶甲(*Psylliodes attenuata* Koch)属鞘翅目,叶甲科。又名大麻跳甲,俗称麻跳蚤。分布在各大麻产区,是对工业大麻危害最为严重的害虫。

1. 为害特点

麻叶甲主要为害大麻、啤酒花、白菜、萝卜等作物。我国各地麻区均有发生,东北麻区每年发生一次,山东等麻区每次发生两次。

2. 被害状

成虫喜欢聚集在幼嫩的心叶上为害,把麻叶食成很多小孔,幼虫主要为害大麻地下部分,严重的造成麻叶枯萎。

3. 形态识别

见图 6-3-5。

成虫　体长 1.8～2.6 mm,黑铜绿色,具光泽。触角 10 节褐色。头、胸部及鞘翅背面刻点较小且稀,翅端具赤褐色反光。各足胫节、跗节褐色,胫节末端突出很长,并有等长的刺 2 根。

卵　长 0.4 mm,长圆形,浅黄色。

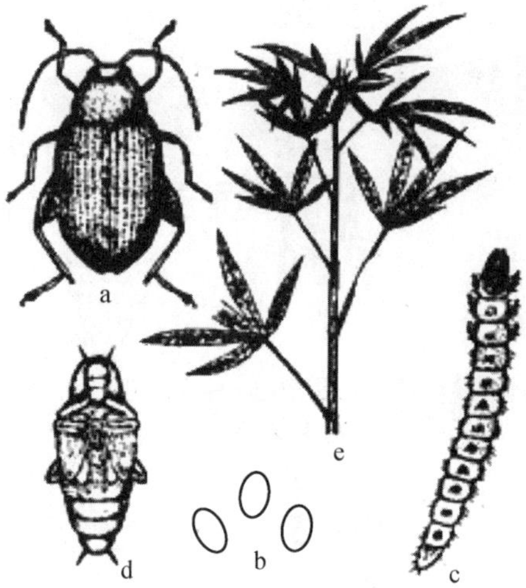

图 6-3-5 麻叶甲

a. 成虫 b. 卵 c. 幼虫 d. 蛹 e. 为害状

幼虫 末龄幼虫体长 3～3.5 mm，宽 0.6 mm，头部、胸足明显，9 个腹节，各节有淡褐色几丁质小毛片。

4. 发生规律

一年发生一代，以成虫在杂草丛、植物残株间、土块下或土壤裂缝处越冬。翌年华北麻区越冬早的成虫，早春以落粒生长的大麻为食。当播种的大麻出土后，大批成虫转移到大麻幼苗上为害。春季成虫交尾后产卵于浅土大麻的小根附近。一般在 7 月下旬到 8 月出现成虫。成虫期长，且各虫期的长短易受外界条件影响，发生期很不整齐。当多数大麻收割后，成虫随即集中到种麻上，严重为害花序及未成熟的种子，防治不及时，种子的产量及质量降低。9～10 月成虫越冬。

三、棉麻其他害虫

见表 6-3-1。

四、棉麻害虫的综合治理措施

(一)越冬期防治

冬春季节，棉花害虫多处于越冬或活动初期阶段，是它们生活周期中的薄弱环节，也是预防棉虫为害的有利时机，要采取一切可行措施，压低虫口基数，为全年防治打好基础。

(1)合理安排作物布局，实行轮作倒茬。棉田宜与小麦、油菜等夏熟作物插花种植或条带种植。

(2)清除棉田枯枝落叶，搞好深翻冬灌。

表 6-3-1　棉麻其他害虫区别

种类	为害特点	生活史及习性	防治要点
绿盲蝽(*Lygus lucorum* Meyer-Dur)	以成、若虫刺吸棉株营养，造成蕾铃大量脱落，破头破叶和枝叶丛生。棉株不同生长期被害后表现被害状不同。造成枯顶、破头疯、破叶疯、幼蕾脱落、张口蕾、幼铃僵化脱落、扫帚苗等	1 年发生 4～7 代 成虫昼夜均可活动，飞翔力强，行动活泼。有趋光性。在棉花上多产在幼叶主脉、叶柄、幼蕾或苞叶的表皮下。产卵方式为聚产，排列呈"一"字形	棉田内防治应选用对天敌杀伤力小的农药，如 90%晶体敌百虫 1 500 倍液、50%马拉硫磷乳油 1 000 倍液等
烟蓟马(*Thrips tabaci* Lindeman)	主要为害棉花的子叶、真叶和生长点。子叶叶片加厚；真叶变厚变脆，粗糙不平，叶背面沿叶脉出现银白色斑点，正面出现黄褐色斑。或棉叶正面翻卷如瓢，或破裂碎片呈烂叶，棉苗初现时生长点被害，呈不生真叶的无头棉花，或形成无主茎的多头棉	1 年可发生 6～10 代。以成、若虫潜伏在土缝、土块、枯枝落叶及未收获的大葱、洋葱、大蒜的叶鞘内，或以蛹在土内越冬。 成虫飞翔力强，行动活泼，怕强光。白天多在叶背或缝隙处取食。行孤雌生殖。雌虫把卵散产在植物幼苗的叶或茎的组织内。在棉株上多产于棉叶表皮下、叶脉内	1. 春季寄主上防治：烟蓟马可在葱蒜上用药剂防治，花蓟马可在蚕豆等农田为害，向棉田转移盛期，开始用药防治。 2. 棉田内防治：可用药剂拌种；苗期可用 3.5%甲敌粉喷粉，每公顷 22.5～30 kg喷粉
棉小造桥虫[*Anomis flava*(Fabricius)]	以幼虫食害棉花叶片成缺刻或孔洞，常将叶片吃光，仅剩叶脉	在黄河流域棉区每年发生 3～4 代，长江流域 5～6 代。 成虫夜间羽化，白天多隐藏在棉株中、下部叶背或草丛中，卵散产于叶背，初孵幼虫仅食叶肉，3～4 龄造成孔洞或缺刻，5～6 龄则食尽叶片，只残留粗的叶脉，有时还能食害花蕾和幼铃	1. 清洁田园，处理棉秸上枯铃和田内外落叶，清除越冬蛹。 2. 黑光灯、树枝把诱杀成虫。成虫始发期开始，以诱杀成虫。 3. 幼虫期防治：4%敌马粉剂或 4%甲敌粉剂每公顷 22.5～30 kg 喷粉
棉叶蝉[*Empoasca biguttula*(Ishida)]	棉叶被害后初期由叶尖经叶缘变为枯黄，叶片向背面皱缩，随后由叶尖及叶缘逐渐向中部扩展，最后全叶变红，渐渐焦枯，棉铃瘦小，甚至脱落，影响产量和品质	在南方 1 年 8～15 代；全年危害。长江以北地区不能越冬。在华南以成虫在木棉上越冬。 成虫多在白天羽化、交尾、产卵。卵散产于棉株上、中部的嫩叶背面中脉组织内，有时在侧脉及叶片组织内	1. 农业防治：清除田边、沟边杂草；选用叶片多毛、毛长的品种；棉田适时早播，促进早发早熟，盛花期封行；适当密植；合理施肥，消灭瘦苗，防止疯长。 2. 药剂防治：达到防治指标时，常用 80%敌敌畏乳油 2 000 倍液或 50%西维因可湿性粉剂 1 000 倍液等进行防治

续表6-3-1

种类	为害特点	生活史及习性	防治要点
鼎点金刚钻（*Earias cupreoviridis* Walk）	以幼虫钻蛀棉花嫩头、蕾、花及铃，造成断头，侧枝丛生和蕾、花、铃脱落或腐烂	黄河流域棉区 3～4 代；长江流域棉区 4～5 代；华南棉区 5～7 代。各地均以结茧化蛹在棉秆、枯铃和铃壳等处越冬。第一代幼虫蛀食嫩茎，嫩头枯萎变黑下垂，侧枝丛生。以后各代幼虫蛀食蕾、花、铃，受害后枯萎脱落。成虫昼伏夜出，飞翔力不强，有趋光性。卵散产于棉株顶端的嫩叶、嫩茎及花蕾上	1. 越冬防治：处理棉秆、枯铃、落叶，消灭越冬蛹。 2. 利用植物诱杀：早春于田边种植蜀葵、黄秋葵、冬葵、猪屎豆等诱集金刚钻在上产卵繁殖，可减轻棉田为害。 3. 药剂防治　施药关键时期在 1～2 龄幼虫期，着重喷洒嫩头、蕾、幼龄。现蕾前应着重喷射嫩头，现蕾后应着重喷射棉株上、中部
苎麻赤蛱蝶 *Vanessa indica* Herbst	幼虫吐丝卷叶，食害幼苗嫩叶，破坏生长点或卷食叶片，致植株生长缓慢，严重的全田麻叶被包卷，呈现一片白色，植株枯死	长江流域 1 年 2～3 代，以成虫在田埂、杂草丛中、树林或屋檐等处隐蔽越冬。成虫飞翔力强，喜白天吸食花蜜，把卵产在苎麻的顶叶上，卵散产，幼虫稍遇触动，有吐丝下垂习性，老熟后将尾端倒挂在包卷的叶里化蛹	1. 网捕成虫，摘除虫苞集中杀灭或用拍板拍杀卷叶里的幼虫或蛹。 2. 在 3 龄前群集为害时往麻秆上部喷粉，每 667 m^2 喷乙敌粉或 2.5%辛硫磷粉剂、2%杀螟松粉剂 1.5～2 kg，也可喷洒 90%晶体敌百虫 1 000 倍液或 50%敌敌畏乳油 1 500 倍液，每 667 m^2 50 L
麻天牛 *Thyestilla gebleri*（Falderman）	以幼虫钻入麻茎里蛀食茎部或成虫取食麻叶、嫩头，影响麻株生长发育且易被风刮倒，影响产量和品质	一年一代，以老熟幼虫在被害麻株根中越冬。成虫先在主茎上咬下一个“八”字形伤痕，然后把 1 粒卵产在其中，初孵幼虫先在皮下取食，蜕皮后蛀入髓部，逐渐向下蛀至根部后，幼虫以虫粪和黏性分泌物封堵蛀孔越冬，也有部分幼虫在麻秆内越冬	1. 收麻后及时进行秋耕，挖烧麻根，杀死幼虫。 2. 利用成虫假死性，于清晨组织人力捕杀成虫。 3. 成虫发生盛期喷洒 90%晶体敌百虫 900 倍液或 50%马拉硫磷乳油、80%敌敌畏乳油 1 500 倍液，如能在早晨喷效果更好

(3)提倡药架晒花，搞好晒场、贮花库灭虫工作；3～4月释放棉红铃虫金小峰，控制越冬棉红铃虫虫口基数。

(二)播种期防治

主要预防棉蚜、棉叶螨、棉盲蝽和地老虎等害虫。

(1)药剂拌种或盖种　用3%呋喃丹颗粒剂、5%涕灭威颗粒剂等每公顷22.5～30 kg，棉花播种时进行盖种，可预防棉蚜、棉叶螨、棉蓟马、种蝇及其他地下害虫的早期为害。

(2)棉田播种油菜繁瓢控蚜　每隔8～12行，在棉行间插播1行甘蓝型油菜，在繁殖菜蚜的同时招引繁殖瓢虫等天敌，让其转移控制棉蚜。

(3)棉苗出土前，清除田内和田边杂草　预防地老虎和棉叶螨的为害。

(4)苜蓿地喷药消灭盲蝽　在4月下旬当苜蓿地棉盲蝽孵化完毕时，喷5%锐劲特667 m^2用20～30 mL或用50%库龙50 mL喷雾或48%乐斯本乳油1 000倍液喷雾。

(三)棉苗期防治

主要防治对象是棉蚜、棉蓟马、地老虎。

(1)破除根结，适时间、定苗，并将病、虫苗带出田外深埋。

(2)撒施毒土，挑治地老虎。当地老虎幼虫正处于1～2龄盛期，叶被害株率达10%～15%时，每公顷用3.5%甲敌粉22.5 kg，对细土300～375 kg，溜施棉苗行间。

(3)以瓢治蚜。在5月中旬从麦田、油菜田、苜蓿田扫捕瓢虫向棉田转移控制蚜害。

(4)内吸杀虫剂涂茎。主治棉蚜，兼治棉蓟马、棉叶螨、棉盲蝽等害虫。

(5)喷药治蚜。用吡虫磷、久效磷等农药防治，兼治其他害虫。

(四)蕾铃期防治

主要防治对象为棉铃虫、棉盲蝽、棉叶螨、棉尖象甲、伏蚜、棉红铃虫、棉小造桥虫等。

(1)诱蛾灭虫　用杨树枝把或黑光灯可诱到大量棉铃虫、棉红铃虫、造桥虫和棉尖象甲等害虫，在发生初盛期至盛末期可以使用。

(2)释放赤眼蜂　在棉铃虫产卵初盛期至盛末期放蜂2～3次，每次每公顷释放15万～22.5万头。

(3)喷细菌农药或病毒制剂　主治棉铃虫和棉红铃虫，兼治小造桥虫和其他鳞翅目害虫。

(4)及时喷药防治　当害虫达防治阈值时，根据主要害虫种类，选用适宜药剂及时防治。

工作任务6-4　油料作物害虫防治技术

学习目标

了解油料作物常见害虫种类，掌握主要害虫的外部形态特征、生物学特性和发生规律特点。拟定几种重要害虫的防治方案并实施防治。

材料及用具

校内实训基地,大豆、油菜等作物害虫的针插标本、新鲜标本、盒装标本或瓶装浸渍标本,害虫危害状标本、照片、挂图、光盘、教学课件,多媒体设备,体视显微镜、挑针等仪器、用具及药品,常用杀虫剂、喷雾器及其他施药设备等。

操作要点

1. 油料作物常见害虫形态特征及为害状观察

观察大豆食心虫、豆荚螟、豆天蛾、油菜蚜虫、菜粉蝶、小菜蛾、草地螟、芝麻鬼脸天蛾、豌豆植潜蝇、黄曲条跳甲、花生麦蛾等害虫的危害特点、形态特征、生物学特性及发生规律等。

2. 油料作物害虫防治

(1)调查当地油料作物主要害虫的发生为害情况防治技术,找出防治过程中存在的问题。

(2)根据油料作物主要害虫的发生规律,结合当地生产实际,提出有效的防治方法和建议。

注意事项

(1)使用标本观察时要注意不要损坏标本。特别是浸渍标本观察完要及时放回标本瓶中;

(2)采集地下害虫时要注意用工具,不要用手触摸,避免对身体造成伤害。

内容及操作步骤

油料作物主要有大豆、油菜、花生和芝麻,它们在从种到收的过程中,各个生育期和植株各部位均可遭受多种害虫的危害。我国记载的大豆害虫有 232 种,包括大豆食心虫、豆荚螟、豆秆黑潜蝇、大豆蚜、豆天蛾等;我国记载的油菜害虫有 118 种,包括油菜蚜虫、菜蛾、菜粉蝶、黄条跳甲、豌豆植潜蝇等;我国记载的花生害虫有 129 种,包括花生蚜、花生麦蛾、甜菜夜蛾、金龟甲等;我国记载的芝麻害虫有 29 种,包括芝麻鬼脸天蛾、芝麻荚野螟等。

一、大豆害虫

大豆食心虫[*Leguminivora glycinivorella* (Matsumura)],又名大豆蛀荚虫、小红虫等,属鳞翅目,小卷叶蛾科。分布几乎遍布全国,以东北及山东部分地区发生严重。主要危害大豆及野生大豆等,以幼虫蛀荚咬食豆粒,影响产量和品质。

(一)大豆食心虫

1. 形态识别

见图 6-4-1。

成虫　体长 5～6 mm,翅展 12～14 mm。黄褐至暗褐色,前翅外缘近顶角处稍向内凹,沿前缘有 10 条左右黑紫色与黄褐色纹相间,外缘内侧中央银灰色,有 3 条纵列紫褐色点。雌蛾腹末较尖,雄蛾腹末较钝。

卵　长约 0.5 mm,椭圆形,稍扁平,初产时呈白色后转为橙黄色,孵化前变为紫黑色。

幼虫　共 4 龄,初孵幼虫黄白色,渐变橙黄色,老熟时变为红色,腹足趾钩单序全环。

蛹　长 7.5～9.0 mm,纺锤形。

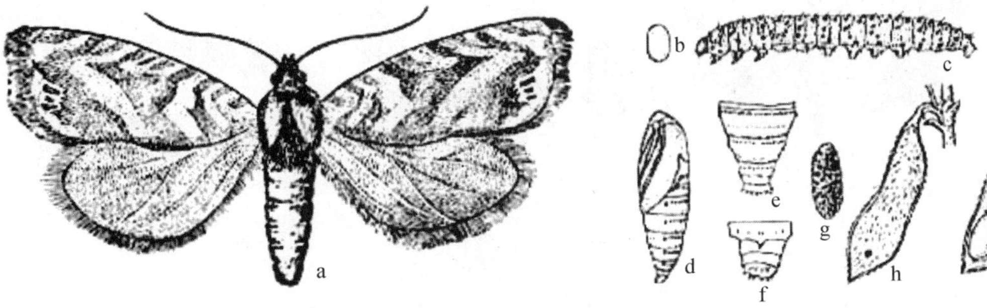

图 6-4-1　大豆食心虫

a. 成虫　b. 卵　c. 幼虫　d. 蛹　e. 蛹末端背面　f. 雄蛹腹部末端

g. 土茧　h. 幼虫脱出孔　i. 为害状

2. 发生规律

大豆食心虫是专性滞育昆虫，我国各地均一年发生一代，以老熟幼虫在 2～8 cm 表土内做茧越冬，豆田、晒场及附近土内均可作为越冬场所。一般于第二年 7 月下旬破茧而出，爬到地表重新结茧化蛹。成虫发生期北部偏早，南部偏晚，一般在 8 月羽化。成虫多在午前羽化，次日黄昏交配，此时在田间可见成团飞舞的现象。成虫有趋光性，在交配次日即可产卵。成虫产卵有明显的选择性，绝大多数的卵产在 3～5 cm 长的豆荚上；幼嫩绿荚的卵较多；荚毛多的品种比荚毛少的卵量多；极早熟的或过晚熟的品种比一般品种着卵少。6～7 天后幼虫孵出，先在豆荚上爬行寻找蛀入点，后吐丝结细长的白色薄丝网，在其中咬破荚皮进入荚内，蛀入孔多在豆荚边缘合缝处。幼虫蛀入豆荚后先蛀食豆荚组织，后食害豆粒。幼虫可在豆荚内生活 20～30 天，然后在荚的边缘咬孔脱出，入土作茧越冬。大豆食心虫化蛹、羽化期要求温度适宜，土壤含水量 10%～30%，雨量较大而无暴雨时对其发生有利。豆荚有毛，荚毛直立的品种着卵多；大豆荚皮硬、隔离层细胞横向紧密排列的品种，幼虫蛀入困难，死亡率高。大豆连作比轮作受害重，混间作比单作受害轻，若大豆结荚期与成虫产卵期相吻合，往往受害重。大豆食心虫的捕食性天敌主要有步甲、猎蝽、蜘蛛等，寄生性天敌主要有赤眼蜂、姬蜂、茧蜂、白僵菌等。

(二)豆荚螟

豆荚螟[*Etiella zinckenella*(Treitschke)]又叫豆荚斑螟，俗称蛀豆虫、红虫、豆瓣虫等，属鳞翅目，螟蛾科。豆荚螟广泛分布于我国各大豆产区，尤以华南、华中、华东等地受害最重，是我国大豆产区的主要害虫之一。豆荚螟对大豆的危害与大豆食心虫对大豆的危害很相似，但豆荚螟幼虫的蛀入孔和脱荚孔多在豆荚中部，而大豆食心虫的脱荚孔多在豆荚的侧面近合缝处。豆荚螟除为害大豆外，尚可为害豌豆、柽麻等各种豆类、豆科绿肥和刺槐等 60 多种植物。

1. 形态识别

见图 6-4-2。

成虫　体长 10～12 mm，翅展 20～24 mm，灰褐色。前翅狭长，灰褐色，前缘自肩角到翅尖有 1 条白色纵带，近翅基有 1 条金黄色横带，后翅黄白色。

卵　0.5～0.8 mm，椭圆形，表面有不明显的多角形刻纹，初产时乳白色，渐变为红色。

幼虫　老熟幼虫体长 14～18 mm，紫红色，腹面及胸背两侧青绿色，前胸背板中央有“人”

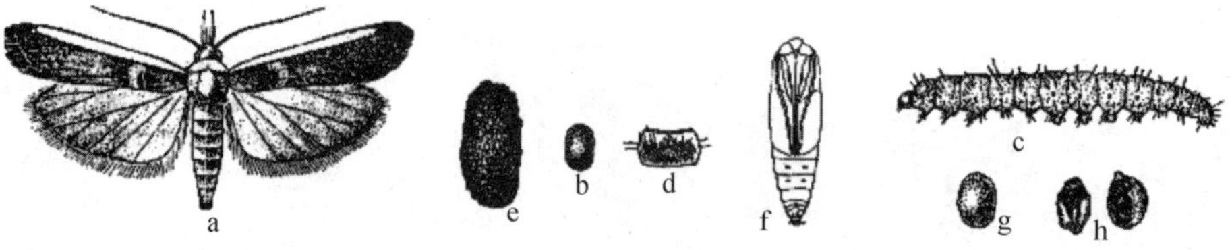

图 6-4-2 豆荚螟

a. 成虫 b. 卵 c. 幼虫 d. 幼虫前胸背板 e. 土茧 f. 蛹
g. 健康豆粒 h. 被害豆粒

字形纹，两侧各有一个黑斑，后缘中央有 2 个小黑点，背线、亚背线、气门线、气门下线明显，腹足趾钩双序全环。

蛹 体长 9～10 mm，黄褐色，纺锤形，触角和翅长达第五腹节后缘，末端有钩刺 6 个。

2. 发生规律

豆荚螟每年发生 2～8 代，发生代数因地而异，均以末龄幼虫在寄主作物田或晒场周围土中结茧越冬。4～5 代区，越冬幼虫于第二年 4 月开始化蛹，5 月上旬第 1 代成虫陆续羽化出土。第 1 代幼虫主要危害冬天种下的豆科绿肥作物；第 2 代幼虫危害春播大豆或绿豆等豆科作物；第 3 代危害晚播春大豆；第四代危害夏播大豆等。在秋大豆成熟前，老熟幼虫在荚上咬孔爬出落至地面，潜入植株附近土下结茧越冬。豆荚螟成虫昼伏夜出，有弱趋光性，可作短距离飞翔。雌蛾交配后 2～3 天产卵，单粒散产。卵期 4～5 天，孵化时间多在早晨 6～9 时。初孵幼虫先在叶面爬行，或吐丝悬挂到其他枝荚上，然后在荚上结一白色薄丝囊后蛀入豆荚。幼虫共 5 龄，老熟后在荚上咬孔脱荚入土化蛹。豆荚螟各虫态的发育适温为 15～30℃，越冬幼虫在表土处于饱和湿度或绝对含水量 30.5%以上时，不能生存。所以，雨量多湿度大的地区或年份，虫口数量少，干旱年份发生重。一般结荚期长、荚毛多的品种受害重，结荚期与成虫产卵期吻合时受害重。春、夏大豆混播区，或其他豆科寄主栽培量大时，有利于豆荚螟的转移危害，较单季豆区受害重。天敌有多种赤眼蜂、茧蜂、姬蜂等，当天敌发生量大时，能明显控制其虫口数量。

二、油菜害虫

(一)油菜蚜虫

我国为害油菜的蚜虫主要有 3 种，即萝卜蚜[*Lipaphis erysimi*(Kaltenbach)]、桃蚜[*Myzus persicae*(Sulzer)]和甘蓝蚜[*Brevicoryne brassicae*(Linnaeus)]。萝卜蚜和桃蚜在全国都有发生，其中又以萝卜蚜数量最多；甘蓝蚜主要发生在北纬 40°以北，或海拔 1 000 m 以上的高原、高山地区。蚜虫以刺吸口器吸取油菜体内汁液，为害叶、茎、花、果，造成卷叶、死苗，植株的花序、角果萎缩，或全株枯死。蚜虫又是油菜病毒病的主要传毒媒介，病毒病的发生与蚜虫密切相关，由此造成的损失往往比蚜害本身还重。

1. 形态识别

见表 6-4-1。

表 6-4-1　三种蚜虫成虫的形态区别

萝卜蚜	桃蚜	甘蓝蚜
体长 1.6～1.9 mm，被有稀少白粉。头部有额瘤但不明显，触角较短，约为体长的 1/2。腹管短，稍长于尾片，末端部缢缩成瓶颈状。有翅成蚜头胸部黑色，腹部绿至黄绿色，腹侧和尾部有黑斑。无翅成蚜全体绿或黄绿色，各节背面有浓绿斑	体长 1.8～2.0 mm，体无白粉。头部有明显内倾额瘤，触角长，与体长相同。腹管细长，中后部稍膨大，长于尾片长度 1 倍以上。有翅成蚜头胸部色，腹部绿、黄绿、褐或赤褐色，腹背中后部有一大黑斑。无翅成蚜全体同色，黄绿、赤褐或橘黄色	体长 2.2～2.5 mm，体厚被有白粉。头部额瘤不明显，触角短，约为体长 1/2。腹管很短，末端缢缩成瓶颈状，尾片短圆锥形。有翅成蚜头胸部黑色，腹部黄绿色，腹背有暗绿色横带数条。无翅成蚜全体暗绿色，腹部各节背面有断续黑横带

2. 发生规律

油菜蚜虫一年发生 8～30 余代，以卵在晚甘蓝、冬萝卜和冬白菜上越冬。在温暖的地区也可连续进行孤雌胎生而不产卵。世代重叠现象严重。越冬卵次年 4 月开始孵化。油菜出苗后，有翅成蚜迁飞进入油菜田，胎生无翅蚜建立蚜群为害。当营养或环境不适时，又胎生有翅蚜迁出油菜田。冬油菜区一般有两次为害期，一次在苗期，另一次在开花结果期。长江流域及其以南、以北地区主要为害在苗期，干旱地区或开花结果期也可能大发生。云、贵高原区主要为害期在开花结果期。北方春油菜区自苗期开始发生，至开花结果期为害达到高峰。油菜蚜虫的发生和为害主要决定于气温和降雨，适温 14～26℃，在温度适宜条件下，无雨或少雨，天气干燥，极适于蚜虫繁殖、为害。油菜蚜虫的天敌较多，如瓢虫、草蛉、食蚜蝇、蚜茧蜂、蚜霉菌等，但由于油菜为冬季油料作物，一般生育期短，菜田生态系统多变，天敌不容易发挥作用。

三、油料作物其他害虫

见表 6-4-2。

表 6-4-2　油料作物其他害虫比较

害虫名称	为害特点	生活史及习性	防治要点
草地螟[*Laxostege sticticalis* (Linnaeus)]	草地螟主要为害豆类、甜菜、向日葵、马铃薯、麻类、蔬菜、苜蓿、燕麦、牧草等。初龄幼虫先在杂草上取食，以后转移到作物上为害，喜食柔软叶片汁液。幼虫吐丝拉网，躲藏在内取食叶肉。3 龄幼虫出网为害，食叶穿孔留下叶脉和叶柄。4～5 龄幼虫为暴食期，取食量占总量的 60%～90%	分布于我国北方地区，年发生 2～4 代，以老熟幼虫在土内吐丝作茧越冬。翌春 5 月化蛹及羽化。成虫飞翔力弱，喜食花蜜，卵散产于叶背主脉两侧，常 3～4 粒在一起，以距地面 2～8 cm 的茎叶上最多。初孵幼虫多集中在枝梢上结网躲藏，取食叶肉，3 龄后食量剧增，幼虫共 5 龄。幼虫活泼，受惊扭动后退，吐丝下垂逃遁。大发生时成群迁移数千米	1. 及时清除田间杂草，可消灭部分虫源，秋耕或冬耕还可消灭部分在土壤中越冬的老熟幼虫 2. 在幼虫为害期喷洒辛硫磷、保得、敌杀死、功夫、乐斯本等

续表6-4-2

害虫名称	为害特点	生活史及习性	防治要点
菜粉蝶[*Pieris rapae* (linnaeus)]	菜粉蝶的主要寄主是十字花科植物，且最喜食甘蓝类蔬菜。以幼虫取食寄主叶片，咬成空洞或缺刻，严重时叶片被全部吃光，只残留叶柄和叶脉。幼虫还蛀入甘蓝叶球内取食菜心，使叶球受粪便污染而腐烂，严重影响产量和品质	菜粉蝶在各地发生代数、历期均有不同。各地均以蛹在菜地附近的墙壁、屋檐下、篱笆、树干或杂草残株等处越冬。第二年4月初开始羽化，喜在晴暖的中午活动，食花蜜以补充营养。卵多散产于叶背。在北方春(4～6月)、秋(8～10月)两茬甘蓝大面积栽培期间菜青虫发生，形成春、秋两高峰。夏季由于高温干燥及甘蓝类栽培面积的大量减少，菜青虫的发生也呈现一个低潮	1. 农业防治：在甘蓝田周围种植茴香、万寿菊等植物或与薄荷、番茄间作套种；收获后及时清洁田园 2. 生物防治：可采用细菌杀虫剂，如Bt乳剂或青虫菌六号液剂等 3. 化学防治：可选用辛硫磷、爱卡士、三唑磷、保得、天力2号(灭虫丁)、锐劲特等药剂进行喷雾
大豆蚜(*Aphis glycines* Matsumura)	大豆蚜以成、若虫集中在豆株的顶叶、嫩叶、嫩茎刺吸汁液，严重时布满茎叶，幼荚也可受害。豆叶被害处形成鲜黄色不规则形的黄斑，继而黄斑逐渐扩大，并变为褐色。受害严重的植株，叶卷缩，根系发育不良，植株矮小，分枝及结荚减少，豆粒千粒重降低，苗期发生严重时可使整株死亡。除直接危害外还能传播大豆花叶病毒病	1年可在大豆上繁殖约25代。在东北、华北、山东以卵在鼠李的枝条芽腋或隙缝间越冬。当平均气温达10℃时，越冬卵开始孵化为干母，以孤雌胎生繁殖。越冬寄主开花前后发生迁移蚜，迁飞到大豆幼苗上危害。6月末至7月中是危害盛期，7月下旬因营养和气候条件不适宜，田间种群数量消减，8月末至9月初产生有翅性母蚜，飞回越冬寄主上，产生两性蚜，交配产卵越冬	1. 农业防治：清除越冬寄主；选种抗蚜品种 2. 化学防治：播种时用呋喃丹颗粒剂根施或生长期用敌敌畏、氧乐果、吡虫啉、抗蚜威等药剂喷雾，也可用乐果、杀螟硫磷等粉剂喷粉
豆天蛾[*Clanis bilineata* Walker]	豆天蛾主要分布于我国黄淮流域和长江流域及华南地区，主要寄主植物有大豆、绿豆、豇豆和刺槐等。豆天蛾以幼虫取食大豆叶，低龄幼虫吃成网孔和缺刻，高龄幼虫食量增大，严重时，可将豆株吃成光秆，不能结荚	豆天蛾每年发生1～2代，以末龄幼虫在土中越冬。越冬场所多在豆田及其附近土堆边、田埂等向阳地。成虫昼伏夜出，飞翔力强，有喜食花蜜的习性，对黑光灯有较强的趋性。卵多散产于豆株叶背面。初孵幼虫有背光性，白天潜伏于叶背，1～2龄幼虫一般不转株为害，3～4龄因食量增大则有转株为害习性。在2代区，第一代幼虫以为害春播大豆为主，第二代幼虫以为害夏播大豆为主	1. 农业防治：及时秋耕、冬灌，降低越冬基数；水旱轮作，尽量避免连作豆科植物，可以减轻为害 2. 物理防治：设置黑光灯诱杀成虫，可以减少豆田的落卵量 3. 生物防治：用杀螟杆菌或青虫菌喷雾 4. 药剂防治：可用敌百虫粉剂或西维因粉剂喷粉，或用晶体敌百虫、辛硫磷、溴氰菊酯等喷雾

续表6-4-2

害虫名称	为害特点	生活史及习性	防治要点
豌豆植潜蝇[*Phytomyza horticola* Goureau]	幼虫潜叶为害，蛀食叶肉留下上下表皮，形成曲折隧道，影响蔬菜生长。豌豆受害后，影响豆荚饱满及种子品质和产量	在华北地区年发生4～5代，以蛹在被害的叶片内越冬。翌春4月中下旬成虫羽化，第一代幼虫为害阳畦菜苗、留种十字花科蔬菜、油菜及豌豆，5～6月为害最重；夏季气温高时很少见到为害，到秋天又有活动，但数量不大。成虫白天活动，吸食花蜜，交尾产卵。产卵多选择幼嫩绿叶，产于叶背边缘的叶肉里，尤以近叶尖处为多，卵散产。幼虫孵化后即蛀食叶肉，隧道随虫龄增大而加宽。幼虫3龄老熟，在隧道末端化蛹	1. 收获后及时清除败叶和铲除地边、道边等处的杂草，将其集中处理，可减少虫源 2. 药剂防治：可用氰戊菊酯、溴氰菊酯、甲氰菊酯、辛硫磷等药剂喷雾
黄曲条跳甲[*Phyllotreta striolata*（Fabricius）]	为害油菜和十字花科蔬菜。成虫咬食叶片成稠密小孔，致油菜苗停止生长或死亡，有时也为害花蕾和嫩果。幼虫蛀食根部，严重时可使整株叶片发黄枯死。萝卜被害呈许多黑斑，最后整个变黑腐烂；白菜受害叶片变黑死亡，并传播软腐病	一年发生2～8代，由北向南代数增多，世代重叠。在华南无越冬现象，长江流域及以北地区以成虫在寄主底叶下、落叶、杂草丛中越冬。春季气温达10℃以上时开始活动为害。成虫产卵于根际土壤或根部，每雌虫产卵数十至数百粒，散产。成虫善跳，有趋光性，白天活动。幼虫在土中化蛹	1. 清除田地边杂草、轮作、土壤灌水、增施肥料等农业措施可减轻为害 2. 防治成虫宜在早晨和傍晚喷晶体敌百虫、鱼藤精、茴蒿素、氰戊菊酯、抑太保、卡死克、农梦特等药剂
菜蛾[*Plutlla xylostella* Linnaeus]	菜蛾又名小菜蛾、两头尖、小青虫、吊死鬼等。以幼虫为害甘蓝类、白菜类等十字花科蔬菜。初孵化的幼虫半潜在叶内为害，以身体的前半部伸入到上下表皮间啃食叶肉；1～2龄幼虫一般仅能取食叶肉，而留下表皮，在菜叶上造成许多透明的斑块；3～4龄幼虫能把菜叶食成孔洞或缺刻，有时能把叶肉吃光，仅留下网状的叶脉。幼虫有集中为害菜心的习性，对植株的生长发育造成严重影响	每年发生的代数随地区由北向南而递增，一般每年3～6代，北方以蛹越冬。4～5月羽化。成虫昼伏夜出。成虫产卵期可达10天，一般每只雌成虫产卵100～200粒，卵散产或数粒一起，分布于叶背脉间凹陷处。幼虫共分4龄，2龄后行动活泼，遇惊扭动身体倒退，或吐丝下垂逃逸，有背光性，多群集在心叶中，甚至在叶背上取食。老熟幼虫在叶脉附近结茧化蛹	1. 农业防治：避免十字花科蔬菜周年连作，秋季栽培时选择离虫源远的田块，收获后及时清除残株落叶，进行翻耕 2. 在成虫发生期，设置黑光灯或采用性诱性诱杀成虫 3. 生物防治：可用细菌农药如杀螟杆菌、青虫菌喷施。保护或人工饲养菜蛾绒茧蜂 4. 药剂防治：可用灭幼脲、抑太保、卡死克、锐劲特、万灵等喷雾防治

续表6-4-2

害虫名称	为害特点	生活史及习性	防治要点
芝麻鬼脸天蛾[*Acherontia styx* Westwood]	以幼虫取食新梢叶片及嫩茎，严重时叶片被食光。除为害芝麻外，还为害马铃薯、茄子等作物	每年发生1～2代，以蛹在土内做土室越冬。在一代区，成虫6月间出现，7月中下旬芝麻生长中后期为幼虫为害盛期。成虫昼伏夜出，白天常隐藏在寄主叶背，趋光性强。成虫把卵产在寄主叶背的主脉附近，卵散产。初孵幼虫多集中在嫩叶上取食，随龄期增加，食量大增，可将全株叶片吃光，并转株为害。幼虫老熟后入土化蛹	1. 在成虫发生期，田间设置黑光灯诱杀成虫 2. 田间大龄幼虫较多时，可进行人工捕杀 3. 在幼虫3龄前，可用灭幼脲、抑太保、卡死克、晶体敌百虫、甲萘威等防治

四、油料作物害虫的综合治理措施

油料作物害虫种类较多，各地发生情况不尽相同，因此，油料作物害虫的综合治理应因地制宜，根据当地主要害虫的发生特点，综合考虑害虫、油料作物、环境等的变化规律，以安全、有效、经济、简便为原则，采取多种措施，相互协调，综合治理，把害虫的为害控制在经济为害水平以下。

（一）农业技术措施

1. 合理轮作，适时换茬

坚持合理的轮作制度，切断一些害虫的食物源，是降低田间害虫密度的根本措施。进行水旱轮作，能有效地控制地下害虫等的发生。

2. 深翻整地，精耕细耙

可有效地压低越冬虫源基数，减少地下害虫和苗期害虫的发生。

3. 选种抗虫品种

提高油料作物的抗逆性能。

4. 实施丰产栽培，改进管理技术

如精选种子，适时播种，合理施肥，适时浇灌，收获后及时清洁田园等措施，创造一个有利于油料作物生长而不利于害虫生长的田间环境，从而减轻害虫的发生为害。

（二）保护和利用天敌

如在大豆田挖小坑，引诱步甲、蜘蛛等天敌栖息；用赤眼蜂、白僵菌、苏云金杆菌制剂等防治害虫。这些措施能增加田间天敌数量，充分发挥天敌自然控制的效能。

（三）诱杀捕杀害虫

在田间设置黑光灯、高压汞灯等诱杀有趋光性的害虫，或在害虫发生期人工捕杀，可有效地减少田间虫量和来年虫源。

(四)合理使用农药

根据害虫的发生特点,做好预测预报,准确掌握虫情动态和防治适期,注意采用隐蔽的施药方式,合理选用、混用、轮用农药,以延缓害虫抗药性的产生。

1. 苗期害虫防治

播种前用辛硫磷等处理种子,或播种时沟施呋喃丹颗粒剂,或采用毒土、毒饵等方法,防治各种地下害虫和苗期害虫。

2. 生长期害虫防治

根据预测预报,坚持防治指标,能挑治的就不普治。药剂种类可选用选择性强的农药,提倡使用生物制剂进行害虫防治。

工作任务6-5 薯类、烟草、糖料作物害虫防治技术

学习目标

掌握当地薯类、烟草、糖料作物主要害虫的形态特征及危害状特点,制定有效综合防治方案,并组织实施。

材料及用具

校内实训基地,薯类、烟草、糖类等作物害虫的针插标本、新鲜标本、盒装标本或瓶装浸渍标本,害虫危害状标本、照片、挂图、光盘、教学课件,多媒体设备,体视显微镜、挑针等仪器、用具及药品,常用杀虫剂、喷雾器及其他施药设备等。

操作要点

1. 薯类、烟草、糖类等作物常见害虫形态特征及危害状观察

观察马铃薯瓢虫、马铃薯麦蛾、甘薯麦蛾、甘薯天蛾、甘薯叶甲、甘薯锥象甲等当地薯类作物、烟蚜、烟青虫等烟草害虫,甘蔗螟虫(当地常见种类)、甘蔗绵蚜、甜菜跳甲等糖料作物等害虫的危害特点、形态特征、生物学特性及发生规律等。

2. 薯类、烟草、糖类等作物害虫防治

(1)调查当地薯类、烟草、糖类等作物主要害虫的发生为害情况防治技术,找出防治过程中存在的问题。

(2)根据薯类、烟草、糖类等作物主要害虫的发生规律,结合当地生产实际,提出有效的防治方法和建议。

注意事项

(1)实训前从图书馆借取具有彩图的相关图书,并查阅相关资料和查看相关图片,了解薯

类、烟草、糖料作物害虫的主要种类、形态特征和为害状等；

(2)实训前准备好害虫调查、采集及防治的相关器具，如数码相机、手持放大镜、剪枝剪、手锯、镊子、喷雾器、笔记本等；

(3)薯类、烟草、糖料作物害虫的综合防治方案中，内容应该全面，重视各种防治方法的综合运用。所选用的防治方法既要体现“新颖”，又要结合生产实际，体现“实用”。

内容及操作步骤

一、薯类害虫

薯类作物主要是指甘薯和马铃薯。甘薯害虫有100多种，为害较重的有甘薯麦蛾、甘薯叶甲、甘薯天蛾、甘薯锥象甲、斜纹夜蛾等，另外，蛴螬、小地老虎等地下害虫也严重为害甘薯。马铃薯害虫有六七十种，其中以马铃薯瓢虫、马铃薯块茎蛾为害最大，蛴螬、蝼蛄等地下害虫常食害块茎，造成许多孔洞，影响产量和品质。

(一)马铃薯瓢虫

我国为害马铃薯的瓢虫主要有马铃薯瓢虫(*Henosepilachna vigintioctomaculata* Motschulsky)和酸浆瓢虫[*H. sparsa* (Herbst)]两种，别名二十八星瓢虫，俗名花大姐，属鞘翅目，瓢甲科。马铃薯瓢虫在国内主要分布在北方，酸浆瓢虫在我国长江以南各省较普遍。马铃薯瓢虫的寄主种类很多，主要危害马铃薯、茄子、青椒、龙葵、枸杞、番茄、曼陀罗、烟草等，也可危害豆类、瓜类及十字花科蔬菜等，以马铃薯、茄子受害最重。马铃薯瓢虫以成虫、幼虫取食寄主植物的叶片，也可危害果实和嫩茎。被害叶片仅残留上表皮及叶脉，形成许多不规则的透明密集的条痕，后变褐色、枯萎；茄果实受害处常破裂，后变硬、味苦，品质下降。

1. 形态识别

见表6-5-1、图6-5-1。

表6-5-1 两种马铃薯瓢虫的形态区别

虫态	马铃薯瓢虫	酸浆瓢虫
成虫	体长7～8 mm，半球形，赤褐色。体表密生黄褐色细毛，前胸背板中央有一纵行剑状大黑斑，其两侧各有黑色斑点2个。两鞘翅上各有大小不等的黑斑14个，鞘翅基部3个黑斑后方的4个黑斑不在一条直线上，两翅合缝处有1对或2对黑斑相连	体长5.2～7.4 mm，较小，黄褐色。前胸背板中央有一条横行双菱形黑斑，该斑后方有1个黑斑，两侧各有2个较大黑斑。每个鞘翅上也有14个大黑斑，但鞘翅基部第二列的4个黑斑基本在一条直线上，两鞘翅会合处的黑斑不相接触
卵	长约1.5 mm，弹头形，初产时鲜黄色，后变成黄褐色，卵块中的卵粒排列较松散	长约1.2 mm，卵块中的卵粒排列较紧密
幼虫	老熟幼虫体长约9 mm，纺锤形，鲜黄色。头部淡黄色，口器及单眼黑色。体表生有整齐的黑色枝刺	老熟幼虫体长约7 mm，白色，枝刺为白色
蛹	长约7 mm，椭圆形，淡黄色，全体被有棕色细毛，背面隆起，有较深的黑色斑纹	长约5.5 mm，淡黄色，背面有黑色斑纹

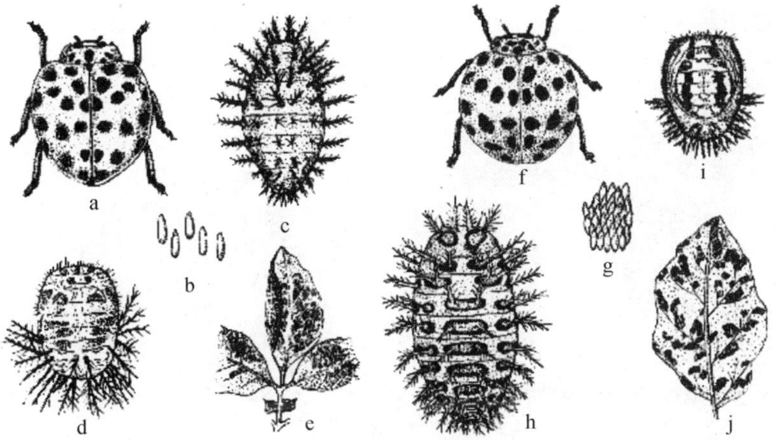

图 6-5-1　马铃薯瓢虫和酸浆瓢虫

马铃薯瓢虫：a. 成虫　b. 卵　c. 幼虫　d. 蛹　e. 为害状

酸浆瓢虫：f. 成虫　g. 卵　h. 幼虫　i. 蛹　j. 为害状

2. 发生规律

马铃薯瓢虫在北方一年发生 2 代，酸浆瓢虫在南方一年发生 4～6 代，各地均以成虫群集在背风向阳的石缝内、树皮下、墙缝及篱笆等处越冬。越冬成虫于第二年春 5 月开始活动，先在附近的枸杞、龙葵等野生茄科植物上取食，当马铃薯苗高 17 cm 时，大部分成虫转移到马铃薯上危害。成虫早晚静伏，取食和产卵都在白天，以上午 10：00 至下午 4：00 最活跃，午前多在叶背取食，下午 4：00 后转向叶面取食。晴天气温高时飞翔力最强，阴雨天很少活动。成虫有假死性，受惊后落地不动并可分泌黄色黏臭液。成虫产卵于叶片背面，常 20～30 粒产在一起，直立成块。卵期 5～7 天。成虫寿命长，最长可达 320 天，因此，田间常出现世代重叠现象。幼虫有 4 龄，夜间孵化，初孵幼虫群集于叶背取食危害，2 龄后逐渐分散危害。成虫、幼虫都有残食同种卵的习性。幼虫老熟后，多在植株基部的茎上或叶背化蛹，也有在附近杂草、地面上化蛹的。马铃薯瓢虫成虫产卵的最适温度为 22～28℃，30℃以上即使产卵也不能孵化，所以夏季高温季节成虫常隐蔽于阴凉处，停止取食。故该虫大多在山区和夏季气温较低的地方大量发生。成虫必须取食马铃薯才能顺利完成发育，不吃马铃薯就不能产卵，幼虫不吃马铃薯也不能正常发育。马铃薯瓢虫的捕食性天敌有草蛉、胡蜂、蜘蛛等，成虫期常被白僵菌寄生。

(二)甘薯麦蛾

甘薯麦蛾（*Brachmia macroscopa* Meyrick）又名甘薯卷叶虫，属鳞翅目，麦蛾科。甘薯麦蛾除新疆、宁夏、青海、西藏等地未见报道外，全国各地发生普遍，而以南方各省发生较重。甘薯麦蛾主要为害甘薯、蕹菜、月光花和牵牛花等旋花科植物。以幼虫吐丝卷叶，在卷叶内取食叶肉，留下白色表皮，状似薄膜。幼虫尚能食害嫩茎和嫩梢，发生严重时大部分薯叶被卷食，叶肉几乎被食尽，整片地呈现“火烧”现象，严重影响甘薯产量和品质。蕹菜受害后，其叶片、嫩梢被卷食，不但影响蕹菜生长，而且严重影响其品质，降低了食用价值和商品价值。

1. 形态识别

见图 6-5-2。

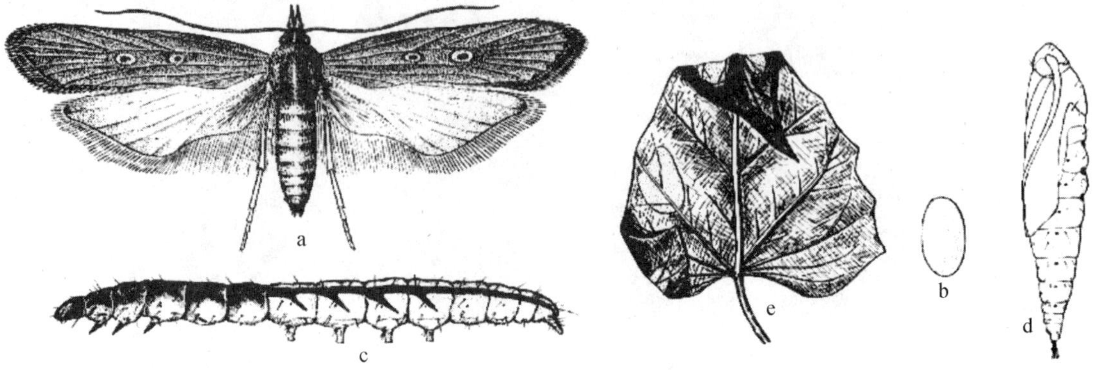

图 6-5-2 甘薯麦蛾

a. 成虫 b. 卵 c. 幼虫 d. 蛹 e. 为害状

成虫 体长 5～7 mm,翅展 15～16 mm,体黑褐色。前翅狭长,暗褐色或锈褐色,中室内有 2 个黑色小点,翅外缘有 5 个小黑点。后翅宽,淡灰色,缘毛长。

卵 长约 0.6 mm,椭圆形,表面具细纵横脊纹。初产时灰白色,后变为淡黄色。

幼虫 老熟幼虫体长 18～20 mm,头稍扁,黑褐色。前胸背板褐色,两侧暗褐色,呈倒“八”字形。中胸至第二腹节背面黑色,以后各节乳白色,亚背线黑色,第 2～6 腹节每节两侧各有 1 条黑色斜纹。

蛹 体长 7～8 mm,纺锤形,头钝尾尖,黄褐色,末端有钩刺 8 个。

2. 发生规律

甘薯麦蛾在不同的地区每年发生的世代数不同,我国从北到南 1 年发生 3～9 代,在北方以蛹在残株落叶下越冬,在南方多以成虫在田间杂草丛中或屋内阴暗处越冬。世代重叠。甘薯麦蛾的成虫趋光性强,且行动活泼,喜食花蜜。白天潜伏于薯叶背面或茎蔓基部隐蔽处,夜间进行交尾、产卵。卵通常散产于叶背面的叶脉之间,也有少数卵产于新芽和嫩茎上。幼虫共 4 龄,其中 1 龄幼虫只在叶面剥食叶肉,不进行卷叶,但吐丝下坠;2 龄幼虫即开始吐丝作小部分卷叶,并在卷叶内取食叶肉;3 龄以后,幼虫的食量大增,卷叶程度也增大,且有转移为害的习性,一头幼虫从小到大能为害十几片叶子,影响薯株正常生长和薯块膨大。幼虫除主要为害叶片外,也取食嫩茎和嫩梢。幼虫老熟后在卷叶或土缝里化蛹。高温低湿是甘薯麦蛾严重发生的重要因子,在气温 25～28℃,相对湿度 60%～65%的条件下,发育繁殖最为旺盛。甘薯植株在生长前期受害会影响营养的供应,延缓甘薯的生长;甘薯块根膨大时期如虫口密度增大,大量的叶片被害,光合作用降低,会阻碍薯块膨大,产量损失可达 10%以上。甘薯品种不同,受害程度不同,一般叶片肥厚的品种比叶片薄的品种受害重。甘薯麦蛾的天敌有步甲、茧蜂、白僵菌等,这些天敌对其发生有一定的抑制作用。

(三)薯类其他害虫

见表 6-5-2。

表 6-5-2　薯类其他害虫比较

害虫名称	为害特点	生活史及习性	防治要点
甘薯天蛾[*Herese convolvuli* (Linnaeus)]	甘薯天蛾分布在国内很普遍，凡有甘薯栽培的地区均可能发生。主要为害甘薯，也可取食蕹菜、牵牛花、月光花等旋花科植物。幼虫为害甘薯的叶和嫩茎，食量很大，严重时能把甘薯叶吃光，只剩薯蔓，严重影响产量	甘薯天蛾发生世代因地而异，一年发生 2～5 代。以蛹在土中越冬。成虫有很强的飞翔能力，趋光性强，昼伏夜出。卵多散产于甘薯叶背面的边缘，也可以在叶正面和叶柄上。成虫产卵趋向于叶色深绿生长茂盛的薯田和单作薯田。幼虫有 5 龄，1 龄吃叶成小孔，2～3 龄后取食叶片成缺刻，5 龄后的幼虫食量最大。当食料缺乏时，幼虫能成群迁往邻近薯田为害，老熟的幼虫不完全都在薯田入土化蛹，也在周围作物地、路边、沟边、坟边等处入土化蛹	1. 农业防治：冬春季甘薯田要适时翻耕，破坏蛹的越冬环境，增加蛹的越冬死亡率；早期结合甘薯的提蔓除草，捕杀幼虫 2. 在成虫羽化的盛期，设置黑光灯进行诱杀，减少田间落卵量 3. 化学防治：可选用晶体敌百虫、敌敌畏、辛硫磷等药剂喷雾防治，也可用敌百虫粉剂喷粉
甘薯叶甲(*Colasposoma dauricum* Ma mmerheim)	全国各省区均有分布。除危害甘薯外，还为害蕹菜、五爪金龙、牵牛花、月光花及大、小旋花等旋花科植物。成虫吃薯汁，严重时植株枯死，造成缺苗现象。幼虫生活在土壤中，啃食薯块表面，使薯块表面发生深浅不同的伤疤，或蛀食薯块内部，形成弯曲隧道，有助于黑斑病、软腐病菌等侵入危害	一般一年发生 1 代，多以幼虫在寄主田土中作土室越冬，少数在薯块中越冬，也有以成虫在土缝、石隙中及枯枝落下越冬的。成虫多在雨后出土，有假死性，耐饥力强，飞翔力弱。成虫在小麦扬花灌浆期盛发，在湿润的土表及小麦茎、枯薯藤等处咬孔产卵。幼虫喜潮湿，当地温降到 20℃ 以下时，幼虫自薯块表层钻入深土层中越冬	1. 农业防治：宜稻、薯轮作，田间秸秆要及时妥善处理 2. 捕杀成虫：利用成虫假死性和活动习性，在黄昏和清晨，当多数害虫聚集在幼茎叶上觅食活动时，集中力量捕杀 3. 化学防治：可用呋喃丹和敌百虫粉剂制成毒土或毒肥防治幼虫；在成虫大发生时，也可在薯苗或薯株上用晶体敌百虫等喷雾

续表6-5-2

害虫名称	为害特点	生活史及习性	防治要点
甘薯锥象甲(*Cylas formicarius* Fabricius)	主要为害甘薯、蕹菜、砂藤、三裂叶藤及月光花、牵牛花、小旋花等。以成虫食害植株的嫩梢、嫩芽、茎蔓,啃食叶柄的皮层,还可蛀食块根,造成许多孔洞,严重地影响作物生长及薯块品质;幼虫蛀食薯块及粗蔓,形成隧道并排有虫粪,受害薯块有腥味,不能食用。此虫是我国南方薯区重要害虫	各地发生世代数不同,一年发生 2～7 代,以成虫、幼虫及蛹越冬。成虫多在薯块、薯梗、枯叶、杂草、石缝、土缝等处越冬,幼虫和蛹多在薯块中越冬。成虫昼夜均可活动、取食为害,但怕烈日晒,白天多在叶背面隐蔽处为害叶脉、叶梗、茎蔓。成虫有假死性,耐饥饿力强,30～40 天不取食仍能存活。成虫多产卵于块根和主茎基部。幼虫孵化后即蛀入薯块或主茎基部,在薯块内蛀成弯曲隧道,一般 1 个虫道内仅有 1 头幼虫,但整个薯块内同时可有几头或数十头幼虫。此虫发生的轻重与气候条件、栽培管理均有关系。若干旱炎热、土壤龟裂、薯块外露、易招引成虫取食、产卵,造成猖獗为害;重茬地发生重,轮作发生的轻;早薯和越冬薯受害重,晚薯受害轻	1. 加强检疫,严格控制有虫鲜薯和薯苗从一地带入另一地 2. 在有条件地区实行水旱轮作,避免连作;及时培土,防止薯块露出土面 3. 毒饵诱杀:初冬或早春,用小鲜薯、鲜薯块或新鲜薯藤,在乐果或晶体敌百虫或杀螟松乳油 500 倍液中浸 12～24 h,捞出晾干制成毒饵。于甘薯收获后,在地上挖小坑,将毒饵放入坑内,坑上覆草,诱杀效果很好 4. 药剂防治:可用甲基异柳磷或呋喃丹颗粒剂拌细土制成毒土,撒于藤头周围畦面后,再覆一层薄土。在栽薯苗前先用乐果、晶体敌百虫、辛硫磷或杀螟松等浸薯苗 1～5 min,稍晾干后栽插,可减轻为害
马铃薯麦蛾[*Phthorimaea opeculella*(Zeller)]	分布于我国西南、西北、中南、华东的 10 多个省、自治区。寄主有马铃薯、茄子、番茄、青椒等茄科蔬菜及烟草等。幼虫潜入叶内,沿叶脉蛀食叶肉,余留上下表皮,呈半透明状,严重时嫩茎、叶芽也被害枯死,幼苗可全株死亡。田间或贮藏期可钻蛀马铃薯块茎,呈蜂窝状甚至全部蛀空,外表皱缩,并引起腐烂	各地发生世代数不同,在我国最多可发生 9～11 代,以幼虫或蛹在枯叶或贮藏的块茎内越冬。成虫昼伏夜出,有趋光性,飞翔力强。卵产于叶脉处和茎基部,薯块上卵多产在芽眼、破皮、裂缝等处。幼虫孵化后四处爬散,吐丝下垂,随风飘落在邻近植株叶片上潜入叶内为害,在块茎上则从芽眼蛀入。幼虫有转移为害习性,耐饥力强,可随调运材料、工具等远距离传播	1. 加强检疫 2. 农业防治:注意及时培土,在田间勿让薯块露出表土,以免被成虫产卵 3. 药剂处理种薯:对有虫的种薯,用溴甲烷或二硫化碳熏蒸,也可用晶体敌百虫或喹硫磷乳油 1 000 倍液喷种薯,晾干后再贮存 4. 药剂防治:在成虫盛发期可喷洒晶体敌百虫、敌敌畏、氰戊菊酯等

(四)薯类作物害虫的综合治理措施

薯类害虫的综合治理,在策略上应以农业防治技术为基础,提高薯类作物自身的抗逆性和补偿能力,尽量保护和利用天敌,发挥天敌的自然控制作用,在害虫发生的关键时期,合理施用农药,把害虫的为害控制在经济为害水平以下。

1. 加强植物检疫,控制危险性害虫如马铃薯甲虫、马铃薯块茎蛾等的传播蔓延。

2. 农业技术措施

(1)清洁田园 薯类作物收获后,及时清除田间的残株落叶,随时清除杂草,特别是茄科杂草,以消灭害虫的各越冬虫态。

(2)合理轮作,翻耕灌溉 采用合理轮作倒茬,冬春季节深翻整地,多犁多耙,秋冬灌水等措施,破坏害虫的越冬场所,减少越冬虫口,减轻为害。

3. 诱杀害虫

利用害虫的趋性,用黑光灯、毒饵等进行诱杀。对于个体较大、容易发现的害虫,可结合栽培管理,进行人工捕杀。

4. 合理使用农药

(1)药剂处理土壤,可参照地下害虫的防治。

(2)在栽薯苗前先用乐果乳油或晶体敌百虫或辛硫磷乳油或杀螟松乳油浸薯苗,可防治甘薯锥象甲等多种害虫。

(3)当害虫进入盛发期,或食叶害虫幼虫 3 龄前,应抓住有利时机,进行喷雾或喷粉防治。

5. 生物防治

注意保护和利用天敌,提倡使用灭幼脲、Bt 乳剂、白僵菌等生物农药。

二、烟草害虫

(一)烟蚜

烟蚜又称桃蚜[*Myzus persicae*(Sulzer)],为同翅目,蚜科。分布广,寄主种类多,形态多变,除烟草外,可取食茄科、十字花科、黎科、蔷薇科植物、属多食性。

烟蚜成、若虫均可在烟株幼嫩叶片和嫩茎吸食汁液,造成植物生长缓慢、矮小,叶片卷缩、变小、变薄,单叶面积减少,干重及烘烤性能下降。烟蚜在取食同时分泌蜜露诱发烟霉病发生,影响光合作用,且能传播病毒病。一般年份造成经济损失达 10%~15%,大发生年或病毒病重时损失达到 50%~80%。

1. 形态识别

见图 6-5-3 至图 6-5-6。

有翅胎生雌蚜 体长约为 2 mm,头胸腹、尾片均黑色,腹部色变化大,其背中央有 1 个大型淡黑色斑块,两侧各有 1 列小斑。额瘤显著,内倾,触角第 3 节有 9~17 个感觉圈排成一行,腹管长,末端有缢缩,尾片圆锥形。

无翅胎生雌蚜 体长约为 2 mm,鸭梨形,体色多样,有光泽,触角第 3 节无感觉圈。

图 6-5-3　烟蚜无翅型

图 6-5-4　烟蚜为害导引“龙头”

图 6-5-5　烟蚜有翅型

图 6-5-6　烟蚜叶背为害状

（引自詹金华《烟草病虫害防治》）

2. 发生特点

一年发生多代，各地不同；有趋嫩习性，有翅蚜有趋黄性；对银灰色、白色有负趋性；在冬、夏寄主间迁飞，在夏寄主间扩散危害；高温干旱、天敌少有利发生。天敌有瓢虫、草蛉、食蚜蝇、蜘蛛、寄生蜂（菌）如蚜茧蜂和蚜霉菌等。

3. 防治方法

（1）农业防治　采取用银灰色地膜覆盖苗床或田间避蚜；及时打顶抹杈；实行小麦、烟草套作有利麦蚜天敌向烟田转移。

（2）生物防治　有条件的在烟草生长期间，释放蚜茧蜂或保护利用天敌可控制蚜虫。

（3）药剂防治　可用50%辛硫磷乳油1 000～1 500倍或20%杀灭菊酯等菊酯类乳油3 000倍喷雾防治，重点喷植株上部幼嫩叶片背面。

（二）烟青虫

烟青虫又叫烟夜蛾（*Helicoverpa assulta* Guenee），为鳞翅目，夜蛾科。分布广，寄主多，除烟草外，可取食辣椒、棉花、番茄、玉米、麻类、豌豆等植物，属多食性。

以幼虫危害，多集中在烟草植株上部叶片取食，造成透明斑痕、孔洞、缺刻或无头苗，严重时吃光叶肉，仅留下叶脉。

1. 形态识别

见图 6-5-7。

成虫 虫体黄褐色，前翅黄褐色，斑纹及横线明显，中横线较直，未达到环形纹正下方，外横线末端达肾形纹边缘下方，亚外缘线锯齿排列参差不齐，亚外缘线至外缘线之间为褐色宽带；后翅黄褐色，外缘黑褐色横带较窄，外侧有黄斑直达外缘。

幼虫 体色常随气候和食料变化，夏季为绿色或青绿色，秋季为黄褐、红褐、绿褐或黑褐色，体背散生小白点。

2. 发生特点

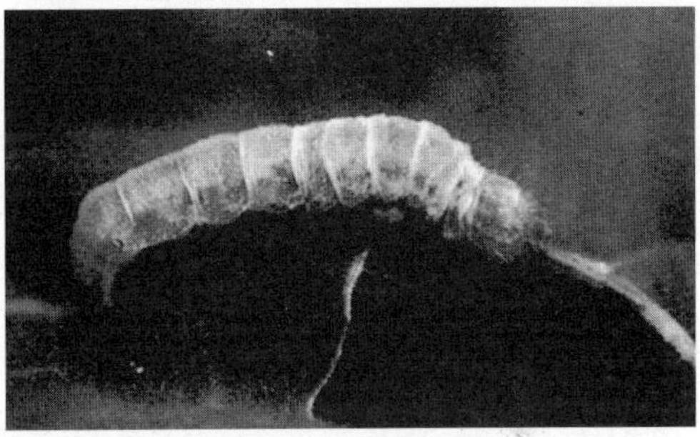

图 6-5-7 烟青虫

一年发生 2～6 代，云南、华南部分烟区可全年繁殖；世代重叠明显；成虫昼伏夜出，趋光性弱，趋蜜源性强；在叶正、反面具绒毛处、嫩茎、花蕾和果实上产卵；后期成虫对杨树枝把有明显趋性；初孵幼虫先食卵壳，后吐丝下垂转移，取食烟叶，现蕾后蛀食花蕾、青果，取食花蕊和未成熟种子；3 龄白天潜伏，夜间、清晨取食，4～6 龄食量大增，占幼虫总食量的 90%以上，幼虫有假死性、自残性，老熟后在土中作室化蛹越冬。一般白肋烟草品种、长势茂密浓绿和套种辣椒地块受害重。

3. 防治方法

(1)业防治 在部分地区可改夏烟为春烟，能减轻危害；秋翻地块或冬灌水淹地；及时打顶抹杈；移栽缓苗后可在上午 8:00～9:00 人工捕捉幼虫；成虫发生期可用杨树枝把诱成虫，于每天清晨套袋捕杀。

(2)生物防治 保护天敌；喷洒 Bt 乳剂(100 亿活孢子/mL)或杀螟杆菌粉(100 亿活孢子/g)300～400 倍液，防 3 龄前幼虫；可用棉铃虫核型多角体病毒防治，一般比化学农药提前 3～4 天喷施。

(3)药剂防治 最佳时期在 3 龄前，百株虫量为 24.5 时喷药。可用 90%敌百虫 800～1 000 倍；50%辛硫磷、80%敌敌畏乳油 1 000～2 000 倍；25%溴氰菊酯乳油 3 000～4 000 倍。

三、糖料作物害虫

(一)甘蔗螟虫

甘蔗螟虫在甘蔗上是发生普遍，危害严重的害虫，其危害特点是：甘蔗从苗期至收获前均可受害。苗期受害幼虫蛀食生长点，形成枯心苗；生长中、后期，幼虫蛀入蔗茎，造成螟害节，易遭风折，虫伤处常引起赤腐病发生，造成甘蔗糖分降低，影响甘蔗产量和品质。甘蔗螟虫是一类蛀食害虫的总称，常见有 5 种，均属鳞翅目的种类，其中黄螟(*Argyroploce schistaceana* Snellen)，属卷叶蛾科；大螟(*Sesamia inferens* Walker)，属夜蛾科；二点螟(*Chilo infuscatellus* Snellen)、白螟(*Scirpophaga nivella* Fabricius)、条螟(*Proceras venosatum* Walker)都属螟蛾科。

1. 形态识别

见表 6-5-3。

表 6-5-3　甘蔗螟虫形态比较

种类		黄螟	二点螟	条螟	白螟	大螟
成虫	体色	暗灰黄褐色	雌为灰黄色雄为暗灰褐色	灰黄色	白色,有光泽	除腹部黄白色,其余淡黄褐色
	前翅	深褐色,斑纹复杂,翅中央有“Y”形黑纹	灰褐色,长三角形,顶角较锐,外缘近圆形,中室顶端有 2 个暗灰色斑点,外缘有 7 个小黑点	灰褐色,翅脉明显,有黑褐色纵条纹,顶角尖锐,中室有 1 个小黑点,外缘有一列小黑点	白色,有光泽,长而顶角尖	略呈长方形且较宽阔;翅中朵及外缘暗褐色
	后翅	暗灰色	白色,有光泽	白色	白色	黄白色
幼虫	体色	淡黄至灰黄色,头部赤褐色	淡黄色,背线暗灰色,亚背线及气门上线淡紫色,头部红褐色	淡黄色,亚背线及气门上线粗在紫色,头部黄褐色至褐色	体乳黄白色,前胸背板淡橙黄色	体背面淡紫色,腹面淡黄色,气门黑色
	胸腹部	前胸背板黄褐色,臀板暗灰黄色,体生小毛瘤	腹背两侧生梯形排列的淡黄色小毛瘤	腹背两侧有正方形排列的暗褐色粗大毛瘤	虫体肥大而柔软,多横皱,胸足短小,腹足退化	体形较肥大

2. 发生特点

黄螟主要分布于我国的广东、广西、福建等省的主要蔗区,每年可发生 6～7 代,有世代重叠,昼伏夜出,趋光性弱;卵散产,在春季甘蔗拔节前,多产在蔗苗基部枯老蔗鞘上,8 月以后多产在蔗茎表面;初孵幼虫由叶鞘间隙下潜至芽或根带处入蛀,蛀口外常留有虫粪堆,幼虫老熟后在蛀孔处作茧化蛹越冬;在冬季南方蔗区卵多产在近地面的干叶鞘上,幼虫、蛹多在地面下 10 cm 内的蔗茎内。1、2、3 代主要危害蔗苗,4、5、6 代主要危害蔗茎。

二点螟是大部分蔗区的主要害虫,产卵为卵块 10～20 粒,多产在蔗株 1～4 叶的叶背面;初孵幼虫吐丝下垂,爬行至叶鞘组织间取食入蛀蔗茎,蛀口周缘不枯黄,茎内蛀道直,老熟幼虫在受害茎内化蛹,以幼虫、蛹在蔗茎地上部越冬。1、2 代危害蔗苗,3 代以后危害蔗茎。

条螟在全国各蔗区都有分布,卵多产在叶面,以老熟幼虫在叶鞘内侧及蔗茎内越冬。初孵幼虫有取食卵壳习性,群集在心叶取食,被害叶上留有半透明不规则小斑点,3 龄后幼虫由叶鞘蛀入蔗茎取食,多为数头幼虫蛀入同一茎,蛀口有虫粪,老熟幼虫多在叶鞘间或叶鞘外结白茧化蛹。

白螟主要分布我国华南地区和台湾省,每年发生约 4～5 代,有趋光性,飞行力弱,产卵为卵块平均 14～15 粒,喜欢在蔗苗上产卵,多产在第 2～5 叶内侧中部,卵面被有橙黄色绒毛;初孵幼虫吐丝下垂,由心叶蛀入取食,向下食成一条直道,被蛀心叶展开,蛀孔呈带状横列排孔,食痕周围呈褐色而逐渐枯死;甘蔗受害呈枯心时,抽出大量侧芽,使被害株呈扫帚状。1、2 代危害蔗苗,3、4 代危害蔗茎,第 4 代为老熟幼虫,少数以第 5 代老熟,在生长蔗株梢部隧道内越冬。发株早的甘蔗受害较重。

大螟在全国各蔗区都有分布,除甘蔗外,还可取食其他的禾本科作物和杂草。产卵为卵块,多产在叶鞘内侧;初孵幼虫有群集性(与条螟相同),先食害叶鞘内侧(与条螟不同),2～3 龄后分散蛀入蔗茎,被害叶鞘内侧常有新鲜虫粪,茎道内有腐臭味,老熟幼虫在叶鞘间化蛹;一年中以 3、4 月发生数量多,5 月后锐减,转移为害水稻,12 月又为害秋植蔗苗。冬季温暖干燥,连作和宿根蔗地,以小麦、水稻为前作或蔗稻混栽、蔗麦套种,枯心率高;叶阔下垂品种,蔗茎较软,纤维量少品种,均受害重。

较干燥坡地甘蔗以二点螟发生为主,条螟和黄螟较次;低洼地或水田蔗地则以黄螟为主,二点螟和条螟较次。

3. 防治方法

(1)农业防治

①取收获后,开垄倒蔗、低斩蔗茬、火烧残茎、水浸蔗头等方法处理;

②选无螟虫害的健壮种苗;

③在当地螟虫盛发时及时剥枯叶,以减少幼虫钻蛀;

④选栽抗虫品种;

⑤适时早栽,减少甘蔗地插花种植或套种高粱、玉米、小麦、水稻等禾本科植物;

⑥实行稻蔗轮作或与豆类、蔬菜、番薯等轮作。

(2)药剂防治

①选择在螟卵盛孵期用药,注意保护和利用天敌。苗期防治,以蚁螟孵化始盛期和高峰期各施药 1 次,用 50%杀螟丹水剂 1.125(新植蔗)～1.875(宿根蔗)kg/hm^2,加水 40 kg,或 90%敌百虫晶体 1.125 kg 加水 75 kg 喷雾,连喷 2～3 次,间隔 15 天一次,重点喷甘蔗三叉口以下部位。

②甘蔗下种后先盖上基肥或薄土,后用 3%呋喃丹颗粒剂均匀撒入种植沟内再按正常厚度覆土。

(二)甘蔗绵蚜

甘蔗绵蚜(*Ceratovacuna lanigera* Zehntner),属同翅目,绵蚜科。以成、若虫吸食汁液,受害叶枯黄萎缩,影响甘蔗生长,降低糖分,降低产量;同时棉蚜分泌蜜露在叶上,易引起烟煤(霉)病发生,影响光合作用。

1. 形态识别

成虫　无翅胎生雌蚜体色不一,依寄主不同而异,有黄褐、灰褐、橙黄、黄绿带灰色等,背面有许多白色棉絮状蜡质,第 8 腹节背面中央有 1 对蜡孔。有翅胎生雌蚜头、胸部黑色,腹部及足黄褐色至暗绿色,静止时两翅并覆于腹部盖过腹端,腹部蜡孔退化。

若虫　无翅若虫,体淡黄略带灰绿色,初龄时背面蜡质物很少;有翅若虫,初生时淡黄略带灰绿色,有 1 对翅芽,经蜕皮后变成深褐色或黄褐色,腹部背面被有许多蜡质物。

2. 发生特点

在我国南方地区一年可发生 20 代左右,成、若虫群集于甘蔗叶背中脉附近吸食汁液,以有翅成虫在禾本科植物或秋、冬植甘蔗株上越冬。在田间发生规律可分为三个时期，即发生始期(3～6月)、大发生期(7～11月)、越冬期(11月至翌年2月)。繁殖的最适温度为20～23℃，避风地区，受害重；秋植蔗比春植蔗和宿根蔗受害重；宿根蔗比新植蔗重；叶宽、气孔大品种受害重。

3. 防治方法

(1)农业防治　选用抗蚜品种；保护利用天敌，其天敌有七星瓢虫、双星瓢虫、澳洲瓢虫、食蚜蝇、草蛉等。

(2)药剂防治　在尚未大量发生，群集时于点片发生阶段，用40%乐果乳油1 000倍或80%敌敌畏乳油1 500倍，加适量洗衣粉进行喷雾。

或将有虫蔗株最低第一或第二青叶剥去，用毛笔蘸40%乐果乳油40倍，环涂于叶鞘基部折断伤口处，涂茎2～3天可见良好防效。

(三)甜菜跳甲

为害甜菜的跳甲常见的有南方跳甲(*Chaetocnema breviuscula* Faldermann)和甜菜凹胫跳甲(*Chaetocnema discreta* Baly)，属鞘翅目，叶甲科。此虫除取食甜菜外，还可取食野生的藜科和蓼科杂草，以成虫食害甜菜幼苗，将子叶和真叶咬成孔洞和缺刻，或咬断幼苗，造成毁种。

1. 形态识别

见表6-5-4。

表6-5-4　两种跳甲的形态比较

项目	南方跳甲	甜菜凹胫跳甲
体形体色	椭圆形，末端稍尖，黑色暗绿有光泽	体端较圆，其余相似南方跳甲
头部	触角间不隆起	触角间隆起呈脊形
前胸	前胸背板密布刻点，后缘不向下凹陷，鞘翅刻点成列	前胸背板后缘有粗刻点，向下凹陷
足	各足胫节及遗传跗节棕黄色，中后足胫端有着生短毛凹槽，后足腿节肥大	前中足胫、跗节暗褐色

2. 发生特点

南方跳甲分布于新疆甜菜栽培区，每年发生2代；甜菜凹胫跳甲在各甜菜区均有分布，特别以黑龙江西部及北部干旱地区发生普遍，在黑龙江每年发生1代。均以成虫在田边、地埂土块下、草丛根际土层中越冬，次年春甜菜苗出土后，向甜菜田转移。未向甜菜转移前以藜科等野生杂草为食。成虫产卵于寄主根附近2～5 cm土层中或侧根上，经两周后孵化，幼虫在20 cm以上土层内活动，取食细根，老熟幼虫在土层中作茧化蛹。春季干旱少雨，土壤干燥，靠近森林、护田林边缘及荒草滩的地块，发生重。

3. 防治方法

(1)农业防治　消灭田内外杂草，特别是藜科杂草；实行轮作；配合春耕秋翻精耕细作。

(2)药剂防治　以药剂拌种防治最有效，可用35%呋喃丹种衣剂2.5 L拌种100 kg，或35%多克福种衣剂4 L拌种100 kg。

甜菜幼苗期也可田间喷药防治，可用 80% 敌敌畏乳油 1 500 倍或 50% 辛硫磷乳油 1 000 倍。

也可用 2% 杀螟松粉剂 1～1.5 kg，拌细土 15～20 kg 制成毒土，撒在甜菜苗周围，均有防效。

（四）烟草、糖类作物害虫的综合治理措施

采取农业防治、生物防治与药剂防治相结合。具体有：

1. 农业防治

选用抗虫品种加强栽培管理，如对烟草及时打顶抹杈以减轻蚜虫、烟青虫为害；对甘蔗适期早植，及时剥除枯叶以减轻螟害；实行轮作；秋翻春耕，破坏越冬栖息场所。

2. 利用趋性防治

如采用铺银灰色地膜可避烟蚜；人工捕杀烟青虫；利用杨树枝把诱集烟青虫成虫；利用低斩蔗茬、火烧残茎、水浸蔗头或收获后采用开垄倒蔗，可减少越冬蔗螟虫源；利用毒土防甜菜跳甲。

3. 生物防治

在生长期，保护利用或人工繁殖、释放蚜茧蜂等蚜虫天敌，可控制烟蚜、甘蔗绵蚜。

4. 药剂防治

选择适宜的杀虫剂，掌握防治最佳适期，喷雾防治，详见各类害虫药剂防治方法。

工作任务 6-6　储粮害虫防治技术

学习目标

掌握储粮害虫的为害状、形态特征、发生规律，制定有效综合防治方案，并组织实施。

材料及用具

校内实训基地，储粮害虫的针插标本、新鲜标本、盒装标本或瓶装浸渍标本，害虫危害状标本、照片、挂图、光盘、教学课件，多媒体设备，体视显微镜、挑针等仪器、用具及药品，常用杀虫剂、喷雾器及其他施药设备等。

操作要点

1. 油料作物常见害虫形态特征及危害状观察

观察玉米象、麦蛾、印度谷螟、蚕豆象、绿豆象等害虫的成、幼虫的危害特点、形态特征、生物学特性及发生规律等。

2. 油料作物害虫防治

（1）调查当地主要储粮害虫的发生为害情况防治技术，找出防治过程中存在的问题。

（2）根据储粮害虫的发生规律，结合当地生产实际，提出有效的防治方法和建议。

注意事项

(1)实训前准备好害虫调查、采集及防治的相关器具,如数码相机、手持放大镜、剪枝剪、手锯、镊子、喷雾器、笔记本等。

(2)在教师的指导下,并查阅相关资料和查看相关图片,借助手持放大镜等简易手段,鉴定各类害虫的种类和虫态。

(3)储粮害虫的综合防治方案中,内容应该全面,重视各种防治方法的综合运用。所选用的防治方法既要体现"新颖",又要结合生产实际,体现"实用"。

内容及操作步骤

储粮害虫种类多,食性杂,为害环境特殊,虫体小,常不易引人注目而错过防治时期,待发现已造成为害,而且损失大;同时初期性害虫造成的危害又为后期性害虫创造条件,而加重危害,因此必须引起重视,加强防范。各地发生种类不同,但储粮上发生普遍的种类有以下几种。

一、玉米象

玉米象(*Sitophilus zeamais* Motschulsky),属鞘翅目,象甲科。主要以成虫取食禾谷类种子及其加工品,也可取食花生、豆类、干果等,取食后造成碎粒及粉屑。是储粮重要的初期性害虫,易引起后期性害虫发生。

(一)形态识别

成虫　体小暗褐色,有光泽,头部象鼻状,膝状触角,末端膨大,前胸背板前缘比后缘宽,有许多圆形小刻点,每鞘翅上有数条纵凹纹,凹纹间纵列小圆点,近基部及末端各有 1 个赤褐色的近圆形大斑,后翅发达。

幼虫　体小,乳白色,足退化,体肥大粗短,多横皱,背面隆起,腹面平坦,略呈半球形。

(二)发生特点

玉米象每年可发生 1~7 代,以成虫在仓库内黑暗潮湿的缝隙中越冬,少数幼虫可在粮食籽粒内越冬;次年天气转暖,在仓库外越冬的成虫飞回仓库的粮堆繁殖为害,多分布在粮堆上层;成虫善爬行,有向上爬、假死、趋温、趋湿、畏光等习性,遇光向暗处聚集,也能飞至田间取食作物,收获时又随粮食入仓库;雌成虫产卵集中在离粮面 7 cm 以内的上层,产卵时先用口器在粮食籽粒的一端咬出与喙等长的窝,在窝内产 1 粒卵,并分泌黏液封闭。幼虫在窝内孵化并向籽粒内部蛀入,将粮粒蛀空,同时引起粮食发热、水分增高及微生物繁殖,以老熟幼虫在粮粒内化蛹。

二、麦蛾

麦蛾[*Sitotroga cercalella*(Olivier)],属鳞翅目,麦蛾科。以幼虫在禾本科作物种子内取食,将粮粒蛀空,造成储粮损失可达 56%~75%。也能在仓库内及田间繁殖为害,为典型的初期性储粮害虫。

(一)形态识别

成虫:体长 4.5～6.5 mm,下唇须发达,向上弯曲并超过头顶,触角丝状,前翅竹叶形,后翅菜刀形,前后翅缘毛很长,相当于翅的宽度。

幼虫:体长 5～8 mm,淡黄白色,体光滑,略有皱纹,刚毛细小,胸部较粗,腹部各节依次向后逐渐变细,胸足短小,腹足退化成小突起,趾钩微小,褐色。

(二)发生特点

在气候热的地区和仓库内适宜条件下每年的发生代数多,可达 10～12 代,在寒冷地区仅发生 2 代,以老熟幼虫在粮粒内越冬,次年化蛹、羽化,一部分成虫在仓库内粮堆表层产卵,卵多产在粮堆表层,主要集中在表层 20 cm 以内,幼虫孵化后,多从籽粒胚乳蛀入,将籽粒蛀空;大部分成虫飞到田间小麦穗上产卵,卵多产在小麦种子的腹沟或稻谷的护颖内,幼虫孵化钻蛀到小麦粒内取食,并在籽粒内化蛹,随同小麦收获带到仓库内,在仓库羽化为 1 代成虫。

1 代成虫大部分在仓库内小麦堆内产卵,繁殖几代后越冬,一部分飞到田间禾本科作物和杂草上产卵、繁殖,后在玉米、水稻等禾本科作物穗上产卵,幼虫卵化后钻蛀到谷粒取食,收获时又随谷粒带进仓库内越冬。麦蛾发育适温为 21～35℃,卵、幼虫、蛹在 44℃条件下 6 h 即全部死亡,幼虫在－17℃条件下 25 h 死亡。

三、印度谷螟

印度谷螟[*Plodia interpunltella*(Hubner)],属鳞翅目,螟蛾科。以幼虫取食,能为害所有植物性仓库储粮物。

(一)形态识别

成虫:体长 5～9 mm,头部灰褐色,腹部灰白色,前翅狭长,基半部约 2/5 为黄白色,外半部约 3/5 为棕褐色,并带铜色光泽,后翅灰白色,半透明。

幼虫:体长 10～13 mm,淡黄白色,腹部背面浅粉红色,头黄褐色,前胸背板和臀板淡黄褐色,体呈圆筒形,中间稍膨大,趾钩双序环式。

(二)发生特点

一年发生多代,有世代重叠,成虫产卵在粮粒上;初孵幼虫先蛀食胚部,再剥食种皮,常在玉米粒上取食;幼虫常在粮面上吐丝结网,封住粮面,或吐丝连缀粮粒成小团,潜在其中取食,幼虫老熟离开粮堆爬向墙壁、梁柱、天花板、包装物等缝隙处,或在背风角落吐丝结茧越冬或化蛹,少数在粮堆的小团中越冬或化蛹。因幼虫吐丝结网封闭粮面,被缀粮食变成块状,排出的粪便污染粮食,造成储藏期粮食损失大。发育适温为 24～30℃,幼虫在 48.8℃左右条件下,6 h死亡,在－12.2～－9.4℃条件下,5 h 死亡。

四、豆象

豆象，属鞘翅目，豆象科。在我国常见的有蚕豆象[*Bruchus rufimanus*(Boheman)]、豌豆象[*Bruchus pisorum*(L.)]和绿豆象[*Callosobruchus chinensis*(L.)]。

(一)形态识别

蚕豆象、豌豆象和绿豆象的成虫、幼虫外形很相似。成虫体小，卵圆形，被有鳞片；幼虫柔软肥胖，头尾向腹部弯曲，腹足退化。

蚕豆象成虫鞘翅末端 1/3 处有排成“八”字形的白色毛斑 1 列。

豌豆象成虫鞘翅末端 1/3 处有排成斜直形线的白色毛斑 1 列。

绿豆象成虫鞘翅后半部有排成横列的白色斑纹。

(二)发生特点

蚕豆象和豌豆象一年发生 1 代，以成虫在豆粒内、仓库角落、包装物缝隙、田间及晒场内的作物残体、杂草或砖石下越冬。

蚕豆开花时，蚕豆象的越冬成虫就大量飞到田间，成虫在取食蚕豆花粉、花瓣后才能成熟产卵(有补充营养习性)，多在蚕豆植株中、下部嫩荚上产卵，成虫有假死性，耐饥能力强，达 4～5 个月；孵化的幼虫就钻入荚内，再钻到豆粒内取食，每豆粒内可有 1～6 头幼虫，收获后幼虫随蚕豆粒带入仓库为害，蚕豆粒受害后。在豆粒上留有小黑点。

豌豆象越冬成虫春天先飞到麦田、油菜田，豌豆开花时，再飞到豌豆田取食，产卵于豆荚表面，孵化的幼虫钻入豆粒取食，受害豆粒被蛀空，表面多皱纹，呈淡红色。

绿豆象一年发生 4～5 代，以幼虫在豆粒内越冬，次年越冬幼虫也在豆粒中化蛹、羽化，成虫离开豆粒，在仓库内的豆粒上产卵，孵化幼虫在豆粒上继续取食、发育、繁殖 2～3 代后，当田间绿豆快成熟时，成虫从仓库飞到田间，在豆荚上产卵，繁殖几代后，成虫又飞回仓库，直到越冬。

五、其他储粮害虫

见表 6-6-1。

六、贮粮害虫综合治理措施

(一)植物检疫

杜绝国内、国外检疫对象及其他储粮害虫随粮食和粮食包装物进入仓库。

表 6-6-1 其他储粮害虫比较

形态特征	为害特点	生活史及习性	发生特点	防治要点
谷蠹[*Rhizopertha dominica* (Fabricius)]属鞘翅目,长蠹科	成虫体长 2.0～3.0 mm,圆筒形,暗褐色,略有光泽,头隐在前胸下,前胸板的同心圆排列的圆瘤突,鞘翅各有9条纵刻点 幼虫体长 3.3 mm,淡棕色,弯曲,前后端粗,中间细,有淡黄色细毛	主要为害谷物,成、幼虫都可为害,成虫蛀食粮粒,幼虫在粮粒中取食至成虫时才离开粮粒	发生严重时,引起粮食发热,引起后期性害虫发生,以成虫越冬,耐热耐干燥能力强,多分布在粮堆中下层,抗寒力弱	可利用低温处理,使仓库长期处于低温条件
赤拟谷盗[*Tribolirm castanerm* (Herbst)]属鞘翅目,拟步甲科	成虫体长 3.0～3.7 mm,扁平长椭圆形,褐色有光泽,触角棒状,鞘翅有10条纵线纹,纹间有小刻点 幼虫体长 6～7 mm,细长稍扁,圆筒形,各体节前半部淡褐色,后半部及节间黄白色	为害粮食、油料、肉类及其加工品、毛皮、皮革、动物性药材、昆虫标本等,食性复杂,以谷类、谷粉、油料受害重,其中又以面粉受害最重,成虫分泌臭液,导致粮食发霉	1 年发生多代,以成虫群集在包装物、缝隙中越冬,成虫喜黑暗,有假死性、群集性,飞行力弱 幼虫在粉屑中取食、化蛹,不耐低温,发育适温为 27～30℃	同上,利用低温处理;将包装物与粮食分开,远离仓库;或熏蒸杀虫
锯谷盗[*Oryzaephilus surinamensis* (L.)]鞘翅目,锯谷盗科	成虫体长 2.0～3.5 mm,扁长形,深褐色,无光泽;前胸背板中央隆起,有2条隆脊线,两侧缘各有6个齿突;鞘翅各有10条纵点纹 幼虫体长 4 mm,扁平细长,胸部各节背板有2个暗褐色斑,腹部各节背板有1个黄色斑	凡受损或柔软、破碎的禾谷类、油籽类、粉类、糠麸、面条、糖果、麦片、干果、生药材、干蔬菜、烟草或干肉等均能被为害。但喜食粮食的碎粉末,为重要的后期性仓库害虫	每发生 2～5 代,以成虫群集在隐蔽处越冬,成虫善飞,爬行快,有向上爬习性,产卵量大;幼虫取食碎粮和粮粒胚部,行动活跃,有假死性,是重要的后期性储粮害虫	采用熏蒸杀虫

续表6-6-1

形态特征	为害特点	生活史及习性	发生特点	防治要点
大谷盗 [*Tenebroides maruitanicu* (L.)] 属鞘翅目，谷盗科	成虫体长 6.5～10 mm，扁平长椭圆形，深赤褐至漆黑色，无毛；头部三角形，前伸，与前胸背板近等长，前胸背板后缘与鞘翅基部间呈颈状，小盾片半圆形，较小 幼虫细长，扁平，头部黑色，胴部污白色，有光泽，胴部多皱纹，后半部极肥大，各节两侧有黄褐色细长毛	为害禾谷类、豆类、油料、干果等，喜食谷物胚部，影响种子发芽率	1 年发生 1 至多代，以成虫越冬，少以幼虫越冬；幼虫多在木板内潜伏或化蛹，破坏包装物，导致其他仓库害虫侵入为害；成、幼虫常自相残杀，卵单产，多产在碎屑中或黏附于各种缝隙内	避免用木板做包装物；清除碎屑
粉斑螟 [*Cadra cautella* (Walker)]	成虫体长 6～7 mm，前翅狭长形，灰黑色，基部 1/3 色较浅；后翅灰白色 幼虫体长 12～14 mm，乳白色，趾钩双序环式	主要为害谷物和干果，以幼虫为害，幼虫在吐丝连缀粉屑、粮粒而成的长巢内取食	1 年发生 4 代，以幼虫在包装物、各种缝隙中群集结茧越冬，抗寒力弱，在 0℃ 时各虫态全部死亡	利用低温处理；让粉屑与仓储物分开；远离包装物
腐食酪螨 [*Tyrophagus putrescentiae* (Schrank)] 蛛形纲，粉螨科	成螨体长 0.3～0.4 mm，长椭圆形，乳白色，半透明 幼螨和若螨形似成螨，分别有 3 对和 4 对足	发生于含脂肪及蛋白质高的仓储物，也发生于谷类、面粉、干果、烟草、干蔬菜、各种种籽、干动植物标本或食用菌等，体有异味，发生多时，受害物常带异味，其死、活体及排泄物与人的皮肤接触，引起皮肤瘙痒、眼肿胀及皮疹	以成螨在粮食表面和粉屑中越冬，喜群集，常在粮食表层形成末状薄层，喜潮湿	仓库经常通风排湿，降低仓储物水分；入仓前，仓库应处理、干燥

(二)加强粮食仓库的清洁卫生

(1)仓库要防潮、防鼠,棚、门、窗能防雨雪,地面光滑无缝隙。

(2)仓库要清洁干净 仓库、粮食加工厂、临时存放粮食的场所无垃圾、灰尘、碎屑蜘蛛网和剩余杂粮,附近无杂草、垃圾、污水等。

(3)粮食加工厂房、机器设备及附属场所要经常打扫,保持清洁,无粉尘,包装物、工具及粮食清选、输送机械要保持清洁。

(4)消灭在仓库中栖息的害虫 空仓库可用敌敌畏、敌百虫、辛硫磷等杀虫剂喷雾,加工厂结合机械检修,彻底清扫后,用熏蒸剂熏蒸,各种器材利用暴晒、冷冻、蒸汽、打敲等方法,也可用50%敌敌畏乳油加水10倍喷在麻袋等器材表面。

(5)做好隔离工作 做到有虫粮与无虫粮、原粮与成品粮、成品粮与糠麸、商品粮与种子、含水量不同的粮食分开储藏;及时处理有虫粮;虫粮未处理前做好隔离工作,防止害虫蔓延;可藏虫的器材、用具未经处理不能进入仓库;检查粮食时,先检查无虫粮,再检查有虫粮;应将衣、帽、鞋、袜及检查工具清理后,再进入下一仓库;每年秋天气温降到13℃时或春天气温上升到10℃以上时,在仓库、厂房四周用药喷撒防虫隔离带。

(三)物理机械防治

(1)利用筛网等机械或人工设备或借风力,及时清除和处理粮食中的杂质和害虫。

(2)利用高温处理大米、花生仁、豆类、粉类之外的粮食,可采用烘干、曝晒杀虫。用热水烫死绿豆、蚕豆、豌豆籽粒中的豆象;利用高温蒸汽处理仓储工具和包装器材中的害虫;中红外线加温防治面粉厂或其他食品厂加工机器内的害虫。

(3)利用冬季低温或人工产生的冷气降低温度防治害虫,如机械通风、机械制冷、地下仓库及北方冬季晾晒等;缺氧保管(分为密封自行缺氧、微生物辅助缺氧、真空、充氮、充二氧化碳)等。

(四)药剂防治

要注意粮食被污染问题,采取:

(1)适宜时期在有虫粮食外围或仓库四周喷施防虫带,可用1%马拉硫磷矿剂50 g/m^2,喷成宽约30 cm的药带。

(2)用粮虫净、仓虫净、粮宝等谷物保护剂。

(3)用药剂熏蒸。在密封好的仓库,散装粮用磷化铝3～5片/t,空仓用0.2～0.4片/m^3;密闭条件一般的仓库,散装粮用5～7片/t,空仓用0.3～0.5片/m^3。密闭5昼夜或延长到半月,每个投药点不超过200 g,投药点均匀设在粮面上,将报纸、搪瓷盘或铁皮板放在一层旧麻袋上,把药片放在报纸上,药片不能互相接触,熏蒸结束,通风后再清除药渣。

学习小结

- 作物害虫综合防治技术
  - 地下害虫
    - 地老虎类：小地老虎、黄地老虎、大地老虎
    - 蛴螬类：大黑鳃、暗黑鳃、铜绿丽金龟
    - 金针虫类：沟、细胸、褐纹、宽背金针虫
    - 蝼蛄类：华北蝼蛄、东方蝼蛄
    - 根蛆类：种蝇、萝卜蝇、葱蝇、小萝卜蝇
  - 粮作害虫
    - 水稻害虫：螟虫、卷叶螟、稻弄碟、稻飞虱等
    - 麦类害虫：麦蚜、吸浆虫、红蜘蛛
    - 杂粮害虫：黏虫、玉米螟、东亚飞蝗
  - 棉麻害虫
    - 棉花害虫：棉蚜、棉叶螨、棉铃虫、红铃虫
    - 麻类害虫：麻叶甲、苎麻赤蛱蝶、麻天牛等
  - 油料害虫
    - 大豆害虫：大豆食心虫、草地螟、豆荚螟等
    - 油菜害虫：潜叶绳、菜粉蝶、小菜蛾
  - 其他作物害虫
    - 薯类害虫：马铃薯瓢虫、甘薯麦蛾、锥象甲
    - 烟草害虫：烟蚜、烟青虫
    - 粮作害虫：甘蔗螟虫、甘蔗绵蚜、甜菜跳甲
  - 储粮害虫
    - 储粮害虫：玉米象、印度谷螟、麦蛾、豆象

学习方法体会

1. 作物害虫各地都有差异，教材中不可能全面照顾到各个地区。因此，掌握学习方法很重要。

2. 各论部分内容要系统地去学习，将前后内容有机地结合在一起。对于每一种害虫，首

先要能够识别害虫，这就需要分类学知识。其次，要掌握害虫的发生规律，需要生物学特性方面的知识。制定科学合理的防治方案，需要懂得害虫防治原理和防治措施。只有这样，才能够全面的掌握害虫的发生特点，制定出切实可行的防治方案。

3. 由于害虫的发生期有差异，不同地区由于环境不同，形态也会有一定的差异，同一种害虫各个虫态之间形态变化也很大。因此，害虫的识别要结合当地的情况去分析比较，充分参考害虫图谱，重点掌握害虫的为害虫态。

4. 作物害虫综合防治技术的应用，应该始终坚持以栽培措施为基础，贯彻生物防治各项措施，协调使用农药，做到安全、经济、有效。

5. 在本模块教学内容的学习中，应该以其他基础学科知识做铺垫，诸如：生态、土壤、气象等知识。建议学生在学习过程中多温习这些基础知识内容，并把这些内容用于本模块学习中去，提高学习效率。

目标检测

一、选择题

(一)单项选择题

1. 小地老虎的幼虫共(　　)。

A. 5 龄　　B. 6 龄　　C. 7 龄　　D. 8 龄

2. 东方蝼蛄成虫体长(　　)。

A. 30～35 mm　　B. 35～40 mm　　C. 40～45 mm　　D. 45～50 mm

3. 二化螟幼虫体背有(　　)条暗褐色纵线。

A. 3　　B. 4　　C. 5　　D. 6

4. 草地螟以老熟幼虫在(　　)结丝茧越冬，次年春季化蛹，羽化。

A. 杂草中　　B. 土中　　C. 树叶　　D. 作物残体

5. (　　)鞘翅末端 1/3 处有排成“八”字形的白色毛斑一列。

A. 蚕豆象　　B. 豌豆象　　C. 绿豆象　　D. 麦蛾

6. 蚜虫分泌蜜露，常常诱发(　　)发生。

A. 叶枯病　　B. 黄化病　　C. 叶斑病　　D. 霉污病

7. 烟青虫的最佳防治时期(　　)。

A. 2 龄前　　B. 3 龄前　　C. 4 龄前　　D. 5 龄前

8. 大豆食心虫，我国各地均为 1 年发生(　　)代。

A. 1 代　　B. 2 代　　C. 3 代　　D. 4 代

(二)多项选择题

1. (　　)较耐干旱，其适宜土壤湿度为 15%～18%。

A. 沟金针虫　B. 宽背金针虫　C. 细胸金针虫　D. 褐纹金针虫

2. 金针虫俗称(　　)。

A. 节节虫　B. 铁丝虫　C. 铜丝虫　D. 钢丝虫

3. 根据蝗区的生态环境,我国将蝗区分为(　　)。

A. 滨湖蝗区　B. 沿海蝗区　C. 内涝蝗区　D. 河泛蝗区

4. 下面关于二化螟描述正确的是(　　)。

A. 前翅长方形　B. 后翅灰白色或白色

C. 体背有5条暗褐色纵线　D. 腹足较发达

5. 蝼蛄可采取以下防治方法(　　)。

A. 有机肥料要充分腐熟后使用　B. 黑光灯诱杀成虫

C. 人工招引益鸟　D. 马粪诱集

6. 玉米象(　　)。

A. 隶属鳞翅目昆虫　B. 重要初期害虫

C. 趋温、趋湿　D. 畏光

三、简答题

1. 地下害虫的种类及各主要类群的优势种有哪些?
2. 简述三种地老虎的分布及小地老虎的越冬特点。
3. 简述蛴螬、蝼蛄、金针虫的发生及为害状特点。
4. 简述地下害虫的防治措施。
5. 根据当地二化螟、三化螟的为害特点,制定综合防治措施。
6. 当地稻飞虱和稻叶蝉有哪些种类?
7. 分析影响当地稻纵卷叶螟发生量的因素有哪些?
8. 小麦吸浆虫是怎样为害小麦的?
9. 当地为害小麦的蚜虫有哪些种类?
10. 怎样用颗粒剂防治玉米螟?为什么用颗粒剂防治玉米螟效果好?
11. 根据黏虫的发生规律制定综合防治的方案。
12. 防治蝗虫的根本途径是什么?为什么?
13. 我国各棉区及棉花各生育时期的主要害虫有哪些?
14. 简述棉蚜的发生规律及化学防治措施。
15. 简述棉铃的发生规律及化学防治方法。
16. 简述麻叶甲的发生规律及防治措施。
17. 怎样用敌敌畏熏蒸的方法防治大豆食心虫?
18. 为什么说草地螟是突发性害虫?
19. 怎样根据豆荚螟的发生规律采取防治措施?
20. 简述马铃薯瓢虫的生活史、习性及为害状特点。
21. 简述甘薯麦蛾的发生规律及防治措施。
22. 简述清洁田园在薯类害虫防治中的作用。

23. 简述烟青虫的幼虫特征及防治办法。

24. 比较 5 种螟虫的幼虫特征及习性。

25. 甜菜跳甲的防治措施有哪些？

26. 本地有哪些储粮害虫？如何防治？

27. 预防储粮害虫的措施有哪些？

四、实例分析

1. 调查当地 1～2 种发生严重的作物害虫，能正确识别鉴定并针对其生活习性提出防治方案，并对方案进行全面分析。

2. 调查当地地下害虫的发生现状，制定简单的综合防治方案。

项目七

作物病害综合防治技术

学习目的

通过对粮食作物病害、棉麻作物病害、油料作物病害、薯类、烟草、糖料作物病害等几大类病害的症状、发生规律、防治技术等内容的学习，为掌握作物优质高效生产技能奠定基础。

知识要求

掌握病害的症状识别特征及防治措施，熟悉主要病害的发生规律，了解本地区作物病害的种类、分布及为害。

能力要求

能利用病害的为害及症状特征准确诊断病害种类，并根据病害的发病规律制定切实可行的综合防治方案。

工作任务7-1 粮食作物病害的诊断与防治技术

学习目标

了解粮食作物常见病害种类，掌握主要病害发生为害的症状特点和病原物形态特征，熟悉一般病害的症状和发生概况。拟定几种重要病害的防治方案并实施防治。

材料及用具

校内外实训基地，水稻、小麦、玉米等粮食作物病害的蜡叶标本、新鲜标本、盒装标本或瓶装浸渍标本，病原菌玻片标本、照片、挂图、光盘、教学课件，多媒体设备，显微镜、载玻片、盖玻片、挑针、吸水纸、镜头纸、纱布等观察病原物的仪器、用具及药品，常用杀菌剂、喷雾器及其他施药设备等。

操作要点

1. 粮食作物常见病害症状和病原形态观察

观察稻瘟病、水稻纹枯病、水稻稻曲病、水稻胡麻斑病、水稻白叶枯病、小麦锈病、小麦赤霉病、小麦纹枯病、小麦白粉病、小麦全蚀病、玉米大斑病、玉米小斑病、玉米茎基腐病、玉米丝黑穗病、玉米黑粉病等病害的危害特点、发病部位及病斑的形状、颜色、表面特征和病原物形态等。

2. 粮食作物病害防治

(1)调查当地粮食作物主要病害的发生为害情况防治技术,找出防治过程中存在的问题。

(2)根据粮食作物主要病害的发生规律,结合当地生产实际,提出有效的防治方法和建议。

注意事项

(1)注意观察白叶枯病的“喷菌现象”,并对其他病害能识别其主要症状。

(2)注意小麦三种锈病的区别,尤其是条锈和叶锈的症状区别。

(3)对疑难的病害,应该积极查阅资料并开展小组讨论,达成共识。

内容及操作步骤

一、水稻病害

知识链接

水稻是我国的主要粮食作物之一,种植面积占全国耕地面积的 1/4,年产量占全国粮食作物总产的 1/2。据报道,水稻病害有 100 多种,我国正式记载的就有 70 种,其中,为害较大的有 20 多种。目前,从全国来看,稻瘟病、白叶枯病和纹枯病仍然是水稻三大病害,发生面积大,流行性强,为害严重。

(一)水稻苗期病害

烂秧是水稻苗期多种生理性病害和侵染性病害的总称。生理性烂秧常见的有烂种、漂秧、黑根和死苗等。侵染性烂秧有绵腐病、立枯病。

1. 症状

(1)绵腐病　播种后 5～6 天内即可发生。稻芽或幼苗受侵染后,最初在稻种颖壳裂口处或幼芽的胚轴部分出现乳白色的胶状物,后逐渐向四周长出白色棉絮状菌丝,呈放射状,常因氧化铁沉淀或藻类、泥土黏附而呈铁锈色、泥土色或绿褐色。受侵染的稻种腐烂不能萌发。病苗常因基部腐烂而枯死。此病初发生时仅零星点片出现,如持续低温覆水,可迅速蔓延,全田枯死。

(2)立枯病　多发生在湿润育秧田、旱育秧和保护地育秧的地块,一般成片发生。发病早的,植株枯萎,潮湿时茎基部软腐,易拔断。发病晚的病株逐渐萎蔫、枯黄,仅心叶残留少许青色而卷曲。初期茎不腐烂,根毛无或稀少,可连根拔起,以后茎基部变褐甚至软腐,易拔断。

2. 病原

(1)绵腐病　主要由层出绵霉[*Achlya prolifera*(Nees)de Bary]、稻绵霉(*A. oryzae* Ito

& Nagal)、鞭绵霉(*A. flagellata* Coder)等卵菌引起,属藻界卵菌门绵霉属。菌丝发达呈管状,有分枝,无隔。无性繁殖产生游动孢子囊,孢子囊圆筒形或棒状,萌发形成游动孢子。有性生殖由雄器中的精子和藏卵器中的卵结合发育成卵孢子。此外,腐霉属(*Pythium* spp.),网囊霉属(*Dictyuchus* spp.)以及类腐霉菌(*Pythiogeton* spp.)等的一些种类有时也引起稻苗腐烂。

(2)立枯病　主要由镰孢属(*Fusarium* spp.)真菌,包括禾谷镰孢(*F. graminearum* Schw.)、木贼镰孢[*F. equiseti* (Corda)Sacc.]和尖镰孢(*F. oxysporum* Schltdl., Snyder & Hansen)等引起,属无性菌类镰孢属。分生孢子镰刀状,弯曲或稍直,无色,透明,有多个分隔。小型分生孢子椭圆形或卵圆形。木贼镰孢的小型分生孢子稀少,尖镰孢易产生小型分生孢子和大型分生孢子,且大型分生孢子多型;菌丝在生长后期可产生蓝绿或暗蓝色菌核。还有立枯丝核菌(*Rhizoctonia solani* Kühn)也引起发病。此菌只产生菌丝和菌核。细嫩菌丝无色,成锐角分支,分支处缢缩,多分隔。老熟菌丝淡褐色,分隔缢缩显著,细胞中部膨大而呈藕节状。菌核形状不规则,直径1～3 mm,褐色。

3. 发病规律

引起烂秧的病菌均属土壤习居性真菌,能在土壤中长期营腐生生活。绵霉菌、腐霉菌还普遍存在于污水中,它们一般不易侵染健壮幼苗,仅当秧苗生机衰弱时才侵染为害。

(1)腐霉菌　以菌丝、卵孢子在土壤中越冬,菌丝或卵孢子产生游动孢子囊,孢子囊成熟后萌发产生游动孢子,游动孢子靠水传播和侵染。低温削弱了生活力的秧苗就会引起发病。

(2)镰刀菌　以菌丝、厚壁孢子的形式在多种寄主病残体上及土壤中越冬,条件适宜时能产生分生孢子借气流传播进行初侵染,在病苗上产生的分生孢子进行再侵染。

(3)丝核菌　以菌丝、菌核在病残体上和土壤中越冬,以菌丝蔓延传播和菌核随流水传播。

侵染性烂秧的菌源条件或多或少是经常性具备的,主导发生烂秧的因素乃是秧苗抗病性。当天气不良和管理不当,致使秧苗衰弱,各种弱寄生菌乘虚而入。低温阴雨,光照不足是引起烂秧的重要因素,其中尤以低温影响最大。

4. 防治措施

水稻烂秧的防治应以提高育秧技术,改善秧田环境条件和增强秧苗抗病力为重点,并结合适时药剂防治。

(1)改进育秧方式,保证秧田质量　应因地制宜采用塑料薄膜育秧和温室育秧。露地育秧的秧田应选择避风向阳,地势较高而平坦,肥力中等,灌溉方便的田块。整地力求精细而平整。凡冬闲田作秧田要冬耕晒白,施足基肥,多施温性肥料,以增加土温及其通透性,播种前除去杂草和稻根。

(2)精选谷种　谷种要做纯、净、健壮。在浸种前认真做好晒种工作,以提高种子的生活力和发芽率。晒种后,进行风选或盐(泥)水选种,并对种子浸种消毒后再进行催芽。

(3)提高浸种催芽技术　浸处催芽应掌握在温度基本稳定在10℃以上进行,催芽时掌握好温度和水分。

(4)掌握适期播种,注意播种质量　早春寒流频繁,天气多变,南方稻区要在当地日平均气温12℃以上,方可大批播种露地秧;北方稻区一般采用水床或改良水床育秧,气温要稳定在10℃时播种。播种量要适当,落谷要均匀,塌(埋)谷不见谷。覆盖物要因地制宜采用暖性又有肥效的草木灰等,播种后让其自然落干和晒秧板。增温通气,消除土壤中还原性毒物,利于扎根出苗,使秧苗得以齐、全、匀、壮。

(5)科学管水,合理施肥　在管水上要做到既能控水促根,又能灌水保暖护苗。一般保持寸水育苗。施肥要掌握稳、轻、重的原则,使秧苗“得氮增糖”,增强抗寒力。

(6)药剂防治效果　①防治立枯病:可选用5.5%浸种灵Ⅱ号5 000倍液浸种,对水稻立针期的立枯病有显著防治效果;还可选用恶霉灵、甲霜灵等土壤杀菌剂防治水稻立枯病;播种覆土后,选用敌克松1∶(120～200)倍液或用5.5%浸种灵Ⅱ号3 000～5 000倍液2～3 kg/m^2药液喷洒;也可选用30%土菌消水剂3～4 mL/m^2加水3 kg,在播前浇透水后喷雾;在水稻一叶一心期,浇洒70%敌克松可湿性粉剂1 000倍液2～3 kg/m^2,防治水稻3叶期前后的立枯病。②防治绵腐病:除喷施敌克松外,在发病初期及时喷洒0.2%硫酸铜液1 500 kg/hm^2,喷药时应保持浅水层;如绵腐病严重时可将秧田换水冲洗2～3次后再施药,或在进水口处用纱布袋装硫酸铜100～200 g,随着水的流动溶入秧田。

(二)稻瘟病

稻瘟病是水稻重要病害之一,在我国发生严重。流行年份,一般发病地块减产10%～30%左右,严重时可达40%～50%,如不及时防治,特别严重的地块将颗粒无收。

1. 症状

稻瘟病在整个水稻生育期都能发生,根据水稻受害时期和部位的不同,可分为苗瘟、叶瘟、叶枕瘟、节瘟、穗瘟、穗颈瘟、枝梗瘟和谷粒瘟(图7-1-1)。

(1)苗瘟　发生在3叶期以前。不形成明显的病斑,初期在芽鞘上出现水渍状斑点,随后病苗基部变黑褐色,上部淡红色或黄褐色,严重时病苗枯死。潮湿时,病部可长出灰绿色霉层。

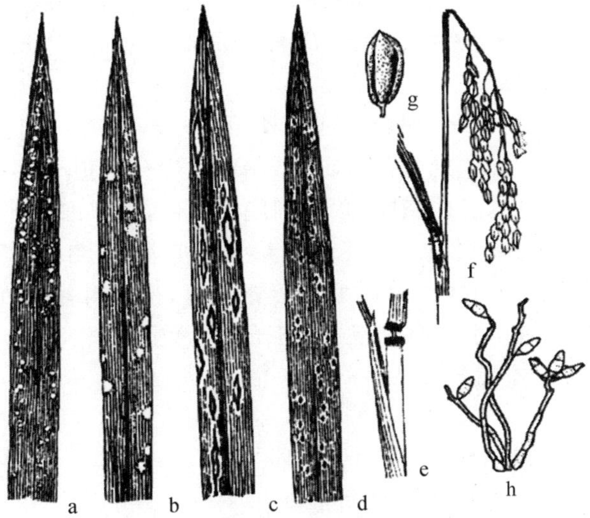

图7-1-1　稻瘟病

a. 白点型　b. 急性型　c. 慢性型　d. 褐点型　e. 节瘟
f. 穗颈瘟　g. 谷粒瘟　h. 分生孢子梗及分生孢子

(2)叶瘟　发生在3叶期以后。因水稻品种抗病性和气候条件不同,病斑分为白点型、急性型、慢性型和褐点型4种症状类型。①白点型:在感病品种的幼嫩叶片上发生,遇适宜温、湿度条件能迅速转变为急性型病斑,病斑白色或灰白色,多为圆形,不产生分生孢子。②急性型:

多在感病品种上发生，在温、湿度适宜及存在大量感病品种的条件下，易引起病害流行，病斑暗绿，多数近圆形或不规则形，针头至绿豆大小，后逐渐发展为纺锤形，在叶片正、反两面密生灰绿色霉层，遇干燥天气或经药剂防治后，急性病斑转化为慢性型病斑。③慢性型：是典型的稻瘟病病斑，病斑呈梭形或纺锤形，病斑两端有向外延伸的褐色坏死线，病斑中央灰白色称为崩溃部，边缘褐色称为坏死部，病斑外常有淡黄色晕圈称为中毒部，湿度大时，病斑背面产生灰绿色霉层。④褐点型：在抗病品种或稻株下部老叶上发生，病斑为褐色小点，多局限于叶脉间，不产生分生孢子。

(3)叶枕瘟　初为污绿色病斑，不规则地向叶环、叶舌、叶鞘及叶片扩展，最后病斑呈灰白色。叶耳感病，潮湿时可以产生灰绿色霉层，病叶早期枯死，容易引起穗颈瘟。

(4)节瘟　稻节初生褐色小点，以后扩大至整个节部，病节缢缩凹陷，变黑褐色，潮湿时，节上产生灰绿色霉，易折断，常因水分和养料的输送受阻，造成白穗。

(5)穗颈瘟和枝梗瘟　发生在穗颈、穗轴和枝梗上，病斑初呈浅褐色小点，逐渐围绕穗颈、穗轴和枝梗并向上下扩展呈灰黑色病斑，穗颈瘟发病早的形成白穗，潮湿时产生灰绿色霉状物；穗颈瘟发病晚的谷粒不充实。

(6)谷粒瘟　发生在稻壳和护颖上，以乳熟期症状最明显，发病早的病斑大而呈椭圆形，中部灰白色，后可蔓延整个谷粒，使稻谷呈暗灰色或灰白色的秕粒；发病晚的病斑为椭圆形或不规则形的褐色斑点，严重时，谷粒不饱满，米粒变黑。

诊断要点："三部一线"是稻瘟病的典型病斑的识别要点。

2. 病原

有性态为灰色大角间座壳[*Magnaporthe grise*(Hebert) Yaegashi & Udagawa]，属子囊菌门大角间座壳属真菌。无性态为稻梨孢[*Pyricularia oryzae*(Cooke) Sacc.]，属无性菌类(有丝分裂孢子真菌)梨孢霉属。

病原菌从病部气孔中产生 3～5 根分生孢子梗，不分枝，有 2～8 个隔膜，基部膨大呈淡褐色，顶部渐尖，色淡呈屈曲状，屈曲处有孢痕，其顶端可产生分生孢子 1～6 个，多的可达 9～20 多个；分生孢子梨形、无色透明，有两横隔，顶端细胞立锥形，基部细胞钝圆，有脚胞。

菌丝生长发育适宜温度 26～28℃，分生孢子形成适宜温度 25～28℃，温度过高或过低影响产孢；病菌侵入适宜温度 24～30℃，在适宜温度条件下，孢子附着在植株表面 16～20 h 便可完成侵入；相对湿度 93%以上，才能形成孢子，孢子形成数量随相对湿度上升而增加；分生孢子须在水滴(膜)中 6 h 以上才能萌发。

3. 发病规律

病菌以分生孢子、菌丝体在病籽粒、病稻草上越冬，病籽粒和病稻草是次年稻瘟病的初侵染源；散落在地上的病稻草和未腐熟的粪肥也可成为初侵染源见图 7-1-2。

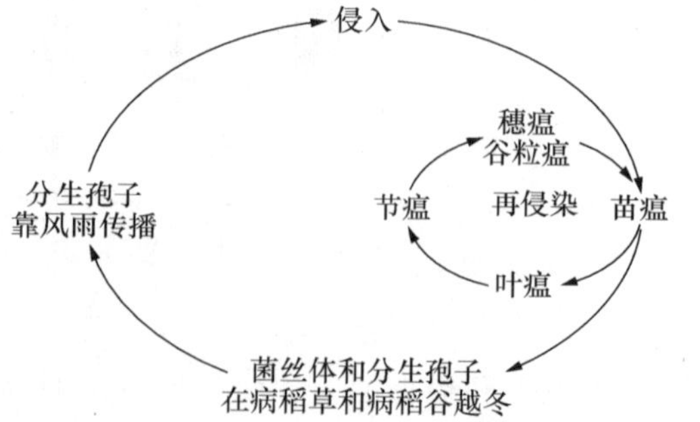

图 7-1-2　水稻稻瘟病害循环图

干燥情况下，分生孢子可存活半年至一年以上；潮湿情况下，能存活 2～3 个月。病菌的传播与气温、育秧方式和育秧的时期有关。

带病稻种播种后容易发生苗瘟，第二年气温回升，降雨后带病的稻草可产生大量分生孢子，附着在秧苗上或随风雨传播到秧田或本田形成叶瘟的中心病株，病叶上的病斑再产生大量的分生孢子，由气流传播、进行多次再侵染。分生孢子与稻株接触后，如果遇到适宜的温、湿度条件（15～32℃、有结水条件），就能萌发产生附着胞和侵入丝，直接侵入，病菌侵入 4～6 天便出现新病斑，条件适宜时，短时间内病害即可流行成灾。

4. 防治措施

防治策略是以种植高产品种为基础，减少菌源为前提，加强保健栽培为关键，药剂防治为辅助的综合措施。

(1)农业防治　①种植抗病品种：因地制宜选用抗病新品种，淘汰高感品种，轮换种植抗病品种。②减少菌源：不播种带病种子，及时处理病稻草，收获时病田的稻草和谷物分别堆放，播种前要处理完病稻草，不用病稻草毡房、盖窝棚、垫水口、捆秧等，清除田间及田边的病稻草。③种子消毒：可选 50%多菌灵可湿性粉剂 350 倍液，室温下浸种 24～36 h，每日搅动数次，然后用清水浸种催芽；也可选 80%402 抗菌剂 8 000 倍液浸种，早稻、中籼稻浸 2～3 天，粳稻浸种 3～4 天；还可选 10%401 抗菌剂 1 000 倍液浸种 48 h。④合理施肥：不偏施和过多施用氮肥，注意氮、磷、钾配比，施足基肥，早追肥，中后期看苗、看天、看田酌情施肥。⑤合理排灌：以水调肥，促控结合，掌握水稻黄黑变化规律，插秧后根据土质排水晒田，肥田、黏重田可重晒，沙性田、瘦田轻晒或不晒；水稻分蘖期应浅灌，合理浅灌可促进水稻生长健壮，提高抗病力，减少无效分蘖，控制田间小气候，使水稻植株体内可溶性氮化物减少，促进根系纵深生长。

(2)药剂防治　防治苗瘟一般在秧苗 3～4 叶期或移栽前 5 天施药；防治穗颈瘟可在破口至始穗期喷施一次杀菌剂，然后根据天气情况在齐穗期施第二次药。常用杀菌剂有：①黑色素生物合成抑制剂，如三环唑和氰菌胺，是防治稻瘟病的专用杀菌剂。防治苗瘟和叶瘟可用药液处理秧苗根部，将洗净的秧苗根部浸泡在药液中 10 min，取出沥干后栽插，或在叶瘟初期叶面喷雾。在叶瘟初期或始穗期叶面喷雾，可选 75%三环唑可湿性粉剂 375～450 g/hm^2 加水 900 kg喷雾。②其他有效药剂有富士一号（稻瘟灵）、异稻瘟净、春雷霉素、复方多菌灵（多井悬浮剂）或克瘟散及嘧菌胺等。

(三)水稻纹枯病

水稻纹枯病又称“花秆”、“烂脚病”等，是水稻重要病害之一。我国发生普遍，以长江流域和南方稻区为害较重。发病后叶片枯死，结实率下降，千粒重减少，秕谷增多，一般减产 10%～20%，严重减产 50%以上。此病在南方稻区所引致的总损失往往超过稻瘟病、白叶枯病，成为水稻的第一大病害。

1. 症状

从苗期至穗期都可以发生，主要侵染叶鞘和叶片，以抽穗前后发病受害最重。

(1)叶鞘发病　先在叶鞘近水面处出现水渍状、暗绿色、边缘不清楚的小病斑，后逐渐扩大成椭圆形或云纹状病斑，病斑边缘暗绿色，中央灰绿色，天气干燥的条件下，病斑边缘褐色，中央草黄色至灰白色，经常几个病斑相互愈合成为云纹状大斑块。重病叶鞘上的叶片常发黄或枯死。

(2)叶片发病　叶片上的病斑与叶鞘相似，但形状不规则，病斑外围褪绿或变黄，病情发展迅速时，病部暗绿色似开水烫过，叶片很快呈青枯或腐烂状，病害常从植株下部叶片向上部叶片蔓延。

(3)穗部发病　发病轻的,穗呈灰褐色,结实不良;重的不能抽穗,造成"胎里死"或全穗枯死。

在多雨多湿的条件下,病部产生白色或灰白色蛛丝状菌丝体,形成白色绒球状菌丝团,最后变成褐色坚硬菌核。在潮湿条件下,病组织表面有时常产生一层白色粉末状子实层(担子和担孢子)。

诊断要点:病斑云纹状,后期生鼠粪状菌核。

2. 病原

有性态为瓜亡革菌[*Thanatephorus cucumeris*(Frank)Donk],属担子菌门亡革菌属真菌;无性态为立枯丝核菌(*Rhizoctonia solani* Kühn)见图 7-1-3。

菌丝体初期无色,老熟时淡褐色,分枝与主枝呈直角,分枝处缢缩,距分枝不远处有分隔;菌核由菌丝体交织纠结而成,初为白色、后变为暗褐色,单个菌核呈扁球形似萝卜籽状,多个连在一起呈不规则形,菌核表面粗糙,有少量菌丝与寄主相连,菌核有圆形萌发孔,萌发时菌丝从萌发孔伸出。菌核可分为浮核(浮于水面)和沉核(沉入水中),一般浮核多于沉核,在一定条件下,浮核和沉核可以相互转化。

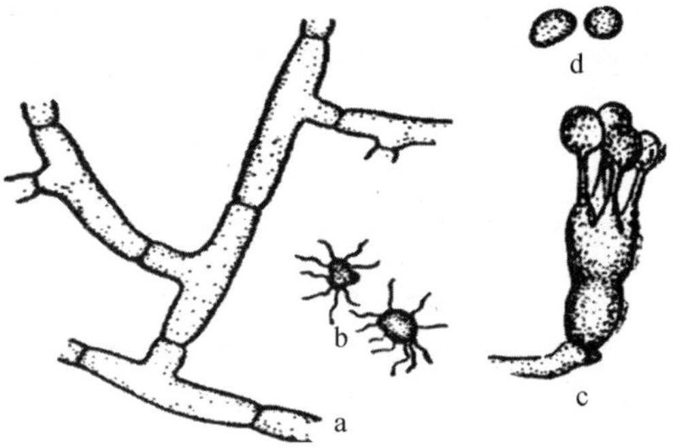

图 7-1-3　水稻纹枯病

a. 菌丝　b. 菌核　c. 担子及担孢子　d. 担孢子

病组织上形成的灰白色粉状子实层,是有性态产生的担子及担孢子。担子倒棍棒状、无色、顶端生有 2～4 个小梗,每个小梗上各生 1 个担孢子。担孢子单胞、无色、卵圆形。

菌丝生长的适宜温度为 28～32℃,在适温条件下,如有水分,病菌经 18～24 h 即可完成侵入。菌核在 30～32℃条件下形成最多,菌核萌发需要有 96%以上的相对湿度,低于 85%则受到抑制。在土表、土下及水中越冬的菌核成活率均较高。主要侵染水稻、玉米,豆类、花生、大麦、小麦、高粱、甘蔗和甘薯等作物。

3. 发病规律

病菌主要以菌核在土壤中越冬,也能以菌核和菌丝在病稻草、田边杂草和其他寄主上越冬。水稻收割时大量菌核落入田间的土壤中,成为第二年或下季水稻的主要初侵染源。病稻田存留的菌核可达到 75 万～150 万粒/hm^2,发病严重的稻田可达 900 万～1 200 万粒/hm^2 见图 7-1-4。

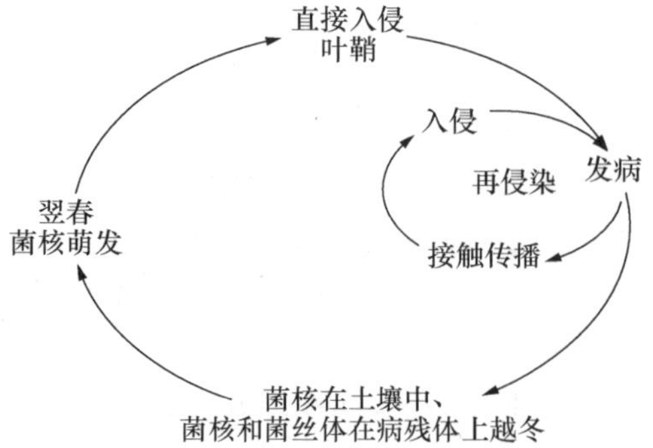

图 7-1-4　水稻纹枯病病害循环

稻田翻耙、灌水后,越冬菌核漂浮在水面上,栽秧后随水漂流附着在稻株基部叶鞘上,在高湿、适温条件下,菌核萌发长出菌丝,从叶鞘缝隙处形成附着胞,通过气孔或直接穿透表皮侵入。潜育期 1～5 天,向外长出气生菌丝,蔓延到附近叶鞘、叶片或邻近的水稻植株进行再侵染。一般在分蘖盛期至孕穗初期,如果条件适宜,在植株间不断地水平扩展,以孕穗期发展最快,导致病株率增加。并由植株下部叶鞘向上部叶鞘垂直扩展，病部形成的菌核脱落到水中，随水流漂附在稻株基部，萌发侵入引起再侵染。在稻田，灌溉水是菌核传播的动力，密植的稻丛是菌丝体进行再侵染的必要条件。

4. 防治措施

防治水稻纹枯病的策略是以农业防治为基础，加强栽培管理，充分利用抗性较好的品种，适时施用化学农药和生防制剂。

(1)农业防治

①种植抗病品种。②合理排灌：改变水稻生长中高湿的环境条件，水稻生长前期浅水灌溉，中期(分蘖末期至拔节前)适当晒田，后期干湿交替灌溉，即避免长期深灌，也要防止过度晒田。③合理施肥：注意氮、磷、钾肥合理施用，做到长效肥与速效肥相结合，农家肥与化肥相结合，以农家肥为主，氮肥应早施，切忌偏施氮肥和中后期大量施用氮肥。④清除菌源：在秧田或本田翻耕灌水耙平时，用网筛等工具打捞菌核。不用病稻草和未腐熟的病稻草还田，铲除田边杂草，可减少菌源，减轻前期发病。

(2)药剂防治　水稻分蘖末期丛发病率达到15%或拔节至孕穗期发病率达到20%的地块，要采取防治措施。分蘖末期施药杀死气生菌丝，控制病害的水平扩展；孕穗期至抽穗期施药，抑制菌核的形成控制病害的垂直扩展，保护水稻上部叶片不受侵染。在病害盛发初期，可选用井冈霉素，用药 67.5～75.0 g/hm^2 常规喷雾，针对稻株中、下部对水喷雾或泼浇施药 1～3 次，间隔 10～15 天。在分蘖盛期至圆秆期，也可选用有效成分 900 g/hm^2 甲基硫菌灵加水喷雾 2～3 次或选用 50%多菌灵可湿性粉剂、或 30%菌核净可湿性粉剂。在水稻始穗期和齐穗期各施药 1 次，可选用 28%复方多菌灵(多井悬浮剂)，10～15 天再喷一次；在分蘖盛期至拔节期可选用 5%安福(己唑醇)，用药量 60～75 g/hm^2 喷雾，可保持药效 4 周以上。

此外，在水稻纹枯病发病初期可选用芽孢生防菌株 B908、B916 及 NJ-18 等，用量 7.5 kg/hm^2 常规喷雾，可以取得明显的效果。

(四)水稻白叶枯病

世界性病害。在我国各省(市、区)均有发生，以华东、华中和华南稻区发生普遍，危害较重。水稻受害后，一般减产 20%～30%，严重的减产 50%以上，甚至颗粒无收。

1. 症状

由于品种、环境和病菌侵染方式的不同，病害症状有以下几种类型。

普通型：即典型的叶枯型症状。苗期很少出现，一般在分蘖期后才较明显。发病多从叶尖或叶缘开始，初为暗绿色水渍状短侵染线，后沿叶脉从叶缘或中脉迅速向下加长加宽而扩展成黄褐色，最后呈枯白色病斑，可达叶片基部和整个叶片。病健组织交界明显，呈波纹状(粳稻品种)或直线状(籼稻品种)。有时病斑前端还有鲜嫩的黄绿色断续条状晕斑。

湿度大时，病部易见蜜黄色珠状菌脓。

此病的诊断要点是病斑沿叶缘坏死，边缘呈波纹状，病部有黄色菌脓溢出，干燥时形成菌胶。

急性型：发生在环境条件适宜或感病品种上。病叶暗绿色，迅速扩展，几天内全叶呈青灰色或灰绿色，随即迅速失水纵卷青枯，病部也有蜜黄色珠状菌脓。此种症状的出现标志着病害正在急剧发展。

凋萎型：一般不常见，多在秧田后期至拔节期发生。病株心叶或心叶下 1～2 叶先呈现失水、青枯，随后其他叶片相继青枯。病轻时仅1～2个分蘖青枯死亡；病重时整株整丛枯死。如折断病株茎基部并用手挤压，有大量黄色菌脓溢出；剥开刚刚青卷的枯心叶，也常见叶面有珠状黄色菌脓。这些特点以及病株基部无虫蛀孔，可与螟虫引起的枯心相区别。

中脉型：在剑叶下1～3叶中脉表现为淡黄色症状，沿中脉逐渐向上下延伸，并向全株扩展，成为发病中心，这类症状是系统侵染的结果且在抽穗前便枯死。

2. 病原

稻黄单胞杆菌稻致病变种(*Xanthomonas oryzae* pv. *oryzae*)，属薄壁菌门假单胞菌科黄单胞杆菌属。菌体短杆状，两端钝圆，大小为(1.0～2.0)mm×(0.8～1.0)mm；单鞭毛极生，长6～8 mm；不形成芽孢和荚膜，但在菌体表面有一层胶质分泌物。在琼脂培养基上生长缓慢，菌落呈蜜黄色或淡黄色，圆形，边缘整齐，质地均匀，表面隆起，光滑发亮，无荧光，有黏性。革兰氏染色阴性。生长温度范围为5～40℃，最适温度26～30℃。致死温度在无胶膜保护下为53℃，10 min；在有胶膜保护下为57℃，10 min。病菌主要侵染水稻，还可侵染杂草，但杂草上发病不普遍。人工接种时还能侵染雀稗、马唐、狗尾草、芦苇等禾本科杂草。白叶枯菌不同菌株间致病力存在差异。

3. 发病规律

(1)越冬　病菌主要潜伏于稻种表面、胚和胚乳表面随病稻种越冬或随病稻草、稻桩越冬，作为翌年发病的初侵染源。病菌也能在马唐等多种杂草和茭白及紫云英上越冬；此外，病田长出的再生稻和落粒自生稻病株，也可成为初侵染源。带菌稻种调运是远距离传播的主要途径，也是新病区的主要初侵染源。老病区则以病稻草为主要侵染源。见图7-1-5。

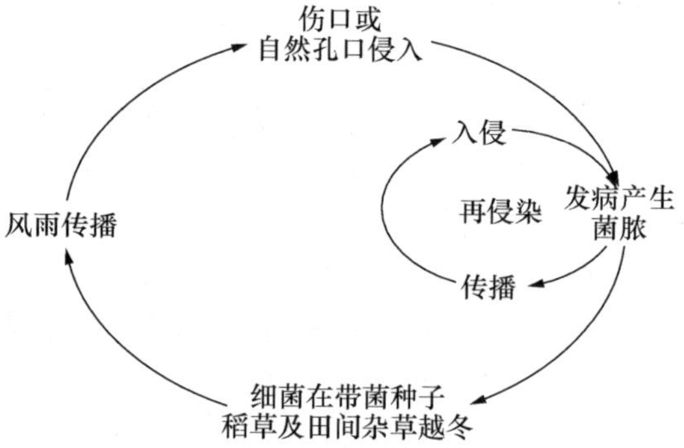

图7-1-5　水稻白叶枯病病害循环

(2)侵入与发病　病菌在根际聚集、活化增殖后，从叶片的水孔和伤口、茎基和根部的伤口以及芽鞘或叶鞘基部的变态气孔侵入。病菌从叶片的水孔侵入到达维管束或直接从叶片伤口进入维管束后，在导管内大量增殖，一般引起典型症状。病菌从茎基或根部的伤口侵入后，通过在维管束中增殖再扩展到其他部位，引起系统性侵染，使稻株出现凋萎型症状。有时秧苗虽被感染但不显症，成为带菌秧苗。移栽后，条件适宜时即可成为大田的发病中心。

(3)传播　病菌通过灌溉水和雨水传播。遗留在田间、沟旁病稻草上的病菌，遇到雨水，容易冲到秧田和本田侵染秧苗引起发病。病菌在病株的维管束中大量繁殖后，从叶面或水孔大量溢出菌脓，遇水、湿溶散，借风雨、露滴或流水传播，进行再侵染。

(4)再侵染　具有多次再侵染。一个生长季节中，只要环境条件适宜，再侵染不断发生，致使病害传播蔓延和流行。

4. 防治措施

防治策略是在控制菌源的前提下，以种植抗病品种为基础，秧苗防治为关键，狠抓肥、水管理，辅以药剂防治。

(1)杜绝种子传病　无病区要防止带菌种子传入，保证不从病区引种，确需从病区调种时，要严格做好种子消毒工作。种子消毒方法有：①80%抗菌剂“402”2 000倍液浸种48～72 h；

②20%叶青双500～600倍液浸种24～48 h;③中生菌素100 mg/kg浸种48 h。

(2)种植抗病品种及合理布局 目前各地都有抗病丰产性能较好的品种。

(3)培育无病壮秧和控制压低菌源 选用无病种子,选择地势较高且远离村庄、草堆、场地的上年未发病的田块育秧,避免用病草催芽、盖秧、扎秧把;整平秧田,湿润育秧,严防深水淹苗;秧苗三叶期和移栽前3～5天各喷药1次(药剂种类及用法同大田期防治)。肥、水管理应做到排灌分开,浅水勤灌,适时烤田,严防深灌、串灌、漫灌;要施足基肥,早施追肥,避免氮肥施用过猛、过量。

(4)药剂防治 目前常用的杀菌剂有:20%叶青双(噻枯唑,川化018)、20%龙克菌(叶青双的铜络合物)、25%叶枯灵及10%叶枯净(5-氧吩嗪)等;秧田期可用中生菌素浸种(用量100 mg/kg),大田期可用中生菌素喷雾(用量15 mg/kg)。

(五)水稻稻曲病

稻曲病在我国各稻区都有不同程度的发生。一般病穗率为4%～5%,严重的地块可达50%以上,病粒率为0.2%～0.4%,最高可达5%以上,局部地块减产可达20%～30%。使秕谷率、青米率增加,当稻谷中含有0.5%病粒时能引起人畜中毒。

1. 症状

该病在水稻开花后到乳熟期的穗部发生,主要发生在稻穗中下部。病菌侵入稻粒后,在颖壳内形成菌丝块,破坏籽粒组织,菌丝块逐渐增大,颖壳合缝处略张开,露出淡黄色块状的孢子座。孢子座逐渐膨大,最后包裹颖壳,使病粒比健粒大3～4倍。厚垣孢子黄绿或墨绿色,表面发生龟裂。一般稻穗中仅形成部分病粒,病粒中心为菌丝组织密集构成的白色肉质块,其外围因产生厚垣孢子的菌丝成熟度不同,可分为3层:外层先成熟,呈墨绿色或橄榄色、第二层为橙黄色、第三层为黄色。

诊断要点:一穗中只有部分籽粒颖壳变成稻曲病粒,比健粒大3～4倍,黄绿色或墨绿色。

2. 病原

有性态为*Claviceps oryzae-sativae* Hashioka,属子囊菌门麦角菌属真菌;无性态为*Ustilaginoidea virens*(Cooke)Takahashi,属无性菌类绿核菌属。厚垣孢子墨绿色,球形或椭圆形,表面有疣状突起。菌丝短小上细下粗、单生或有分枝、有分隔,其端部产生几个椭圆形或倒鸭梨形的分生孢子,分生孢子梗粗。菌核扁平、长椭圆形,初为白色,老熟后变黑色,通常一病粒内生菌核2～4粒,以2粒着生于病谷两侧包住谷颖为最常见,成熟时容易脱落。第二年落在土中的菌核产生肉质的子座数个,子囊壳球形,埋生于子座顶部表层,孔口外露,使子座顶部表面呈疣状突起。子囊为长筒形、无色,内并列着生8个无色丝状的子囊孢子。见图7-1-6。

3. 发病规律

此病以菌核在地表越冬,第二年7～8月间开始产生子座,在子座上产生子囊壳,在子囊壳中产生大量的子囊孢子;厚垣孢子可在被害的稻粒内及无病稻谷颖壳上越冬,厚垣孢子随时可萌发产生分生孢子且可维持6个月的发芽力。厚垣孢子萌发后能直接侵染水稻幼芽、幼根,引起系统性发病。子囊孢子和分生孢子都可借气流传播,侵染花器和幼颖。北方水稻栽培区一年只发生一次;南方水稻栽培区以早稻上的厚垣孢子为再侵染源,早抽穗水稻上的厚垣孢子可能成为迟抽穗水稻的侵染源。见图7-1-7。

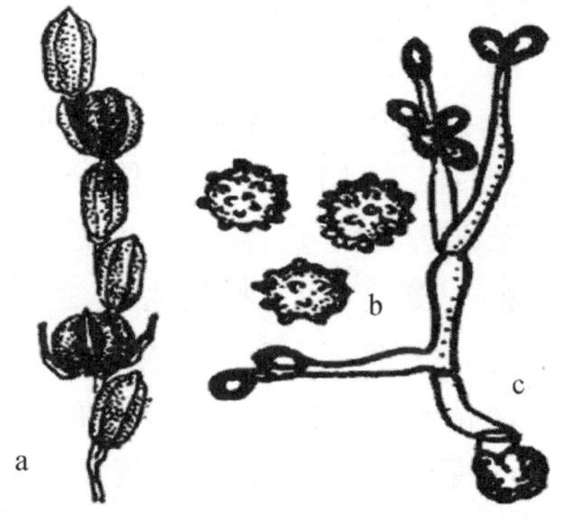

图 7-1-6 稻曲病

a. 病粒 b. 厚垣孢子 c. 厚垣孢子萌发

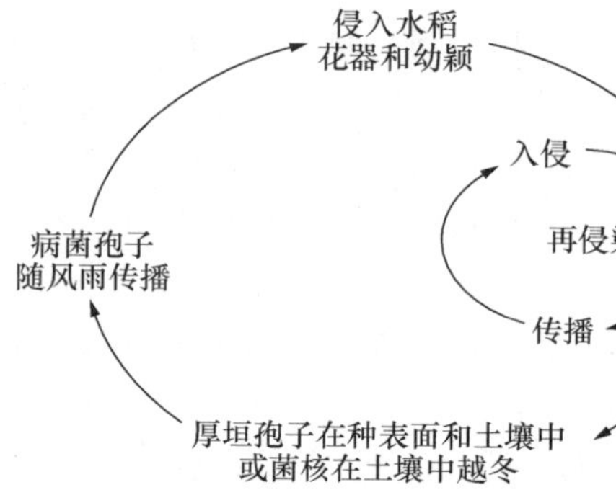

图 7-1-7 稻曲病病害循环

不同水稻品种间的抗性存在明显差异。抗病性表现为一般早熟＞中熟＞晚熟，糯稻＞籼稻＞粳稻。

4. 防治措施

防治策略以抗病育种为主，化学防治为辅，注意适期用药，合理调整农业栽培措施。

(1)农业防治

①因地制宜选用抗病良种；②建立无病留种田：注意晒田，发病的地块收割后要及时耕翻，选用不带病种子；③播种前及时清除病残体；④合量密植，适时移栽，浅灌勤灌；⑤合理施用氮、磷、钾肥，施足基肥、巧施穗肥、适时适量施硅肥。

(2)药剂防治

①种子处理：可选用 40％多菌灵胶悬剂浸种 48 h 以上，以减少部分侵染源；还可选用 50％苯菌灵可湿性粉剂 500～800 倍液浸种，早稻浸 72 h，晚稻浸 48 h，浸种后可直接播种。上述处理可兼防稻恶苗病和绵腐病、稻瘟病。②喷雾防治：可选用井冈霉素、或 50％稻后安(氧化亚铜＋三唑酮)、或 18％纹曲清(井冈霉素＋烯唑醇)、或可杀得等，在抽穗前 5～7 天喷雾，但应注意在穗期用药对稻穗的安全性。

(六)水稻细菌性条斑病

水稻细菌性条斑病，是水稻生产中的一个重要病害，在我国属于检疫性植物病害。主要分布在华南稻区，近年来在长江流域杂交晚稻上常大面积发生。20 世纪 90 年代以来，已上升为华南、中南稻区上的主要细菌病害，水稻发病后，造成叶枯，为害程度已超过水稻白叶枯病，一般减产 15％～25％，严重时可达 40％～60％。

1. 症状

主要侵染水稻叶片，在秧苗期可出现典型的条斑型症状。初期病斑为深绿色水渍状半透明小点，后沿叶脉扩展形成黄褐色纤细条斑，长约 1 cm。感病品种上的病斑纵向扩展快，长达 4～6 cm，其上有细小的露珠状深蜜黄色菌脓，呈鱼子状，干燥后不易脱落。严重时多个病斑可相互连成枯斑，以后病斑不断扩展，整叶变为红褐色枯死，外观与白叶枯病相似，如果对光检视，可见由许多半透明的小条斑融合而成。发病严重的地块，水稻矮缩，叶片卷曲。抗病品种的病斑长度不足 1 cm，且病斑少、菌脓也少。见图 7-1-8。

诊断要点：沿叶脉扩展形成淡黄色狭条斑，形成鱼子状菌脓。

2. 病原

病原为稻生黄单胞杆菌[*Xanthomonas oryzae* pv. *oryzicola* (Fang)Swings et al.]，属于薄壁菌门，黄单胞杆菌科，黄单胞杆菌属。菌体杆状，单生，偶成对，但不成链状，不形成芽孢和荚膜，单极鞭毛。革兰氏染色反应呈阴性。最适生长温度25～28℃，主要侵染水稻、陆稻、野生稻，也可侵染李氏禾等禾本科植物。病原菌有明显的致病力分化，存在不同的小种。

图 7-1-8　水稻细菌性条斑病症状及病原

a,b. 病状　c. 病原

3. 发病规律

病原菌主要在病稻谷和病稻草上越冬，成为次年的初侵染源。带菌种子的调运是远距离传播的主要途径。在田间，病菌主要通过灌溉水、雨水传播给秧苗，从气孔或伤口侵入，侵入后在气孔下繁殖，扩展到薄壁组织细胞间隙并纵向扩展，叶脉对病菌扩展有阻挡作用，故形成条斑。病斑溢出的菌脓，主要通过风雨、露滴和水的流动进行再侵染，引起病害扩展蔓延；农事操作也传播病害。

该病发生流行要求高温、高湿条件，发病适温为30℃，相对湿度接近饱和时，最适合发病。暴风雨，尤其是夏季台风的侵袭，造成叶片大量伤口，有利于病菌的侵入和传播，易引起病害流行。一般深灌或串灌水、偏施或迟施氮肥，均有利于此病的发生与为害。

4. 防治措施

防治细菌性条斑病必须采用加强检疫，培育无病壮秧，选用抗病品种，加强肥水管理等农业防治措施，及时进行药剂防治。

(1)农业防治

①严格实行检疫：不要到病区调运稻种和繁殖良种，以防传入病害；引种时必须实行严格的检疫，病区种子和稻草不要外运。②选用抗病品种：是控制和防治水稻细菌性条斑病最经济有效的措施，病害发生区应因地制宜选育和种植抗(耐)病品种。③培育无病壮秧：加强肥水管理，促进植株健壮生长。

(2)药剂防治　应抓好种子消毒、秧田保护和药剂防治环节。①种子消毒：对带菌或可能带菌的种子在播种前结合浸种催芽进行种子处理，可选用0.1%盐酸水溶液浸种，也可先将种子用清水预浸12 h，然后用85%强氯精300倍液浸24 h，用清水充分清洗后催芽。②秧田和本田的药剂防治：秧苗在水稻3叶期统一用药，保护苗期不受侵染，大田孕穗期喷药1～2次。可选用20%叶青双、或10%叶枯净、或中生菌素、或农用链霉素、或可杀得2 000等喷雾，有较好的防治效果。

(七)水稻其他病害

见表7-1-1。

表 7-1-1　水稻其他病害比较

病害名称	诊断要点	发病规律	防治要点
稻条叶枯病 (*Cercospora oryzae*)	为害叶鞘、茎秆和穗颈。病部形成纵向短线状褐色条斑，后叶片枯死，茎秆变紫	病菌在病草病谷上越冬。分生孢子借风雨传播。缺肥，深灌，低温，发病重	利用抗病品种；处理病谷稻草；加强肥水管理；破口至齐穗期药剂防治
稻叶黑粉病 (*Entyloma oryzae*)	为害叶片两面；沿叶脉纵向散生黑色短条斑，稍隆起，内为冬孢子堆；重病叶片枯黄，叶尖破裂成丝状	越冬病菌翌年产生担孢子；借气流传播；土壤瘠薄，缺磷、钾肥，发病较重，品种间抗性有差异	利用抗病品种；处理病稻草；合理施肥；药剂防治
稻粒黑粉病 (*Tilletia barclayana*)	为害穗部；病谷米粒被破坏，露出黑色粉末(冬孢子)；病粒症状有3种	在土壤和种子内外越冬。随气流传播；水稻开花后，遇多雨、高温天气易感病	实施检疫；精选种子及种子处理；深耕，施用腐熟肥料，穗期喷药防治
稻叶鞘腐败病 (*Sarocladium oryzae*)	多在孕穗期剑叶叶鞘上产生暗褐色虎纹状病斑，幼穗腐烂，抽不出穗而呈包穗，病部可见淡红色霉	病菌在病草和病谷上越冬。氮肥过多或缺乏，氮、磷、钾比例失调，穗期螟害重，均加重发病	利用抗病品种；处理病谷、病草；合理施肥；及时治螟；药剂防治
水稻云形病 (*Monographella albescens*)	为害叶片。病斑从叶尖或叶缘起呈灰褐色和暗褐色相交互的波浪状云纹。高湿时，产生白粉状物，后期产生褐色小点	杂交稻最感病，籼稻较粳稻、糯稻发病重。孕穗后发病比苗期、分蘖期普遍。低温、多雨、通风排水不良田块病重	利用抗病品种；精选种子及处理病稻草；加强栽培管理；喷药防治
稻恶苗病 (*Gibberella fujikuroi*)	病株徒长，叶片叶鞘狭长，淡黄绿色；节间显著伸长，节部外露，在基部数节上生出倒生须根；近地表病部生淡红色或白色粉状物，后期见蓝色小颗粒	病种和病草是初侵染源。播种病种或用病草做覆盖物，引起幼苗发病；在秧，本田可发生多次再侵染	浸种灵或米鲜胺浸种；选用抗病品种及种子处理；及时拔除病株；不用病草做覆盖物及捆秧把
水稻霜霉病 (*Phytophthora japonica*)	苗期发生，叶片上呈灰绿色不规则条斑，常愈合成大病斑，病部常纵卷或折倒；病部生白色至灰褐色霉层	以菌丝或卵孢子在病残体内或散入土壤中越夏越冬。游动孢子引起再侵染。低温、高湿，串灌、漫灌发病重	选无病块作秧田；加强肥水管理；利用抗性品种；药剂防治

续表7-1-1

病害名称	诊断要点	发病规律	防治要点
稻菌核秆腐病 小球菌核病 (*Nakataea sigmoidea*) 小黑菌核病 (*N. irreguLare*) 褐色菌核病 (*Sclerotiumor, vzaesa-tivae*) 球状菌核病 (*S. hydrophilum*) 灰色菌核病 (*S. fumigatum*) 黑粒菌核病 (*Helicoceras oryzae*)	主要为害稻株茎部;致使茎秆发黑腐烂,病株早枯,易倒伏。后期叶鞘内侧和茎秆内部产生大量灰褐至黑褐色菌核	以菌核在稻桩、稻草和稻田内越冬。深水灌溉或偏施氮肥或虫害重的田块发病重	齐泥割稻,拾毁稻桩;加强肥水管理;利用抗病品种;药剂防治,结合防虫
稻叶鞘网斑病 (*Cyiinclrocladium scoparium*)	叶鞘上病斑椭圆形或纺锤形,淡黄褐色,病斑内充满褐色和白色子实体	病草可能为初次侵染源;排水不良加重病害	处理病草;加强肥水管理;喷施广谱性杀菌剂
稻谷枯病 (*Phoma glumarum*)	谷粒尖端或全部变褐,病斑中央灰白色,上生黑色分生孢子器	病谷为翌年初侵染源。台风暴雨有利发病,偏或迟施氮肥,植株倒伏病重	处理种子;选用无病种子;合理施肥,避免植株倒伏;穗期喷药防治
稻一柱香 (*Ephelis oryzae*)	幼苗至穗期均发生。病剑叶及鞘上常发生与叶脉平行的白粉状条纹。稻颖壳常成为黑色子实体,小穗被菌丝缠绕呈圆柱状似线香	种子带菌为翌年主要侵染源;自幼芽系统侵染,当年发病或花器侵染翌年发病	严格检疫;种子处理;改进栽培技术,精耕细作
水稻紫鞘病 (*Saroctadium sinense*)	叶鞘上出现众多小紫点,使叶鞘部分或全部变紫褐色,病健分界不明显	病残体及种子带菌为初侵染源。雨水传播。常规稻重于杂交稻,籼稻重于粳糯稻	种子处理;利用抗病品种;加强肥水管理;药剂防治
稻褐纹病 (*Nigrospora oryzae*)	为害后期叶片及颖壳。病斑大小不一,不规则形,边缘不清楚,呈深褐色	病菌在病草和病谷上越冬,成为翌年初侵染源	加强肥水管理,避免早衰;药剂防治

续表7-1-1

病害名称	诊断要点	发病规律	防治要点
水稻细菌性褐条病(*Pseudomonas syringae* pv. *syringae*)	病斑条状,黄褐色至黑褐色,严重时病部腐烂,有臭味,叶片枯死	种子带菌为初次侵染源。苗期低温、多雨,受淹发病重	加强肥水管理,避免串灌和漫灌;药剂防治
水稻细菌性褐斑病(*Pseudomonas syringae*)	病斑不规则,褐色,周围有黄晕,中央组织坏死,灰褐色。重病时,穗不能正常抽出	病菌在稻草、稻种及野生杂草上越冬;雨水传播	种子处理;清除杂草;利用抗病品种;加强水肥管理;农用链霉素防治
水稻细菌性基腐病(*Erwinia chrysanthemz* pv. *zea*)	分蘖期后发病。茎基部变褐至灰黑色,重病株心叶卷后变枯黄、全株枯死。基部用手挤压可见乳白色菌液溢出,有恶臭	在病草和病残体中越冬。伤口侵入。气温26℃以上有利发病;氮肥过多,地势低,土质黏重,长期深灌田块病重	种子处理;利用抗病品种;加强水肥管理;80% 402 1 000 倍液蘸秧
水稻普通矮缩病(Rice dwarf virus)	病株矮缩,分蘖增多,色泽浓绿,新叶沿叶脉呈现断续的褪绿白色条点。苗期受侵染分蘖少,移栽后多枯死;分蘖前发病的不能抽穗,后期发病,虽能抽穗,但结实不良	获毒越冬的黑尾叶蝉是主要初侵染源。病害的发生流行与黑尾叶蝉发生量大小及带毒率高低密切相关。早、中、晚稻混栽有利病害的扩展蔓延	选用抗病品种;合理作物布局,减少黑尾叶蝉迁移的机会;加强栽培管理,合理调节移栽期;治虫防病
水稻黑条矮缩病(Rice black-streaked dwarf Fijrirus)(RBSDY)	病株矮缩,叶背叶鞘和茎秆出现蜡白色隆起,后期为黑褐色斑块;有时幼叶出现扭曲,抽穗干瘪或穗头滞留鞘内而不出,谷粒上有深褐色斑	病毒由灰飞虱、白背飞虱和白带飞虱传播,但主要随灰飞虱的迁移而在稻、麦及玉米间循环传递	选用抗病品种;合理作物布局,减少飞虱往返迁移传病机会;加强栽培管理,合理调节移栽期;治虫防病
水稻黄矮病(Rice yellow stunt virus)	又称暂黄病。黄矮枯是其主要特征。病叶呈明显黄绿相间的条纹,叶脉绿色而叶肉黄色,最后病叶黄化枯卷;病株株形松散,叶片平伸,分蘖停止	获毒的越冬黑尾叶蝉为主要初侵染源。在早、中稻上繁殖的第2~3代获毒成虫,后期迁入晚稻而成为晚稻发病的重要侵染源	选种和选育抗(耐)病品种;加强栽培管理,合理调节移栽期;治虫防病
水稻黄萎病(Rice yellow dwarf phytoplasma)	叶片褪色;分蘖矮缩丛生,叶变窄小,质地柔软,有高节位分枝。早发病株不抽穗,迟发病株分蘖上显症	由叶蝉传播。获毒的越冬黑尾叶蝉为主要初侵染源。除水稻外,还可侵染看麦娘、甜茅和假稻等杂草	选种和选育抗(耐)病品种;清除田间杂草;加强栽培管理,合理调节移栽期;治虫防病

续表7-1-1

病害名称	诊断要点	发病规律	防治要点
水稻赤枯病(Rice akagare disease)	分蘖中后期发病重。植株矮,分蘖少,心叶窄挺,老叶有铁锈状斑点,黄化下垂,枯死;远望似火烧状。根赤褐色,软腐,有臭味;穗小,不实	由缺钾、缺锌和土壤环境不良等因子引起的生理性病害	改良土壤结构;增施钾肥或锌肥;浅灌勤灌,适时露田和晒田;叶面喷施氯化钾或硫酸钾,硫酸锌或氯化锌

二、麦类病害

知识链接

麦类作物主要包括小麦、大麦、燕麦和黑麦。我国以小麦为主,播种面积和产量仅次于水稻,居第二位。全世界记载的小麦病害有200多种,我国我国发生较重的有20多种,其中锈病、赤霉病、白粉病、病毒病和全蚀病等发生普遍且危害严重。

(一)小麦条锈

世界广布,我国主要发生在华北、西北、西南、淮北等地的冬麦区,西北、华北、西南等地的晚熟春麦上也有发生。长江中下游地区发生相对较轻。病害危害叶片,破坏叶绿素,影响光合作用;破坏表皮,增加蒸腾作用。流行年份可减产20%～30%,严重时可造成颗粒无收。在1950年、1960年及1964年三次大流行,淮北麦区发病严重,减产10%～30%。

1. 症状

主要发生于叶片,也危害叶鞘、茎秆和穗。病斑初形成褪绿条斑,后逐渐形成隆起的疱疹斑(夏孢子堆)。夏孢子堆小,椭圆形,鲜黄色,在叶脉间纵向排列成整齐的虚线条状。后期表皮破烂,散出鲜黄色粉末(夏孢子)。小麦接近成熟时,在叶鞘和叶片背面形成短线条状,扁平的黑褐色冬孢子堆,表皮不破裂。小麦幼苗受害后,以侵染点为中心,同心圆排列的夏孢子堆。

2. 病原

见图7-1-9、图7-1-10。

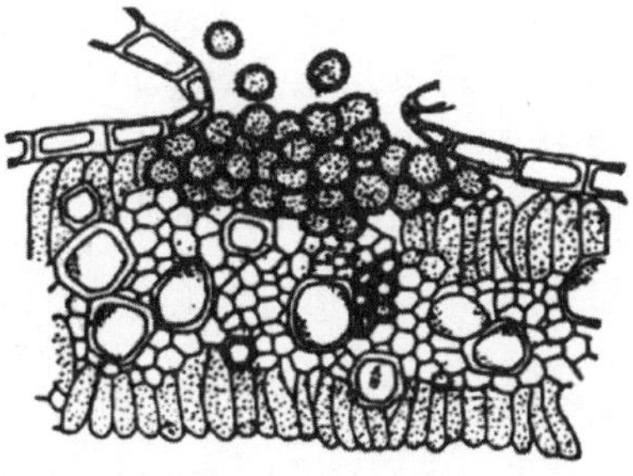

图7-1-9　小麦条锈夏孢子堆

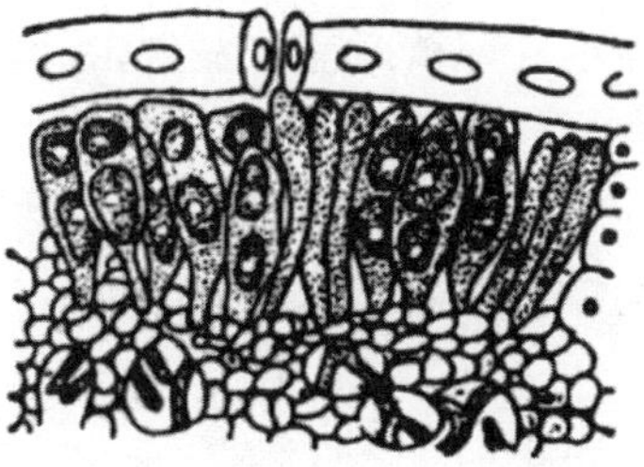

图7-1-10　小麦条锈冬孢子堆

条形柄锈菌小麦专化型(*Puccinia striiformis* West. f. sp. *tritici* Erikss),担子菌门柄

锈菌属真菌。病菌有明显的生理分化现象和致病性变异。夏孢子单细胞，球形或卵圆形，淡黄色，表面有微刺，发芽孔排列不规则，大小(32～40)μm×(22～29)μm。冬孢子梭形或棒形，双细胞，横隔处缢缩，顶端平截或略圆，褐色，下端色浅，具短柄，大小(36～68)μm×(12～20)μm。未发现有性世代(担孢子)。条锈病菌有明显的生理分化现象，全世界已鉴定并命名了近100个条锈病菌的生理小种。我国经过多年研究，选定了一套适合于我国实际情况的鉴别品种，已鉴定出32个生理小种，其中条中31号和条中32号为最新发现的生理小种，已经成为许多地区的优势生理小种。条锈病菌主要寄生于小麦上，有些小种还可侵染大麦和黑麦的某些品种。迄今未发现条锈病菌的转主寄主。

3. 发病规律

条锈病菌为活体营养生物，病菌冬孢子在病害循环中不起作用，而是依靠夏孢子完成病害循环，但夏孢子又不能脱离寄主而长期存活，因此，病菌在病害循环的各个阶段均离不开其寄主，必须依赖于其寄主的存在才能完成病害循环。条锈病的周年循环包括越夏、秋苗感染、越冬和春季流行四个环节。春季流行是小麦条锈病危害的主要时期。在大面积种植感病品种的条件下，决定我国多数麦区春季流行的关键因素是越冬菌量和春季降雨量。见图7-1-11。

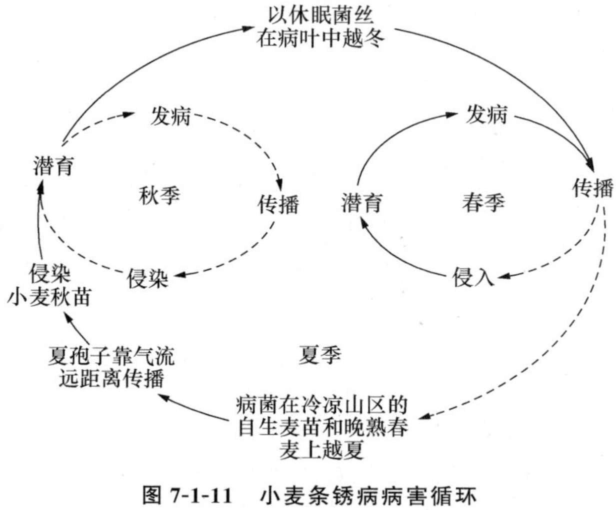

图7-1-11　小麦条锈病病害循环

(二)小麦叶锈

1. 症状

在全世界小麦种植区都有发生，我国以西南和长江流域一带发生较重，北方冬麦区也可受害。病害通常只危害叶片，偶危害叶鞘，很少危害茎秆和穗部。叶片上产生圆形或近圆形病斑，病斑排列不整齐，表皮破裂后，散出黄褐色粉末(夏孢子)，后期在叶片背面散生暗褐色至深褐色椭圆形冬孢子堆。

2. 病原

见图7-1-12、图7-1-13。

为隐匿柄锈菌小麦专化型(*Puccinia recondida* f. sp. *tritici*)，为担子菌门柄锈菌属真菌。病菌具转主寄主，在小麦上形成夏孢子和冬孢子，冬孢子萌发后产生担孢子。唐松草和小乌头为叶锈菌的转主寄主，其上形成性孢子和锈孢子。在我国，其转主寄主未被证实，病菌仅以夏孢子完成病害循环，冬孢子不起作用。夏孢子单细胞，圆形或近圆形，黄褐色，表面有微刺。冬孢子双胞，椭圆形至棍棒形，暗色，顶端平截或倾斜。病菌有明显的生理分化现象和致病性变异。

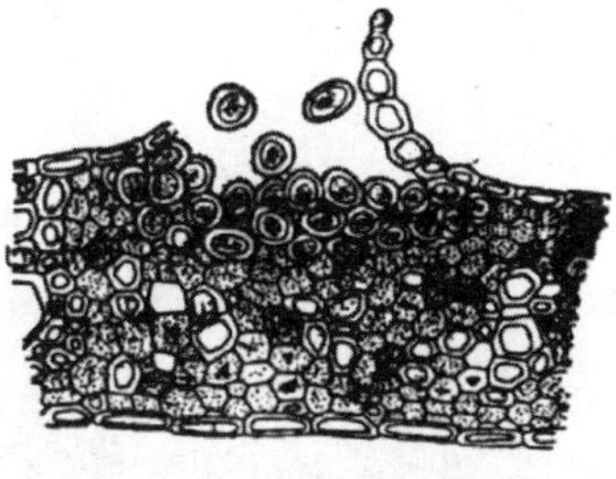

图 7-1-12　小麦叶锈夏孢子堆

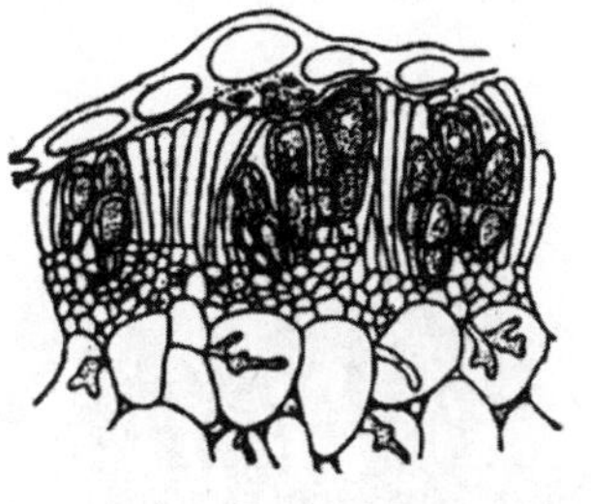

图 7-1-13　小麦叶锈冬孢子堆

3. 发病规律

叶锈病菌越夏和越冬的地区较广，我国大部分麦区小麦收获后，病菌转移到自生麦苗上越夏，冬麦秋播出土后，病菌从自生麦苗转移到秋苗危害、越冬。晚播小麦的秋苗上，病菌侵入较迟，以菌丝体潜伏在叶组织内越冬。冬季寒冷地区，秋苗易被冻死，病菌的越冬率很低；冬季较温暖地区，病菌越冬率较高。同一地区病菌越冬率的高低，与翌春病害流行程度呈正相关。小麦返青后，旬平均温度稳定在 10℃以后，病菌侵入新生叶片。叶锈病菌从气孔侵入，病菌侵入后，形成夏孢子堆和夏孢子，进行再侵染。叶锈菌侵入寄主的临界温度为 10℃，春季到达这一温度的一旬及其前后一旬的 30 天为临界期。临界期温度回升早晚和雨量多少，是叶锈病能否流行的决定因素。温度回升早且多雨露，叶锈病发展早且重。小麦生长中后期，以湿度对叶锈病的发生影响较大。小麦抽穗前后，如果降雨次数多，病害即可流行。同时，由于叶锈菌夏孢子可以在相对湿度高于 95%的条件下萌芽。因此，在雨水较少、田间湿度较高的条件下，病害仍有可能流行。

(三)小麦秆锈

小麦秆锈病在我国主要发生在东北、内蒙古等地的春麦区和华东沿海、长江流域和淮河流域以及南方各省的冬麦区，流行年份可在短期内造成较大损失。近 30 年来，由于推广种植抗病品种等措施，有效控制了秆锈病在我国的发生危害。

1. 症状

秆锈病主要危害叶鞘、茎秆及叶片基部，严重时麦穗的颖片和芒上也有发生。受害部位产生的夏孢子堆较大，长椭圆形，深褐色，排列不规则，表皮很早破裂并外翻，大量的锈褐色夏孢子向外扩散。小麦成熟前，在夏孢子堆中或其附近产生长椭圆形或长条形的黑色冬孢子堆，后期表皮破裂。发生在叶片上的孢子堆穿透能力较强，导致同一侵染点叶片两面均出现孢子堆，且叶背面的孢子堆一般比正面的大。

2. 病原物

见图 7-1-14、图 7-1-15。

病原物为禾柄锈菌小麦专化型(*Puccinia graminis* Pers. f. sp. *tritici* Erikss. & Hem.)，担子菌门柄锈菌属真菌。

小麦秆锈菌是转主寄主的长生活史型锈菌。在小麦上形成夏孢子和冬孢子，冬孢子萌发后产生担孢子,侵染小檗等转主寄主,并在转主寄主上产生性孢子和锈孢子。不同性别的性孢子可以杂交,产生变异。但在我国,转主寄主在小麦秆锈病流行过程中的作用不大。小麦秆锈病菌夏孢子卵圆形或长椭圆形,红褐色,单胞,中腰部有 4 个芽孔,孢壁上有明显的刺状突起。冬孢子椭圆形或棍棒形,褐色,双胞,上宽下窄,横隔处稍缢缩,表面光滑,顶端圆或圆锥形,柄较长,上端黄褐色,下端近无色。

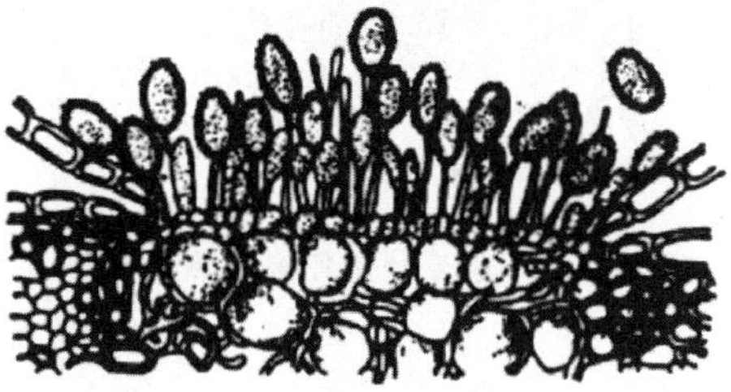

图 7-1-14　小麦秆锈夏孢子堆

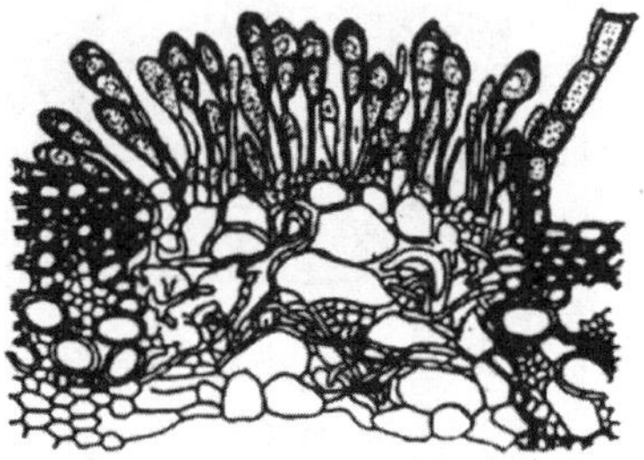

图 7-1-15　小麦秆锈冬孢子堆

小麦秆锈病菌有明显的生理分化现象,我国已鉴定出 16 个生理小种,21 小种群为优势小种群,其次为 34 小种群,$21C_3$ 为优势小种。

3. 发病规律

小麦秆锈病菌夏孢子不耐寒冷,在北部麦区不能安全越冬。秆锈病菌的越冬区域比较小,主要在福建、广东等东南沿海地区和云南南部地区。这些地区冬季最冷月份月均温可达 10℃左右,小麦可持续生长,秆锈菌可不断侵染危害,不存在休止越冬的问题。此外,山东半岛和江苏徐淮地区,病菌越冬率极低,对全国范围内秆锈病的流行影响很小。春、夏季,越冬区的菌源自南向北、向西逐步传播,经由长江流域、华北平原到东北、西北及内蒙古等地的春麦区,造成全国大范围的春、夏季流行。秆锈病菌主要在西北、西南等高寒地区的晚熟春小麦和自生麦苗上越夏,至于越夏菌源如何于秋季到达越冬基地,以及病菌是否还可在其他地区越冬等问题,尚待研究。在种植感病品种的条件下,秆锈病流行与否及流行程度取决于小麦抽穗期前后的气候条件及菌源量。一般小麦抽穗期的气温可满足秆锈菌夏孢子萌发和侵染的要求,决定病害是否流行的主要因素是湿度条件。但在长江流域和淮河流域,常年 4～5 月降雨较多,所以湿度并非病害流行的限制因素,病害流行受温度的影响较大,通常 4 月中下旬的平均气温上升到 16℃以上,同时外来菌源量大,来得早,病害就可能流行。对东北和内蒙古春麦区来说,如华北地区发病重,空中夏孢子始见期早,数量大,而本地 5～6 月气温偏低,小麦发育延迟,同时 6～7 月降雨日数较多,就有可能大流行。

(四)小麦白粉病

麦类白粉病分布于世界各产麦区,危害小麦、大麦及燕麦等,尤以小麦受害最重。我国在 20 个省(市、自治区)普遍发生,成为全国小麦生产中发病面积最大、危害损失最重的常发性病害。小麦受害后,可致叶片早枯,分蘖数减少,成穗率降低,千粒重下降,一般可致减产 5%～10%,重病田减产达 20%以上,局部严重地区减产 30%～50%,种植感病品种的田块甚至绝产无收。

1. 症状

各生育期均可发生,主要危害叶片,严重时也危害叶鞘、茎秆和穗部。通常叶面病斑多于叶背，下部叶片较上部叶片受害重。典型病状为病部表面覆有一层白色粉状霉层。组织受侵后，先出现白色绒絮状霉斑，逐渐扩大并相互联合成长椭圆形的较大霉斑或不规则形的霉层，表面渐呈粉状（分生孢子梗和分生孢子）。严重时粉状霉层覆盖叶片大部或全部，霉层厚度可达 2 mm 左右。后期霉层渐变为灰色，上面散生黑色小颗粒（闭囊壳）。霉层下面及周围的寄主组织褪绿。病叶早期黄化、卷曲并枯死。茎和叶鞘受害后，植株易倒伏。重病株通常矮缩，不抽穗。

2. 病原物

病原物（图 7-1-16）有性态为禾本科布氏白粉菌小麦专化型[*Blumeria graminis*（DC.）Speer f. sp. *tritici* E. Marsh.]，属子囊菌门布氏白粉菌属；无性态为串珠状粉孢菌[*Oidium monilioides* Link.]。分生孢子梗基部球形；分生孢子无色，单胞，卵形或椭圆形，成串产生于分生孢子梗顶端。闭囊壳球形至扁球形，暗褐色至黑色，常埋生在菌丝层内，附属丝发育不良，通常很短而不分枝。壳内含 7～28 个子囊；子囊卵形至椭圆形，有明显的柄，内含 8 个子囊孢子；子囊孢子单胞，卵形至椭圆形，无色至淡黄色，在寄主上往往当年不能成熟。小麦白粉病菌主要危害小麦，有时可在燕麦和黑麦等上寄生。病菌具有明显的寄生专化性，根据其对小麦品种致病力的差异可分为若干个生理小种。

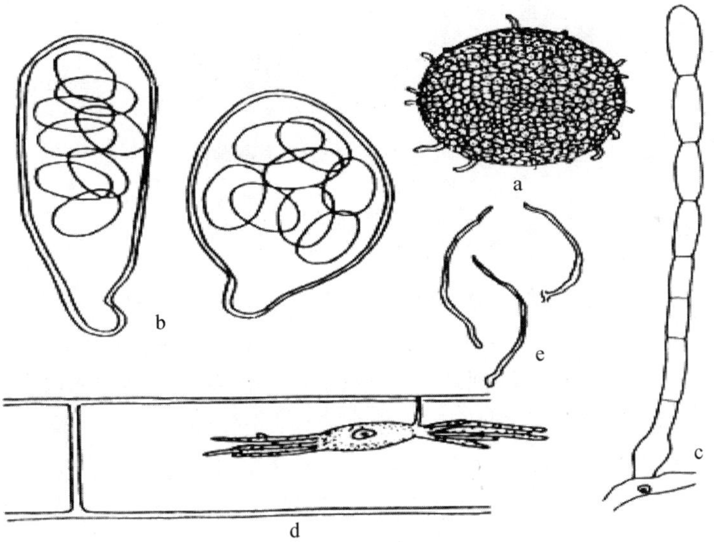

图 7-1-16　小麦白粉病菌

a. 闭囊壳　b. 子囊和子囊孢子　c. 分生孢子梗　d. 吸器　e. 镰形刚毛

3. 发病规律

在夏季气温较低的地区，病菌以分生孢子在自生麦苗或夏播小麦上继续侵染繁殖，或以潜育菌丝状态越夏。自生麦苗是病菌的主要越夏寄主。在东北春麦区，分生孢子不能越夏。在低温干燥地区或在低温干燥条件下，病菌以闭囊壳混杂于种子间或在病残体上越夏，并成为秋苗发病的初侵染源。在东北地区，春小麦上初侵染源主要来自胶东半岛和黄淮海麦区。分生孢子可借助高空气流作远距离传播。病菌越夏后，首先感染越夏区的秋苗，引起发病并产生分生孢子，后向附近及低海拔地区和非越夏区传播，侵害这些地区的秋苗。病菌以菌丝体或分生孢子在秋苗基部叶鞘或叶片组织中越冬。山区越冬菌量显著高于平原地区。在宁夏灌区，混杂于种子内越冬的闭囊壳也可成为病害的初侵染源。早春潜伏越冬的病菌恢复活动，产生分生孢子，借气流传播扩大危害。适宜温、湿度条件下，病菌不断产生分生孢子，对寄主频繁进行再侵染。品种感病，且条件适宜时，病害可在短期内暴发流行。春季是白粉病主要流行时期，其流行程度主要取决于寄主抗病性和气候条件等因素。其他因素还包括，越夏区病菌初侵染菌量大，秋苗发病早且重；越冬菌量大，翌春病害较重；植株密度大、灌溉条件好、施肥（尤氮肥）水平高的田块，植株生长过盛，组织幼嫩，易受病菌侵染，同时田间小气候湿度升高，有利于病菌的繁殖和侵染，发病重。但如果水肥不足、土壤干旱、植株生长不良时，也会降低植株抗病力，诱发病害。麦棉套作田比纯麦田发病重。见图 7-1-17。

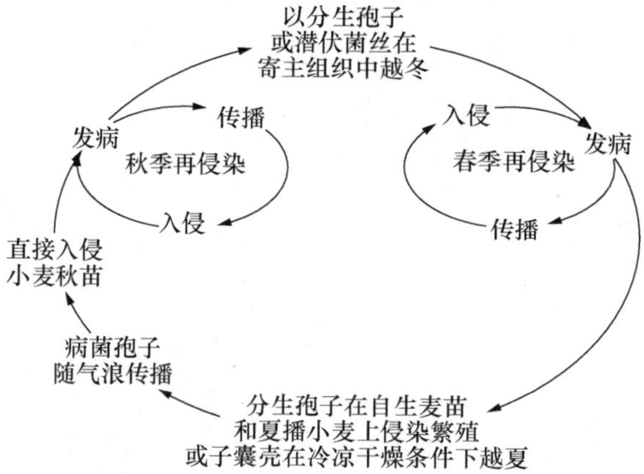

图 7-1-17　小麦白粉病病害循环

（五）小麦纹枯病

小麦纹枯病又称立枯病、尖眼点病，于 1934 年首次报道。该病分布范围广，几乎遍及世界各温带小麦种植区。我国于 1955 年在江苏省江阴市首次发现。一般病田病株率为 10%～20%，重病田块可达 60%～80%，特别严重田块的枯白穗率可高达 20%以上。病株于抽穗前部分茎蘖死亡，未死亡的病蘖也会因输导组织被破坏、养分和水分运输受阻而影响麦株正常生长发育，导致麦穗的穗粒数减少，籽粒灌浆不足，千粒重降低，一般减产 10%左右，严重时高达 30%～40%。

1. 症状

小麦各生育期均可受害，造成烂芽、死苗、花秆烂茎、枯白穗等多种症状。小麦发芽后，芽鞘受病菌侵染后变褐死亡。幼苗多在 3～4 片叶时表现症状，表现为在近地表的叶鞘上产生淡黄色小斑点，后发展成典型的黄褐色梭形或眼点状病斑。病部逐渐扩大，颜色变深，并向内发展延及茎秆，基部茎节腐烂，幼苗不抽新叶，猝倒而死亡。小麦生长中后期，叶鞘上的梭形病斑联合，呈云纹状，中间淡黄褐色，周围有较明显的棕褐色环圈。茎部病斑梭形，边缘褐色，中部灰白色至草黄色。病斑可沿叶鞘向植株上部扩展，直至剑叶，可形成青褐色至黄褐色花秆，叶鞘及叶片早枯。麦株间湿度高时，病斑也可向内发展深入茎秆，导致烂茎，造成倒伏、枯孕穗或枯白穗。田间湿度较大时，病株基部可见白色菌丝团，后期可见褐色扁平状 1～2 mm 的小颗粒状物菌核。菌核由少量菌丝与叶鞘组织相连，较易脱落。

2. 病原物

见图 7-1-18。

禾谷丝核菌(*Rhizoctonia cerealis* Van der Hoeven),属无性菌类丝核菌属。有性态为担子菌门角担菌(*Ceratobasidium graminearum*(Bourd.)Rogers),但自然情况下少见。菌丝多分枝,分枝处呈直角或锐角,分枝基部稍缢缩,分枝附近有一隔膜。病菌的菌丝体常在小麦生长中后期于病部缠绕成密聚的菌核。菌核初为白色,后渐变浅黄色至褐色,球形、扁圆形或不规则形,表面粗糙,萌发产生担子;担子倒卵圆形或棍棒形,上生 4 个担子梗,担子梗顶端产生担孢子;担孢子单细胞,椭圆形,基部稍尖,无色。病菌有生理分化现象。禾谷丝核菌种下分为不同的菌丝融合群,我国的优势融合群是 CAG～1 群。病菌可侵染小麦、大麦、黑麦、玉米等作物及狗尾草、稗草等多种禾本科杂草,其中尤以对小麦和大麦的致病力最强。

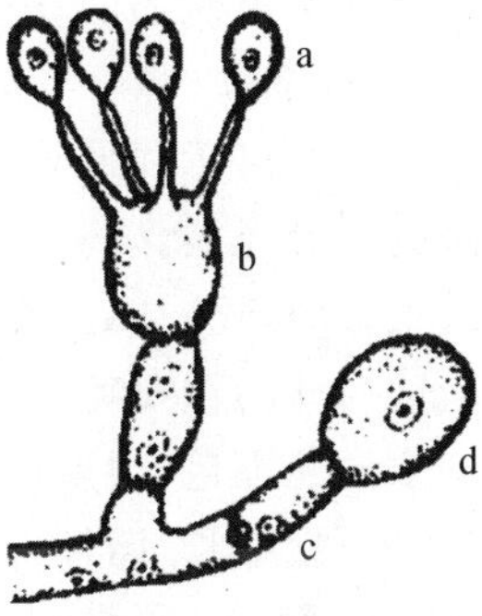

图 7-1-18 小麦纹枯病菌

a. 担孢子 b. 担子

c. 菌丝 d. 原担子

3. 发病规律

病菌主要以菌核在土壤中或附在病残体上越夏和越冬,成为下季主要初侵染源。在干燥条件下,菌核可存活 6 年之久。未经腐熟的带有病残体和病土的有机肥也可传播病害。冬前病菌危害小麦地下部的幼根、幼芽,造成零星发生。翌春,小麦经返青、拔节,病情发展较快,至拔节后期或孕穗阶段,达到高峰。在小麦抽穗以后,由于病菌由表层深入至茎秆,加重危害,造成田间枯白穗。此外,麦株病部常可产生大量白色菌丝体,向四周扩展进行再侵染。在天气潮湿时,病斑上可形成担孢子,也可借气流传播进行再侵染。小麦成熟之前,在病部的菌丝层上产生菌核。首先,当日均温度在 10℃以下时病害发展缓慢;超过 15℃时病情开始上升,20～25℃时病害迅速发展,病株率和病害严重度都急剧上升;达 30℃左右时,病害基本停止发展。秋、冬两季温暖,春季低温寒冷、多雨潮湿有利于发病。其次,冬麦播种过早、过密,施用氮肥过多,冬前麦苗生长过旺或麦田草害严重,土壤或田间湿度过大,以及病田常年连作,均可加重发病。带病秸秆直接还田或施用未经腐熟的粪肥等,也有利于发病。小麦品种间对纹枯病的抗性有一定差异,但至今未发现高抗和免疫品种。

(六)小麦全蚀病

小麦全蚀病在我国各地均有发生,其中以山东省胶东地区和河北、甘肃、内蒙古、陕西、山西等省(自治区)的部分地区发生较重。20 世纪 80 年代中期以来,病害蔓延到长江流域麦区,一般引起减产 10%～20%,重病田可达 50%以上,甚至绝收。

1. 症状

小麦全蚀病主要为害小麦根部和茎基部第一、二节处,苗期至成株期均可发生。幼苗期受害,初生根(种子根)和根茎变黑褐色,特别是病根中柱部分变为黑色。次生根上有大量黑褐色病斑,严重时病斑联合,根系死亡,造成死苗。尚能存活的病苗叶色变浅,基部叶片黄化,植株矮小,病株易自根茎处拔断。潮湿条件下,茎基部 1～2 节变成褐色至灰黑色(俗称“黑脚”)。返青至拔节期表现为病株返青迟缓,黄叶增多,拔节后叶片自下而上黄化,植株矮化,重病株根部变黑。抽穗后,根系腐烂,病株早枯,形成“白穗”。发病初期在变色根表面有褐色粗糙的匍匍菌丝。发病后期在潮湿条件下，茎基部表面及叶鞘内侧布满紧密交织的黑褐色菌丝层(俗称“黑膏药”)。病根中柱部分黑色、匍匐菌丝和“黑膏药”是诊断全蚀病的主要依据。高湿时，在茎基部叶鞘内侧的菌丝层上可以产生疏密不均的黑色子囊壳，呈小粒点状。

2. 病原物

病原物为禾顶囊壳小麦变种(*Gaeumannomyces graminis* var. *tritici* J. Walker.)，属子囊菌门顶囊壳属。病菌菌丝体初无色，后变成粟褐色，多呈锐角分枝，近平行伸展，形成带状体或菌索。菌丝分枝处，常在主、侧枝上各生一横隔，连接成“A”形，此为在病菌产生子囊壳前鉴别全蚀病株的重要特征。自然情况下，尚未发现病菌的无性态，病菌仅在寄主成熟后产生子囊壳。子囊壳黑色，梨形或烧瓶状，基部埋生于寄主组织内，有颈和孔口，表面覆有栗褐色毛茸状菌丝。子囊细长，圆柱形至棍棒形，平行排列于子囊壳腔内。子囊早期有侧丝，后期消解。每个子囊内含8个子囊孢子。子囊孢子线状，稍弯曲，两端较细，无色透明，有2～8个隔膜。病菌的寄主范围广，可侵害小麦、黑麦、看麦娘等多种禾本科作物和杂草，不侵染燕麦。见图7-1-19。

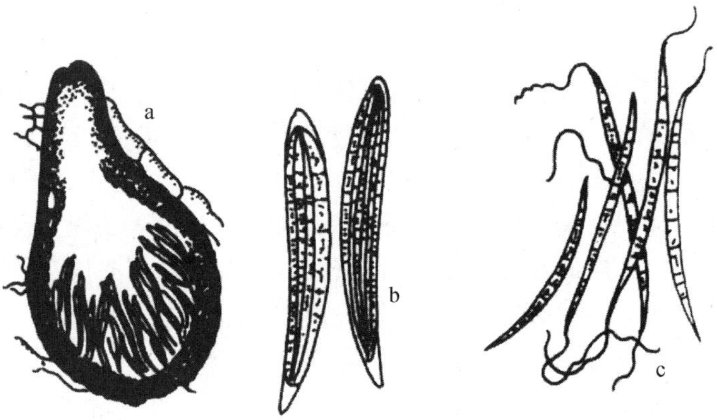

图7-1-19 小麦全蚀病菌

a. 子囊壳 b. 子囊 c. 子囊孢子

3. 发病规律

病菌主要以菌丝体随病残体在土壤中或混杂于种子和粪肥中越夏、越冬。也可寄生在自生麦苗和禾本科杂草上存活，成为下季侵染小麦的初侵染源。落入土壤中的子囊孢子因对土壤微生物的拮抗作用敏感，其萌发和侵染均受到抑制。在栽培土壤中，大多数病原菌在1年内失去活力。在浸水条件下，病菌存活率显著降低。播种后，病菌多从麦苗根毛处侵入。小麦返青后，菌丝沿根扩展，并侵害分蘖节和茎基部。拔节至抽穗期，菌丝继续蔓延，根及茎基部变黑腐烂，病株陆续死亡，至灌浆阶段田间就会出现早枯和白穗症状。病田连作病害逐年加重，至发病率和严重度达到高峰，此后继续种植感病寄主作物，病情则逐年自然下降，作物产量则因病害的减轻而提高。除连作与病害发生有关外，土壤贫瘠，尤其是缺磷的田块发病较重。偏碱性土壤也有利于发病。冬麦过早播种，病菌冬前侵染早，侵染期长，发病重。此外，地势低洼，多雨潮湿等均可加重病情。见图7-1-20。

(七)小麦赤霉病

1. 症状

主要发生在穗期,造成穗腐。也可于苗期引起苗枯、基腐等症状。穗腐在小麦扬花后出现。最初在颖壳上呈现边缘不清的水渍状褐色斑,蔓延至整个小穗,病小穗随即枯黄。发病后期,在颖壳缝隙处和小穗基部出现粉红色的胶质霉层(分生孢子座及分生孢子)。在高湿条件下,粉红色霉层处产生蓝褐色小颗粒(子囊壳),受害籽粒皱缩、变小,表面有白色或粉红色霉层。成熟期,有时发生基腐和秆腐症状,植株基部或茎秆组织受侵后变褐色腐烂,病部可见粉红色霉层,严重时可致全株死亡。

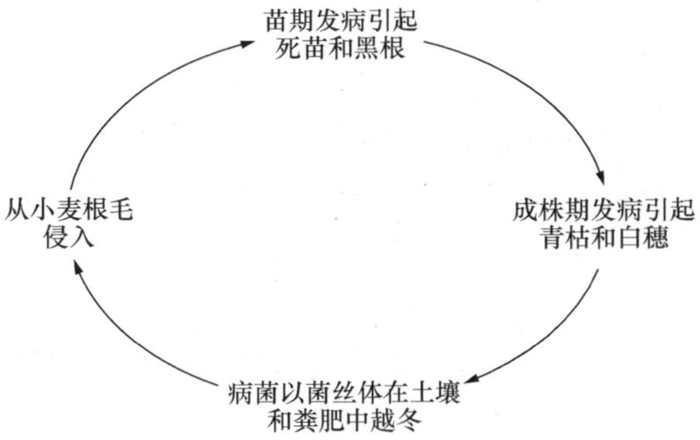

图 7-1-20　小麦全蚀病病害循环

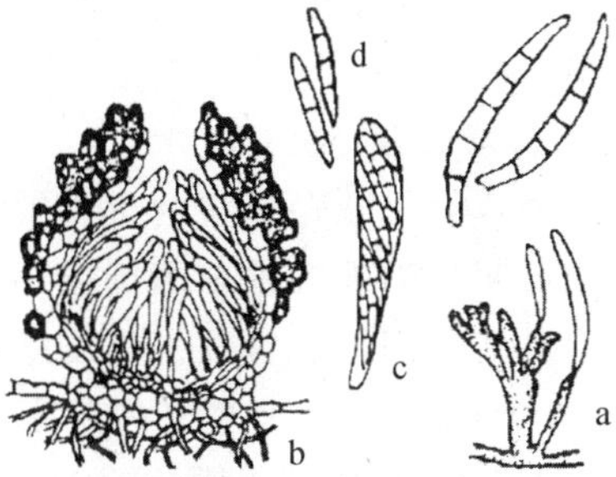

图 7-1-21　小麦赤霉病菌

a. 分生孢子梗及分生孢子　b. 子囊壳
c. 子囊　d. 子囊孢子

2. 病原物

有性态为玉蜀黍赤霉[*Gibberella zeae* (Schw.) Petch],属子囊菌门赤霉属真菌(图7-1-21);无性态为禾谷镰孢(*Fusarium graminearum* Schw.)。禾谷镰孢可产生大型分生孢子和小型分生孢子,大型分生孢子顶端钝或略收缩,基部有明显的踵状足胞,小型分生孢子为单细胞,椭圆或卵圆形,一般很少产生。子囊壳球形或近球形,子囊整齐地排列在子囊壳内壁,子囊无色、棍棒状、基部有短柄,内含 8 个呈单行(偶见双行)排列的子囊孢子,子囊孢子无色,弯纺锤形,两端钝圆,多数有 3 个隔膜。不同地区或不同来源的玉蜀黍赤霉菌株对不同小麦品种的致病力有显著差异。玉蜀黍赤霉寄主范围很广,除小麦外还有大麦、燕麦、狗尾草等 60 多种作物及杂草。

3. 发病规律

病菌通常以腐生状态在旱地土壤中的稻桩或其他植物残体上越夏。越夏后,病菌逐渐转移至秋后的玉米、水稻等残体上,以菌丝体状态越冬。病害的初侵染源主要来自病菌越冬后在各种残体上的子囊孢子。子囊壳成熟后遇适宜条件能释放子囊孢子,借风雨传播。发病后病穗上产生的分生孢子在多雨条件下可迅速传播,促进病害的扩展蔓延。足够的菌源量是此病害流行的前提。尚未发现对赤霉病免疫的小麦品种,但不同的品种抗病性有明显的不同,同一品种不同生育期感病性差异也很大,抽穗至扬花期是病菌侵染并引起发病的最适时期。施肥不当、田间排水不良、麦粒储藏时含水量过高等均有利病害发生。见图 7-1-22。

(八)麦类病害综合防治措施

采用以种植抗病品种为主,药剂、检疫及栽培防治为辅的综合防治措施。

1. 抗病品种的选育与利用

利用抗病品种是防治各种麦类病害最经济有效的措施。在利用抗病品种时,要根据各不同病原菌生理小种的种类及数量分布,进行抗病品种的合理布局,尤其要注意避免大面积种植单一品种。同时,在生产中还可利用如多抗品种、耐性品种的推广应用。

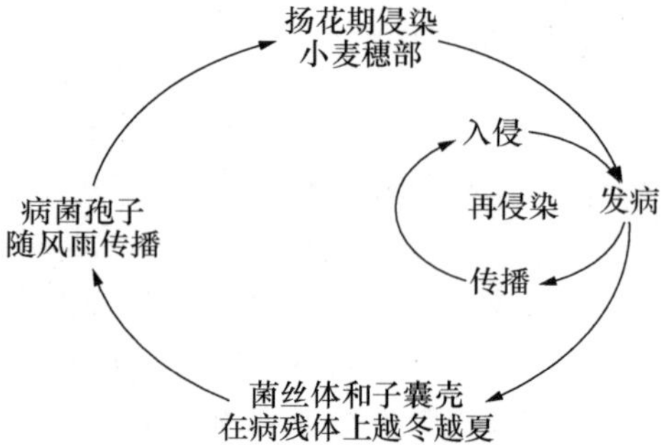

图 7-1-22 小麦赤霉病病害循环

2. 药剂防治

药剂防治是减轻病害的重要辅助措施,通常药剂防治有种子处理来控制苗期病害,在麦类作物生长期间喷施各种杀菌剂或结合防治麦类害虫来达到消灭发病中心或进行全面防治。药剂防治要结合当地病害发生程度适期防治,以降低农药对环境的污染,并提高防治效果。

3. 加强检疫,防止病害扩散蔓延

如小麦的矮腥、印度腥黑等尚未普遍发生,因此,应认真做好病害检疫工作,无病区严禁调运病区种子。

4. 加强栽培管理

要及时耕翻灭茬,清除病株,重病区在拌种前深翻改土,并实行轮作换茬,适期播种,合理密植。施足基肥,早施追肥,平衡施用磷、钾肥,施用有机肥要经高温腐熟。同时做好杂草化学防除工作,加强麦田排灌系统的建设。提倡早春中耕,促进麦苗健壮生长。

5. 生物防治

生防菌株主要有颉颃真菌和细菌、非致病丝核菌株等。在生物防治的同时,一定要结合上述各种措施的相结合。现在生产上常用的有,用非致病丝核菌株覆盖播种后的土表,对小麦纹枯病有显著抑制作用,带有外源几丁质酶基因的重组巨大芽孢杆菌 *Bacillus megaterium* 对小麦纹枯病的防治效果达 80%以上。另外,荧光假单胞杆菌、木霉菌等对小麦全蚀病菌均有一定抑制作用。

(九)麦类其他病害

见表 7-1-2。

表 7-1-2 麦类其他病害

病害名称	诊断要点	发病规律	防治要点
小麦霜霉病(*Sclerophtlzora macrospora*)	病株稍矮,叶色淡绿,叶片出现黄白色条纹,分穗畸形,呈龙头拐状,颖片变叶片状	卵孢子在病残体上或在土壤中越夏、越冬,幼芽侵入,系统侵染;高湿发病重	避免田间低洼积水;选种抗病品种;麦收后及时清除病残体

续表7-1-2

病害名称	诊断要点	发病规律	防治要点
小麦颖枯病（*Septoria nodorum*）	为害叶片、叶鞘、颖片。叶片病斑中央灰白色，边缘褐色，上生小褐点；护颖上产生深褐色斑点，严重时影响结实	病菌以分生孢子或菌丝体在病残体上越冬、越夏。抽穗前后高温、高湿有利于病害发生蔓延	种植抗病品种；及时清除病株残体；必要时喷洒药剂
黑颖病（*Xanthomonas translucens* pv. *translucens*）	颖壳上病斑黑褐色，叶片上产生黑褐色条斑，病种子干缩。潮湿时病部有细菌溢出	病菌在种子、病残体上越冬、越夏。生长期雨水多发病重	种植抗病品种；播前52℃温汤浸种或用农用链霉素浸种
小麦粒线虫病（*Anguina tritici*）	病穗颖壳外张，子房变虫瘿。虫瘿黑褐色，短而圆，较坚硬	虫瘿混于种子中传病；苗期雨水多，土壤潮湿发病重	用盐水选种或用机械方法汰除虫瘿
小麦胞囊线虫（*Heterodera avenae*）	病株根部形成大量“须根团”，地上部叶片黄化，分蘖减少；开花前后病根上可见白色发亮而后变褐的小粒状物	以卵在土壤中越夏、越冬。播种后幼虫侵染麦根。品种间抗性差异明显，沙质土壤，瘠薄地块发病重	与非寄主作物轮作；种植抗病品种
小麦白秆病（*Selenophoma tritici*）	叶片上沿叶脉出现水渍状条斑，病斑边缘深褐色。茎秆症状同叶片相似	仅发生在高寒地区。冷凉、潮湿有利于发病，种子和土壤是主要的传病来源	加强栽培管理；播前用三唑酮处理种子；麦收后清除病残体
麦角病（*Claviceps purpurea*）	可为害麦类作物。麦类成熟时有1至数个紫黑色菌核自颖壳中突出	混于种子或土壤中的菌核为初侵染源。天气潮湿、寒冷有利于发病	剔除病种子及混杂的菌核；播前种子处理
小麦叶鞘枯萎病（*Mycosphaerella hordeicola*）	茎基和叶鞘上产生紫黑色斑，后叶鞘腐烂枯死，病部生小黑点	子囊座在病残体上或混杂于种子上越冬、越夏。低洼积水，多雨发病重	种植抗病品种；麦收后及时清除病残组织
小麦蓝矮病（MRDV）	叶色浓绿，病株矮化，呈现“蓝矮”，心叶扭曲，一般不抽穗	灰飞虱持久传毒。管理粗放，杂草多发病重	加强田间管理；防除杂草，并喷药治虫
小麦红矮病（WRDV）	病叶因品种不同变红或变黄，病株矮化，分蘖减少，不抽穗或形成秕穗	叶蝉传毒。干燥、温暖地区，早播有利于发病	适期晚播；及时防治传毒介体叶蝉
小麦细菌性颖基腐病（*Pseudomonas syringae*）	穗上或颖片基部产生褐色病斑，潮湿时有菌溢。病种子胚端凹陷，呈灰褐色	病菌在种子及病残体上越冬、越夏。风雨或昆虫传播。抽穗期遇高湿易发病	加强田间肥水管理；播前用农用链霉素浸种

续表7-1-2

病害名称	诊断要点	发病规律	防治要点
小麦蜜穗病（*Rathayibactor tritici*）	穗形松散，颖壳张开角度大，小穗上有黄白色菌液，茎节有明显曲折状	小麦拉塞氏杆菌借粒线虫为媒介侵染小麦；常与小麦粒线虫病相伴发生	结合防治小麦粒线虫病进行防治
小麦秆枯病（*Giberella cerealis*）	叶鞘或茎上产生椭圆形褐色斑，扩大后呈云纹状，病部有小黑点	以子囊壳随病残体在土壤粪肥中越夏、越冬；3叶前受害重，迟播连作发病重	适期早播；施用腐熟肥料；麦收后清除病残体
大麦叶锈病（*Puccinia hordei*）	叶片、叶鞘上生小而圆的橙色夏孢子堆。冬孢子堆椭圆形，聚集成短线状	同小麦叶锈病	发病初期喷施三唑酮
大麦条纹病（*Drechslera raminea*）	全株性病害，叶片及茎秆上形成淡黄色条纹，后变褐色，上有黑色霉层	花器侵入，种子内的休眠菌丝体为初侵染来源，再侵染不重要；低温、晚播病重	加强栽培管理，适期早播；播前用多菌灵处理种子
大麦网斑病（*Drechslera teres*）	叶斑淡黄或黄褐色，病斑内呈暗褐色或黑褐色纵横交错的网纹状；叶鞘一般不受害	以菌丝或分生孢子在种子及病残体上越夏、越冬。低温、高湿有利发病	种植抗病品种；加强肥水管理
大麦云纹病（*Rhynchosporium graminicola*）	为害叶片及叶鞘，病斑边缘深褐色，多个病斑连成云纹状	以菌丝和分生孢子在病残体上越冬、越夏，苗期侵染，有再侵染；低温、高湿病重	同大麦网斑病
大麦细菌性叶枯病（*Xanthomonas translucens* pv. *translucens*）	叶片及叶鞘生水渍状条斑，后病斑变黄褐色或黑褐色，可见菌脓，引起叶枯	透明假单胞菌透明致病变种在病残体上越夏、越冬；田间湿度大，有利发病	清除病残体；播前用农用链霉素处理种子
大麦坚黑穗病（*UstiLago hordei*）	子房、种皮、颖片全部变为黑色厚垣孢子堆，外被一层灰白色膜，孢子不易飞散	黏着在种子表面的冬孢子为主要的初侵染源。无再侵染	用三唑酮、萎锈灵等处理种子
大麦条纹花叶病（BSMV）	全株性病害。叶片产生褐绿条纹，条纹中有褐色不规则坏死，病株轻度矮化	病毒可通过种子带毒传染	种植抗病品种；播前温汤浸种

续表7-1-2

病害名称	诊断要点	发病规律	防治要点
大麦黄化花叶病(BYMV)	心叶上初生褪绿条纹，后叶色发黄；病株矮缩，分蘖减少	传毒介体为禾谷多黏菌；适温、多雨有利发病	种植抗病品种；与非寄主作物轮作
燕麦冠锈病(*Puccinia coronata*)	夏孢子堆椭圆形，橙黄色，冬孢子堆黑色，产生在夏孢子堆边缘	以夏孢子在自生麦苗或其他寄主上越夏、越冬。温暖、潮湿有利发病	参照小麦锈病
燕麦散黑穗病(*Ustilago avenae*)	子房全部充满黑粉，表面有一层灰色薄膜，易破裂，散出黑粉，仅残留穗轴	以菌丝在种皮内越夏；种子是主要初侵染源；无再侵染	参照小麦散黑穗病
燕麦细菌性条纹病(*Pseudomonas syrzngae* pv. *striafaciens*)	叶片、叶鞘及颖片上产生水渍状条纹斑，病斑较小，后变青褐色，周围有晕圈	丁香假单胞条纹致病变种在病残体上的越冬病菌为初侵染源	及时清除田间病残体；必要时进行种子处理

三、禾谷类杂粮病害

知识链接

我国的杂粮作物有玉米、高粱、谷子、糜子、荞麦和不豆等作物。其中玉米的种植面积和总产量仅次于小麦和水稻而居第三位。病害是影响玉米生产的主要灾害，常年损失在6%～10%，防治玉米病害已成为玉米可持续生产的关键环节。

(一)玉米大斑病

玉米大斑病是玉米重要叶部病害。在我国以东北、西北和南方山区、华北北部的冷凉玉米产区发病较重。一般减产15%～20%，大发生年减产50%以上。

1. 症状

在整个玉米生育期均可感染大斑病。往往从植株下部叶片开始发病，逐渐向上扩展。苗期很少发病，抽雄后发病逐渐加重。

病菌主要侵染叶片，严重时也可侵染叶鞘、苞叶和籽粒。叶片发病后，先出现水渍状或灰绿色的小斑点，随后沿叶脉方向迅速扩大，形成黄褐色或灰褐色梭形大斑，病斑中间颜色较浅，边缘较深。病斑长5～10 cm，宽1～2 cm，最长可达20 cm以上，宽达3 cm。严重发病时，多个病斑相互连成片，使植株过早枯死。田间湿度较大，大雨过后或露水较重时，病斑表面常密生一层灰黑色的霉状物(病菌的分生孢子梗和分生孢子)。侵染叶鞘、苞叶和籽粒，病斑多呈梭形，灰褐色或黄褐色。枯死株根部腐烂，果穗松软而倒挂，籽粒干瘪细小。见图7-1-23。

诊断要点：叶片上是否出现梭形大斑，病部有无灰黑色的霉状物。

2. 病原

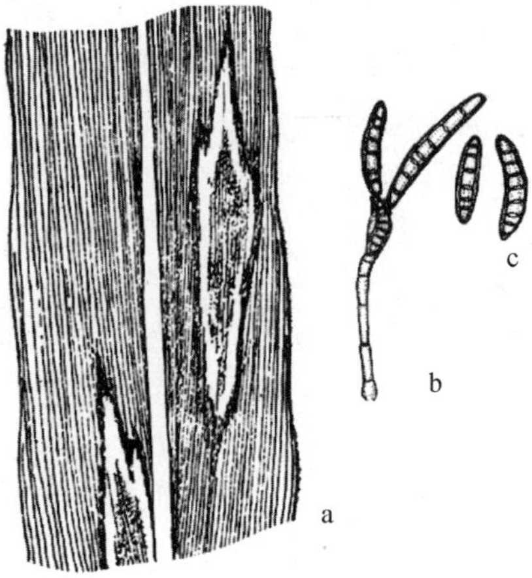

图 7-1-23　玉米大斑病

a. 病叶　b. 分生孢子梗及分生孢子

c. 分生孢子

有性态为大斑刚毛座腔菌[*Setosphaeria turcica*(Luttrell)Leonard & Suggs],属子囊菌门毛球腔菌属真菌。无性态为玉米大斑凸脐蠕孢菌[*Exserohilum turcicum*(Pass.)Leonard & Suggs],属无性菌类凸脐蠕孢属。

分生孢子梗多单生或 2～6 根丛生从气孔中伸出,橄榄色,一般不分枝,直立或上部膝状弯曲,有 2～8 个隔膜。多数分生孢子有 4～7 个隔膜,着生在分生孢子梗顶端或弯曲处。分生孢子有直的或弯的,灰橄榄色,两端渐细,中间宽,呈梭形,基部细胞尖锥形,顶端细胞钝圆或呈长椭圆形;脐点明显且突出于基细胞之外。萌发时由分生孢子两端产生芽管,越冬前形成厚壁孢子。

菌丝生长最适温度 28℃;最适 pH 8.7;分生孢子形成的最适温度 23～25℃;分生孢子萌发的较适温度 26～32℃。分生孢子形成和萌发都需要较高的湿度,但分生孢子形成后抗干燥的能力很强,在玉米种子上可存活 1 年以上。

3. 发病规律

病菌主要以菌丝体或分生孢子在病残体中越冬;种子上和堆肥中尚未腐烂的病菌也能越冬,成为次年初侵染来源。越冬期间的分生孢子,因原生质浓缩,细胞壁加厚而成为厚壁孢子。一个分生孢子可以形成 2～3 个厚壁孢子,厚壁孢子抗逆性较强。

病菌越冬后产生的分生孢子,主要借风雨和气流传播,温、湿度条件适宜,2 h 即可萌发。芽管大多从分生孢子顶端细胞长出,也可从基部细胞甚至中间细胞长出。

分生孢子萌发产生的芽管顶端膨大产生附着胞,再产生侵入丝从玉米表皮细胞或表皮细胞间直接侵入,少数也可从气孔侵入,病菌从侵入到发病需要 7～10 天,但不同的品种潜育期不同。

病菌侵入 10～14 天以后,在潮湿的条件下,产生大量的分生孢子梗,并产生大量分生孢子,又可随风雨传播进行再侵染,在玉米整个生长期内可进行多次再侵染。特别是在春玉米和夏玉米混作区,由于前者为后者提供了大量菌源,再侵染频繁。

种植感病品种是病害大流行的主要原因,不同玉米品种抗病性有明显差异。

在有足够菌量和种植一定面积的感病品种时,大斑病的发病程度主要取决于温度和降水。发病适宜温度为 20～25℃,超过 28℃有抑制作用;适宜发病的相对湿度在 90%以上,对孢子的形成、萌发和侵入都有利,如果 7～8 月温度偏低,多雨高湿,日照不足,均有利于大斑病的发生和流行。北方各玉米产区,6～8 月气温大多适于发病,降雨就成为大斑病发病轻重的决定因素。

无论春玉米还是夏玉米,晚播都比早播的发病重,原因是玉米生长后期抗病性降低,又逢雨季,利于发病。此外,栽培密度大的玉米地块发病重;靠近村边或玉米秸秆的玉米地块发病重;地势低洼的地块发病重;玉米单作地块发病重;间套作地块发病轻;连作地块发病重,轮作地块发病轻。

4. 防治措施

防治策略以农业防治为主，田间发病时根据发病程度进行必要的药剂防治。

(1)农业防治

①种植抗病品种是防治玉米大斑病经济有效的措施。②合理密植，降低田间湿度，根据品种特性和栽培条件确定适宜的密度。③施足基肥，适期追肥，氮、磷、钾肥合理配合。④适期早播，由于该病存在阶段抗病性问题，可适期早播以避免病害的发生和流行。⑤清除菌源，及时处理带病秸秆。

(2)药剂防治　可选用 10％世高、或 70％代森锰锌、或 77％可杀得、或 50％扑海因、或 50％菌核净等。

(二)玉米小斑病

玉米小斑病是温暖潮湿玉米栽培产区的重要叶部病害。随着抗病品种的推广，小斑病的发生为害基本得到控制，但由于大面积植抗单一种病品，在一些玉米产区小斑病仍时有严重发生。

1. 症状

玉米小斑病从苗期到成株期均可发生，苗期发病较轻，玉米抽雄后发病逐渐加重。病菌主要侵染叶片，严重时也可侵染叶鞘、苞叶、果穗和籽粒。常从植株下部叶片发病，逐渐向上部蔓延。病部初为水渍状斑点，后变为黄褐色。有三种类型：一是病斑为坏死小斑点，黄褐色，且有黄褐色的晕圈，病圆斑一般不扩展；二是病斑长椭圆形或椭圆形，边缘颜色较深，黄褐色，病斑的扩展受叶脉限制；三是病斑椭圆形或纺锤形，黄色或灰色，无明显边缘，病斑扩展不受叶脉限制。前一种为抗病型病斑。后两种为感病型病斑，感病品种病斑常相互联合使整个叶片发生萎蔫，严重的植株会提早枯死。天气潮湿或多雨季节，病斑上出现大量灰黑色霉层。见图 7-1-24。

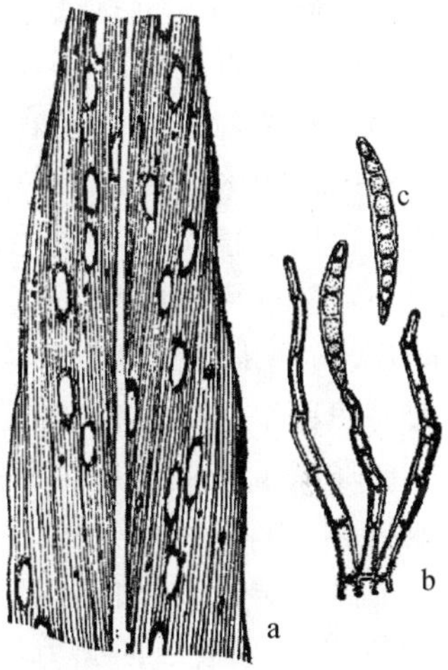

图 7-1-24　玉米小斑病

a. 病叶片　b. 分生孢子梗及分生孢子
c. 分生孢子

诊断要点：叶片上是否有颜色或深或浅黄色的长椭圆形或椭圆形的小病斑，病部有无灰黑色的霉层。

2. 病原

有性态为异旋孢腔菌(*Cochliobolus heterostrophus* Drechsl.)，属子囊菌门旋孢腔菌属真菌。无性态为玉蜀黍平脐蠕孢[*Bipolaris maydis*(Nisikado et Miyake)Shoem.]，属无性菌类平脐蠕孢属。

病菌的分生孢子梗 2～3 根，从叶片气孔中伸出，束生，褐色，直立或曲膝状弯曲，具 3～15 个隔膜，不分枝，上端有明显孢痕，基部细胞稍膨大。在分生孢子梗顶端或侧方长出分生孢子，长椭圆形，褐色，多向一端弯曲，中间粗两端细而钝圆，具 3～13 个隔膜，脐点凹陷于基细胞之内。子囊壳球形，黑色，喙部明显，常埋在寄主病组织中，内部着生近圆筒状的子囊。子囊顶端钝圆，基部具柄；子囊内有 4 个线状无色透明的子囊孢子，具 5～9 个隔膜，子囊孢子在子囊内相互缠绕成螺旋状。

菌丝发育最适温度为28～30℃、最适pH 8.7。分生孢子形成的最适温度为23～25℃，萌发的最适温度为26～32℃；分生孢子的形成和萌发均需要高湿条件，但分生孢子的抗干燥能力很强，在玉米种子上可存活1年。子囊壳形成的最适温度为26～33℃，低于17℃不能形成子囊壳。玉米小斑菌有明显的生理分化现象。

3. 发病规律

此病主要以菌丝体在病残体内越冬，分生孢子也可越冬，但存活率很低。因此小斑病菌的初侵染来源主要是上年玉米收获后遗留在田间、地头和玉米秸垛中尚未腐熟的病残体。越冬病菌的存活数量与越冬环境有关，地面上的病菌至少能存活1年以上，埋在土壤中的病残体一旦腐烂病菌即可死亡，种子中的病菌一般对病害的传播不起作用。

在病残体中越冬的病菌，第二年玉米生长季节遇到适宜的温湿度条件便可产生分生孢子。分生孢子通过气流传播到玉米植株上，有水膜时可萌发产生芽管，从叶片上气孔或表皮细胞直接侵入。在适宜温度条件下，5～7天可形成病斑。

玉米小斑病病斑一旦遇到潮湿条件就能产生大量分生孢子，分生孢子又借助气流传播进行再侵染。如果条件适宜，在一个生长季节中小斑病可以进行多次再侵染。在春玉米和夏玉米混播区，春玉米收获后遗留在田间的病残体上的分生孢子向夏玉米田传播。小斑病发病的特点是在植株下部的叶片先发病，随后向四周水平扩展，再向植株上部垂直扩展。

不同品种间对玉米小斑病的抗病性存在着明显差异，大面积推广和种植感病杂交种是导致部分地区该病大发生和流行的主要原因。

玉米在同一植株的不同生育期或不同叶位对小斑病的抗病性也存在差异。存在着阶段抗病性。一般新叶生长旺盛，抗病性强，老叶和苞叶抗病性差。玉米在拔节前期，发病多局限于下部叶片，当抽雄后营养生长停止，叶片老化，抗病性衰退，病情迅速扩展，常导致病害流行。

大面积种植感病品种和有足够菌源存在的情况下，限制小斑病发生和流行的关键因素是温湿度和降雨量。特别是在7～8月，如果月平均温度在25℃以上、雨日、雨量多、露水大的年份和地区，小斑病发生重；6月的雨量和气温影响菌源数量的积累。

凡是田间湿度大、植株生长不良的各种栽培措施都有利于小斑病的发生。小斑病菌对氮肥敏感，如果玉米拔节期肥力不足发病重；地势低洼、湿度大通风透光差的地块发病重；植株生长不良，发病早的病重；施磷、钾肥，适时追肥可提高植株的抗病能力。此外，由于菌量的逐渐积累，一般夏玉米比春播玉米发病重；轮作和适期早播都会减轻病害的发生。

4. 防治措施

防治策略应以农业防治为基础，适时进行药剂防治的综合防治措施。

(1)农业防治

①利用抗病、优质和高产的玉米杂交种是保证玉米稳产增收的重要措施；②适期早播。合理间作套作，玉米与大豆、花生、小麦、棉花间作效果较好；③合理施肥，在施足基肥的基础上，及时追肥，氮、磷、钾合理配合施用，尤其是要避免拔节和抽穗期脱肥，促进植株生长健壮，提高抗病力；④增强土壤通透性，注意低洼地及时排水，降低田间湿度；⑤减少菌源，玉米收获后要及时翻地，将田间病残体翻入土中使其加速腐烂分解，秸秆不宜作篱笆，不要堆放在田间地头，秸秆做堆肥时要充分进行高温发酵。严重发生小斑病的地块要及时打除植株下部2～3片病叶。大面积实行1～2年轮作可有效减少菌源数量。

(2)药剂防治　药剂防治玉米小斑病是该病大流行年份的补救措施，在发病初期适时喷雾，每隔7～10天喷一次，连续2～3次。可选用50%多菌灵可湿性粉剂500倍液、或50%硫菌灵胶悬剂600～700倍液、或25%三唑酮可湿性粉剂1 000倍液、还可选用10%世高、或50%扑海因、或75%粉锈宁、或50%敌菌灵、或50%菌核净、或77%可杀得、或50%硫菌灵胶悬剂、或70%代森锰锌或大生等。

(三)玉米丝黑穗病

玉米丝黑穗病是玉米产区的重要病害，尤其以华北、西北、东北和南方冷凉山区的连作玉米地块发病较重，发病率2%～8%，严重地块可达60%～70%，造成严重减产。目前，丝黑穗病由次要病害上升为主要病害。

1. 症状

玉米丝黑穗病是系统性侵染病害。有些杂交种或自交系在6～7叶期开始出现症状，如病苗矮化，叶片密集，叶色浓绿，节间缩短，株形弯曲，第5片叶以上开始出现与叶脉平行的黄条斑等。但大多数杂交种或自交系苗期症状不明显，到穗期才出现典型症状，除苞叶外整个果穗变成一个大黑粉苞、基部膨大而顶端小、不吐花丝、苞叶通常不易破裂、黑粉不外漏、不易飞散、常黏结成块，内部夹杂丝状的寄主维管束组织。因丝状物在黑粉飞散后才显露，所以称为丝黑穗病。雄穗受害花器变形，颖片长、大而多，呈多叶状，不能形成雄蕊。仅个别小穗变成黑粉苞，多数仍保持原来的穗形，也有以主梗为基础膨大形成黑粉苞，外面包被白膜，当膜破裂后，才露出黑粉，黑粉也常黏结成块，不易分散。见图7-1-25。

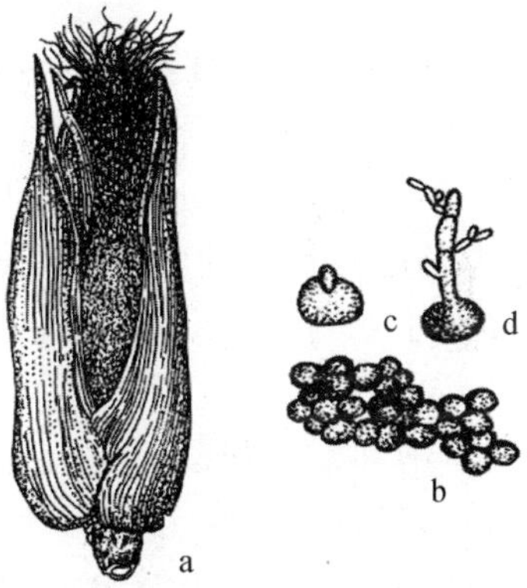

图7-1-25　玉米丝黑穗病

a. 病果穗　b. 冬孢子堆　c. 冬孢子萌发
d. 冬孢子萌发产生的担子及担孢子

2. 病原

病原为孢堆黑粉菌[*Sporisorium reilianum*(Kuhm)Langdon & Full]，属担子菌门孢堆黑粉菌属真菌。散出的黑粉为冬孢子，冬孢子球形或近球形，表面有细刺。冬孢子间混杂有球形或近球形的不育细胞，表面光滑近无色。在成熟前冬孢子常集合成孢子球，外面由菌丝组成的薄膜包围着，成熟的冬孢子分散后遇适宜条件萌发产生有隔的担子(先菌丝)，侧生担孢子。担孢子单孢，无色，椭圆形。担孢子以芽殖方式反复产生次生担孢子。

冬孢子萌发适温在25℃左右，缺氧时不易萌发。病菌发育适温28℃。冬孢子萌发最适pH 4.0～6.0，偏酸性或中性环境利于冬孢子萌发，但偏碱能抑制萌发。丝黑粉菌有明显的生理分化现象。

3. 发生规律

病原菌以冬孢子散落在土中、或混入粪肥中、或黏附于种子表面越冬，成为次年的初侵染来源，其中以土壤带菌为主。冬孢子在土壤中能存活2～3年，结块的冬孢子比分散的冬孢子存活时间更长，冬孢子通过牲畜消化道后仍能保持活力，施用病株残体未经腐熟的粪肥可引起田间发病。带菌种子是远距离传播的重要途径，但由于种子自然带菌量小，传病作用明显低于粪肥和土壤带菌。

土壤、粪肥中或种子上越冬的冬孢子经过性结合后产生侵染丝，从玉米幼苗的芽鞘、胚轴或幼根侵入。玉米3叶期前是病菌的主要侵染时期，7叶期后病菌不再侵染，侵入后的病菌很快蔓延到达玉米的生长锥，玉米雌雄穗分化时，病原菌进入花芽和原始穗造成系统性侵染。菌丝在雌、雄穗内形成大量的黑粉(冬孢子)，玉米收获时大量黑粉落入土壤中越冬。

发病程度主要取决于菌源数量、品种抗病性及土壤环境。玉米不同品种对丝黑穗病菌的抗病性有明显差异，相同环境条件下，抗病品种很少发病。连作地发病重，轮作地发病轻，连作时土壤中病原菌数量增加。使用未腐熟的厩肥，种子带菌未经消毒，病株残体未被妥善处理等都会使土壤菌量增加，导致该病的严重发生。播种过深、种子生活力过弱时发病重。玉米播种至出苗期间的土壤温湿度与发病关系密切，病菌侵入寄主的土壤适温25℃，土壤湿度过高或过低都不利于病菌侵入，在土壤含水量20%条件下发病率最高。

4. 防治措施

防治策略应以种子处理为主，及时消灭菌源、采用种植抗病品种等农业措施相结合的综合防治措施。

(1)种子处理　在选择抗病良种的前提下，播前要晒种，选籽粒饱满、发芽势强、发芽率高的种子，再用药剂拌种处理。可选50%多菌灵或50%萎锈灵每100 kg种子用药量为250～350 g；也可选用5.5%浸种灵Ⅱ号，每100 kg种子用药量为1 g。

(2)农业防治

①杜绝和减少初侵菌源：不从病区调运种子；育苗移栽的要选不带菌的地块或经土壤处理后再育苗，最好在玉米苗3～4片叶以后再移栽定植大田，可有效避免丝黑穗病菌的侵染；及时拔除田间病株能有效地减少土壤中越冬菌源；进行高温堆肥，厩肥充分发酵，杀死病原菌后再施用；切忌将病株散放或喂养牲畜、垫圈等；一般实行1～3年的合理轮作，可有效地控制丝黑穗病的发生和危害；②利用抗病品种是防治丝黑穗病的根本措施，由于丝黑穗病与大斑病的发生和流行区一致，要选用兼抗这两种病害的品种；③调整播期，要求播种时气温稳定在12℃以上，地膜覆盖也可提早播种，但也不可盲目地早播；整地保墒，提高播种质量，一切有利于种子快发芽、快出土、快生长的因素都能减少病菌侵染的机会。

(四)玉米黑粉病

玉米黑粉病又称瘤黑粉病，是玉米重要病害。一般山区比平原、北方比南方发生普遍而且严重。产量损失程度根据发病的时期、发病的部位及病瘤的大小有关，发生早、病瘤大，在果穗上及植株中部发病的对产量影响大，减产高达15%以上。

1. 症状

玉米黑粉病为局部侵染病害，在玉米的整个生育期均可发病形成病瘤，地上部具有分生能力的幼嫩组织均可受害。见图7-1-26。

(1)苗期发病较少，抽雄后迅速增加。病苗小，茎叶扭曲畸形，在茎基部产生小病瘤，病苗株高在33 cm左右时明显，严重时枯死。

(2)叶片或叶鞘上的病瘤，拔节前后，在叶片上，先形成褪绿斑，病斑日渐皱缩，然后形成病瘤，叶片上的病瘤较小，常成串密生，多如豆粒或花生米粒大小，内部很少形成黑粉。

(3)茎或气生根上的病瘤大小不等，一般如拳头大小。

(4)雄花大部分或个别小花形成角状或长囊状的病瘤。

(5)雌穗被侵染后，多在果穗上半部或个别籽粒上形成病瘤，严重发生的可在全穗上形成大的畸形病瘤。病瘤成熟后，外膜破裂，散出大量黑粉（冬孢子）。

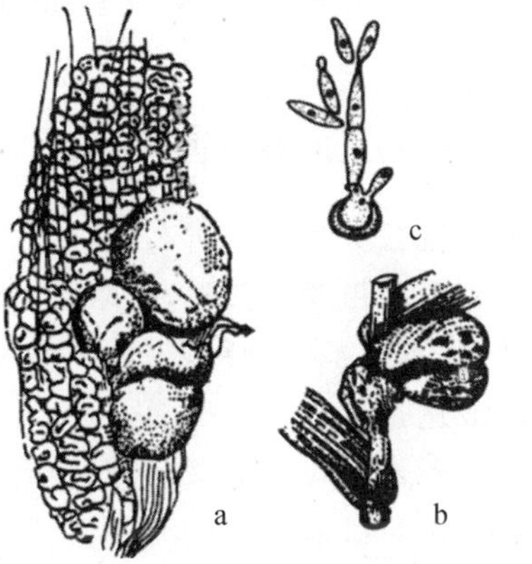

图 7-1-26　玉米黑粉菌

a. 病果穗　b. 病茎　c. 冬孢子萌发

2. 病原

病原为玉米瘤黑粉菌［*Ustilago maydis*（DC.）Corda］，属担子菌门黑粉菌属真菌。冬孢子椭圆形或球形，壁厚，暗褐色，表面有细刺状突起。冬孢子萌发时，产生 4 个细胞的担子（先菌丝），担子顶端或分隔处侧生 4 个无色、梭形的担孢子，担孢子还能以芽殖的方式产生次生担孢子。担孢子无休眠期，在水中或相对湿度 98%以上条件下可萌发，在干燥条件下经过 4 年仍有 24%的萌发率。冬孢子萌发的适温 26～30℃。自然条件下，集结成块的冬孢子在地表或土壤中存活期长，但分散的冬孢子不能长期存活。担孢子和次生担孢子都能萌发，萌发适温 26～35℃。担孢子和次生担孢子对不良环境忍耐力很强，干燥条件下能存活 5 周，对病害的传播和再侵染起着重要的作用。玉米黑粉菌有生理分化现象，除玉米外还能侵染两种大刍草。

3. 发病规律

玉米黑粉病菌主要以冬孢子在土壤和病残体中越冬，也可黏附于种子表面或混在粪肥中越冬。越冬的冬孢子萌发产生担孢子和次生担孢子，随风雨传播，从寄主表皮或伤口直接侵入节部、腋芽和雌雄穗等幼嫩的分生组织。冬孢子也可以直接萌发产生侵染丝侵入玉米组织，特别是在水分和湿度不够时，常以这种侵染方式侵染玉米。侵入的菌丝只能在侵染点附近扩展，形成病瘤。在病瘤内产生大量的黑粉状冬孢子，随风雨传播后，进行再侵染。玉米抽穗前后为发病盛期。春玉米病株可为夏玉米提供更多的病菌，所以夏玉米发病重于春玉米。病菌菌丝在叶片和茎秆组织内可以蔓延一定距离，因此，在叶片上可形成成串的病瘤。

连作或玉米收获后不能及时将秸秆运出田外处理的，田间会积累大量菌源而发病重。干旱少雨的地区，在缺乏有机质的沙性土壤中，残留在田间的冬孢子易于保存其生活力，翌年的初侵染源数量大，发病重。玉米品种间抗病性存在很大差异，自交系间的差异更为显著。高温、潮湿、多雨的地区，尤其是在富含有机质的土壤中，冬孢子易萌发或易受其他微生物作用而死亡，所以发生较轻。干旱、少雨地区，土壤中的冬孢子存活率高，发病严重。玉米抽雄前后对水分特别敏感，是易感病的时期。如遇干旱，抗病力下降，极易感染瘤黑粉病。暴风雨、冰雹、人工作业及螟虫造成的伤口都有利于病害发生。

4. 防治措施

防治策略应采取以种植抗病品种、减少菌源为主的综合防治措施。

（1）农业防治　积极培育和因地制宜地利用抗病品种；秋季翻地，彻底清除田间病残体，玉米秸秆用堆肥时要充分腐熟，在病瘤未变色时及早割除，并带出田外深埋处理；重病田实行 2～3 年的轮作；合理密植，及时灌溉，尤其是抽雄前后要保证水分供应充足；避免偏施、过量施氮肥，适时增施磷钾肥；发现有玉米螟为害时要及时防虫治病；尽量减少耕作造成的机械损伤。

（2）药剂防治　可选用的种子处理药剂有：50%福美双可湿性粉剂按种子重量 0.5%的比例拌种，或 0.1% 401 抗菌剂 1 000 倍液浸种 48 h；也可选用 35%菲醌粉剂或粉锈宁可湿性粉剂等。玉米出苗前可选用 50%克菌丹 200 倍液，或 25%三唑酮 750～1 000 倍液 1 500 kg/hm^2

进行土表喷雾，消灭初侵染源。在病瘤未出现前喷洒药剂可选用的有12.5%烯唑醇或15%三唑酮等。

（五）玉米病毒病

危害玉米的病毒在我国主要是玉米粗缩病和矮花叶病。

玉米粗缩病又称“坐坡”，山东各地俗称“万年青”。发病后，植株矮化，叶色浓绿，节间缩短，基本上不能抽穗，因此发病率几乎等于损失率，许多地块绝产失收，尤其春玉米和制种田发病最重。

玉米矮花叶病又名花叶条纹病、黄绿条纹病等，是国内玉米上发生范围广、危害性大的重要病害。目前在我国北方发生严重。轻病田减产10%～20%，重病田减产30%～50%，部分地块甚至绝产。

1. 症状

（1）粗缩病　玉米整个生育期都可感染发病，以苗期受害最重。开始时在心叶中脉两侧的叶片上出现透明的断断续续的褪绿小斑点，以后逐渐扩展至全叶呈细线条状；叶背面主脉及侧脉上出现长短不等的白色蜡状突起，又称脉突；整株叶片浓绿，基部短粗，节间缩短，有的叶片僵直，宽而肥厚，重病株严重矮化，多不能抽穗，抽穗的雌穗基本不能结实。

（2）矮花叶病　整个生长期都可发病，以苗期受害最重，抽穗后发病的受害较轻。病苗最初在心叶基部叶脉间出现许多椭圆形褪绿小点或斑驳，沿叶脉排列成断续的长短不一的条点。随着病情发展，症状逐渐扩展至全叶，在粗脉之间形成几条长短不一颜色深浅不同的褪绿条纹。叶脉间叶肉失绿变黄，叶脉仍保持绿色，因而形成黄绿相间的条纹症状，后出现淡红色条纹，最后干枯。病株黄弱瘦小，生长缓慢，株高常不足健株的1/2。病株多不能抽穗而提早枯死；少数病株能抽穗结籽，但穗小籽粒少而秕。

2. 病原

玉米粗缩病毒[Maize rough dwarf virus(MRDV)]，粒体球形，寄主范围广泛，除玉米外，还可侵染57种禾本科植物。主要由灰飞虱传播。

玉米矮花叶病毒[Maize dwarf mosaic virus(MDMV)]，病毒粒体线状，MDMV主要由玉米蚜、麦二叉蚜、棉蚜、桃蚜等以非持久方式传播，也可由种子传播。主要侵染玉米、高粱、谷子等禾本科作物及虎尾草、狗尾草、马唐、白草等禾本科杂草。

3. 发病规律

（1）玉米粗缩病毒　主要在小麦和杂草上越冬，也可在传毒昆虫体内越冬。当玉米出苗后，小麦和杂草上的灰飞虱即带毒迁飞至玉米上取食传毒，引起玉米发病。在玉米生长后期，病毒再由灰飞虱携带向高粱、谷子等晚秋禾本科作物及马唐等禾本科杂草传播，秋后再传向小麦或直接在杂草上越冬。粗缩病的发生发展与灰飞虱在田间的活动有密切的关系。当田间小麦近于成熟时，第一代灰飞虱带毒传向玉米，所以播种越早，发病越重，一般春玉米发病重于夏玉米。夏玉米套种发病重于纯作玉米，原因是套种玉米与小麦有一段共生期，玉米出苗后有利于灰飞虱从小麦向玉米上转移。另外，玉米靠近树林、蔬菜或耕作粗放、杂草丛生，一般发病都重，主要是这些环境有利于灰飞虱的栖息活动，而且许多杂草本身就是玉米粗缩病毒的寄主。

（2）玉米矮花叶病毒　主要在田间多年生禾本科杂草寄主上越冬，作为主要初侵染来源。条件适宜时，蚜虫从越冬寄主植物上获毒，迁飞至玉米上取食传毒，发病后的植物作为毒源中心，随着蚜虫的取食活动将病毒传向全田，并在春、夏玉米和杂草上传播危害，玉米收获后蚜虫又将病毒传至杂草上越冬。矮花叶病的发生与流行程度与品种抗病性、种子带毒率、越冬毒源基数、蚜虫数量和气候条件有关。

玉米自交系和品种间对 MDMV 的抗病性差异可能与品种间抗蚜虫的能力和玉米本身抗病机制有关。玉米种子可以传带 MDMV，种子带毒率越高，田间发病率也越高。

一般越冬杂草寄主数量多，毒原基数高，蚜虫密度大，春季传毒几率高，春玉米发病重，夏玉米发病也重。夏玉米比春玉米受害重。

天气干旱，则有利于蚜虫迁飞和传毒，病害发生重。同时，玉米生长发育健壮，植株抗病力增强，病害发生轻。此外，春、夏玉米早播病轻，晚播病重；土质肥沃，保水力强的地块病轻，沙质土、保水力差的瘠薄地病重；田间管理好、杂草少的病轻，管理粗放的病重；套种田比直播田病轻。

4. 防治措施

(1)粗缩病防治策略应选种抗耐病品种和加强栽培管理、配合药剂防治的综合措施。①农业措施：选用抗耐病品种，农大 108 对粗缩病抗性较强，掖单 12、烟单 14、中单 2 号、沈单 7 号等也有一定抗性 。掖单 13、掖单 19、掖单 20、西玉 3 号为高度感病。②加强和改进栽培管理：改套种为纯作，并在播种前深耕灭茬，彻底清除杂草(包括地头、地边)，减少侵染来源。调整播期，适期播种，避开 5 月中下旬灰飞虱传毒高峰。山东春玉米应在 4 月中旬以前播完，夏玉米应在 5 月底到 6 月上旬播种，尽量在麦收后抢茬播种，或麦收前 5～7 天播种。避免与蔬菜、棉花等插花种植。发病轻的地块应结合间苗拔除病苗，并加大肥水，使苗生长健壮，增强抗病性，减轻发病。③药剂防治 用呋喃丹种衣剂进行包衣防治苗期害虫。对早播玉米，于出苗前和出苗后分别 2 次喷洒杀虫剂，如抗蚜威，氧化乐果等。

(2)玉米矮花叶病防治策略应以选种抗病品种为主结合栽培管理的综合防治措施。①选种抗病品种：防治玉米矮花叶病最有效的途径。目前证明较抗病的品种有农大 108、鲁单 46 等；抗病自交系有黄早四等。②栽培防病：春、夏玉米早播是一项增产防病措施，尤其夏玉米要提倡早播，减少蚜虫传毒的有效时间。中耕除草，清除毒源寄主。一般应清除玉米田边的杂草或喷药处理，结合中耕等清除田间杂草及病苗病株，以减少毒源，减轻病害。③及时治蚜防病种子包衣。在蚜虫向苗期玉米田迁飞盛期可用氧化乐果或马拉硫磷等药剂喷雾防治。

四、粮食作物其他病害

见表 7-1-3。

表 7-1-3 粮食作物其他病害

病害名称	诊断要点	发病规律	防治要点
玉米褐斑病 (*Physoderma maydis*)	主要为害叶鞘和叶片；病斑多从叶鞘开始发生，随后向叶片基部蔓延，病斑褐色或紫褐色，隆起成疱状；后期病斑表面破裂，散出黄褐色粉状物休眠孢子	休眠孢子囊在土壤或病残体中越冬；风雨传播；多年连作发病重，玉米生长中、后期温度高、湿度大发病重	抗病品种；清除田间病残体；重病田与其他作物 2～3 年轮作；合理密植，合理排灌；药剂防治

续表7-1-3

病害名称	诊断要点	发病规律	防治要点
玉米锈病 (*Puccinia polysora*)	主要为害叶片。初期叶片生淡黄色小点，后突起，破裂散出铁锈色夏孢子粉；后期散出冬孢子粉	夏孢子在南方越冬；气流传播；重复侵染；温暖、高湿，偏施氮肥病重	种植抗病品种；药剂喷洒发病中心
玉米疯顶病 (*Peronosclerospora maydis*)	幼苗分蘖，植株矮化，不抽雄穗或雄穗叶化，果穗无花丝，苞叶变为小叶，不结实	卵孢子萌发产生游动孢子侵入，系统侵染；种子带菌，低洼积水地，多雨年份病重	清除病残体；选育抗病良种；加强育抗病良种；加强理，防止积水
玉米圆斑病 (*Bipolaris carbonum*)	叶片病斑圆形或卵圆形，有同心轮纹，中央淡褐色，边缘褐色，具黄色晕圈，穗上部变黑凹陷，穗轴变形，长满黑霉	以菌丝、分生孢子在病残体和种子上越冬。气流传播，有多次再侵染。低温、高湿发病重	种植抗病品种；加强栽培管理，清除病残体；化学防治
玉米炭疽病 (*Colletotrichum gramirricola*)	病斑圆形、椭圆形，中央淡褐色，边缘深褐色，上密生小黑点，病斑连片，叶片干枯	以菌丝体、分生孢子在病残体或种子上越冬。风雨传播，有再侵染，高温、高湿发病重	培育利用抗病品种；合理密植；清除病残体；轮作等
玉米根腐线虫病 (*Pratylenchus* spp.)	被害根衰弱，坏死变黑，地上部变黄，生长缓慢	为内寄生线虫。寄主范围广泛。沙壤土病重	抗病品种；合理轮作；土壤处理
玉米根结线虫病 (*Meloidogyne* spp.)	为害根部。根尖受害后膨大成纺锤形或不规则形虫瘿或须根团	为内寄生线虫。寄主范围广泛。沙壤土病重	抗病品种；合理轮作；加强栽培管理；必要时土壤处理
玉米全蚀病 (*Gaeumannomyces graminis* var. *maydis*)	被害根系呈栗褐或黑褐色条斑，重病株根系腐烂，须根，根毛减少，茎基部变黑，呈黑膏药状，有时根颈表面有黑色小粒点	以菌丝在土壤病残体中越冬。幼苗根部侵入。多雨年份病重。沙土和壤土病重	抗病品种；轮作倒茬；种子处理；清除病根茬
高粱丝黑穗病 (*Sporisorium reilianum*)	病株一般较矮，穗下部膨大，苞叶紧实，剥去苞叶，穗部成为白色的棒状物，即“乌米”；病穗外部有一层白色膜，抽穗后外膜破裂，散出大量黑色粉末（冬孢子），里面有一成束的黑色丝状物	以冬孢子在土壤和粪肥中越冬。冬孢子抵抗不良环境条件能力强。幼苗侵染系统发病。春播土壤温度低或覆土厚，易发病；连作病重	以种子处理为主，种植抗病品种和配合农业防治
高粱散黑穗病 (*Sporisorium cruentum*)	病株稍矮，抽穗早，分蘖多，被害株花器被破坏，子房内形成黑粉。病粒破裂前有灰白色薄膜一层。孢子成熟后膜破裂，黑粉散出，露出长而稍弯曲的黑色中柱	芽期侵入，系统侵染病害。种子传播。播种过早，土温较低，病害较重	选用抗病良种；大面积轮作；种子处理

续表7-1-3

病害名称	诊断要点	发病规律	防治要点
高粱坚黑穗病（*Sporisoriztm sorghi*）	病株不矮化，内外颖很少受害，只侵染子房，形成坚实的冬孢子堆。一般全穗都变成卵形的灰包，外膜较坚硬不破裂或仅顶端破裂，内部充满黑粉	幼苗系统侵染病害。黏附健粒表面的冬孢子是翌年主要初侵染源。侵入方式与高粱散黑穗病相似	温汤浸种；药剂拌种；适期播种
高粱紫斑病（*Cercospora sorghi*）	为害叶片和叶鞘。病斑圆形，紫红色有时略生轮纹	分生孢子座或菌丝团在病残体内越冬。分生孢子直接或气孔侵入。风雨传播，有再侵染	减少初侵染源；加强栽培管理；药剂防治
高粱粗斑病（*Aschochyta sorghi*）	为害叶片，病斑椭圆形，灰褐色，边缘红褐色，病斑上密生小黑点（分生孢子器），手摸有粗糙感	以分生孢子器在病残体上越冬	种植抗病品种；摘除病叶；增施肥料，提高植株的抗病性
高粱大斑病（*Exserohitum turcicum*）	为害叶片和叶鞘。病斑长梭形，较长，黄褐色，边缘深褐色或紫红色，表生灰黑色霉层，严重时病斑连片，叶片枯死	以菌丝体在病残组织上越冬	种植抗病品种；加强栽培管理；药剂防治
高粱轮斑病（*Gloeocerospora sorghi*）	为害叶片。病斑初水浸状，红褐色，后期不规则，有轮纹，老病叶内产生菌核	以菌丝团或菌核在病残体内越冬。风雨传播。直接或气孔侵入	选用抗病品种；及时摘除病叶；增施肥料
高粱纹枯病（*Rhizoctonia solani*）	为害中、下部叶片和叶鞘，病斑椭圆形或不规则形，中央黄褐色，边缘红褐色，病斑汇合成云纹状大斑；叶鞘上生白色菌丝和菌核	以菌核、菌丝在土壤中越冬	深耕灭茬；选用抗病品种；加强栽培管理
高粱细菌性条斑病（*Xanthomonas vasicola* pv. *holcicola*）	为害叶片。典型病斑长卵圆形，中央黄褐色，边缘红色。潮湿时有菌脓	维管束黄单胞菌绒毛草致病变种随病残体越冬。风雨传播。伤口或自然孔口侵入。高湿发病重	及时清除病残体；药剂防治
高粱长粒黑穗病（*Sporisorium ehrenbergii*）	侵染部分小穗。子房增长，灰白色冬孢子团突出于护颖之外，外包浅黄色膜，破裂后散出黑粉，仅残留维管束	以冬孢子在土壤中或黏附在种子表面越冬。田间无再侵染	抗病品种；药剂拌种；轮作防病
谷子瘟病（*Pyricularia setariae*）	主要为害叶片。病斑青褐色，梭形至纺锤形。湿度大时，表生灰色霉层，可形成叶枯或穗枯	以菌丝和分生孢子在种子及谷草上越冬。风雨传播。有多次再侵染	选用抗病品种；清除病残体；种子处理；药剂防治

工作任务 7-2　棉麻作物病害的诊断与防治技术

学习目标

了解棉麻作物常见病害种类，掌握主要病害发生为害的症状特点和病原物形态特征，熟悉一般病害的症状和发生概况。拟定几种重要病害的防治方案并实施防治。

材料及用具

校内外实训基地，棉花、红麻等作物病害的蜡叶标本、新鲜标本、盒装标本或瓶装浸渍标本，病原菌玻片标本、照片、挂图、光盘、教学课件，多媒体设备，显微镜、载玻片、盖玻片、挑针、吸水纸、镜头纸、纱布等观察病原物的仪器、用具及药品，常用杀菌剂、喷雾器及其他施药设备等。

操作要点

1. 棉麻作物常见病害症状和病原形态观察

观察棉花枯萎病、棉花黄萎病、棉花炭疽病、棉花红腐病、棉花疫病、棉花茎枯病、棉花黑果病、棉花红粉病、黄花曲霉病、棉花软腐病、红麻炭疽病和红、黄麻根结线虫病等病害的危害特点、发病部位及病斑的形状、颜色、表面特征和病原物形态等。

2. 棉麻作物病害防治

(1)调查当地棉麻作物主要病害的发生为害情况防治技术，找出防治过程中存在的问题。

(2)根据棉麻作物主要病害的发生规律，结合当地生产实际，提出有效的防治方法和建议。

注意事项

(1)棉麻作物标本较大，观察时候应该谨慎操作，以免破坏标本。

(2)对于标本应注意病害与虫害、伤害的区别；注意棉花枯萎病和黄萎病的症状区分。

(3)对疑难的病害，应该积极查阅资料并开展小组讨论，达成共识。

内容及操作步骤

一、棉花病害

知识链接

棉花是我国重要的经济作物，大部分省、自治区都有种植。据报道，全世界有棉花病害120多种，我国已发现40余种，其中为害严重的有15种。苗期发生较重的是立枯病、疫病和炭疽病；成株期为害较重的是黄萎病和枯萎病；铃期为害较重的是疫病、红粉病、红腐病和炭疽病等。

(一)棉花黄萎病

棉花黄萎病为我国B类植物检疫性病害。该病于1914年在美国弗吉尼亚州首次发现，以后随着棉种的调运传播到世界约21个棉花主产国，20世纪30年代随美棉的引进而传入我国江苏、陕西、山西、河南、河北、山东等棉区。该病近年来在我国扩展蔓延较快，现各主要种植区域都有发生，北方棉区重于南方棉区，且多数病区均与棉花枯萎病混生。受害植株叶片枯萎、蕾铃脱落、棉铃变小，一般减产20%左右，同时，纤维品质也受到影响，表现为纤维缩短，强度降低，等级下降。

1. 症状

棉花黄萎病的发生较枯萎病晚，苗期3～5片真叶时，开始显症，7～8月开花结铃期为发病盛期。病害由病株下部向上发展，病株不矮化或略矮。发病初期，病叶边缘和主脉间叶肉出现不规则淡黄色斑块，叶缘向下卷曲，叶肉变厚发脆。以后病斑扩大，呈黄色斑驳。严重时，病叶除主脉及其附近仍保持绿色外，其余部分均变黄褐色，呈掌状斑驳。最后叶片发病部分变褐枯死。病叶一般不脱落，但强毒菌株侵染后叶片则脱落，病株成光秆，或仅留顶叶1～2片。夏季暴雨后，常出现急性萎蔫症状，叶片下垂，叶色暗淡。病株茎秆及叶柄木质部导管淡褐色。秋季多雨时，病叶斑驳处产生白色粉状霉层（菌丝体及分生孢子）。

2. 病原物

病原物为大丽轮枝孢(*Verticillium dahliae* Kleb.)和黑白轮枝孢(*V. albo-atrum* Reinke et Berthold)，都属于无性菌类轮枝孢属。我国棉区分布的是大丽轮枝孢。分生孢子梗轮状分枝，一般每轮有3～5个小枝，多时可达7枝；分生孢子无色，单胞，长卵圆形 。病菌生长最适温度为22.5℃，最适pH 5.3～7.2。棉花黄萎病菌存在生理分化现象，不同地区菌种的致病力差异显著。棉花黄萎病菌的寄主范围极广，除侵染棉花外，还可寄生锦葵科、茄科等20科80种植物，但不侵害大麦、水稻等禾本科作物。见图7-2-1。

3. 发病规律

病菌以菌丝体及微菌核在棉籽短绒及病残体中越冬，亦可在土壤中或田间杂草等其他寄主植物上越冬。微菌核抗逆能力强，可在土壤中存活8～10年。土壤中的病叶等病残体是病菌近距离传播的重要菌源。棉花黄萎病的发生、发展与温度、湿度关系密切。病害发生最适温度为25～28℃，低于25℃或高于30℃则发展缓慢，35℃以上时即有隐症现象。花蕾期降雨较多而温度适宜，发病往往严重。连作棉田土壤中积累大量病菌，发病严重。偏施氮肥或施用带菌土杂肥往往加重病害的发生。大水漫灌，有利于病害的发生。棉花现蕾期后较感病。棉花种间抗病性有显著差异，一般海岛棉抗病、耐病能力较强，陆地棉次之，中棉较感病。

(二)棉花枯萎病

棉花枯萎病是棉花重要病害之一。该病于1892年在美国阿拉巴马洲首次发现，以后随棉种调运而扩散传播。目前世界各棉花主产国家和地区均有分布，以美国东南部、埃及、坦桑尼亚和中国发生严重。我国于1934年在江苏省南通市首次发现该病，现已扩展到东北、西北、黄河流域和长江流域的20个省、直辖市、自治区，其中以陕西、四川、江苏、云南、山西、山东、河南等省危害严重。除江西、浙江等少数地区为纯枯萎病区，多数地区为枯萎病和黄萎病混发区。

该病具毁灭性，一旦发生很难根治。重病株于苗期或蕾铃期枯死，轻病株发育迟缓，结铃

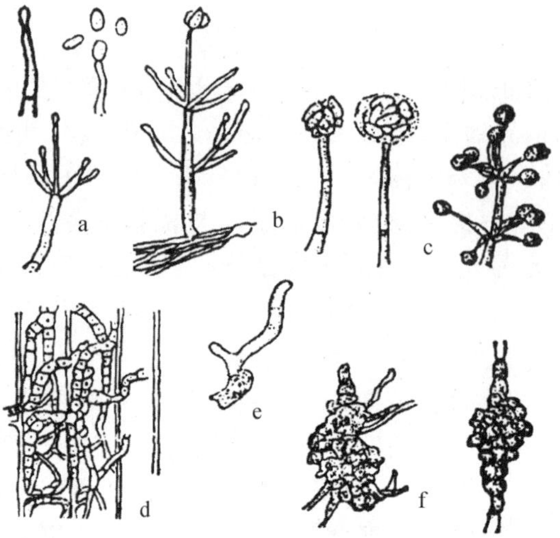

图 7-2-1 棉花黄萎病菌

a. 分生孢子梗及分生孢子　b. 干燥时分生孢子着生状
c. 湿度大时分生孢子着生状(假头状着生)　d. 膨胀菌丝
e. 厚垣孢子　f. 拟菌核

少,吐絮不畅,纤维品质和产量均下降。

1. 症状

枯萎病在棉花幼苗期即可表现症状,在 3～4 片真叶期或现蕾期达到发病高峰,病株大量萎蔫死亡。夏季高温时,病势停止发展,病状趋向隐蔽。秋季多雨时,温度下降,病株再次表现症状,叶片、蕾铃大量脱落,重者枯死。棉花枯萎病症状有黄色网纹型、紫红型、黄化型、青枯型和矮缩型等类型。以下三种类型较为常见。

(1)黄色网纹型　为棉花枯萎病早期典型症状。子叶或真叶叶脉变黄,叶肉仍保持绿色,形成黄色网纹状,叶片萎蔫,枯死脱落。

(2)青枯型　子叶和真叶叶色不变,全株或植株一边的叶片萎蔫下垂,最后枯死。

(3)矮缩型　病株节间缩短,株型矮小,叶片深绿,叶面皱缩、变厚。

枯萎病株的共同特征是根、茎内部的导管变黑褐色。纵剖茎部,可见导管呈黑色条纹状。早春气温较低且不稳定时常出现紫红型和黄化型症状。条件适宜时,尤其在温室中多出现黄色网纹型。夏季雨后骤晴,易出现青枯型。秋季多雨潮湿条件下,枯死的病株茎秆及节部产生粉红色霉层(分生孢子梗和分生孢子)。

枯萎病和黄萎病混发区,需对同一棉田发生的具有萎蔫症状病株做出准确诊断。

2. 病原物

病原物为尖镰孢萎蔫专化型(*Fusarium oxysporium* f. sp. *vasinfectum* (Atk.) Synder & Hansen),属无性菌类镰孢属。病菌产生三种类型孢子:大型分生孢子无色,镰刀形,略弯曲,两端稍尖,足胞不明显,有 2～5 个隔膜,多数具 3 个隔膜;小型分生孢子无色,卵圆形或肾形,多数为单胞,少数为双胞;厚垣孢子圆形,淡灰黄色,单胞,壁厚,单生或串生于菌丝中段或顶端,也可由大型分生孢子中的细胞形成。病菌生长温度范围为 10～33℃,最适温度为 27～30℃,最适为 pH 3.5～5.3。病菌有明显的生理分化现象,国外鉴定出以下 6 个生理小种,我国分为3个小种，其中7号小种广泛分布于黄河流域及长江流域棉区，为我国棉花枯萎病菌的优势生理小种。棉花枯萎病菌的寄主范围较广，除能危害棉花、秋葵和决明外，人工接种时尚能感染玉米、高粱、大麦、芝麻等40多种植物。见图7-2-2。

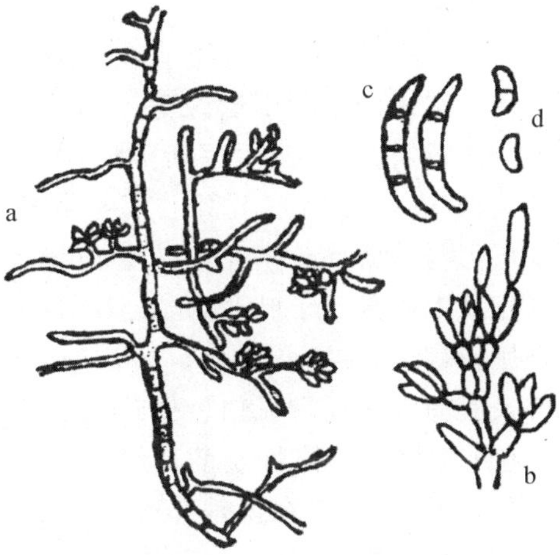

图7-2-2 棉花枯萎病菌

a. 小型分生孢子梗 b. 大型分生孢子梗
c. 大型分生孢子 d. 小型分生孢子

3. 发病规律

棉花枯萎病菌以菌丝体、分生孢子和厚垣孢子在棉籽、病残体（包括棉籽壳、饼）、土壤和未腐熟的土杂肥中越冬，成为翌年的初侵染源，其中带菌土壤尤为重要。棉籽外部短绒带菌率高于种壳和内部种胚带菌率。此外，田间其他感病寄主也可成为初侵染源。病菌主要靠流水、农事操作及地下害虫的活动在田间传播蔓延。施用未腐熟的带菌粪肥也能传病。病菌可通过带菌种子和棉籽壳和棉籽饼的调运作远距离传播。病菌主要从根梢及土壤线虫等造成的伤口侵入，从伤口侵入者，致病率更高。病菌侵入后，菌丝先在表皮组织和内皮层扩展，进入维管束中轴，并由初生根延伸侵入次生根，最后进入导管组织。在导管内，菌丝向上纵向扩展，经导管壁的孔纹横向扩展，并在导管内产生小型分生孢子。小型分生孢子随着液流到达上方导管，进一步扩展到枝、叶和种子。病土及病株的根、茎、叶和种子又成为翌年的初侵染源。棉花枯萎病的发生流行除与病菌的生理小种有关外，还与气候条件、棉花品种的抗病性、土壤线虫的危害和耕作栽培措施等有密切关系。在病菌存在的前提下，气温是影响该病发生的关键因素之一，气温为20～28℃时发病严重，气温高于28℃则对病害发展不利。雨水和土壤温、湿度对此病也有很大影响，一般5～6月雨水较多，分布均匀，土壤湿度大，发病重，干旱年份，发病较轻。连作多年的棉田，土壤中累积大量病菌，病情逐年加重。地势低洼，排水不良的棉田，不利于棉花生长，发病较重。大水漫灌则可加速病菌的传播。耕作粗放的棉田，根系发育不良，长势不旺，抗病力较低。不同棉花种对枯萎病的抗、感病性不同，一般中棉抗病性最强，陆地棉中度感病，木棉和海岛棉高度感病。同种棉花的不同品种间也存在着抗、感病程度的差异。棉花生育期与发病有一定的关系。一般棉花苗期易感染枯萎病菌，但发病盛期在现蕾前后；现蕾期过后，往往遇夏季高温，轻病株常可恢复生长，症状趋向隐蔽；蕾铃中后期，秋季气温下降，则又形成第二个发病高峰。土壤线虫危害重的棉田发病重于一般棉田。见图7-2-3。

（三）棉苗病害

我国已知有20多种棉苗病害，多由病原真菌侵染所致，其中危害严重的有立枯病、炭疽病、红腐病和疫病等。南方棉区以炭疽病、立枯病常见，其次为红腐病、疫病，北方棉区则以立枯病和红腐病危害较重，疫病极少见。棉苗受害后，轻者引起僵苗迟发，重者造成缺苗断垄，甚至成片枯死。此外，炭疽病和疫病等还能侵害棉铃，引起烂铃。

1. 症状

(1)立枯病　棉种萌发前被侵染造成烂种，萌发后未出土前被侵染则引起烂芽。棉苗出土后受害，茎基部初生黄褐色病斑，后逐渐扩展，茎基环状缢缩，病苗萎蔫倒伏，严重时成片死亡。拔起病苗，茎基部以下皮层因与木质部分离不易拔起而遗留在土壤中，仅存鼠尾状木质部。子叶受害后，多于中部产生黄褐色不规则形病斑，常穿孔脱落。潮湿时，在病苗、死苗茎基部及其周围土面常见白色稀疏菌丝体。

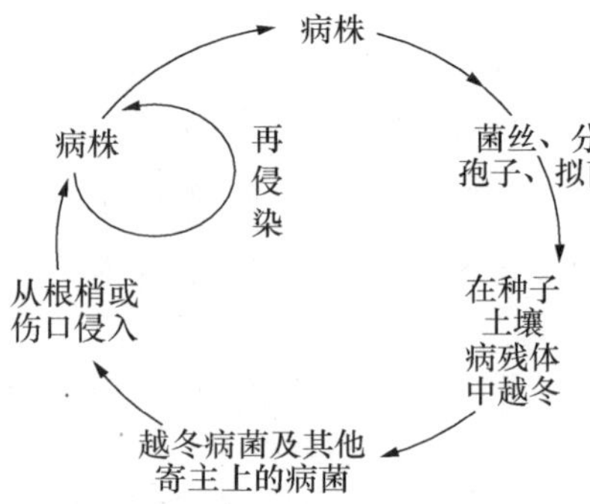

图 7-2-3　棉花枯萎病病害循环

(2)炭疽病　棉籽刚萌芽即可受害，嫩芽变褐腐烂。棉苗出土后，多在茎基部产生红褐色梭形病斑，略凹陷并具纵向裂痕，严重时病斑环绕茎基部使其变黑褐色腐烂，病苗萎蔫死亡。幼苗根部受害后呈黑褐色腐烂。拔起病苗时，茎基部以下皮层不易脱落。子叶多在边缘产生圆形或半圆形褐色病斑，后期病斑干枯脱落，子叶边缘残缺不全。天气潮湿时，病部表面散生黑色小点和橘红色黏质团(分生孢子盘和分生孢子团)。

(3)红腐病　棉苗出土前受害，幼芽及幼根变褐腐烂；出土后根尖先发病呈黄褐色至褐色，扩展后全根变褐腐烂，有时病部略肿大。子叶多于叶缘产生半圆形或不规则形病斑，易破，潮湿时病斑表面产生粉红色或粉白色霉层(分生孢子)。

(4)疫病　主要危害子叶和幼嫩真叶。受害子叶边缘初产生灰绿色小斑，潮湿时病斑迅速扩展，呈墨绿色水渍状，全叶逐渐呈青褐色至黑褐色凋萎。严重时，病叶全部脱落，棉苗枯死。

(5)茎枯病　棉株整个生育期均可受害。出苗前被侵染造成烂种、烂芽。子叶和真叶初生紫红色或褐色斑点，扩大后为近圆形或不规则形褐色病斑，边缘紫红色，具同心轮纹，表面散生许多小黑点(分生孢子器)，病斑常破碎脱落。叶柄和茎部病斑梭形，边缘紫红色，中间褐色，略凹陷，上生黑色小点。病斑处易折断。严重时，顶芽萎蔫，病叶脱落成光秆。

2. 病原物

(1)立枯病　病原物有性态为瓜亡革菌(*Thanatephorus cucumeris*(Frank)Donk.)，担子菌亚门，亡革菌属真菌；无性态为茄丝核菌(*Rhizoctonia solani* Kühn)。菌丝初无色，纤细，老熟后呈黄褐色，较粗壮，分枝基部缢缩，近分枝处有一隔膜；菌核黄褐色，形状不规则，菌核间有菌丝相连。担子圆筒形或长椭圆形，无色单胞，顶生 2～4 个小梗，其上各生 1 个担孢子；担孢子椭圆形或卵圆形，无色单胞。见图 7-2-5。

(2)炭疽病　病原物有性态为围小丛壳(*Glomerella cingulata*(Stonern.)Spauld. & Schrenk)，子囊菌门小丛壳属真菌，在自然条件下很少发生；无性态为胶孢炭疽菌(*Colletotrichum gloeosporioides*(Penz.)Penz. & Sacc.)。分生孢子盘四周有多根直或略弯曲的褐色有隔刚毛；分生孢子梗短棒状，无色单胞，顶生分生孢子，分生孢子长椭圆形，有时一端稍小，内有 1～2 个油球。见图 7-2-4。

(3)红腐病　由多种镰孢引起，主要有串珠镰孢(*Fusarium moniliforme* Sheld.)和禾谷镰孢(*F. graminearum* Schw.)，属无性菌类镰孢属。

串珠镰孢：小型分生孢子串生，卵形、椭圆形或梭形，无色，单胞，偶有一隔膜；大型分生孢子镰刀形，直或弯曲，足胞明显或不明显，无色，多有 3～5 个隔膜，少数有 6～7 个隔膜。

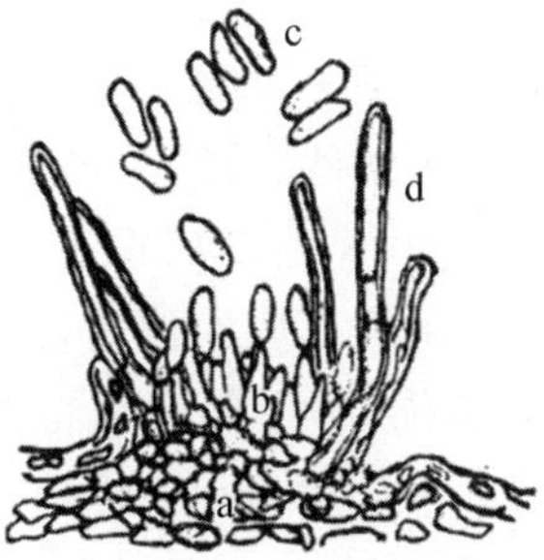

图 7-2-4 棉花炭疽病菌图

a. 分生孢子盘 b. 分生孢子梗
c. 分生孢子 d. 刚毛

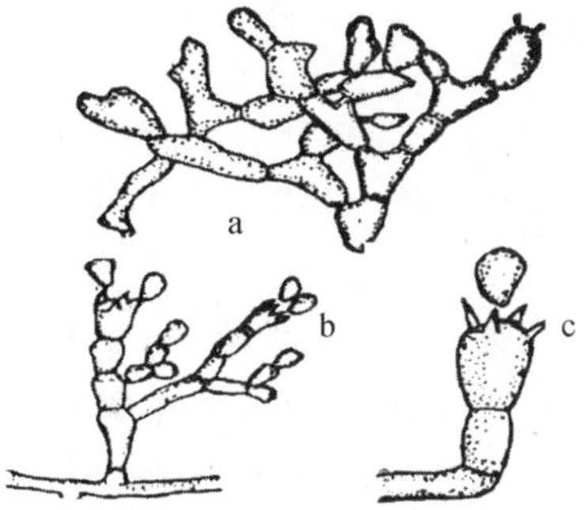

图 7-2-5 棉花立枯丝核病菌

a. 老熟菌丝 b. 初生菌丝
c. 担子和担子孢子

禾谷镰孢：无小型分生孢子；大型分生孢子镰刀形，略弯曲，足胞踵状，多数具 3～5 隔，少数有 1～2 隔或 6～9 隔。

此外，茄镰孢（*F. solani Sacc.*）、半裸镰孢（*F. semitectum* Berk. et Rav.）、木贼镰孢（*F. equiseti*（Corda）Sacc.）、锐顶镰孢（*F. acuminatumn* Ells & Evernart）、三线镰孢（*F. tricinctum*（Corda）Sacc.）等也能侵害棉苗。

（4）疫病 病原物为芝麻疫霉（*Phytophthora boehmeriae* Sawada），属藻界卵菌门疫霉属。孢囊梗无色，不分枝或假轴状分枝，顶生孢子囊；孢子囊卵圆形，淡黄色，单胞，顶端乳突状，内生许多球形游动孢子。该菌可危害棉花、茄科和瓜类等作物。

（5）茎枯病 病原物为棉壳二孢（*Ascochyta gossypii* Syd.），属无性菌类壳二孢属。分生孢子器近球形，黑褐色，顶部平或稍突，有一孔口；分生孢子无色，卵圆形或椭圆形，初无色，成熟后中央有一隔膜。

3. *发病规律*

带菌土壤及病残体为其主要的初侵染源。如立枯病菌为土壤习居菌，其菌核可在土壤内存活 2～3 年，红腐病菌、茎枯病菌和疫病菌也主要在土壤及病残体中越冬。炭疽病菌和红腐病菌主要以分生孢子黏附在棉籽短绒上或以菌丝体潜伏在棉籽内部越冬，翌春棉籽萌发时即被感染。此外，立枯病菌、红腐病菌和疫病菌的其他寄主（包括栽培的和野生的发病植物）均可成为翌年发病的初侵染源。土壤中病菌主要通过农事操作、流水和地下害虫的活动等在田间扩散蔓延。带菌棉籽通过种子调运而作远距离传播。病部产生的分生孢子借气流和雨水等传播进行再侵染。病、健苗接触亦可传染病菌。棉苗病害的发生主要与气候条件、棉种质量及耕作栽培措施等密切相关。棉苗出土前后的气候条件是影响棉苗病害发生蔓延的主导因素。低温阴雨有利于病菌的生长繁殖，而不利于棉苗的生长发育，棉籽萌发率低，出苗速度慢，棉苗抵抗力低，易被病菌侵染。棉种纯度低，籽粒不饱满，播种后出苗慢，棉苗生长衰弱，易感病，发病重。地势低洼，排水不良的棉田，土壤易黏结，通气性差，土温偏低，棉苗出土困难，易致烂种、烂芽，或出土后因生长不良，易受病菌侵害。连作多年的棉田，土壤中病菌积累过多，发病较重。连作年限越长，发病越重。另外，蚜虫危害严重的棉田或间作油菜或蚕豆的棉田发病亦重。播种过早、过深或覆土过厚，棉种萌发慢，出苗延迟，常造成大量烂种、烂芽。氮肥施用过多，雨前不及时松土，棉苗生长柔弱，也易感病。

(四)棉铃病害

棉花在结铃期常受到多种病原菌的侵染危害,引起烂铃或形成僵瓣。迄今为止,国内、外总计棉铃病害有40多种。我国棉铃病害发生普遍。由于自然条件的差异,我国棉区铃病的危害程度不尽相同,甚至同一棉区不同年份间也有差异,一般南方棉区发病重于北方棉区。主要铃病有炭疽病、疫病、红腐病、黑果病,其次为红粉病、软腐病和曲霉病。值得注意的是,近年来南方棉区铃病的危害逐年加重。秋雨较多的年份,长江流域棉区烂铃率在10%~20%,严重的田块达30%~40%。铃病流行年份,皮棉产量每年损失10%~20%。此外,铃病还影响棉花品质,使纤维缩短,强度下降,种子变劣。

1. 症状

(1)炭疽病　棉铃初生暗红色或褐色斑点,扩大后病斑呈圆形、绿褐色或黑褐色,表面皱缩,略凹陷,有时病斑边缘呈明显的暗红色。潮湿时,病斑迅速扩展,表面产生橘红色黏质物(分生孢子团)。

(2)疫病　多发生自棉铃基部、尖端及铃缝。病斑初期暗绿色,水渍状,后迅速扩展至全铃,呈青绿色至青褐色,深入铃壳内部呈青褐色,潮湿时,2~3天后病铃表面生一层白色至黄白色霉层(菌丝体及孢囊梗、孢子囊)。

(3)红腐病　病斑多从铃尖、铃缝或铃基部发生。病部初为墨绿色、水渍状小斑点,迅速扩展,致全铃呈黑褐色腐烂,并在铃缝及病部表面产生粉红色至粉霉层(分生孢子梗和分生孢子),常使纤维黏结在一起。

(4)黑果病　病铃及内部棉絮均变黑且僵硬,病铃不易开裂,铃壳表面生许多突起的小黑点(分生孢子器),并布满黑色煤粉状物(分生孢子)。

(5)红粉病　多在铃缝处产生粉红色霉层(分生孢子梗和分生孢子),霉层厚而疏松,色泽较淡。发病严重时,铃壳内也产生粉状霉层。棉铃不易开裂,纤维黏结成僵瓣。

(6)软腐病　又称黑霉病。多在铃缝处发生。病斑梭形,褐色或黑褐色,略凹陷,边缘红褐色,表面产生许多白色短毛状物(孢囊梗),每根顶端可见一小黑点(孢子囊)。病铃内部呈湿腐状。

(7)曲霉病　铃缝处或虫孔处产生黄绿色、黄褐色或褐色粉状霉,严重时可深入棉絮使其变质。

(8)茎枯病　受害棉铃初生黑褐色小斑,病斑扩展后使全铃呈黑褐色腐烂,病部表面及棉絮上产生许多小黑点(分生孢子器)。

2. 病原物

(1)炭疽病　病原物有性态为围小丛壳[*Glomerella cingulata*(Stonern.)Spauld. & Schrenk],子囊菌门小丛壳属真菌,在自然条件下很少发生;无性态为胶孢炭疽菌[*Colletotrichum gloeosporioides*(Penz.)Penz. & Sacc.],属无性菌类炭疽菌属。

(2)疫病　病原物为苎麻疫霉(*Phytophthora boehmeriae* Sawada),藻界卵菌门疫霉属卵菌。见图7-2-7。

(3)红腐病　病原物为串珠镰孢(*Fuusarium moniliforme* Sheld)和禾谷镰孢(*F. gradminearum* Schw.)等,属无性菌类镰孢属。见图7-2-6。

(4)黑果病　病原物为棉色二孢(*Diplodia gossypina* Cooke.),属无性菌类色二孢属。

分生孢子近球形，黑褐色，顶部小孔明显；分生孢子卵圆形或椭圆形，初期无色单胞，后转褐色、双胞。

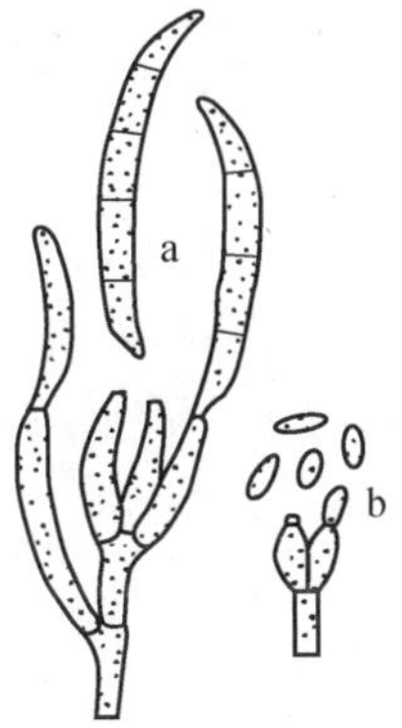

图 7-2-6　棉花红腐病菌

a. 大型分生孢子

b. 小型分生孢子

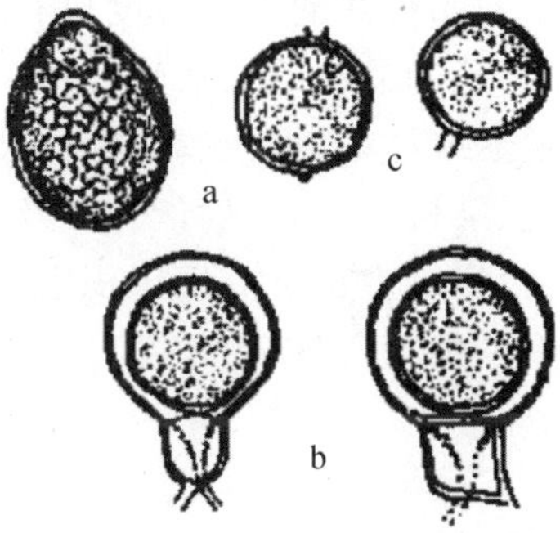

图 7-2-7　棉疫病菌

a. 孢子囊　b. 雄器、藏卵器和卵孢子

c. 厚孢子

(5)红粉病　病原物为粉红聚端孢[*Trrichothecium roseum*(Pers.)Link]，属无性菌类聚端孢属。分生孢子梗直立，无色、线状，顶部稍膨大，有 2～3 个隔膜；分生孢子聚生于梗顶端，呈头状，单个孢子无色，聚集时粉红色，双胞，梨形或卵圆形，顶端细胞向一侧稍歪。

(6)软腐病　病原物为黑根霉(*Rhizopus nigricans* Ehrb.)，接合菌门根霉属。菌丝无分隔，生于基物表面域内部，有匍匐丝和假根，孢囊梗与假根对生；孢囊梗直立，暗褐色，顶端单生暗绿色、球形孢子囊。

(7)曲霉病　病原物为多种曲霉(*Aspergillus* spp.)，属无性菌类曲霉属。分生孢子梗无色，顶端膨大成球形，其上呈放射状排列 1～2 层瓶状小梗，小梗上串生黄褐色、圆形的分生孢子。

(8)茎枯病　病原物为棉壳二孢(*Ascochyta gossypii* Syd.)，属无性菌类壳二孢属。见图 7-2-8。

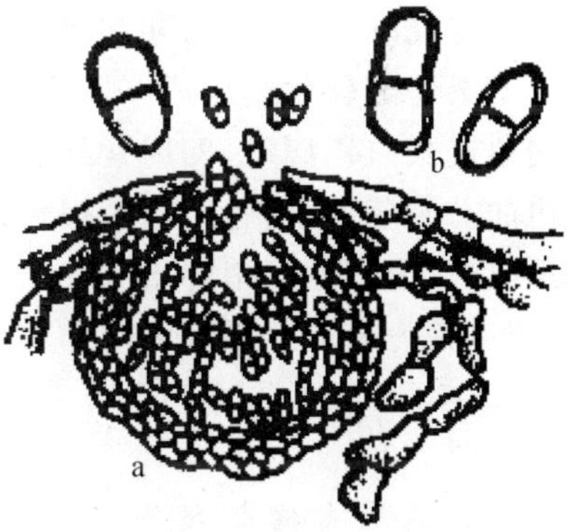

图 7-2-8　棉茎枯病菌

a. 寄主组织内的分生孢子器纵剖面

b. 分生孢子(放大)

3. 发病规律

病菌主要随病残体在土壤中越冬，亦可以孢子附在种子表面或以菌丝体潜伏于种子内部越冬。病菌可在土壤中营腐生生活，曲霉和根霉等病菌还广泛存在于空气中。翌春，炭疽病菌和茎枯病菌等先危害幼苗，病部产生孢子，借风雨和昆虫等传播，经多次再侵染，于铃期侵染棉铃，而曲霉病菌和软腐病菌等在生长期产生孢子直接侵染棉铃，引起烂铃。病菌的侵入方式可分为两类：侵染力较强的棉炭疽病菌、疫病菌、茎枯病菌和黑果病菌从棉铃苞叶和角质层直接侵入引起发病；侵染力较弱的红腐病菌、红粉病菌、曲霉病菌和软腐病菌常从铃尖裂口、铃壳缝隙、虫孔、伤口或从先期直接侵入的病菌引起的病斑处侵入。气候条件是影响铃病发生的主要因素，其次虫害、品种、铃龄及栽培管理与棉铃病害的发生也密切相关。棉花结铃吐絮期间，常遇阴雨连绵，田间湿度大，有利于病菌的繁殖和侵

染。同时，久雨低温致使棉株长势衰弱，纤维发育不良，铃壳相对增厚，开裂延迟或不能充分开裂，从而促进铃病发生。红铃虫、棉铃虫和金刚钻等钻蛀性害虫对棉铃造成的伤口为病菌创造了有利的侵入途径。不同品种间铃病发生程度有一定差异。一般陆地棉铃病较重，亚洲棉较轻。同一棉种不同品种间的发病程度也有差异，陆地棉中的小苞叶品种或翻卷苞叶品种发病轻；鸡脚棉和窄卷苞叶品种的铃病较轻；有袖腺品种虫害轻，铃病也轻。铃病的发生与铃龄有关。氮肥施用过迟或过量，往往造成棉株枝叶徒长，行间郁闭，通风透光不良，铃壳变厚，开裂迟缓，增加病菌侵染机会，加重病情。不及时整枝、打顶、摘叶的棉株，营养生长过分茂盛，棉田环境郁闭潮湿，铃病发生也重。棉田积水，排水不良，田间湿度大，有利于病菌的繁殖和侵染，不利于棉株的根系生长，棉株生长发育不良，抗病力弱。夏、秋干旱年份，大水漫灌或泼浇的棉田，铃病也重。

二、麻类作物病害

(一)红麻炭疽病

知识链接

麻类作物是我国主要的经济作物，其纤维为我国的纺织、轻工、造纸提供了丰富的原材料。我国苎麻种植面积和产量占世界的 90% 以上，红麻、黄麻、亚麻的种植面积、产量及加工能力均为世界前列。麻类病害是影响麻类作物生产的一大障碍。麻类作物在其生产过程中会受到各种病原菌的危害，从而影响到作物的生长发育，导致纤维、品质大幅度下降。

1. 症状

无论红麻苗期、成株期在整个生育期中均可受害。①幼芽染病：胚轴呈黄褐色腐烂，有的出土不久病部软化缢缩或猝倒而死。②子叶染病：初生紫红色小点，后变为近圆形至不规则形黄褐色或灰白色病斑，四周紫红色。③真叶染病：症状与子叶相似，但可沿叶脉扩展，使叶片局部扭曲。④茎部染病：产生黄褐色近椭圆形略凹陷病斑，四周红褐色或紫红色。⑤顶芽染病：变黑腐烂，周围组织稍肿胀或抽生横枝状“杈头”，造成植株朽住不长。⑥蕾、花染病：常腐烂脱落，萌果变为畸形。湿度大时病部产生橘红色黏质状分生孢子群。

2. 病原

见图 7-2-9。

病原菌为木槿刺盘孢菌(*Colletotrichum hibisci* Pollacci)，异名：*C. hibisci-cannabini* Sacc.，属无性菌类真菌。分生孢子盘上刚毛少见。分生孢子梗长圆筒形，单胞无色，大小(15～24)μm×(4～5)μm。分生孢子椭圆形至长椭圆形，单胞无色，大小(22～24)μm×(3.5～6.0)μm。孢子萌发、病菌生长温限 5～35℃，适温为 25℃，最适相对湿度近 100%。病菌有 1 号、2 号两个生理小种。

3. 发病规律

病菌在病残体或在种子内外越冬并成为翌年初侵染源。病部产生的分生孢子通过风雨飞溅或昆虫传播进行再侵染。该病扩展程度主要取决于品种的抗病性、种子带菌率及气候条件。品种间抗病性差异明显，春秋两季适温多雨易发病。南方多发生在 5～6 月和 9～10 月，北方春季发病轻，7～9 月进入雨季易发病。麻田低洼或地下水位高，偏施过施氮肥发病重。

(二)红、黄麻根结线虫病

1. 症状

苗期、成株期均可受害。极部初生很多细小根瘤,后可长到绿豆至大豆或蚕豆粒大小。虫瘿初为黄白色,后变褐或全根腐烂。严重时每株根系上生数十个根瘤,有的相互融合引起全根或侧根肿胀扭曲变形,细根毛很少,地上部叶色变黄或株枯。

2. 病原

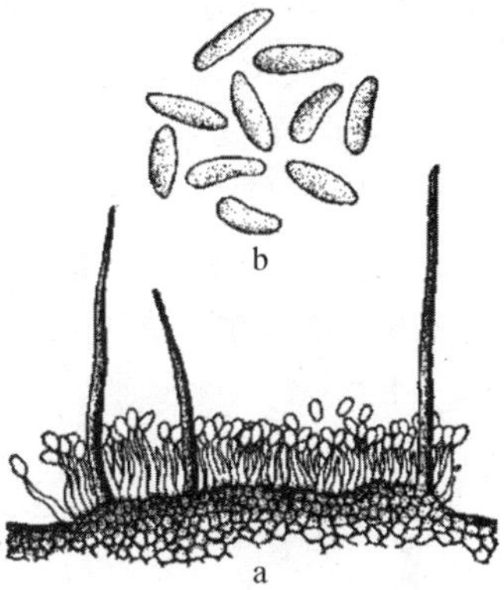

图 7-2-9　红麻炭疽病菌

a. 分生孢子盘纵剖面

b. 分生孢子放大

病原线虫为垫刃目异皮科根结线虫属(*Meloidogyne*),其中优势种为[*Meloidogyne incognita*(Kofoid & White)]南方根结线虫 1 号、2 号小种,其次是花生极结线虫 2 号小种[*M. arenaria*(Neal)]和爪哇根结线虫[*M. javanica*(Treub.)]。该线虫雌雄异形,幼虫呈细长蠕虫状。雄成虫线状,尾端稍圆,无色透明,大小(1.0～1.5)mm×(0.03～0.04) mm。雌成虫梨形,每头雌线虫可产卵 300～800 粒,雌虫多埋藏于寄主组织内,大小(0.44～1.59) mm×(0.26～0.81) mm。见图 7-2-10。

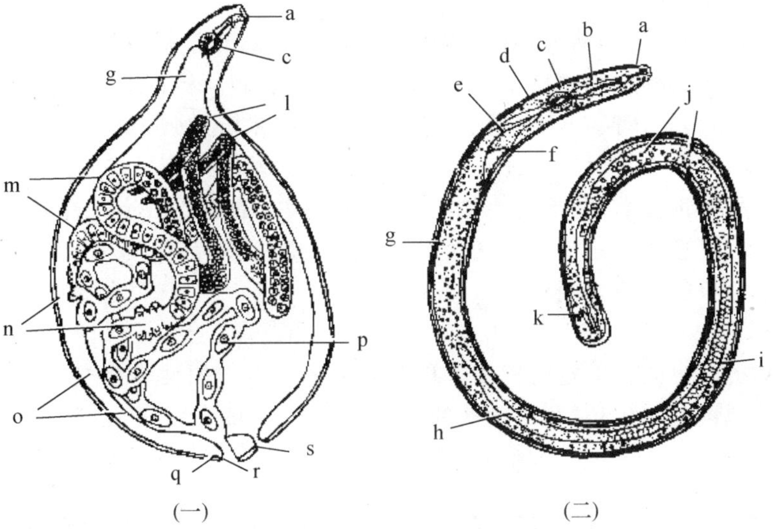

图 7-2-10　黄麻根结线虫

(一)雌成虫　(二)雄成虫

a. 吻针　b. 食道　c. 食道球　d. 神经环　e. 食道线　f. 排泄孔　g. 肠

h. 睾丸　i. 输精管　j. 排精管内的精子　k. 交合刺　l. 卵巢

m. 输卵管　n. 受精囊　o. 子宫　p. 子宫内的卵　q. 阴道

r. 阴门　s. 肛门孔

3. 发病规律

该虫多在土壤 5～30 cm 处生存,常以卵或 2 龄幼虫随病残体遗留在土壤中越疼,病土、病苗及灌溉水是主要传播途径。一般可存活 1～3 年,翌春条件适宜时,由埋藏在寄主根内的雌虫,产出单细胞的卵,卵产下经几小时形成一龄幼虫,蜕皮后孵出 2 龄幼虫,离开卵块的 2 龄幼虫在土壤中移动寻找根尖，由根冠上方侵入定居在生长锥内，其分泌物刺激根部细胞膨胀，使根形成巨型细胞成虫瘿（或称根结）。在生长季节根结线虫的数量以对数增殖，发育到4龄时交尾产卵，卵在根结里孵化发育，2龄后离开卵块，进入土中进行再侵染或越冬。南方根结线虫生存最适温度25～30℃，高于40℃、低于5℃都很少活动，55℃经10 min致死。田间土壤湿度是影响孵化和繁殖的重要条件。土壤湿度适合麻类生长，也适于根结线虫活动，雨季有利于孵化和侵染，但在干燥或过湿土壤中，其活动受到抑制，其在沙土中为害常较黏土重，适宜土壤pH 4～8。

三、棉麻类病害综合防治措施

采取加强植物检疫、种植抗病品种、加强栽培管理为主，辅以药剂防治的综合防治措施。

1. 加强植物检疫、保护无病区

重视产地检疫，禁止从病区调种；建立无病良种繁育基地，做到种子自育、自选、自繁。

2. 抗（耐）病品种的推广利用

种植抗病品种是防治棉麻类病害最经济有效的措施。应用抗病品种的同时，要注意品种的提纯复壮和生理小种的变化。同时要加强各类抗病品种的选育工作。

3. 加强栽培管理

增施底肥和磷钾肥，适期播种，合理密植，及时定苗，及时整枝，拔除病苗，用无病土育苗，并严禁播种来自病区的棉种和施用带菌棉籽饼肥，以防发病面积扩大。冬季深耕，将病残体翻入土壤深层，实行作物轮作换茬，对减轻病害有明显的效果。加强中耕除草，及时排涝。

4. 药剂防治

在无抗病品种等情况下，药剂防治是防治棉麻类病害的主要措施。首先，要严格执行种子消毒，播种前做到“一选二晒三消毒”；其次，适期进行喷药防治，在喷药过程中注意防治时期、防治次数及防治对象的兼治等问题。

5. 生物防治

利用某些拮抗菌也能在一定的程度上控制病害的发生。如某些芽孢杆菌和假单胞菌能有效抑制大丽轮枝孢菌丝体生长，苏联生产的木霉（*Trichoderma* spp.）菌肥具防病增产的作用。

工作任务7-3 油料作物病害的诊断与防治技术

学习目标

了解油料作物常见病害种类，掌握主要病害发生为害的症状特点和病原物形态特征，熟悉一般病害的症状和发生概况。拟定几种重要病害的防治方案并实施防治。

材料及用具

校内外实训基地，油料作物病害的蜡叶标本、新鲜标本、盒装标本或瓶装浸渍标本，病原菌玻片标本、照片、挂图、光盘、教学课件，多媒体设备，显微镜、载玻片、盖玻片、挑针、吸水纸、镜头纸、纱布等观察病原物的仪器、用具及药品，常用杀菌剂、喷雾器及其他施药设备等。

操作要点

1. 油料作物常见病害症状和病原形态观察

观察油菜菌核病、油菜霜霉病、花生黑斑病、黄生褐斑病、花生枯萎病、花生根结线虫病、大豆胞囊线虫病、芝麻茎点枯病、向日葵菌核病等病害的危害特点、发病部位及病斑的形状、颜色、表面特征和病原物形态等。

2. 油料作物病害防治

（1）调查当地油料作物主要病害的发生为害情况防治技术，找出防治过程中存在的问题。

（2）根据油料作物主要病害的发生规律，结合当地生产实际，提出有效的防治方法和建议。

注意事项

（1）观察干制标本时候应该谨慎操作，以免破坏标本。

（2）对于标本应注意病害与虫害、伤害的区别；注意花生黑斑病和褐斑病的症状区分。

（3）对疑难的病害，应该积极查阅资料并开展小组讨论，达成共识。

内容及操作步骤

一、油菜作物病害

知识链接

我国栽培的油料作物主要有大豆、向日葵、油菜、花生和芝麻等。但由于病害的危害，减产严重。我国已报道的大豆病害有52种，向日葵病害有30多种，油菜病害有34种，花生病害有20余种，其中发生普遍，危害严重的有大豆胞囊线虫病、疫霉根腐病、向日葵菌核病、油菜菌核病、病毒病、花生根结线虫病、叶斑病等，每年因病害造成的损失在10%左右，严重的可高达30%以上。

油菜菌核病：

1. 为害特点

油菜菌核病是一种世界性病害，我国所有油菜产区均有发生，以长江流域和东南沿海地区最为严重，发病率为10%～80%，产量损失5%～30%。

2. 症状识别

苗期：接近地面的根颈与叶柄上，形成红褐色斑点，后转为白色。病组织变软腐烂，长出大量白色棉絮状菌丝，后期长出黑色菌核。重者可致苗死亡。

成株期：茎与分枝发病，初为淡褐色长椭圆形、棱形、长条形绕茎大斑，稍凹陷，有同心轮纹，水渍状。后变为灰白色，边缘深褐色。组织腐烂，髓部消解，皮层碎裂，维管束外露呈纤维状，病部长有白色菌丝，故称“白秆”、“霉秆”等，后期转变为黑色菌核。

3. 病原

病原为核盘菌[*Sclerotinia sclerotiorum*（Lib.）de Bary]，属子囊菌门核盘菌属。菌核黑

色，鼠粪状或球形、不规则形，成熟菌核外皮黑色，髓部粉色至米黄色，为疏丝组织组成。菌核萌发可产生1至数个柄，柄褐色，顶部膨大形成子囊盘。子囊盘黄褐色，子实层由子囊与侧丝栅状排列组成。子囊长圆形，顶部钝圆，内生8个子囊孢子，子囊孢子无色透明，椭圆形。在老熟的营养菌丝上或菌核的子囊盘原基突破表皮萌发时，可产生小分生孢子，分生孢子圆形，无色，呈链状。

此菌主要寄生十字花科、菊科、豆科、茄科、伞形科和蔷薇科等植物，受害最重的有油菜、向日葵、大豆和花生等。

4. 发病规律

病菌通过菌核在土壤、种子和病残体内越冬和越夏，成为初侵染源。菌核萌发产生子囊盘，放射出子囊孢子，侵染花瓣和老叶。秋冬温暖地区，土表菌核可直接长出菌丝侵染幼苗。病菌再侵染是由带病花瓣或叶片上菌丝接触传播。

油菜菌核病的发生与气候、品种抗病性和栽培条件关系密切。温度除影响油菜生长发育外，还影响病害发生早晚。油菜开花期气温降低，有利病菌侵染，若伴随大风与降雨，则加重病害发生。雨量多，雨日长，田间湿度大，油菜叶片易衰老，病斑扩展快而大，同时利于病菌接触传染。在子囊盘形成期间，日照时间长、空气和土壤湿度低，子囊盘寿命很短。风对降低油菜株间湿度，调节蒸腾和光合作用有一定作用，可以促进油菜生长发育健壮，减轻病害。

油菜与稻田轮作发病轻；播种愈早发病愈重；氮肥施用过多，植株繁茂，田间湿度大，且易倒伏，加重病害。油菜品种抗病性中，以芥菜型抗性较好，甘蓝型次之，白菜型最感病。

二、花生作物病害

（一）花生叶斑病

1. 为害特点

花生叶斑病主要指黑斑病和褐斑病，近年来网斑病在一些地区为害程度已超过黑斑病和褐斑病，发展成为主要病害，应引起高度重视。黑斑病和褐斑病是花生上常见的两种叶部病害，在田间常同时发生，症状相似。主要发生在花生生长的中后期，褐斑病始发期比黑斑病稍早，因此国外把前者称作早斑病，把后者称作晚斑病。两种病害都以为害叶片为主，也可为害叶柄和茎秆。主要造成叶片枯死、脱落，一般减产10％～20％，严重的可达40％以上。

2. 症状识别

黑斑病和褐斑病发病初期均形成褐色小点，扩大后在叶片上形成褐色圆形病斑，在叶柄和茎秆上形成褐色椭圆形病斑。严重时，造成叶片干枯、脱落，茎秆枯死。

区别在于：黑斑病的病斑较小，直径多为2～5 mm，病斑颜色较深，呈黑褐色，且叶斑正面和背面颜色基本相同。老病斑周围常有淡黄色晕圈，在叶片背面病斑上产生大量黑色小点（子座），排列呈同心轮纹状。褐斑病的病斑较大，直径4～10 mm，病斑颜色较浅，叶斑背面比正面更浅，一般正面为茶褐色，背面则为黄褐色，初期病斑就有明显的黄色晕圈。主要在叶片正面病斑上产生小黑点（子座），散生且不明显。潮湿时，两种病害在小黑点上均产生灰褐色霉层（分生孢子梗和分生孢子）。严重时，一张叶片上病斑可达几十个，造成叶片干枯、脱落，茎秆枯死。

网斑病也是主要发生在花生生长的中后期，以为害叶片为主，茎、叶柄也可受害。一般植株下部叶片先发病，在叶片正面产生褐色小点或星芒状网纹，病斑扩大后形成近圆形褐色至黑褐色大斑，边缘呈网状不清晰，直径可达 1.5 cm，表面粗糙，着色不均匀，严重时引起茎叶枯死。后期病部有不明显的黑色小点(分生孢子器)。

3. 病原

黑斑病病原为球座尾孢菌(*Cercospora personam* Berk. & Curt)，褐斑病的病原为花生尾孢菌(*C. rachidicola* Hori)，均属无性菌类尾孢属。两菌的有性态均为子囊菌门球腔菌属(*Mycosphaerella*)，国内未发现。网斑病菌无性态为花生壳二孢(*Ascochyta arachidis* Woronichin)，属无性菌类壳二孢属，有性态在病害循环中不起作用。

黑斑病菌子座主要产生于叶斑背面，半球形，暗褐色；分生孢子梗丛生，褐色，不分枝，短粗，0～2 个分隔，上部呈膝状弯曲；分生孢子倒棍棒状或圆筒状，短粗，褐色，分隔少，多数为 3～5 个。

褐斑病菌子座主要产生在叶斑正面，暗褐色，不明显。分生孢子梗丛生或散生，黄褐色不分枝，较细长，0～2 个分隔，上部呈膝状弯曲；分生孢子倒棍状或鞭状，细长；无色或淡褐色，分隔多，多数为 5～7 个。

网斑病菌分生孢子器埋生，褐色，球形，有孔口；分生孢子无色，长椭圆形，多为双胞，分隔处稍缢缩，个别为单胞。

4. 发病规律

花生叶斑病菌主要以子座、菌丝团、分生孢子在病残体中越冬，也可以子囊壳在病残体内，或以分生孢子附着在种壳、种子上越冬。来年当外界条件适宜时，子座和菌丝团产生分生孢子，靠风、雨、昆虫传播，由气孔或直接穿透表皮侵入寄主，在 22～23℃时，潜育期为 3～4 天，1 周后开始产孢，进行再侵染。病菌分生孢子的形成、萌发和侵染均需较高的温度和湿度，在 7～9 月若降雨多，发病就重。连作田比轮作田发病重。土壤肥力差，生长衰老，分枝稀少的植株黑斑病发生重。肥料充足，枝叶茂盛的植株褐斑病发生重。网斑病发生的轻重受气候条件影响较大，在冷凉(15～29℃)、潮湿(相对湿度 85%以上)条件下，病害发生严重，在适宜温度下，保持高湿时间越长发病越重。品种间发病轻重存在差异，一般直立型品种较蔓生型品种抗病，同一品种幼嫩器官、生长前期较抗病。

(二)花生根结线虫病

1. 为害特点

花生根结线虫病又名花生线虫病，俗称地黄病、地落病、矮黄病、黄秧病等，是一种世界性病害，几乎所有种植花生的国家和地区都有发生。我国最早发现于山东省，目前在山东、安徽、江苏、河北、北京、辽宁、吉林、河南、湖南、湖北、广东、广西、贵州、陕西、甘肃、海南等省(市、区)均有发生，其中以山东发病最为普遍。花生感病后根的吸收功能被破坏，植株矮小发黄，结果少而稀。一般减产 20%～30%，严重的可减产 70%以上，甚至绝收。

2. 症状识别

主要危害植株的地下部，因地下部受害引起地上部生长发育不良。

幼苗被害，一般出土半个月后即可表现症状，植株萎缩不长，下部叶变黄，始花期后，整株茎叶逐渐变黄，叶片小，底叶叶缘焦灼，提早脱落，开花迟，病株矮小，似缺肥水状，田间常成片成窝发生。雨水多时，病情可减轻。

花生播种半个月后，当主根开始生长时，线虫便可侵入主根尖端，使之膨大形成纺锤形虫瘿（根结），初期为乳白色，后变为黄褐色，直径一般 2～4 mm，表面粗糙。以后在虫瘿上长出许多细小的须根，须根尖端又被线虫侵染形成虫瘿，经这样多次反复侵染，根系就形成乱丝状的须根团。被害主根畸形歪曲，停止生长，根部皮层往往变褐腐烂。在根颈、果柄上可形成葡萄穗状的虫瘿簇。剖视虫瘿，可见乳白色针头大小的雌线虫。病株根瘤少，结果少而小，甚至不结果。

3. 病原

见图 7-3-1。

我国发生的主要是北方根结线虫（*M. hapla* Chitwood），在广东湛江和海南发生的有花生根结线虫（*Meloidogyne arenaria* Neal）。均属侧尾腺口纲、根结线虫属线虫。

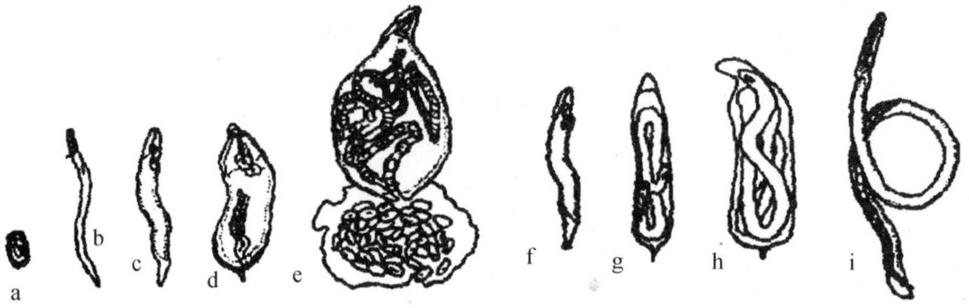

图 7-3-1　花生根结线虫

a. 卵　b. 2 龄幼虫　c. 将蜕化的幼虫（雌）　d. 未成熟的幼虫　e. 雌虫和卵囊
f. 将蜕化的幼虫（雄）　g. 未成熟的雄虫　h. 将蜕化的雄虫　i. 雄虫

北方根结线虫和花生根结线虫在形态上基本相同，都是雌雄异形。北方根结线虫雌虫梨形或袋形，会阴花纹圆形至扁卵形，背弓低平，侧线不明显，尾端区常有刻点，排泄孔位于距头端 1.5 口针长处。雄虫线状，头冠高而窄，头区与体躯有明显界线，侧区有 4 条侧线，头感器长裂缝状，背食道腺开口到口针基球底部长 4～6 μm，2 龄幼虫线形。花生根结线虫雌虫梨形，会阴花纹侧线不明显，尾端无刻点，近侧线处有不规则横纹，排泄孔位于距头端 2 口针长处。雄虫线形，头冠低，头区具环纹，背食道腺开口到口针基部长 4～7 μm。2 龄幼虫线形，平均长度 521 μm，半月体紧靠排泄孔。

两种根结线虫的寄主范围都很广，北方根结线虫可侵染大豆、绿豆、冬瓜、南瓜、甜瓜、黄瓜、萝卜、油菜、甘蓝、芝麻、马铃薯等 550 余种植物；花生根结线虫可侵染小麦、大麦、玉米、番茄、柑橘等 330 种植物。

4. 发病规律

病原线虫主要以卵在土壤中的病根、病果壳及粪肥中越冬。翌年平均地温回升至 11.3℃ 以上时，卵开始孵化成 1 龄幼虫，脱破后为 2 龄幼虫，然后破壳而出。线虫可在土壤中活动，但距离有限，整个生长季节移动距离一般只有 20～30 cm。在田间主要随土壤、流水、人、畜及工具传播，由花生根尖侵入，吸取营养，并引起根组织过度生长形成根结。幼虫在根结内生长发育，经 3 次蜕皮变成成虫。雌雄成虫交配后，雄虫死亡，雌虫产卵于胶质卵囊内，卵囊存在于根结内或一端露于根结外，雌虫产卵后死亡。卵可继续孵化危害，北方根结线虫在山东一般1年发生3代。

此病发生的轻重主要受土壤温湿度、土质和栽培管理条件的影响。土壤温度和湿度对幼虫侵染影响很大。幼虫侵染的温度范围为12～34℃，最适为20～26℃。土壤含水量在20%以下和90%以上都不利于幼虫侵入，最适侵入的土壤含水量为70%。雨水少、灌溉不及时危害重，雨水多或灌溉及时危害轻。土质疏松的沙壤土和沙土地发病重，黏土和低洼碱性土壤发病轻，甚至不发病。轮作田发病轻，连作田发病重。春花生比麦茬花生发病重，早播比晚播发病重。田间寄主杂草及病残体多的发病重。

三、大豆作物病害

(一)大豆胞囊线虫病

1. 为害特点

大豆胞囊线虫病又称黄萎病，属世界性病害。我国主要分布于东北、华北及黄淮等地，一般减产10%～20%，重者可达30%～50%，甚至颗粒无收。该病是我国目前大豆上危害最大、发生最普遍的一种病害。

2. 症状

在大豆整个生育期均可危害。大豆受害后，植株明显矮化，叶片褪绿变黄，瘦弱，似缺水、缺氮状。病株根系不发达，根瘤稀少并形成大量须根，须根上附有大量白色小颗粒，即线虫的胞囊(雌成虫)。后期胞囊变褐色，并脱落土中。病株根部表皮常被雌虫胀破而被其他腐生菌侵染引起根系腐烂，使植株早枯，病株叶片常脱落，结荚少或不结荚，籽粒小而瘪，质量严重下降。

3. 病原

病原为大豆胞囊线虫(*Heterodera glycines* Ichinoche)(图7-3-2)，属异皮科，胞囊线虫属。卵初为长圆形，一侧微弯，形成于雌虫体内，贮存于胞囊中。幼虫分4龄，蜕皮3次后变成成虫。1龄幼虫在卵内；2龄幼虫破壳而出，雌雄难分，均为线状，线虫在土中自由活动数周后从根冠侵入寄主；3龄幼虫雌雄可辨，雄虫仍为线状，雌虫腹部膨大成囊状；4龄幼虫形态与成虫相似。成虫雄虫线状，雌虫梨形。

线虫发育温度范围为10～35℃，适温为17～28℃。胞囊线虫对干旱的抵抗力较强，而对高温的抵抗较弱。发育湿度一般以土壤湿度60%～80%为最适宜，土壤过湿，氧气不足，线虫容易死亡。胞囊线虫生殖方式为雌雄交配，交配后产卵在雌虫体内。

胞囊线虫除危害大豆外，还可危害小豆、绿豆、白羽扁豆。其他多为不常见作物和杂草：金沙草、水棘针、苜蓿、野豌豆、野生大豆等，大豆胞囊线虫有生理分化现象。

4. 发病规律

大豆胞囊线虫主要以胞囊在土中越冬，带有胞囊的土块也可混杂在种子间成为初侵染来源。胞囊抗逆性很强，可保持侵染力达8年。线虫在田间传播主要通过田间作业时农机具和人、畜携带含有线虫或胞囊的土壤，其次为排灌水和未经充分腐熟的肥料。

此病的发生和流行主要决定于土壤条件、耕作制度和作物种类等。通气良好的沙土和沙

图 7-3-2 大豆胞囊线虫(仿董金皋,农业植物病理学)

a. 2 龄幼虫 b. 3 龄幼虫 c. 4 龄幼虫(雌) d. 雌虫 e. 胞囊 f. 3 龄幼虫(雄) g. 4 龄幼虫(雄) h. 成熟前的雄虫 i. 雄虫

壤土,或干旱瘠薄的土壤有利于线虫生长发育;黏重土壤,氧气不足,线虫死亡率高,碱性土壤更适于线虫的生活;适温范围内温度越高发育愈快;作物种类对土壤中线虫的增减有明显影响,连作地发病重,轮作地发病轻,特别是与禾本科作物轮作可使土壤中线虫数量急剧下降;品种间对胞囊线虫的抗性存在着显著差异,多数品种为感病,高抗的很少。

(二)油料作物其他病害

见表 7-3-1。

表 7-3-1 油料作物其他病害

病害名称	诊断要点	发病规律	防治要点
大豆炭疽病(*Colletotrichum destructivum*)	主要为害茎秆、豆荚。病斑近圆形或不规则形,灰褐色,上生小黑点,略呈轮纹状排列	以菌丝体在病残体和种子上越冬。借风雨传播进行再侵染	选无病种子和种子消毒;轮作 3 年;清除病残体;大豆开花期喷药
大豆褐斑病(*Septoria glycines*)	为害叶片,从下向上蔓延;病斑多角形,褐色,具轮纹,散生小黑点。茎、叶柄上病斑短条状	以菌丝体在病叶、茎和种子上越冬。风雨传播进行再侵染;温暖、湿润天气,密植田发病重	无病田留种,种子消毒;3 年以上轮作;清除病残体,深翻,合理密植;发病初始期喷药
大豆霜霉病(*Peronospora manschurica*)	为害幼苗、叶片、豆荚及籽粒。在真叶或叶片上初为褪绿色霉层,后病叶干枯死亡	以卵孢子在种子或病叶中越冬。7~8 月为发病盛发期,风雨传播	种植抗病品种;选用无病种子,种子消毒;3 年以上轮作;发病初期喷药防治
大豆细菌性斑点病(*Pseudomonas savastanoz* pv. *glycinea*)	主要为害叶片。初为水渍状斑,逐渐变褐,扩大成黄色大斑,边缘具黄绿色晕环,易破碎	萨氏假单胞菌大豆致病变种,在种子和病残体上越冬。翌年引起幼苗发病借风雨传播;暴风雨后易流行	选抗病品种;选无病种子;进行种子消毒;秋翻地;收集病残体作燃料或积肥

续表7-3-1

病害名称	诊断要点	发病规律	防治要点
油菜黑斑病 (*Alternaria brassicae*)	主要为害叶片、叶柄、茎和角果。叶片初生褐色圆形病斑，略具同心轮纹，有时四周有黄色晕圈，有时上生黑色霉状物；叶柄染病，形成椭圆形至梭形轮纹状病斑	以菌丝和分生孢子在种子和病残体上越夏。白菜型油菜最感病，甘蓝型较抗病。油菜开花期遇高温多雨天气，潜育期短，易发病	选用抗病品种；药剂处理种子；发病初期喷洒百菌清，扑海因等杀菌剂
油菜根肿病 (*Plasmodiophora brassicae*)	为害油菜根部，主根或侧根膨大成纺锤状或不规则形的肿瘤，后肿瘤表皮变暗粗糙，地上部生长不良	休眠孢囊在土壤中或种子上越夏。孢子囊借雨、灌溉水、害虫及农事操作传播。高湿利发病	实行3年以上轮作，酸性土施消石灰，并增施有机肥；病株用五氯硝基苯悬浮液灌根
花生锈病 (*Puccinia arachidis*)	叶背产生黄褐色隆起夏孢子堆，表皮破后散出褐粉	靠夏孢子周年循环为害；多雨、高湿发病重	种植抗耐病品种；加强栽培管理；喷施粉锈宁等
花生灰霉病 (*Botrytis cinerea*)	植株顶部茎叶变褐腐烂，表面密生灰色霉层	菌丝体或菌核随病残体遗落土中越冬。以分生孢子作为初侵与再侵接种体，借风雨传播，从寄主伤口侵入致病	选用抗病品种；排水降湿；增施磷、钾肥；喷速克灵等药剂
花生白绢病 (*Sclerotiun rolfsii*)	茎基、根等变褐腐烂，生白色绢丝状菌丝及油菜籽状菌核	在土壤、病残体中越冬。连任、生长茂密、高温、高湿发病重	轮作；加强管理，降低湿度；喷施阿米西达、井冈霉素等药剂
芝麻疫病 (*Phytophthora nicotianae*)	为害茎、叶。病部褐色，边缘不明显，生白霉，重者枯死	土壤中越冬。8月为发病盛期。连作、高温、高湿、多雨病重	选用抗病品种；轮作；高畦栽培；合理密植；喷施克露等
芝麻叶斑病 (*Cercospora sesami*)	叶斑近圆形，边缘紫褐色，中央灰白色，背生灰霉，茎生褐斑	在种子，病残体上越冬。多雨、潮湿、开花期发病重	选无病种或种子消毒；轮作；清除病残；喷施百菌清等药
芝麻青枯病 (*Ralstonia solanacearum*)	根变褐，茎、叶生暗绿到黑褐条斑，萎蔫，维管束变褐，有菌脓	随病残体在土壤中越冬。连作、高温、高湿、大雨后骤晴病重	种植抗病品种；与非寄主轮作；加强栽培理；药剂防治
向日葵褐斑病 (*Septoria helianthi*)	叶缘叶尖病斑近圆形，灰褐色，上有小黑点	以分生孢子器在病残体上越冬。风雨气流传播。1年有多次再侵染	栽培抗病品种；轮作；清理病残体；发病初期喷药保护
向日葵黄萎病 (*Verticillium dahliae*)	先在下部叶片发生，叶肉褪绿后变黄，叶脉为绿色，最后全株死亡	在土壤、病残体和种子中越冬。病菌直接侵入根部或从伤口侵入	种植抗病品种；实行3年以上的轮作；种子消毒及消灭病残体

四、油料作物病害综合治理措施

1. 加强检疫

在种子调运过程中加强检疫，可有效控制大豆疫霉根腐病、大豆菟丝子、花生根结线虫病、花生病毒病等病害的远距离传播。外地调种时，首先要掌握产地的病害情况，严格检验有无检疫对象，凡是种子中混杂有菟丝子、菌核等严禁调入或调出作种，尽可能避免从孢囊线虫病较重地区调入种子。

2. 选用抗(耐)病品种

选用高产抗病品种是控制油料作物病害经济有效的措施。结合本地自然条件及病害种类，大力推广甘蓝型油菜、直立型花生，种植辽宁 13 号、吉科豆 5 号、合豆 3 号、皖豆 24、东农 43 号、齐黄 29、齐黄 31、南农 99-10、抗线 1 号、抗线 2 号等大豆品种；全能 628、远杂 3 号、湘杂油 6 号、豫油 4 号、5 号、杂双 2 号、杂双 4 号、丰油 9 号、丰油 10 号等油菜品种。是减轻病害损失的最有效、最经济的途径。

3. 精选种子与种子处理

选无病田(株)种子留种，严防捂霉；播前严格进行种子精选，淘汰瘪粒、病粒、菌核和霉变的种子，并晒种 2～3 天，杀灭种子表面带菌，提高发芽率和发芽势，均能使病害得到良好的控制。

用 58～60℃恒温水浸种 20 min，或 50％福美双可湿性粉剂按种子重量的 0.5％拌种，控制大豆紫斑病、向日葵菌核病、褐斑病和黑斑病效果显著；用福美双或多菌灵可湿性粉剂按种重 0.3％拌种，可防治大豆霜霉病和灰斑病；用 0.5％～1％多菌灵浸种 24 h，或 25％瑞毒霉可湿性粉剂按种子重量的 0.3％拌种，防治向日葵霜霉病效果可达 94％以上；用 50℃温水浸种 10～20 min，或 1：200 福尔马林浸种 3 min，可防治油菜菌核病；用 55～56℃温水浸种 10 min，或用种重 0.2％的 50％多菌灵或福美双拌种，可防治芝麻茎点枯病；0.5％的硫酸铜液浸种 30 min，可防治芝麻枯萎病。

4. 合理轮作

合理轮作换茬，与禾本科等非寄主作物轮作 3 年以上，可以有效防治大豆胞囊线虫病、大豆菌核病、花生根结线虫病、向日葵菌核病、油菜菌核病、油菜霜霉病、芝麻枯萎病、芝麻茎点枯病等油料作物病害，防大豆菟丝子效果明显，有条件的地方实行水旱轮作防病效果更好。

5. 加强栽培管理

在冬油菜区，秋季气温高，其重病区或秋季干旱的年份，适当延迟播期，错开有效蚜迁飞高峰的时间，可减轻病毒病的危害。

改良土壤，深翻土地，精细整地；适时播种，合理密植，保证田间通风透光；加强田间管理，控制杂草，清沟排水，降低田间湿度；合理施肥，增施有机肥，施用腐熟肥料，氮、磷、钾配合施用，提高土壤肥力，防止贪青徒长、倒伏及晚熟；均能促进植株生长健壮，增强抗病力。实践证明，增施有机肥，适时灌水，可减轻孢囊线虫病的为害。清除田间杂草，亦可减少病毒病等危害。

拔除田间病株，集中深埋或烧掉，减少病源。秋后及时彻底清除病株残体，并及早翻地，将病残体深埋地下，加速病原菌消亡，可减轻病害发生程度。

6. 控制蚜虫防病

油菜苗床要选择周围种植高秆作物的地块，油菜和大豆大田与高秆作物间作，可预防蚜虫迁飞传播病毒病。油菜苗床用银灰色塑料薄膜覆盖畦面避蚜，田间插黄色诱蚜板等均可控制蚜虫传毒。防治蚜虫常用药剂有：40%乐果、50%马拉硫磷、50%灭蚜净、功夫等。

7. 药剂防治

大豆开花结荚期喷施50%多菌灵、70%甲基硫菌灵、65%代森锌、75%百菌清可防治紫斑病、灰斑病。

初花到盛花期用50%多菌灵可湿性粉剂1 000倍液，或65%代森锌可湿性粉剂500倍液，或40%纹枯利可湿性粉剂1 000倍液喷雾1～2次，可防治油菜菌核病。花期喷洒50%速克灵、50%菌核净、50%菌霜、50%农利灵等杀菌剂，盛花后连续喷2～3次，每7天喷1次，可防治向日葵菌核病。

发病初期，叶面喷洒70%代森锰锌600倍液，普遍发生时喷洒50%多菌灵可湿性粉剂800倍液或75%百菌清400～600倍液，每隔10～15天喷1次，共喷2～3次，可有效防治花生叶斑病。

防治线虫病可用专用种衣剂包衣，25%DD混剂或二溴氯丙烷处理土壤。涕灭威、力满库、防线1号(13%灭克磷＋甲拌磷)及甲基异硫磷等，随播种一齐施入土壤。

防治油菜病毒病可用40%菌核净(纹枯利)、50%多菌灵、40%灭病威、70%甲基硫菌灵、50%速克灵、50%扑海因等。

工作任务7-4　薯类、烟草、糖料作物病害的诊断与防治技术

学习目标

了解薯类、烟草、糖料作物常见病害种类，掌握主要病害发生为害的症状特点和病原物形态特征，熟悉一般病害的症状和发生概况。拟定几种重要病害的防治方案并实施防治。

材料及用具

校内外实训基地，薯类、烟草、糖料作物病害的蜡叶标本、新鲜标本、盒装标本或瓶装浸渍标本，病原菌玻片标本、照片、挂图、光盘、教学课件，多媒体设备，显微镜、载玻片、盖玻片、挑针、吸水纸、镜头纸、纱布等观察病原物的仪器、用具及药品，常用杀菌剂、喷雾器及其他施药设备等。

操作要点

1. 薯类、烟草、糖料作物常见病害症状和病原形态观察

观察马铃薯晚疫病、马铃薯环腐病、甘薯黑斑病、甘薯软腐病、甘薯干腐病、甘薯灰霉病、甘薯黑痣病、甘薯茎线虫病、烟草黑胫病、烟草炭疽病、烟草早疫病、烟草青枯病、甘蔗凤梨病、甜

菜褐斑病、甜菜软腐病和甜菜根腐病等病害的危害特点、发病部位及病斑的形状、颜色、表面特征和病原物形态等。

2. 薯类、烟草、糖料作物病害防治

(1)调查当地薯类、烟草、糖料作物主要病害的发生为害情况防治技术，找出防治过程中存在的问题。

(2)根据薯类、烟草、糖料作物主要病害的发生规律，结合当地生产实际，提出有效的防治方法和建议。

注意事项

(1)注意薯类作物线虫病害地上部症状与缺素症的区别。

(2)注意黑甘薯黑痣病与黑斑病的区别：黑痣病病斑不扩展到薯肉，而黑斑病一般深入到薯肉 5 mm。

(3)对疑难的病害，应该积极查阅资料并开展小组讨论，达成共识。

内容及操作步骤

一、薯类病害

知识链接

薯类作物包括甘薯和马铃薯。全世界已报道的马铃薯病害有近百种，在我国危害较重，造成损失较大的有 15 种。我国由于马铃薯病害的危害，一般减产 10%～30%，严重的可达 70%以上。各种植区病害的种类和分布有所不同，其中以病毒病和晚疫病发生最为普遍。全世界已报道甘薯病害 50 多种，我国已发现近 30 种。发生普遍而危害较重的有黑斑病、根腐病、甘薯瘟、茎线虫病和软腐病等。

(一)马铃薯病毒病

1. 为害特点

马铃薯病毒病是马铃薯的主要病害。在我国大部分地区发生均十分严重，一般使马铃薯减产 20%～50%，严重的达 80%以上。感染病毒的马铃薯通过块茎无性繁殖进行世代积累和传递，致使块茎种性变劣，产量不断下降，甚至失去利用价值，不能留种再生产。

2. 症状识别

普通花叶病：植株感病后，生长正常，叶片平展，但叶脉间轻花叶，表现为叶肉色泽深浅不一。叶片易见黄绿相间的轻花叶。在某些品种上，有隐症现象。但随着马铃薯品种、环境条件及病毒株系的不同而有一定的差异，毒性强的株系也可引起皱缩、条纹、坏死等。

重花叶病：发病初期，顶部叶片产生斑驳花叶或枯斑，以后叶片两面都可形成明显的黑色坏死斑，叶脉坏死可蔓延到叶柄、主茎，形成褐色条斑，使叶片坏死干枯，植株萎蔫。不同品种反应不同，如植株矮小、节间缩短、叶片呈普通花叶状、叶和茎变脆等。带毒种薯长出的植株可严重矮化皱缩或出现条纹花叶状，也可隐症。病株薯块变小。

皱缩花叶病：病株矮化，叶片小而严重皱缩，花叶症严重，叶尖向下弯曲，叶脉和叶柄及茎上有黑褐色坏死斑,病组织变脆。为害严重时,叶片严重皱缩,自下而上枯死,顶部叶片可见斑驳。病株的薯块较小,亦可有坏死斑。

卷叶病:典型的症状是叶缘向上弯曲,病重时成圆筒状。初期表现在植株顶部的幼嫩叶片上,先是褪绿,继而沿中脉向上卷曲,扩展到老叶。叶片小,厚而脆,叶脉硬,叶色淡,叶背面可呈红色或紫红色。病株不同程度的矮化,因韧皮部被破坏,在茎的横切面可见黑点,茎基部和节部更为明显。块茎组织表现导管区的网状坏死斑纹。

纺锤块茎病:受害植株分枝少而直立,叶片上举,小而脆,常卷曲。靠近茎部,节间缩短,现蕾时明显看出植株生长迟缓,叶色浅,有时发黄,重病株矮化。块茎变小变长,两端渐尖呈纺锤形。芽眼数增多而突出,周围呈褐色,表皮光滑。

3. 病原

马铃薯病毒病由多种病毒侵染引起,均有相当高的发病率,并普遍存在着病毒复合侵染现象。在我国,马铃薯病毒病的毒源种类主要有:马铃薯 X 病毒(PVX)、马铃薯 Y 病毒(PVY)、马铃薯卷叶病毒(PLRV)、马铃薯皱缩花叶病毒(PVM)、马铃薯纺锤块茎病毒(PSTV)等。

普通花叶病:(PVX)属马铃薯 X 病毒组。PVX 接触摩擦传毒,贮藏期间通过幼芽接触也可传毒。PVX 的寄主植物很广,除马铃薯外,还可侵染番茄、辣椒、茄子、曼陀罗、龙葵等。

重花叶病:(PVY)属马铃薯 Y 病毒组。PVY 可以侵染马铃薯、番茄、烟草、酸浆、矮牵牛、龙葵等,可隐存于芜菁、甘蓝、红苜蓿及豌豆等植物上。

皱缩花叶病:由 PVX 和 PVY 复合侵染。在我国发生的马铃薯退化,主要是由 PVX 和 PVY 病复合侵染引起的。

卷叶病:(PLRV)属黄矮病毒组。

纺锤块茎病:(PSTV)属类病毒。也可侵染苋科、沙参科、石竹科、菊科、旋花科、无患子科、玄参科和缬草属等植物。

4. 发病规律

普通花叶病:初侵染来源主要是带毒种薯,其次是田间自生苗和其他寄主植物。在田间主要通过病株、带毒农具、人手、衣服等与健株接触摩擦及蝗虫取食等扩大再侵染。结薯期遇高温时容易发病;高温干燥有利于传毒介体昆虫的大量繁殖,发病加重。

重花叶病:初侵染来源主要是带毒种薯,其次是其他寄主植物。可借汁液摩擦传染,主要由桃蚜等多种蚜虫传染。干旱温暖年份,蚜虫发生量大,有利于病害发生;在海拔较高的地区,由于多雾、高湿、风大,不利于蚜虫繁殖,病害发生轻。

皱缩花叶病:初侵染来源主要是带毒种薯,其次是其他寄主植物;种薯一般都带 PVX,调运到长城以南各地种植区后,若再感染上 PVY,则当年此病发病率高达 30%~50%。高海拔、低温、昼夜温差大的生态环境对病毒的繁殖有抑制作用。

卷叶病:由种薯传带作为初侵染来源。主要靠蚜虫(桃蚜、棉蚜、马铃薯蚜等)传染,带毒蚜虫可持久传毒,甚至可以终生传毒,但不能传给下一代。汁液接触不能传染,二十八星瓢虫及田椿象也可传毒。天气干旱、高温有利于蚜虫生长繁殖,发病重。在海拔高的山区,由于夜间温度低、湿度大,不利于蚜虫生长繁殖,发病轻。

纺锤块茎病:主要是机械传播,可经切刀和嫁接传染;咀嚼式口器昆虫如马铃薯甲虫也可传毒;刺吸式口器昆虫传播还未被证实。

(二)马铃薯晚疫病

1. 为害特点

马铃薯晚疫病又称疫病、马铃薯瘟,是一种导致马铃薯茎叶死亡和块茎腐烂的毁灭性病害。凡是种植马铃薯的地区都有发生,在我国中部和北部大部分地区发生较普遍。

2. 症状识别

可危害叶片、叶柄、茎和块茎。田间发病最早症状出现在下部叶片。叶片发病,病斑多在叶尖和叶缘处,初为水浸状褪绿斑,后扩大为圆形暗绿色斑,病斑边缘界限不明显。在空气湿度大时,病斑扩展迅速,可扩及叶的大半以及全叶。边缘有一环白色稀疏的霉轮,在叶背或雨后清晨尤为明显。块茎发病,初为褐色或紫褐色不规则的病斑,稍凹陷。病斑下的薯肉不同深度的褐色坏死,与健康薯肉没有整齐的界限,病部易受其他病菌侵染而腐烂。

3. 病原

属藻界卵菌门疫霉属卵菌。菌丝无色,无隔膜。孢囊梗 2～3 丛从寄主的气孔伸出,纤细,无色,1～4 分枝,每个分枝的顶端膨大产生孢子囊。孢子囊无色,单胞,卵圆形,顶部有乳状突起,基部有明显的脚胞。孢囊梗顶端形成一个孢子囊后,可继续生长,而将孢子囊推向一边,顶端又形成孢子囊,最后孢囊梗成为节状,各节基部膨大而顶端尖细。见图 7-4-1。

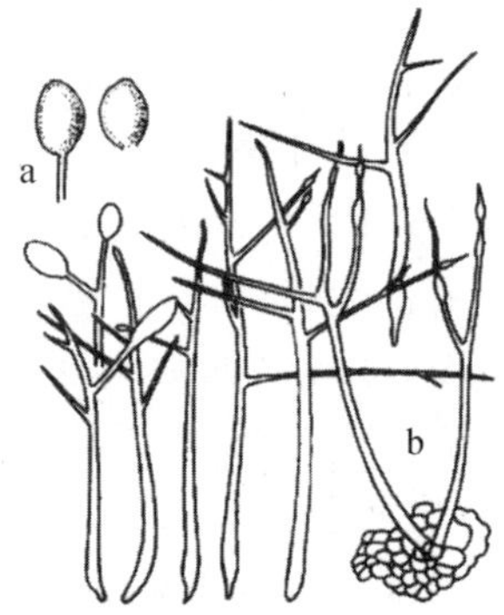

图 7-4-1　马铃薯晚疫病菌

(仿董金皋,农业植物病理学)

a. 孢子囊　b. 孢囊梗

4. 发病规律

病菌主要以菌丝体在病薯和病残体中越冬,也可以卵孢子越冬。番茄也可能是初侵染源之一,或成为病菌的中间寄主植物。病菌的孢子囊主要借助气流进行传播,流水、起垄、耕地等农事操作也能传播。

马铃薯的不同品种对晚疫病的抗病性有很大差异。低温多雨条件适于发病,病害可迅速暴发。此病在多雨年份容易流行成灾,忽冷忽暖,多露、多雾或阴雨有利于发病。

地势低洼、排水不良、密度大的地块发病重,平地较垄地重。偏施氮肥引起植株徒长,土壤瘠薄、缺氮或黏土等使植株生长衰弱,有利于病害发生,增施钾肥可减轻为害。

(三)甘薯黑斑病

1. 为害特点

甘薯黑斑病又称甘薯黑疤病,世界各甘薯产区均有发生。1890 年首先发现于美国,1905 年传入日本,1937 年由日本鹿儿岛传入我国辽宁省盖县。目前是我国甘薯产区危害普遍而严重的病害之一,常年损失为 5%～10%,此外,病薯中可产生甘薯黑疱霉酮等物质,家畜食用后,引起中毒,严重者死亡。用病薯块作发酵原料时,能毒害酵母菌和糖化酶菌,延缓发酵过程,降低酒精产量和质量。

2. 症状识别

苗期、生长期及贮藏期均可发生。主要危害薯苗、薯块,不危害绿色部分。

苗期受害幼芽基部产生凹陷的圆形或梭形小黑斑,后逐渐纵向扩大至 3～5 mm,重时则环绕苗基部形成黑脚状。地上部病苗衰弱，矮小，叶片发黄，重病苗死亡。湿度大时，病部可产生灰色霉状物（菌丝体和分生孢子），后期病斑丛生黑色刺毛状物及粉状物（子囊壳和厚垣孢子）。病苗移栽到大田后，病重的不能扎根而枯死，病轻的在接近土面处长出少数侧根，但生长衰弱，叶片发黄脱落，遇干旱易枯死，造成缺苗断垄；即使成活，结薯也少。薯蔓上的病斑可蔓延到新结的薯块上，多在伤口处产生黑色斑块，圆形或不规则形，中央稍凹陷，生有黑色刺毛状物及粉状物。病斑下层组织墨绿色，病薯变苦。贮藏期薯块上的病斑多发生在伤口和根眼上，初为黑色小点，逐渐扩大成圆形、椭圆形或不规则形膏药状病斑，稍凹陷，直径 1～5 cm 不等，轮廓清晰。病部组织坚硬，可深入薯肉 2～3 mm，薯肉呈黑绿色，味苦。温、湿度适宜时病斑上可产生灰色霉状物或散生黑色刺状物（子囊壳的颈），顶端常附有黄白色蜡状小点（子囊孢子）。贮藏后期常与其他真菌、细菌病害并发，引起腐烂。

3. 病原

见图 7-4-2。

病原属子囊菌门长喙壳属真菌。菌丝体初无色透明，老熟后深褐色或黑褐色，寄生于寄主细胞间或偶有分枝伸入细胞内。直径约 3～5 μm。无性繁殖产生内生分生孢子和内生厚垣孢子。分生孢子无色，单胞，圆筒形或棍棒形。厚垣孢子暗褐色，球形或椭圆形，具厚壁。有性生殖产生子囊壳，子囊壳呈长颈烧瓶状，基部球形，颈部极长，称壳喙，长度为 350～800 μm。子囊梨形或卵圆形，子囊壁薄，成熟后自溶，子囊孢子散生在子囊壳内。子囊孢子无色，单胞，钢盔形。

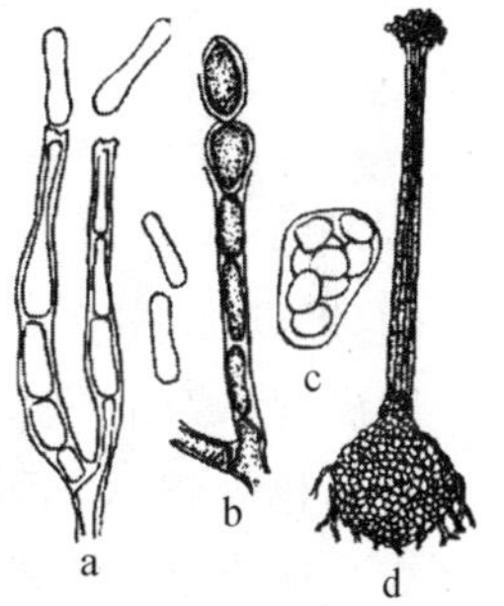

图 7-4-2　甘薯黑斑病菌

（仿董金皋，农业植物病理学）

a. 分生孢子　b. 厚垣孢子

c. 子囊和子囊孢子　d. 子囊壳

4. 发病规律

病菌以子囊孢子、厚垣孢子和菌丝体在薯块或土壤中病残体上越冬。在田间 7～9 cm 深处的土壤内，病菌能存活 2 年以上。带菌种薯和秧苗是主要的初侵染来源，其次是带有病残组织的土壤和肥料。鼠害、地下害虫、收获和运输过程中人的操作、农机具、种薯接触有利于病菌的传播和侵染。入窖前，如果已造成大量创伤，入窖后温湿度适宜病菌侵入，可造成大量潜伏侵染，春季出窖病薯率明显增加。黑斑病菌寄生性不强，主要由伤口侵染。分生孢子和子囊孢子在田间主要靠种薯、种苗、土壤、肥料和人畜携带传播；收获、贮藏期，病菌可靠人、畜、昆虫、田鼠和农具等媒介传播。

甘薯品种之间抗病性存在着差异，薯块易发生裂口的或薯皮较薄易破裂、伤口愈合速度较慢的品种发病较重。植株不同部位感病差异明显。秧苗地下部的白色部分组织幼嫩，易于病原菌侵入，因此，较地上部的绿色部位感病。

温度影响着寄主木栓层的形成和植物保卫素的产生，从而影响寄主的抗病性，在 20～38℃以内，温度越高，寄主抗病性越强。甘薯贮藏期间，15℃以上利于发病，最适发病温度为 23～27℃，10～14℃较轻，35℃抑制发病。

田间发病与土壤含水量有关。在适温范围内，土壤含水量在 14%～60%时，病害随湿度的增高而加重，超过 60%，又随湿度的增加而递减。多雨年份，地势低洼，土壤黏重的地块发病重；地势高燥，土质疏松的发病轻。

伤口是病原菌侵入的主要途径。薯块裂口多或虫鼠危害重，有伤口的薯块，病害也相应加重。在收获、运输和贮藏过程中造成大量伤口，附着在薯块表面的病菌乘机侵入，加之此时薯块呼吸强度大，散发水分多，病害蔓延较快。

(四)甘薯贮藏期病害

1. 为害特点

甘薯贮藏期病害在我国有10多种。其中，生理性病害主要是由低温引起的冻害；侵染性病害主要有：黑斑病、茎线虫病、软腐病、干腐病等。贮藏期病害可造成甘薯烂窖，其损失约占贮藏量的10%。

2. 症状识别

(1)冻害　冻害是甘薯贮藏期腐烂的主要原因之一。薯块在受冻1周内，与健薯无明显区别，薯皮略带暗色，失去光泽，用手指轻压有弹性感觉，剖开冻薯可见薯皮附近的薯肉迅速变褐，受冻越严重变褐速度越快。受冻部分水浸状，用于挤压，有清水渗出。受冻薯块往往形成硬心、硬皮，且发苦。

(2)侵染性病害　软腐病：俗称水烂，是贮藏期的重要病害。薯块发病后，患病组织软化，呈淡褐色水浸状，破皮后流出黄褐色汁液，带有酒味。病部表面长出白色棉状菌丝，并生出灰黑色小粒，即病菌孢子囊。病情扩展迅速，环境条件适合时，4～5天全薯即腐烂。

干腐病：贮藏期干腐病有两种类型。一类是在薯块上散生圆形或不规则形凹陷的病斑，内部组织呈褐色海绵状，后期干缩变硬，在病薯破裂处常产生白色或粉红色霉层。另一类干腐病多在薯块两端发病，表皮褐色，有纵向皱缩，逐渐变软，薯肉深褐色，后期仅剩柱状残余物，其余部分呈淡褐色，组织坏死，病部表面生出黑色瘤状突起，似沙鱼皮状。

灰霉病：薯块在窖内受冻后易发生，危害程度较轻。初期与软腐病症状相似，但水烂现象较轻，纵切病薯可见许多暗褐色或黑色线条，后期病薯失水干缩形成干硬的僵薯。当窖温在17℃以上时，病部表面生出灰色霉层。

黑痣病：主要危害薯块的表层。初生浅褐色小斑点，后扩大形成黑褐色近圆形至不规则形大斑。病重时，病斑硬化，产生微细龟裂。受害薯逐渐失水干缩。潮湿时病部生出灰黑色霉层。

3. 病原

软腐病菌为接合菌门的匍枝根霉。菌丝及孢囊梗白色，孢子囊黑色，孢子囊内含大量褐色、单胞、圆形的孢囊孢子。病菌的有性态产生接合孢子，只有存在可亲和的两种交配型菌丝时，才可产生。

干腐病的病原物为子囊菌门间座壳属的甘薯间座壳菌。假子座发达，黑色，生于基物内，部分突出，子囊壳埋生于子座基部，有长颈伸出子座外。子囊短圆柱形，顶壁厚。子囊孢子椭圆形或纺锤形，双胞，无色。无性态为球壳孢目，拟茎点霉属，甘薯拟茎点霉。分生孢子器中产生两种类型分生孢子，甲型无色、单胞，纺锤形，较直，通常含2个油球；乙型无色，单胞，线形，一端弯曲呈钩状，不含油球。

甘薯灰霉病由无性菌类的灰葡萄孢引起。该菌腐生性强，寄主范围广，薯块有冻害造成的伤口时极易受侵染。发病适温为7.5～13.9℃，20℃以上发病缓慢。

甘薯黑痣病病原为无性菌类甘薯毛链孢。菌丝初期无色，后变为黑色。分生孢子梗不分枝，基部略膨大，具隔膜，长为40～175 μm。分生孢子无色或稍着色，单胞，圆形至长圆形，大小为(12～20)μm×(4～7)μm。病原菌可直接从表皮侵入，在6～32℃温度范围均可发病，高温利于发病。甘薯生长期和贮藏期都可受害。

4. 发病规律

甘薯在9℃以下的低温环境贮藏时间较长，就会破坏薯块的生理机能，产生冻害。受冻以后，需经过一段时间，才开始腐烂。一般在4～5℃时，冻害持续半个月开始腐烂；6～7℃时，持续1个月后才开始腐烂。低温持续的时间越长，遭受冻害越重。

甘薯遭受冻害有两种情况：一是因收获过晚，窖外受冻，入窖后15天左右开始腐烂，称窖外冻害；二是在贮藏中期和后期，由于窖浅或防寒保暖条件差发生冻害造成腐烂。薯块受冻后，易被弱寄生菌侵染，造成腐烂，所以甘薯贮藏期生理性冻害与侵染性病害密切相关。

软腐病的发生与薯块的生活力强弱关系密切，薯块受冻，生理机能衰退，病菌易于侵入。薯块伤口多，环境条件不利于伤口愈合等，都是加重病害的因素。在较低温度条件下，毛霉的一些种也可引起软腐病。

收获时过冷、过湿、过干都有利于贮藏期干腐病的发生。

(五)薯类其他病害

见表7-4-1。

表7-4-1　薯类作物其他病害列表

病害名称	诊断要点	发病规律	防治要点
甘薯茎线虫病(*Ditylenchus destructor* Thorue)	主要为害甘薯块根、茎蔓及秧苗。秧苗根部受害，在表皮上生有褐色晕斑，秧苗发育不良、矮小发黄。茎部症状多在髓部，初为白色，后变为褐色干腐状。薯块受害症状有3种类型：①糠皮型：薯皮皮层呈青色至暗紫色，病部稍凹陷或龟裂。②糠心型：薯块皮层完好，内部糠心，呈褐、白相间的干腐。③混合型：生长后期发病严重时，糠皮和糠心两种症状同时发生呈混合型	甘薯茎线虫的卵、幼虫和成虫可以同时存在于薯块上越冬，也可以幼虫和成虫在土壤和肥料内越冬。病原能直接通过表皮或伤口侵入。此病主要以种薯、种苗传播，也可借雨水和农具短距离传播。湿润、疏松的沙质土利于其活动为害，极端潮湿、干燥的土壤不宜其活动。	加强植物检疫，保护无病区；病区应建立无病留种地，选用抗病品种。实行轮作，清除病残体；药剂浸种、浸苗及土壤消毒
甘薯根腐病(*Nectria sanguinea*)	为害根和地下茎。病斑黑褐色，重时大部分腐烂，不结薯或结薯小、畸形，毛根多。节间短，分枝少，直立，秋季开花。薯块受害生凹陷的黑色斑，表皮轻度开裂	病菌主要在土壤中存活。病种薯、种苗病土及带菌粪肥均能传病。土壤肥力低，保水能力差，连作田发病重。品种抗性差异显著	选用抗病丰产良种；轮作；清洁田园；增施肥料，加强田间管理；药剂防治

续表7-4-1

病害名称	诊断要点	发病规律	防治要点
甘薯根结线虫病（*Meloidogyne incognita*）	病株薯块小而少，畸形，表面有褐色裂口，重者不结薯，毛根多；细根上生小根结，内有粒状白雌虫；重病株地上部生长停滞，叶色黄，脱落，甚至枯死	线虫随病薯块根散落于土壤粪肥中越冬，随寄主薯块根土和流水等传播；病田连作及沙壤土，碱性土发病重	严禁引进病薯、病苗；建立无病留种制度；选用抗病品种；实行轮作；药剂防治
甘薯软腐病（*Rhizopus stolonifer*）	为害薯块，病组织软化，呈淡褐色水渍状，破皮后流出黄褐色汁液，有酒味；病部长出白色绵状菌丝，上生灰黑色小粒。条件适合时，可很快致全薯腐烂	伤口侵入，以孢子囊随气流传播。可为害多种作物的果实和贮藏器官。薯块伤口多，受冻，环境条件不利伤口愈合等发病重	适时收获，精选入窖；旧窖消毒；储藏前药剂处理薯块；储藏期温度保持在11～13℃。
甘薯紫纹羽病（*Helicobasidium purpureum*）	为害薯块和薯拐。植株黄化，薯表面覆盖白色网状丝状物，后变紫红色，向上扩展至薯拐表面；病薯由下而上，由外向内腐烂，皮层坚韧，最后残留僵壳	病菌以菌索在土壤中和病残体上越冬	清除病残体；土壤；毒处理；实行轮作等
甘薯瘟病（*RaLstonia solanacearum*）	病苗萎蔫，茎基部、地下部维管束变褐枯死。薯块切面维管束呈黄褐色小斑点	病菌在土中存活。靠病苗、病薯、病土远距离传播。连作田、多施氮、肥排水不良、土质黏重、高温、多雨，发病重	选用抗病品种；轮作
马铃薯环腐病[*Clavibacter michiganense* subsp. *sepedonicum* (Spieckermann & Kotthoff) Davis et al]	初期症状为叶脉间褪绿，呈斑驳状，以后叶片边缘或全叶黄枯，并向上卷曲。引起地上部茎叶萎蔫和枯斑，地下部块茎维管束发生环状腐烂。块茎受害皮色变暗，芽眼发黑枯死，也有表面龟裂，切开后可见维管束呈乳白色或黄褐色的环状部分，轻者用手挤压，流出乳黄色细菌黏液，重病薯块病部变黑褐色，生环状空洞，用手挤压薯皮与薯心易分离	环腐病菌在种薯中越冬，成为翌年初侵染来源。主要靠切刀传播，经伤口侵入，温暖干燥的天气有利于病害发展。贮藏期温度对病害也有影响，在温度20℃上下贮藏比低温1～3℃贮藏发病率高得多。播种早发病重，收获早则病薯率低	严格执行检疫制度，建立无病留种基地，选用健薯，汰除病薯，培育和选用抗病品种，施用磷酸钙作种肥，在开花后期，加强田间检查，拔除病株及时处理，防治田间地下害虫，减少传染机会

续表7-4-1

病害名称	诊断要点	发病规律	防治要点
马铃薯早疫病[*Alternaria solani*(Ellis & Martin) Sorauer]	主要发生在叶片上,也可侵染块茎。叶片染病病斑黑褐色,圆形或近圆形,具同心轮纹,大小3～4 mm。块茎染病产生暗褐色稍凹陷圆形或近圆形病斑,边缘分明,皮下呈浅褐色海绵状干腐	以分生孢子或菌丝在病残体或带病薯块上越冬,翌年种薯发芽病菌即开始侵染。病苗出土后,其上产生的分生孢子借风、雨传播,进行多次再侵染使病害蔓延扩大	选用早熟抗病品种,适时提早收获;加强栽培管理;合理储运;药剂防治
马铃薯青枯病(*Ralstonia solanarearum*)	植株不变色即很快萎蔫,茎出现褐色条纹,维管束变褐;块茎切口处有白色菌溢,皮肉不分离	病菌随病残体在土壤中或侵入薯块在窖里越冬。雨水灌溉水传播。高温、高湿、连作田、低洼地则病重	轮作;选择抗病品种;加强栽培管理;药剂防治。
马铃薯疮痂病(*Streptomyces scabies*)	块茎产生暗红色斑,四周凸起,中央稍凹陷;可形成不整齐的开裂,最后形成圆形或不规则形疮痂状硬斑	病菌在土壤中腐生或在病薯上越冬。高温、干燥、中性或偏碱性的疏松土壤发病重	选择无病种薯;轮作4～6年;多施绿肥等有机肥
马铃薯癌肿病(*Synchytrium endobioticum*)	块茎、块茎上的芽及匍匐茎形成癌肿症状,包括畸形、增生枝条和叶片生长在一起	病菌以休眠孢子囊在土壤中越冬。在低温、多湿,气候冷凉,昼夜温差病重	严格实行检疫;选育和利用抗病品种;加强栽培管理

(六)薯类作物病害综合治理措施

1. 建立留种基地,采用无病种薯

建立无病留种基地,是防治马铃薯病害的根本措施。一是采用脱毒种薯和茎尖组织培养无毒苗,建立留种基地。无病留种田应与大田相距2.5 km以上,以减少病原菌传播侵染的机会,并严格实施各种防治措施。二是严格挑选无病种薯。种薯收获时选取表面光滑、无病斑和无损伤的薯块,要单收、单运、单藏,收获运输工具及薯窖不应带菌,必要时可用药剂消毒;催芽和切薯时仔细检查,剔出病虫薯块,最好采用小整薯播种。

2. 严格检疫制度,防止病害蔓延

严格检疫,是防止薯类病害扩散蔓延的必要措施。调入种薯之前,应派专人进行产地检查或进行种薯检验,验证无病后方可调种,以防止病薯传入;疫区必须严格禁止调出带病种薯,防止疫病输出。

3. 选用抗病品种,实行合理轮作

大力引进、推广和选用熟期适宜,丰产性好,抗病力强的品种。马铃薯是茄科作物,连作会引起严重的病虫害,宜实行合理轮作,忌与烟草、茄子、番茄、辣椒等茄科作物连作,宜与禾谷类、豆类、纤维作物轮作,轮作年限在3年以上,轮作方式以水旱轮作最佳。

4. 精细挑选种薯,适期播种

严格选择种薯,应选取具有本品种特征、无病虫害、无伤冻、表皮柔嫩、色泽光鲜、大小适中,刚过或将过休眠期的薯块作种块,坚决剔除病薯。适期播种是防止种薯腐烂、保证苗全、确保苗壮、增强抗病力的可靠措施。

5. 种薯(苗)消毒,防止切刀传染

种薯消毒可有效防治马铃薯环腐病,用1%的石灰水或0.1%的高锰酸钾液浸种薯1 h后再晾干;切块时间以播种前1～2天为宜,切种薯时,要仔细检查,彻底清除病薯,并做到每人准备两把切刀轮换消毒,用75%酒精,0.1%高锰酸钾液浸泡切刀5～6 min即可,提倡用小整薯播种;药剂喷床和药剂浸苗可防治甘薯黑斑病;常用药剂有:50%多菌灵、70%或50%甲基硫菌灵。浸苗时,要求药液浸至秧苗基部10 cm左右。

6. 加强栽培管理

选择高燥、沙性较强的或排水好的地块种植。适时早播,不宜过密。合理使用氮肥,增施钾肥,保持植株健壮,增强植株的抗病力。合理灌溉,结薯后增加培土成高垄,减少薯块侵染。及时清理中心病株或栽除病叶,及时深埋或烧毁。

7. 消灭中心病株,搞好田间施药

加强对薯类病害田间监测,一旦发现中心病株,应立即拔除销毁,并及时在病株中心30～50 m的范围内喷施药剂,严重者应立即全田喷药。防治晚疫病有效药剂有:47%加瑞农、72%克露、72%霜脲锰锌、72.2%普立克、58%甲霜灵锰锌、64%杀毒矾等。轮换使用,或混合使用效果较好。在留种地用20%的毒病毒及时防蚜对减轻马铃薯退化有显著效果。

8. 安全贮藏

适期收获,适时入窖,尽量避免薯块受冻;甘薯入窖前,铲去旧窖壁土,用抗菌剂“402”或硫黄熏蒸,也可喷洒甲醛对窖消毒处理;入窖时,精心选薯,以减少病原菌侵染;薯块入窖前最好在35～37℃下处理4天,以促进伤口愈合,或用70%甲基硫菌灵浸薯,滴干药液后趁湿入窖;入窖后,掌握好窖内温度、湿度,及时通风换气。

二、烟草作物病害

知识链接

烟草是我国重要的经济作物之一,在我国的很多省份是作为当地的经济支柱产业。烟草病害种类较多,危害大,每年都因病害的影响而受到损失。据估计,烟草病害常年造成的产量损失达8%～12%。

糖料作物是重要的制糖工业原料,主要包括甜菜和甘蔗。中国已发现的甜菜病害有30多种,其中发生比较普遍的或为害较大的有根腐病、褐斑病和立枯病等。

(一)烟草黑胫病

烟草黑胫病是烟草上常见的重要病害,俗称“瘟兜”、“地下症”、“黑根”、“黑秆疯常年发病率为1%～8%,严重地区可达25%～35%。

1. 症状

此病可发生在烟草的整个生育期,但为害重的是在烟草定植后至团棵期,主要受害部位是成株茎基部，发病后通常整株死亡。见图 7-4-3。

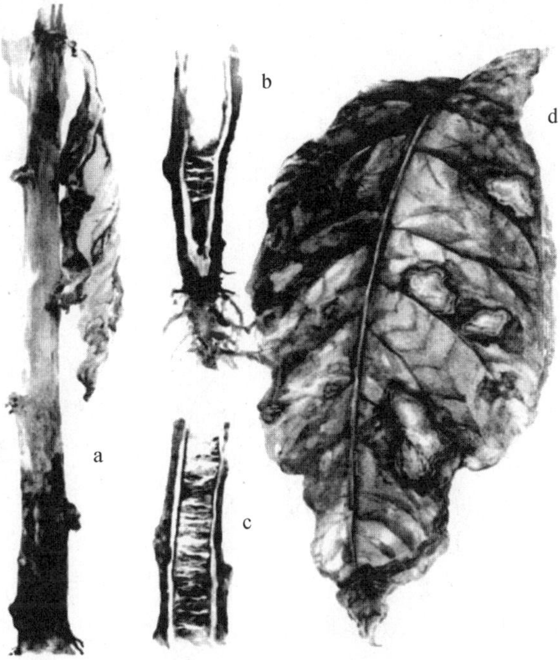

图 7-4-3　烟草黑胫病

a. 病株　b. 病茎基纵剖面　c. 病茎纵剖面　d. 病叶

苗期发病先在茎秆基部产生黑斑，以后向上蔓延至茎部。气候干燥时，病株变黑干缩枯死；气候潮湿时黑斑迅速蔓延，病部产生白色菌丝，严重的可由土表传染至附近烟苗，造成成片枯死。

大田成株期发病主要在茎秆基部和根部，先是茎基变黑，再向上蔓延，叶片从脚叶依次变黄下垂，气温高时常萎蔫，俗称"穿大褂"，数日后枯死。烟田湿度大或积水时，下部叶常产生圆形、近圆形大型褐色斑块，俗称"猪屎斑"，上呈水渍状浓淡相间轮纹。病斑发展快，数日内可通过主脉叶基到达茎秆，造成"烂腰"至全株枯死。

病株根部常变黑，部分侧根、须根腐烂，髓部呈黑褐色干缩碟片状，碟片之间长满白色菌丝，这一特征在剖检茎部时可与茎褐腐病区别开来。黑胫病无论在茎上、叶上发病，湿度大时病部表面均可产生一层白色菌丝层，这是与其他根、茎病的区别。

2. 发病特点

黑胫病为烟草疫霉菌烟草变种(*Phytophthora nicotianae* Breda de Hean var. *nicotianae* Waterh.)属藻界卵菌门疫霉属卵菌。见图 7-4-4。以厚垣孢子或休眠菌丝体在土壤中、病株残体上可存活 3 年左右。大田初次侵染源主要来自带菌土壤及带菌肥料。部分老病区，育苗时土壤消毒不严，常致幼苗带病，植入大田后，发展为发病中心。病株上产生的孢子囊和游动孢子可通过流水或雨水溅散至健株进行再侵染，而蔓延扩展。烟叶成熟采收后，病菌随病株残体落入田间、肥料中越冬，成为第二年的初次侵染源。

黑胫病发生的有利气候条件是高温高湿。一般平均气温低于 20℃时发病较少，幼苗在 16℃以下很少发病，24～32℃时有利侵染，28～32℃时发病最快。雨季来得越早，降雨量越大，发病亦严重。6～7月的雨量对本病流行起重大作用，每次降雨后常出现发病高峰期，冬烟期、春烟期发病较轻。

地势低凹、排水性差、黏重的土壤有利于发病；田烟发病较地烟重；土壤碱性过大有利发病；土壤中钙镁离子增加，此病加重；重氮轻磷发病严重；连作田发病亦重。

3．防治方法

防治黑胫病采取种植抗病品种和轮作为中心的综合防治措施。

(1)选用抗病品种

云南推广种植的抗病品种有G28、K326，国内其他烟区有G140、G28、NC82、G70、G80、郴桂1号，晒烟抗病品种有金英、青梗等；白肋烟有B104、B105等。

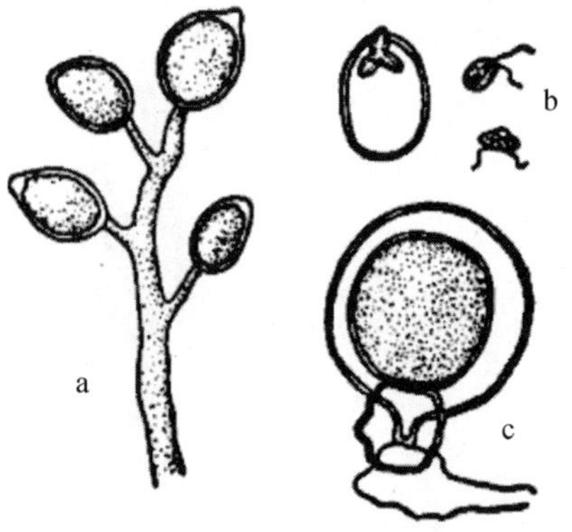

图 7-4-4　烟草黑胫病菌

a. 孢囊梗及孢子囊　b. 孢子囊萌发溢出游动子　c. 藏卵器、卵孢子及雄器

(2)加强栽培管理

适时早栽：云南烟区近几年于2月底至3月初育苗，4月底5月初定植。一般烟株进入旺长期后雨季来临，此时烟株已木栓化，对黑胫病抗性明显增强，从而减轻发病，使感病阶段躲过高温多雨季节。

合理轮作：实行3年以上轮作可有效减少土壤的菌源，减轻发病，轮作时不与豆科、茄科、葫芦科作物轮作，而实行水旱轮作。平整土地，高畦种植：栽培上采用高畦独垄种植，发病减轻。

适当稀植：一般密度可据各地情况灵活掌握，适当稀植，有利植株生长，增强抗性，可减轻发病。云南田烟达1 100株/667 m^2，地烟达1 300株/667 m^2。

及时中耕除草，注意田间卫生：烟苗移栽后及时施肥，促烟苗健壮；畦垄间的杂草及时拔除，特别是封行后应加强；对病叶和病株及时清除，以防蔓延；病残体不落入田间，应带出田外，集中后深埋。

高垄栽培，使地面流水不与茎基部接触。

(3)药剂防治

苗床用药：播种后2～3天，用25%甲霜灵可湿粉剂2 kg/hm^2，加水喷洒苗床；移栽前再喷25%甲霜灵可湿粉剂，可带药移栽。

移栽时穴施：可用95%敌磺钠可湿粉剂5.25～7.5 kg/hm^2，与干细土拌匀移栽时穴施。

发病初期：可用25%甲霜灵可湿粉剂1.8～2.7 kg/hm^2 或72%普力克，64%杀毒矾喷防，每隔10～15天用药1次，连续2～3次。

(二)烟草病毒病

此病在烟区普遍发生，发病率一般为5%～20%，少数严重田块可达90%以上。苗期受害损失大，严重导致绝收，现蕾后受害，对产量影响较小。还影响烟叶品质。

1．症状

因引起烟草病毒病的种类和品种抗病性不同及存在不同病毒复合侵染现象，症状表现有差异。其症状为发病初期新叶叶脉变浅，形成明脉。明脉出现后，叶脉两侧褪绿，呈黄绿相间状，褪绿面积小的称为斑驳；褪绿面积大的称为花叶。若花叶叶片厚薄不匀、形成泡状突起、叶片皱缩、扭曲畸形、叶片细长状，有时叶向叶背纵卷的称为重花叶。幼苗受侵染，使植株节间缩短，明显矮化，不能正常开花结实。叶脉呈灰褐色或红褐色坏死，叶柄维管束变褐，茎秆上有红褐色或黑褐色坏死条斑。见图 7-4-5 至图 7-4-8。

图 7-4-5 烟草普通花叶病症状

图 7-4-6 烟草黄瓜花叶病症状

图 7-4-7 烟草病毒病叶片凸凹不平

图 7-4-8 烟草病毒病叶片畸形

2. 发病特点

烟草病毒病的病原主要有烟草花叶病毒（TMV）、黄瓜花叶病毒（CMV）和马铃薯病毒（PVY），分别为烟草花叶病毒属 Tobamovirus、黄瓜花叶病毒属 Cucumovirus 和马铃薯病毒属 Potyvirus。TMV 可由汁液、土壤和大型针线虫传毒，CMV 可由汁液传播或蚜虫作非持久性传毒，PVY 可由蚜虫、汁液摩擦和嫁接传毒。

TMV 在土壤、肥料、种子、病残体及烘烤过的烟叶上越冬，成为次年的初侵染源。在干燥的病组织中可存活 50 多年；在田间病健株接触，田间管理中的手、工具、衣物等接触病株后，再接触健株可传播病毒，引起多次再侵染。最适合发生的温度为 25～27℃。CMV 在越冬的农作物、蔬菜、杂草和树木等寄主上越冬，在田间主要由蚜虫传播，传毒蚜虫有桃蚜和棉蚜，春天以有翅蚜带毒迁移至烟田传毒并蔓延。PVY 在马铃薯种薯、越冬蔬菜和田间杂草上越冬，传毒蚜虫有烟蚜、马铃薯长管蚜等。

持续高温干旱，蚜虫发生量大，前茬为茄科、十字花科蔬菜的烟草田块，连作田块，施用带病残体肥料，靠近蔬菜田的烟地，管理粗放烟地都会加重病毒病发生。

3. 防治方法

(1)农业防治　选用抗 TMV 和 CMV 的品种；苗床远离烟叶晾晒场和烤烟房，选非烟草、蔬菜地块的表土作床土；在无病株上采种，剔除种子中的病毒残屑；不移栽病苗，避免连作，与非茄科、十字花科作物实行 2～3 年轮作，安排烟田远离菜田，合理的烟草与小麦套种；田间农事活动中的工具和手要用肥皂水消毒。

(2)药剂防治　发病初期：用 1.5%的植病灵、2%宁南霉素喷防，苗期用药 2～3 次，移栽前用 1 次，移栽后用 1～2 次。防治蚜虫：用 50%抗蚜威等喷防。

三、糖料作物病害

(一)甘蔗凤梨病

此病是甘蔗的重要病害，发生严重的造成萌发率低，可达到 50%以上。

1. 症状

受害蔗株初期在切口处变红，并有凤梨味，以后切口组织变黑，内部组织变红，节间中心部分变煤黑色呈微粒状，在切口外部可长出黑色针刺状物，继而节间内的薄壁组织腐烂，蔗皮内仅剩黑色发状纤维和大量煤黑色粉状物。

2. 发生特点

病原无性为异根串珠霉菌[*Thielaviopsis pquadoxa*(de Seynes)V. Hohnel]属无性菌类，根串珠霉属。有性为奇异长喙壳菌[*Ceuatocystis paradoxa* (Dade)Moreau]，属子囊菌门长喙壳属。此菌是伤口寄生菌，主要为害种蔗、宿根蔗和受伤蔗茎。病菌从切口侵入，种蔗受害重。病菌以菌丝体或大型分生孢子在病组织中或落在土壤内越冬，存活时间长，条件适宜大型分生孢子萌发从伤口侵入。初侵染源是带菌种蔗、土壤及蔗田旁其他寄主。低温或高湿有利发病，连作地发病重。

3. 防治方法

(1)农业防治　选用抗病品种：选蔗茎大小中等、节间无病的梢头苗留种；窖贮蔗种，在入窖前要防止霜冻，窖藏期间加强温湿管理。

加强栽培管理：蔗种用 2%石灰水浸 12～24 h，可起促萌发、早发根、早生长、减少病菌侵染。催芽是防治此病的重要措施，冬季可使用地膜覆盖、栽植时宜浅土覆盖可促早萌发。黏重或地下水位高地块搞好排水，重病区实行 1～2 年水旱轮作。

(2)药剂防治　采用药剂浸种处理：可用 50%多菌灵可湿粉剂或 50%甲基托布津或 50%苯来特 1 000 倍浸种 10 min；窖贮种蔗，在入窖前也可用 50%多菌灵或 50%甲基托布津可湿粉剂 500 倍浸种切口，可防腐烂。

(二)甜菜褐斑病

此病是甜菜的重要病害，一般发生可造成甜菜减产 10%～20%，含糖降低 1 度左右，严重的减产 30%～40%，含糖降低 3～4 度。

1. 症状

叶处发病初期，产生褐色至紫褐色圆形至不规则形小斑点，以后扩大为3～4 mm的病斑。病斑四周形成褐色或赤褐色边缘，病斑中间薄而易碎，中央产生灰白色霉状物，连片使叶片枯死。病菌可危害叶柄、根头、花枝、种球。叶柄上病斑呈卵形或梭形。

2. 发生特点

病原为甜菜生尾孢菌(*Cercospora beticola* Sacc)，属无性菌类尾孢属。以菌丝体在病残体、留种株根头、种球上越冬，条件适宜可形成分生孢子。分生孢子可借风、雨水传播，从气孔侵入，在叶片细胞间蔓延，形成病斑。降雨、大雾或灌水能形成分生孢子，田间湿度大，病害加重，连作地发生也重。

3. 防治方法

(1)农业防治　选用抗病品种；清除病残体，做饲料、沤肥或烧毁；深翻地块；实行轮作；当年甜菜田与去年甜菜田要保持500～1 000 m距离，采种田也必须远离原料甜菜生产田。

(2)药剂防治　发病初期，可用50%多菌灵1 000倍或50%扑海因或65%甲霉灵活1 500～2 000倍喷雾防治，隔10～15天喷1次，连喷2～3次。

(三)甜菜根腐病

根腐病是由多种真菌和细菌侵染后引起生长期块根腐烂的总称。其危害性严重，损失大，一般受害株呈全株性死亡，很难控制，易造成无收成。一般发生减产达10%～30%，若遇多雨或低湿地块发生严重。

1. 症状

不同病原菌引起的根腐病症状不同，常见有5种。

(1)镰刀菌根腐病(镰刀菌萎蔫病)，病菌为*Fusarium culmorum*(Smith)Sacc.，属无性菌类，镰孢菌属。是块根维管束病害，病菌侵染根部使维管束呈浅褐色，木质化；病菌侵染主根和侧根使导管褐变或硬化，块根呈黑褐色干腐状，根内出现空腔。发病轻病株生长缓慢，叶丛萎蔫，发生重病株块根腐烂，叶丛干枯死亡。

(2)丝核菌根腐病(根颈腐烂病)，病菌为*Rhizoctonia solani* Kuhn.，属丝核菌属。先在根冠部及叶柄基部产生褐色斑点，逐渐从上向下扩展，腐烂处凹陷，形成裂痕，病部呈褐色或黑色，可见稠密褐色菌丝。发生严重整个块根腐烂。

(3)蛇眼菌黑腐病，病菌为*Phoma betae* Frank，属无性菌类茎点霉属。先从根部出现黑色云纹状斑块，略凹陷，从根内向外腐烂，表皮烂穿后出现裂口，除导管外全部变黑。

(4)白绢型根腐病(菌核病)，病菌为*Sclerotium rolfsii* Sacc.，属无性菌类小核菌属。根头先发病，向下蔓延，病部软凹陷，呈水渍状腐烂，块根表皮和根冠土表处有白色绢丝状菌丝体，后期产生油菜籽大小的深褐色菌核。

(5)细菌性根腐(根尾腐烂病)，病菌为*Erwinia carotovora* subsp. *betavasculorum* Thomson，Hildebrand & Schroth，欧文氏菌属细菌。病菌先从根尾开始侵染，由下向上扩展蔓延，病部变为暗灰色至铅黑色水浸状软腐，严重时全根腐烂，常缢有黏液，并有腐败酸臭味。

2. 发生特点

引起甜菜根腐病的真菌以菌丝、菌核或厚垣孢子在土壤、病残体上越冬，而细菌是在土壤、病残体中越冬，第二年借雨水、灌溉水及耕作传播。主要是从根部损伤和其他伤口处侵染。田间的畸形根、虫伤根、人为机械创伤根、生育不良根有利病菌侵入；黑土、黑黏土，土壤湿度大，低畦地块，排水不良地块发病重。

3. 防治方法

(1)农业防治　选育抗病品种 选地下水位低、土壤肥沃田块；采取轮作，4 年与禾本科作物轮作；不用蔬菜、大豆作前茬；深耕，及时中耕；干旱及时灌水；增施速效磷肥。

(2)药剂防治　种子处理 用福美双、恶霉灵(土菌消)、敌克松按种子重 0.8%拌种。

(3)加强防治地下害虫。

四、烟草和糖料作物其他病害

见表 7-4-2。

表 7-4-2　烟草和糖料作物其他病害

病害名称	诊断要点	发病规律	防治要点
烟草根黑腐病(*Thielaviopsis basicola*)	主要为害烟草根系。受病后根系变黑是其显著特点。苗期发病可造成死苗，形如猝倒，可根据根部变黑区别。成株期发病根系腐烂，地上部矮化	以厚垣孢子及菌丝体在病残体或土壤中越冬。次年形成分生孢子经流水及农事操作传播。发病适温 17～23℃，酸性土质很少发病	选用抗病品种；合理轮作；必要时可用药剂防治
烟草炭疽病(*Colletotrichum nicotianae*)	主要为害叶片，幼茎和叶柄亦可发病。病斑圆形，中央稍凹陷，边缘红褐色隆起，天气潮湿时，病斑上有同心轮纹	以分生孢子盘、菌丝体及分生孢子随病残体或带菌粪肥越冬，种子亦可带菌。分生孢子经风雨传播。多雨、多雾，多灌溉有利病害发生	苗床土消毒；苗床平整，播前浇足底水，出苗后不再浇水，并及时放风；发病初期喷代森锰锌或甲基硫菌灵等
烟草赤星病[*Alteraria alternata* (Fries) Keissler]	病斑初为黄褐色小斑点，后发展为褐色圆或近圆形斑，上具赤褐或深褐色同心轮纹。病斑质脆、易破	病菌主要以菌丝在遗落在田间的烟叶等病株残体上越冬或杂草上越冬，通过气流传播(越冬菌丝产生的分生孢子)	选用抗(耐)病品种；加强栽培管理；药剂防治
烟草早疫病(*Atternaria tenuissima*)	主要为害叶片。病斑圆形，黑褐色，有同心轮纹。天气潮湿时，病斑上可产生黑色霉层	以菌丝体在病残体上越冬。风、雨水、流水传播。与马铃薯连作，高温、多雨、潮湿病重	不与马铃薯连作或邻作；及时清除病残体；喷施百菌清或菌核净
烟草青枯病(*Ratstonia solanacearum*)	病株多呈现一侧枯萎现象，特别是在中午烈日下，病茎一侧出现长条形凹陷的黑色坏死斑，剖开病茎，可见到污白色黏液，为病原细菌形成的菌脓	病菌在病残体或土壤中越冬为主。田间借灌溉水、雨水及农事操作而传播，通过根部伤口侵入；高温、高湿对病害发生有利	选用抗病品种；实行轮作；加强管理，及时拔除病株；用农用链霉素浇灌

续表7-4-2

病害名称	诊断要点	发病规律	防治要点
甜菜软腐病 (*Enuinia carotovora*)	根部软化，内部呈水渍状，稍变黄，有时有特殊酸臭气味	病菌在病残体、土壤中越冬。伤口侵入。借昆虫、雨水等传播进行再侵染	种植抗病品种；轮作；清除病残株；喷洒农用链霉素或氯霉素
甜菜黄化病毒病 [Beet yellows virus (BYV)]	先由老叶顶端黄化，7～8天扩展致全叶变黄，叶厚而脆。后期在最早变黄的部位发生坏死	病毒在母根、菠菜、藜科和苋科杂草上越冬。由桃蚜和豆蚜传播。发生流行与毒蚜、蚜虫数量及影响蚜虫活动的气候条件有关	选用抗病品种；原料甜菜地应距离采种地1 000 m以上；清除杂草；减少蚜源和毒源；药剂防治

学习小结

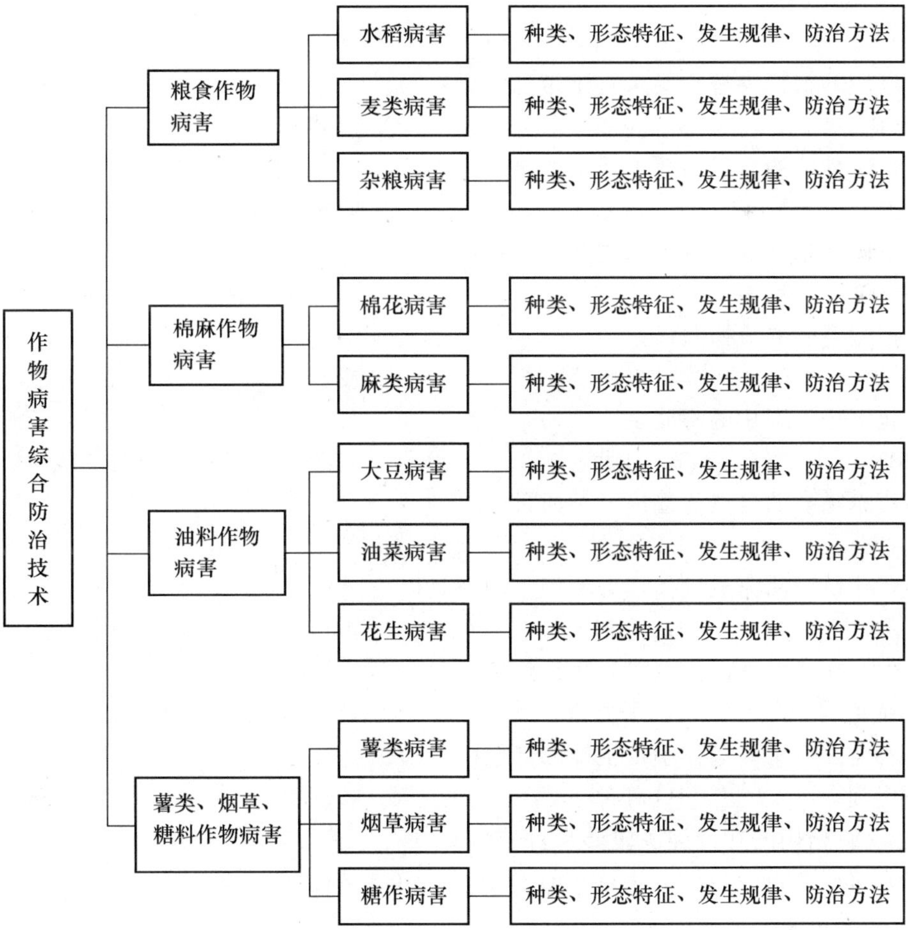

学习方法体会

1. 注意实验课程，强化操作训练。根据实验目的要求、观察内容、实验操作的方法及注意事项，自己动手去操作，认真观察并就观察内容绘图或作文字描述，对实验结果加以分析。

2. 现场实践，理论联系实际。利用校内病圃或农场现场观察田间植物病害实况，认识和掌握了病害的症状特点，克服了书本上文字描述抽象难记和实验室实物标本褪色而有关特征不明显的不足，从而将书本理论知识和生产实践相结合加深。

3. 扩宽认知渠道，及时复习总结。不同病原物的形态及分类部分知识的学习，要通过讲座、网络资源、录像资料等各种渠道去掌握。课后赶紧看书，一个阶段学习后再总结复习。只有这样才能记得牢，记得准。

目 标 检 测

一、单项选择题

1. 稻瘟病的初侵染源主要来自于带菌的(　　)。
A. 土壤　B. 昆虫　C. 病残体　D. 种子和病残体

2. 水稻纹枯病的自然传播途径主要是(　　)。
A. 气流　B. 流水　C. 叶蝉　D. 杂草

3. 水稻白叶枯菌的越冬场所主要是(　　)。
A. 种子　B. 土壤　C. 病残体和种子　D. 昆虫介体

4. 水稻黄矮病的传播介体是(　　)。
A. 蚜虫　B. 叶蝉　C. 螨类　D. 甲虫

5. 引起水稻绵腐病的病原是(　　)。
A. 细菌　B. 真菌　C. 病毒　D. 线虫

6. 小麦赤霉病的自然传播途径是通过(　　)。
A. 土壤　B. 气流　C. 种子　D. 介体昆虫

7. 小麦叶锈病菌完成世代侵染的侵染循环是以(　　)。
A. 冬孢子　B. 夏孢子　C. 担孢子　D. 性孢子

8. 小麦白粉病表现出白色粉状物是病菌的(　　)。
A. 闭囊壳　B. 子囊孢子　C. 分生孢子　D. 担孢子

9. 小麦全蚀病主要危害小麦植株的部位(　　)。
A. 根茎部　B. 秆部　C. 叶部　D. 穗部

10. 小麦纹枯病的初侵染源主要来自带菌的(　　)。
A. 杂草　B. 土壤　C. 昆虫　D. 真菌

11. 引起棉黄萎病的病原属(　　)。
A. 子囊菌　B. 担子菌　C. 轮枝菌　D. 镰刀菌

12. 棉立枯病的初侵染源主要来自于带菌的(　　)。
A. 杂草　B. 土壤　C. 昆虫　D. 种子
13. 棉苗炭疽病主要危害棉花的(　　)。
A. 根部　B. 茎基部　C. 秆部　D. 叶柄
14. 棉角斑病的病原是(　　)。
A. 真菌　B. 病毒　C. 细菌　D. 菌原体
15. 棉疫病发病较重的外部条件通常是(　　)。
A. 气候干燥　B. 多雨潮湿　C. 菌源较多　D. 管理不当
16. 油菜菌核病大田防治关键期是(　　)。
A. 花期　B. 抽薹期　C. 结荚期　D. 苗期
17. 油菜病毒病田间自然传播介体是(　　)。
A. 叶蝉　B. 真菌　C. 甲虫　D. 蚜虫
18. 引起花生青枯病的病原是(　　)。
A. 真菌　B. 细菌　C. 线虫　D. 菌原体
19. 芝麻茎点枯病的处侵染源主要来自于越冬的(　　)。
A. 菌丝　B. 子囊孢子　C. 菌核　D. 分生孢子
20. 油菜萎缩不实病(花而不实)主要是缺(　　)。
A. 钾　B. 硼　C. 镁　D. 锌
21. 黑斑病在病部长出黑色的刺毛状物是病菌的(　　)。
A. 闭囊壳　B. 子囊壳　C. 子囊盘　D. 分生孢子器
22. 甘薯瘟病的病原菌是(　　)。
A. 真菌　B. 病毒　C. 细菌　D. 线虫
23. 薯晚疫病在病部产生的白色霜霉状物是病菌的(　　)。
A. 卵孢子　B. 分生孢子　C. 子囊孢子　D. 孢子囊
24. 薯普通花叶病自然传播介体是(　　)。
A. 蚜虫　B. 叶蝉　C. 飞虱　D. 甲虫
25. 薯粉痂病危害的主要部位是(　　)。
A. 叶片　B. 茎秆　C. 块茎　D. 根部

二、简答题

1. 水稻生理性烂秧和侵染性烂秧有什么区别？如何防治水稻绵腐病和立枯病？
2. 水稻胡麻斑病在症状上有何异同点？在防治措施上是否相同？
3. 水稻纹枯病的发病条件是什么？怎样进行防治？
4. 影响稻曲病发生的主要因素是什么？如何防治？
5. 水稻细菌性条斑病的识别要点是什么？在什么条件下发生严重？如何防治？
6. 小麦三种锈病的症状和病原有什么区别？怎样防治小麦锈病？
7. 影响小麦赤霉病病害流行强度变化的主要因素是什么？如何防治？
8. 小麦散黑穗病和小麦腥黑穗病在穗部症状上有何区别？如何防治？

9．怎样区别玉米大斑病和玉米小斑病的症状？影响该病害发生主要因素是什么？
10．玉米丝黑穗和玉米瘤黑粉病的症状有哪些主要区别？怎样才能减少菌源数量？
11．红麻炭疽病在不同生育期的有何症状特征？
12．试制定一个红、黄麻根结线虫病的综合防治措施。
13．怎样识别大豆病毒病？如何采取措施减少传播介体对病害发生的影响？
14．怎样识别大豆胞囊线虫病？防治大豆胞囊线虫病的有效措施是什么？
15．根据油菜菌核病的发生和流行条件，在防治上应着重抓哪些方面？
16．马铃薯病毒病的发生、传播与哪些因素有关？在防治上应抓哪几个环节？
17．甘薯黑斑病是怎样发生和流行的？如何防治？
18．烟草黑胫病的发生和流行与哪些条件有关？如何防治？
19．甜菜根腐病有几种类型？怎样进行有效的防治？

三、实例分析

调查当地1～2种发生严重的作物病害，能正确诊断鉴定并针对其发生规律提出防治方案，并对方案进行全面分析。

参考文献

[1] 费显伟.园艺植物病虫害防治.北京:高等教育出版社,2010.

[2]张中社,江世宏.园林植物病虫害防治.北京: 高等教育出版社, 2010.

[3] 马成云,张淑梅,窦瑞木.植物保护.北京:中国农业大学出版社,2011.

[4] 陈宇飞、邰连春.农艺作物病虫草害防治.北京:中国农业科学技术出版社, 2008.

[5] 黄艳花,覃连红,梁萍,等.安徽农业科学,2007.

[6]北京农业大学编著. 农业植物病理学.北京:中国农业出版社,1996.

[7]陈耀溪.仓库害虫.北京:中国农业出版社,1984.

[8]丁锦华,苏建亚. 农业昆虫学.北京:中国农业出版社,2002.

[9]董金皋.等. 农业植物病理学(北方本). 北京:中国农业出版社,2001.

[10]冯坚,顾群. 英汉农药名称对照.2 版.北京:化学工业出版社,2003.

[11]华南农业大学、河北农业大学编著. 植物病理学(农学专业用). 北京:中国农业出版社,1985.

[12]吉林省农业学校. 作物保护学各论. 北京:中国农业出版社,1996.

[13]赖传雅.农业植物病理学(华南本)北京:中国科学出版社,2003.

[14]李洪连,徐敬友. 农业植物病理学实验实习指导(植保、农学、园艺等专业用). 北京:中国农业出版社,2001.

[15]李孟楼.森林昆虫学通论.北京:中国林业出版社,2002.

[16]李清西,钱学聪. 植物保护. 北京:中国农业出版社,2002.

[17]李照会.农业昆虫鉴定.北京:中国农业出版社,2002.

[18]谯先林,徐树清. 植物病理学实验实习指导. 北京:农业出版社,1987.

[19]陕西汉中农业学校. 农业昆虫学. 北京:中国农业出版社,1993.

[20]孙广宇,宗兆锋. 植物病理学实验技术. 北京:中国农业出版社,2002.

[21]孙元峰. 新农药使用技术. 郑州:河南出版集团中原农民出版社,2005.

[22]谭济才. 茶树病虫防治学. 北京:中国农业出版社,2002.

[23]仵均祥. 农业昆虫学. 北京:中国农业出版社,2002.

[24]西北农业大学. 农业昆虫学. 北京:中国农业出版社,1995.

[25]谢联辉. 普通植物病理学. 北京:中国科学出版社,2006.

[26]邢来君,李明春. 普通真菌学. 北京:高等教育出版社,1999.

[27]徐树清,林达. 植物病理学. 北京:中国农业出版社,1993.

[28]徐文耀. 普通植物病理学实验指导. 北京:中国科学出版社,2006.

[29]许志刚. 普通植物病理学.3 版. 北京:中国农业出版社,2003.

[30]叶钟音. 现代农药应用技术全书. 北京:中国农业出版社,2002.

[31]袁锋. 农业昆虫学. 北京:中国农业出版社,2001.

[32]袁会珠. 农药使用技术指南. 北京:化学工业出版社,2004.

[33]詹金华.烟草病虫害防治.昆明:云南科学出版社,1998.
[34]张学哲.作物病虫害防治.北京:高等教育出版社,2005.
[35]张一宾,张怿．世界农药新进展．北京:化学工业出版社,2007.
[36]浙江农业大学．农业植物病理学．上海:上海科学技术出版社,1980.
[37]宗兆锋,康振生．植物病理学原理．北京:中国农业出版社,2002.

目标检测参考答案

模块一　植物病虫害形态识别技术

项目一　农业昆虫识别技术

一、选择题

(一)单项选择题

1. B　2. A　3. C　4. B　5. D　6. B　7. B　8. B　9. D　10. D　11. A　12. D　13. B　14. A　15. A

二、简答题(略)

三、实例分析(略)

项目二　作物病害识别技术

一、选择题

(一)单项选择题

1. D　2. C　3. D　4. B　5. C　6. C　7. A　8. C　9. D　10. C　11. C　12. C　13. B　14. C　15. B　16. D　17. C　18. B　19. C　20. D

(二)多项选择题

1. BC　2. AC　3. ABC　4. BC　5. BCD　6. BC　7. ABCD　8. AD　9. BC

二、简答题(略)

三、实例分析(略)

模块二　作物病虫害调查、预测预报及标本采集制作技术

项目三　作物病虫害调查技术

一、单项选择题

1. B　2. D　3. A　4. B　5. B　6. D　7. D　8. D

二、多项选择题

1. ABC　2. ABCD　3. ABCD　4. ACD

三、简答题(略)

四、实例分析(略)

项目四　作物病虫害标本采集、制作与保存技术

一、选择题

(一)单项选择题

1. A　2. C　3. C　4. D　5. C　6. B　7. A　8. C　9. B

(二)多项选择题

1. ABCDE　2. BDE　3. ABCE　4. ABCDE

三、简答题(略)

四、实例分析(略)

模块三　作物病虫害综合防治技术

项目五　作物病虫害综合防治方案的制定

一、选择题

(一)单项选择题

1. A　2. A　3. A　4. D　5. D　6. A　7. C　8. A　9. A　10. A

(二)单项选择题

1. BD　2. ABC　3. ACD　4. BCD　5. AD　6. ABC　7. CDE

三、简答题(略)

四、实例分析(略)

项目六　作物害虫综合防治技术

一、选择题

(一)单项选择题

1. B　2. A　3. C　4. B　5. A　6. D　7. B　8. A

(二)单项选择题

1. AB　2. ABC　3. ABCD　4. ACD　5. ABCD　6. BCD

三、简答题(略)

四、实例分析(略)

项目七　作物病害综合防治技术

一、单项选择题

1. D　2. B　3. C　4. B　5. B　6. B　7. B　8. C　9. A　10. B　11. C　12. B　13. B　14. C　15. B　16. A　17. D　18. B　19. C　20. B　21. B　22. C　23. D　24. A　25. C

三、简答题(略)

四、实例分析(略)